U0802661

气体放电与等离子体及其应用著作丛书

放电等离子体基础及应用

李兴文　吴　坚　贾申利　著

科学出版社
北　京

内 容 简 介

本书系统介绍等离子体的物理基础、实验技术以及一些典型的应用。全书共6章,第1章介绍等离子体的物理基础;第2章介绍等离子体实验诊断技术;第3~6章分别针对不同的放电等离子体对象进行介绍,其中,第3章为Z箍缩等离子体,第4章为激光诱导等离子体,第5章为毛细管放电等离子体,第6章为气体电弧等离子体。

本书可作为电气工程、应用物理等专业中等离子体物理、等离子体工程等相关课程的参考教材,也可作为青年科研人员的参考用书。

图书在版编目(CIP)数据

放电等离子体基础及应用/李兴文,吴坚,贾申利著.—北京:科学出版社,2017.2

(气体放电与等离子体及其应用著作丛书)

ISBN 978-7-03-051709-8

Ⅰ.①放… Ⅱ.①李… ②吴… ③贾… Ⅲ.①放电-等离子体-研究 Ⅳ.①O53

中国版本图书馆CIP数据核字(2017)第024850号

责任编辑:牛宇锋 罗 娟 / 责任校对:桂伟利

责任印制:吴兆东 / 封面设计:蓝正设计

科学出版社 出版

北京东黄城根北街16号

邮政编码:100717

http://www.sciencep.com

北京九州迅驰传媒文化有限公司印刷

科学出版社发行 各地新华书店经销

*

2017年2月第 一 版 开本:720×1000 1/16

2025年7月第六次印刷 印张:21 1/2

字数:416 000

定价:198.00元

《气体放电与等离子体及其应用著作丛书》编委会

前　言

等离子体称为固态、液态、气态以外的物质第四态。宇宙中99%的可见物质是以等离子体的状态存在的，在地球上天然的等离子体有闪电、火焰、极光等。更为重要的是，目前人造的等离子体在工业生产、国防军工、科学研究等诸多方面发挥着越来越重要的作用。

本书通过将等离子体的物理基础、实验技术以及应用研究结合起来，介绍放电等离子体研究的新进展。第1章和第2章是基础部分。第1章介绍等离子体的物理基础，包括等离子体的基本概念、等离子体中的相互作用、等离子体电离平衡模型及辐射谱、等离子体描述方法四部分内容。第2章介绍等离子体实验诊断技术，包括电磁辐射参数的测量、等离子体自辐射图像和能谱的测量、激光探针诊断方法等内容。第3～6章分别针对不同的放电等离子体对象进行介绍。第3章为Z箍缩等离子体，介绍快Z箍缩、X箍缩的动力学过程和相关的数学物理模型，以及早期共同经历的金属丝电爆炸行为；第4章为激光诱导等离子体，介绍激光诱导等离子体的物理模型和实验结果；第5章为毛细管放电等离子体，介绍毛细管放电等离子体的建模与仿真方法，以及在电热化学发射等领域中的应用；第6章为气体电弧等离子体，介绍气体电弧物性参数、击穿特性的计算等，以及SF_6开关电弧等离子体的特性仿真及其应用。

本书的很多内容是在国家自然科学基金等项目的资助下，姜旭、李瑞、魏文赋、赵虎、朱凯、李沫、杨泽锋、杭玉桦、郭晓雪等博士生参与完成的，在此一并致以衷心的感谢。

限于作者的水平，书中难免有不当之处，敬请广大读者批评指正。

目　录

第 1 章　等离子体物理基础

本章将从等离子体的基本概念、等离子体中的相互作用、电离平衡模型和等离子体辐射谱以及等离子体的描述方法四个方面，对等离子体物理基础进行介绍。

1.1　等离子体基本概念

等离子体是带电粒子和中性粒子组成的表现出集体行为的准中性的气体。

准中性和集体行为是等离子体的重要特征。准中性的空间尺寸和时间尺寸分别由德拜长度和等离子体频率来描述，等离子体的集体行为起源于带电粒子间的库仑相互作用为长程相互作用。下面将进行具体介绍。

1.1.1　等离子体的定义和参数

1. 平均电离度

等离子体中有三种类型的粒子：电子、离子和中性粒子。考虑原子序数为 Z 的元素形成的等离子体，其中通常包括该原子不同电离度的离子。若离子数密度为 n_i，电离度为 ζ 离子的数密度为 n_ζ，则相对于整体，满足

$$\sum_{\zeta=0}^{Z} n_\zeta = n_\mathrm{i} \tag{1-1}$$

式(1-1)包括从中性原子($\zeta=0$)到完全电离($\zeta=Z$)的所有电离态。根据等离子体电中性的要求，等离子体中电子密度 n_e 为

$$\sum_{\zeta=0}^{Z} \zeta n_\zeta = n_\mathrm{e} \tag{1-2}$$

式(1-2)是对等离子体整体平均而言的，局部区域中电子密度并不一定严格地在每一空间位置都与正电荷成电中性。

定义平均电离度 $\overline{Z}$ 为

$$\overline{Z} = \frac{n_\mathrm{e}}{n_\mathrm{i}} = \frac{\sum_{\zeta=0}^{Z} \zeta n_\zeta}{\sum_{\zeta=0}^{Z} n_\zeta} \tag{1-3}$$

即

$$n_\mathrm{e} = n_\mathrm{i}\overline{Z} \tag{1-4}$$

2. 速度分布函数[1]

一个等离子体系统中粒子的速度分布函数为 $f_{\boldsymbol{v}}(v_x, v_y, v_z)$，表示速度位于 $[v_x, v_x+\mathrm{d}v_x]$、$[v_y, v_y+\mathrm{d}v_y]$、$[v_z, v_z+\mathrm{d}v_z]$ 范围内的粒子数密度。对于各向同性的等离子体，速率分布函数 $f_v(v)$ 为[1]

$$\begin{aligned} f_v(v)\mathrm{d}v &= \iiint_{v_x^2+v_y^2+v_z^2=v^2} f_{\boldsymbol{v}}(v_x, v_y, v_z)\mathrm{d}x\mathrm{d}y\mathrm{d}z \\ &= \int_{\theta=0}^{\pi}\int_{\phi=0}^{2\pi} f_v v^2 \mathrm{d}v\sin\theta\mathrm{d}\theta\mathrm{d}\phi = 4\pi v^2 f_v(v)\mathrm{d}v \end{aligned} \tag{1-5}$$

表示总体速率位于 $[v, v+\mathrm{d}v]$ 的粒子数密度。

根据统计力学，一个处于平衡态闭合系统中的宏观子系统，服从正则分布。这时，能量 E_n 的子系统的概率 $P(E_n)$ 正比于指数因子 $g_n\mathrm{e}^{-K_n/k_\mathrm{B}T}$，$k_\mathrm{B}$ 为玻尔兹曼常量，g_n 为统计权重。

概率分布函数的归一化条件要求

$$P(E_n)=\frac{g_n\mathrm{e}^{-E_n/k_\mathrm{B}T}}{Z(T)} \tag{1-6}$$

式中，$Z(T)$ 为配分函数：

$$Z(T) = \sum\nolimits_n g_n\mathrm{e}^{-E_n/k_\mathrm{B}T} \tag{1-7}$$

为一系列离散能量状态的叠加。当能量状态为连续时，g_n 为 $\rho(E)\mathrm{d}E$，其中 $\rho(E)$ 是单位能量的量子态密度。

配分函数是一个基本量，原则上，统计系统的其他参数都可以由它推导出来。对于等离子体里的自由电子，自由电子能量为其动能，如果系统处于平衡态，由式(1-6)得

$$f_{\boldsymbol{v}}(v_x, v_y, v_z)\propto\mathrm{e}^{-\frac{m}{2k_\mathrm{B}T}(v_x^2+v_y^2+v_z^2)} \tag{1-8}$$

由式(1-7)得自由电子配分函数为

$$Z(T)=\left(\frac{m}{2\pi k_\mathrm{B}T}\right)^{3/2} \tag{1-9}$$

自由电子速度的分布函数为

$$f_{\boldsymbol{v}}(v_x, v_y, v_z)\mathrm{d}v_x\mathrm{d}v_y\mathrm{d}v_z=n_\mathrm{e}\left(\frac{m}{2\pi T_\mathrm{e}}\right)^{3/2}\mathrm{e}^{-\frac{m}{2T_\mathrm{e}}(v_x^2+v_y^2+v_z^2)}\mathrm{d}v_x\mathrm{d}v_y\mathrm{d}v_z \tag{1-10}$$

式中，n_e 为电子密度；T_e 是电子温度。自由电子速率分布函数为

$$f_v(v)\mathrm{d}v=n_\mathrm{e}\left(\frac{m}{2\pi T_\mathrm{e}k_\mathrm{B}}\right)^{3/2}4\pi v^2\exp\left(-\frac{mv^2}{2T_\mathrm{e}k_\mathrm{B}}\right)\mathrm{d}v \tag{1-11}$$

称为玻尔兹曼-麦克斯韦速度分布函数。能量分布函数为

$$f_v(E)\mathrm{d}E=\frac{2}{\sqrt{\pi}}n_\mathrm{e}\left(\frac{E}{T_\mathrm{e}k_\mathrm{B}}\right)^{1/2}\exp\left(-\frac{E}{T_\mathrm{e}k_\mathrm{B}}\right)\frac{\mathrm{d}E}{T_\mathrm{e}k_\mathrm{B}} \tag{1-12}$$

表示能量位于$[E, E+\mathrm{d}E]$范围的粒子数密度。

3. 德拜长度和等离子体频率[2]

等离子体的一个基本性质是准电中性，但只有当长度大于一定特征长度时，才表现为电中性，下面对这一特征长度进行分析[2]。

各向同性的等离子体中引入正电荷 q，其周围将形成电子云，从而削弱对远处其他带电粒子的影响，并使得该粒子的电场分布发生变化，如图 1-1 所示。

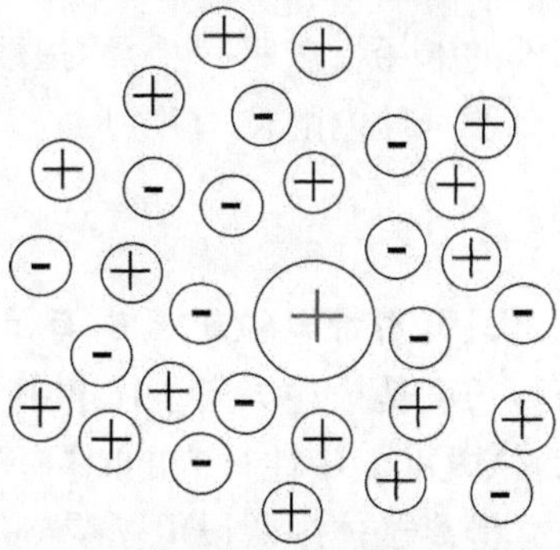

图 1-1　等离子体德拜屏蔽

等离子体中电势 $\phi(r)$为

$$\nabla^2\phi(r)=-\frac{\rho_e(r)}{\varepsilon_0}=\frac{e}{\varepsilon_0}[n_e(r)-\overline{Z}n_i(r)]-\frac{q\delta(r)}{\varepsilon_0} \tag{1-13}$$

式中，ρ_e 为电荷密度，$\rho_e=n_e(r)-\overline{Z}n_i(r)$。

带电粒子受到电势影响，处于热平衡，满足玻尔兹曼分布：

$$n_e(r)=n_{e,0}\exp\left(\frac{e\phi}{k_B T_e}\right)\approx n_{e,0}\left(1+\frac{e\phi}{k_B T_e}\right) \tag{1-14}$$

$$n_i(r)=n_{i,0}\exp\left(-\frac{\overline{Z}e\phi}{k_B T_i}\right)\approx n_{i,0}\left(1-\frac{\overline{Z}e\phi}{k_B T_i}\right) \tag{1-15}$$

未受扰动时，满足电中性条件：

$$n_{e,0}=\overline{Z}n_{i,0} \tag{1-16}$$

将式(1-14)～式(1-16)代入式(1-13)可以求得

$$\phi(r)=\frac{q}{4\pi\varepsilon_0 r}\exp\left(-\frac{r}{\lambda_D}\right) \tag{1-17}$$

定义 λ_D 为德拜长度，同时考虑电子和离子的贡献：

$$\lambda_D=\frac{1}{\sqrt{\frac{1}{\lambda_{De}^2}+\frac{1}{\lambda_{Di}^2}}} \tag{1-18}$$

电子德拜长度为

$$\lambda_{De}=\sqrt{\frac{\varepsilon_0 k_B T_e}{ne^2}} \tag{1-19}$$

离子德拜长度为

$$\lambda_{Di}=\sqrt{\frac{\varepsilon_0 k_B T_i}{\overline{Z}n_i e^2}} \tag{1-20}$$

德拜长度是等离子体一个重要的特征参量，反映了电荷屏蔽效应的特征长度，是等离子体空间宏观尺度的量度。一方面，等离子体中当两个带电粒子之间的距离 $r \ll \lambda_D$ 时，粒子清晰地感受到彼此的存在，存在以库仑碰撞为特征的两体相互作用；当 $r \gg \lambda_D$ 时，由于其他粒子的干扰和屏蔽，直接的粒子两体之间相互作用消失，代之而来的是许多粒子共同参与的集体相互作用。另一方面，若空间上出现了局域的电荷集中或系统引入了外部电势，当系统的空间尺度 L 远大于 λ_D 时，在 λ_D 尺度外的电场将按照 e^{-r/λ_D} 的指数规律迅速衰减。

德拜球内的粒子数为

$$N_D = n\frac{4\pi}{3}\lambda_D^3 \tag{1-21}$$

只有当带电粒子云内有足够多的粒子时，德拜屏蔽才成立，即要求 $N_D \gg 1$。德拜长度是描述等离子体准中性特征中空间尺度的重要参量，等离子体受到扰动后，恢复准电中性行为的时间尺寸由等离子体频率来描述。

等离子体中假设电子受到一定的扰动而发生偏移，由于离子和电子质量的差异，电子的运动将产生很强的微观电场，从而引起电子围绕离子振荡。

假设均匀的冷等离子体（忽略电子热运动）密度为 n_e，当等离子体受到扰动后电子相对离子整体偏移 x 的距离，电子将在电场力的作用下围绕离子做回复运动。平板电极中的电场强度为

$$E = \frac{n_e e x}{\varepsilon_0} \tag{1-22}$$

电子运动方程为

$$m_e\frac{d^2x}{dt^2} = -eE = -\frac{e^2 n_e x}{\varepsilon_0} \tag{1-23}$$

上述回复运动的频率定义为电子等离子体振荡频率 ω_{pe}：

$$\omega_{pe} = \left(\frac{n_e e^2}{m_e \varepsilon_0}\right)^{1/2} \tag{1-24}$$

定义电子等离子体振荡的特征时间 $\tau_{pe} = 1/\omega_{pe}$。由于等离子体中的电子振荡总是存在的，只有在时间尺度 $\gg \tau_{pe}$ 时，电子振荡的平均效果不产生影响，等离子体才可被认为是准中性的，因此电子等离子体振荡频率被认为是描述等离子体准中性特征中时间尺度的重要参数。

相似地，定义离子振荡频率，离子振荡过程比电子振荡慢得多：

$$\omega_{pi} = \left(\frac{\overline{Z}^2 n_i e^2}{m_i \varepsilon_0}\right)^{1/2} \tag{1-25}$$

同时考虑电子振荡和离子振荡，可以定义等离子体振荡频率为

$$\omega_p = (\omega_{pe}^2 + \omega_{pi}^2)^{1/2} \approx \omega_{pe} \tag{1-26}$$

1.1.2　等离子体的分类

根据不同的标准，可对等离子体进行分类。

按电子温度来分，通常电子温度低于 10eV 的等离子体称为低温等离子体，低温等离子体又可分为冷等离子体和热等离子体。冷等离子体的离子温度通常为 1eV，小于电子温度，主要用于刻蚀、材料改性、等离子体医学等方面。热等离子体的电子温度和离子温度接近，主要用于冶金、焊接、切割等。当电子温度超过 10eV 量级时，称为高温等离子体，高温等离子体在产生 X 射线、聚变科学等领域有重要应用。

当电子平均动能远大于电子平均距离对应的库仑势能时，这类等离子体称为理想等离子体，而当电子的平均动能小于电子平均间距对应的库仑势能时，这种等离子体称为非理想等离子体。

此外，当温度足够高时，如电子温度 $T_e \approx 10\text{keV}$，电子热运动速度到达 $0.3c$，这时相对论效应开始变得显著，因此把温度高于 10keV 的等离子体称为相对论等离子体。当等离子体密度足够高时(如接近固体)，粒子间平均距离小于电子德布罗意波长，要考虑量子效应，因此这类等离子体称为非经典等离子体。

1.2　等离子体中的相互作用

等离子体中粒子的相互作用可以分为两类：一类是弹性碰撞，碰撞前后总动能守恒，各粒子的电荷数不变，动量在粒子间重新分配；另一类是非弹性碰撞，动能在粒子间重新分配，且一部分能量转移至相互作用的粒子或者新产生的粒子中。非弹性碰撞包括粒子激发和退激发、电离和复合、电荷交换等。下面将对这两类碰撞过程分别进行介绍。

1.2.1　库仑碰撞

1. 库仑碰撞截面[3]

设 α、β 两个粒子，其质量和运动速度分别为 m_α、$\boldsymbol{v}_\alpha$、m_β、$\boldsymbol{v}_\beta$，两个粒子之间受到库仑相互作用力 $\boldsymbol{F}_{\alpha\beta}$，运动方程为

$$\begin{cases} m_\alpha \dfrac{\mathrm{d}^2 \boldsymbol{r}_\alpha}{\mathrm{d}t^2} = \boldsymbol{F}_{\alpha\beta}(r_{\alpha\beta}) \\ m_\beta \dfrac{\mathrm{d}^2 \boldsymbol{r}_\beta}{\mathrm{d}t^2} = -\boldsymbol{F}_{\alpha\beta}(r_{\alpha\beta}) \end{cases} \tag{1-27}$$

式中，$r_{\alpha\beta} = |\boldsymbol{r}_\alpha - \boldsymbol{r}_\beta|$

α、β 粒子组成一个两体系统，实验室坐标系中的质心坐标 $\boldsymbol{R}_c$ 和相对坐标 $\boldsymbol{r}$ 为

$$\begin{cases} \boldsymbol{R}_c=\dfrac{m_\alpha \boldsymbol{r}_\alpha+m_\beta \boldsymbol{r}_\beta}{m_\alpha+m_\beta} \\ \boldsymbol{r}=\boldsymbol{r}_\alpha-\boldsymbol{r}_\beta \end{cases} \tag{1-28}$$

两体系统不受外力作用,因而质心运动为匀速直线运动。由式(1-27)得相对运动方程为

$$\mu \frac{\mathrm{d}^2 \boldsymbol{r}}{\mathrm{d}t^2}=\boldsymbol{F}_{\alpha\beta}(r) \tag{1-29}$$

式中,μ 为约化质量,$\mu=\dfrac{m_\alpha m_\beta}{m_\alpha+m_\beta}$。

在质心坐标系中,两体碰撞可简化为一个质量为 μ 的粒子受到力心固定的力 $\boldsymbol{F}_{\alpha\beta}(r)$作用。质量为 μ、电荷为 q_α 的粒子,以速度 $\boldsymbol{u}$,瞄准距离 b 向固定在 O 点处电荷为 q_β 的粒子运动,在库仑力 $\boldsymbol{F}_{\alpha\beta}(r)$的作用下发生偏转,偏转角为 θ,偏转后速度为 $\boldsymbol{u}'$,经历这样一个运动称为两粒子碰撞(或称散射),如图 1-2 所示。

库仑碰撞时,偏转角 θ 与碰撞参量 b 关系为

$$\tan\left(\frac{\theta}{2}\right)=\frac{b_0}{b} \tag{1-30}$$

式中,

$$b_0=\frac{q_\alpha q_\beta}{4\pi\varepsilon_0 \mu u^2} \tag{1-31}$$

为偏转角为 90°时的碰撞参量。每秒射入单位面积粒子数为 I,瞄准距离在$[b,b+\mathrm{d}b]$范围内的粒子数为 $I\cdot 2\pi b\mathrm{d}b$,这些粒子被散射到立体角 $\mathrm{d}\Omega=2\pi\sin\theta\mathrm{d}\theta$ 内(图 1-3),则每秒单位面积粒子束被散射到立体角 $\mathrm{d}\Omega$ 内的概率为

$$\sigma(\theta)=\frac{2\pi b\mathrm{d}b}{\mathrm{d}\Omega}=\frac{b}{\sin\theta}\left|\frac{\mathrm{d}b}{\mathrm{d}\theta}\right| \tag{1-32}$$

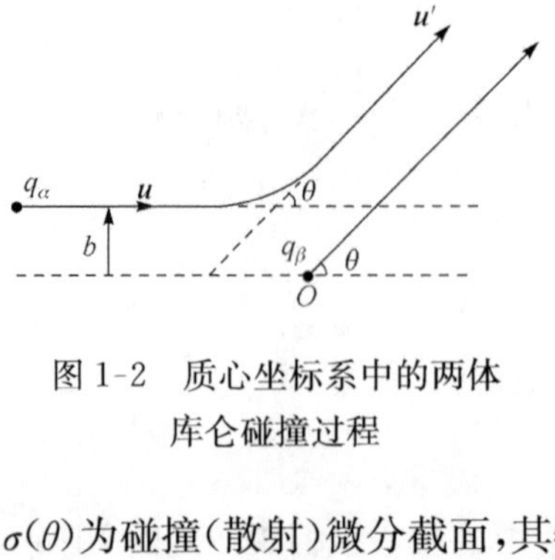

图 1-2 质心坐标系中的两体库仑碰撞过程

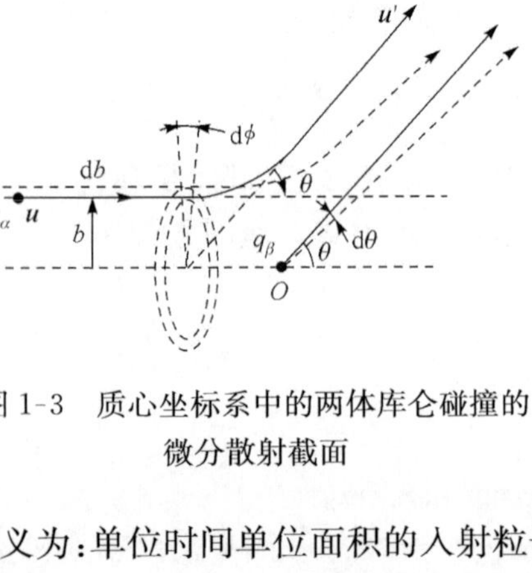

图 1-3 质心坐标系中的两体库仑碰撞的微分散射截面

$\sigma(\theta)$为碰撞(散射)微分截面,其物理意义为:单位时间单位面积的入射粒子通

过库仑碰撞散射到单位立体角 $\mathrm{d}\Omega$ 内的概率。

由式(1-30)得

$$\frac{\mathrm{d}b}{\mathrm{d}\theta}=-\frac{b_0}{2}\frac{1}{\sin^2(\theta/2)} \tag{1-33}$$

代入式(1-32)，得微分散射截面：

$$\sigma(\theta)=\frac{b_0^2}{4}\frac{1}{\sin^4(\theta/2)}=\left(\frac{q_\alpha q_\beta}{8\pi\varepsilon_0\mu u^2}\right)^2\frac{1}{\sin^4(\theta/2)} \tag{1-34}$$

式(1-34)是著名的卢瑟福散射公式。

如果考虑两个带电粒子间的作用受到其他带电粒子的屏蔽效应，则粒子间的相互作用力 $\boldsymbol{F}_{\alpha\beta}(r)$ 由德拜屏蔽势来描述：

$$\phi(r)=\frac{q_\beta}{4\pi\varepsilon_0 r}\mathrm{e}^{-r/\lambda_\mathrm{D}} \tag{1-35}$$

可求得散射微分截面：

$$\sigma(\theta)=\frac{b_0^2}{4}\frac{1}{[\sin^2(\theta/2)+\varepsilon^2]^2} \tag{1-36}$$

式中，

$$\varepsilon^2=b_0/\lambda_\mathrm{D} \tag{1-37}$$

中性粒子的弹性碰撞一般只与两个粒子有关，如图 1-4 所示，粒子间的相互作用发生碰撞的瞬间，这种碰撞作用称为两体碰撞。而等离子体中，带电粒子受到屏蔽的库仑作用，某个带电粒子同时受到德拜屏蔽球内所有带电粒子的作用；另外，德拜球内的其他粒子也受到这个粒子的作用。因此，等离子体中带电粒子间的作用是多体碰撞问题。严格处理多体作用是极其困难的，通常都采用两体碰撞近似，即把多体作用看成相互独立的瞬时两体作用之和。

不同的瞄准距离，入射离子的偏转角度是不同的，在等离子体中影响其宏观行为的“碰撞”，主要是大量的两体小角度偏转积累而成的大角度“偏转”，见图 1-4。

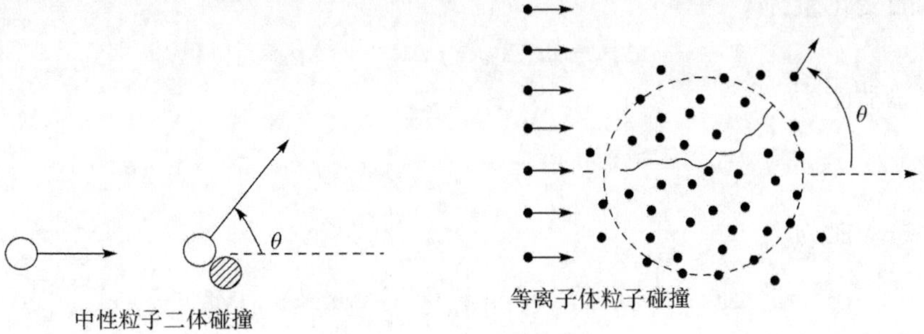

图 1-4　等离子体碰撞

2. 能量传递和动量传递

下面对库仑碰撞中的能量传递和动量传递进行分析：

碰撞前 α 和 β 粒子的质量和运动速度分别为 m_α、$\boldsymbol{v}_\alpha$、m_β、$\boldsymbol{v}_\beta$，其相对运动速度为

$$\boldsymbol{u}=\boldsymbol{v}_\alpha-\boldsymbol{v}_\beta \tag{1-38}$$

质心运动速度为

$$\boldsymbol{V}=\frac{\mathrm{d}\boldsymbol{R}_\mathrm{c}}{\mathrm{d}t}=\frac{m_\alpha\boldsymbol{v}_\alpha+m_\beta\boldsymbol{v}_\beta}{m_\alpha+m_\beta} \tag{1-39}$$

在质心系中，碰撞前两个粒子的速度为

$$\boldsymbol{v}_{\alpha\mathrm{c}}=\boldsymbol{v}_\alpha-\boldsymbol{V}=\frac{m_\beta}{m_\alpha+m_\beta}\boldsymbol{u} \tag{1-40}$$

$$\boldsymbol{v}_{\beta\mathrm{c}}=\boldsymbol{v}_\beta-\boldsymbol{V}=-\frac{m_\alpha}{m_\alpha+m_\beta}\boldsymbol{u} \tag{1-41}$$

相对速度为

$$\boldsymbol{u}=\boldsymbol{v}_\alpha-\boldsymbol{v}_\beta=\boldsymbol{v}_{\alpha\mathrm{c}}-\boldsymbol{v}_{\beta\mathrm{c}} \tag{1-42}$$

碰撞后两粒子实验室坐标系的速度分别为 $\boldsymbol{v}'_\alpha$、$\boldsymbol{v}'_\beta$，对于弹性碰撞，质心运动速度 $\boldsymbol{V}$ 不变；两个粒子在质心系里的速度为

$$\boldsymbol{v}'_{\alpha\mathrm{c}}=\boldsymbol{v}'_\alpha-\boldsymbol{V}=\frac{m_\beta}{m_\alpha+m_\beta}\boldsymbol{u}' \tag{1-43}$$

$$\boldsymbol{v}'_{\beta\mathrm{c}}=\boldsymbol{v}'_\beta-\boldsymbol{V}=-\frac{m_\alpha}{m_\alpha+m_\beta}\boldsymbol{u}' \tag{1-44}$$

相对速度为

$$\boldsymbol{u}'=\boldsymbol{v}'_\alpha-\boldsymbol{v}'_\beta=\boldsymbol{v}'_{\alpha\mathrm{c}}-\boldsymbol{v}'_{\beta\mathrm{c}} \tag{1-45}$$

碰撞前后 α 粒子速度的变化量为

$$\Delta\boldsymbol{v}_\alpha=\frac{m_\beta}{m_\alpha+m_\beta}(\boldsymbol{u}-\boldsymbol{u}')=\frac{\mu}{m_\alpha}\Delta\boldsymbol{u} \tag{1-46}$$

其动量的变化量为

$$\Delta\boldsymbol{p}_\alpha=m_\alpha\Delta\boldsymbol{v}_\alpha=\mu\Delta\boldsymbol{u}=-\Delta\boldsymbol{p}_\beta \tag{1-47}$$

碰撞前总动能为

$$\varepsilon=\varepsilon_\alpha+\varepsilon_\beta=\frac{1}{2}m_\alpha\boldsymbol{v}_\alpha^2+\frac{1}{2}m_\beta\boldsymbol{v}_\beta^2=\frac{1}{2}(m_\alpha+m_\beta)\boldsymbol{V}^2+\frac{1}{2}\mu\boldsymbol{u}^2 \tag{1-48}$$

碰撞后总动能为

$$\varepsilon'=\varepsilon'_\alpha+\varepsilon'_\beta=\frac{1}{2}m_\alpha\boldsymbol{v}'^2_\alpha+\frac{1}{2}m_\beta\boldsymbol{v}'^2_\beta=\frac{1}{2}(m_\alpha+m_\beta)\boldsymbol{V}^2+\frac{1}{2}\mu\boldsymbol{u}'^2 \tag{1-49}$$

由弹性碰撞动能守恒得

$$\boldsymbol{u}^2=\boldsymbol{u}'^2 \tag{1-50}$$

即弹性碰撞前后粒子的相对速度大小不变，方向改变。碰撞前后 α 粒子动能的变化量为

$$\begin{aligned}\Delta\varepsilon_\alpha &= \frac{1}{2}m_\alpha[(v_\alpha+\Delta v_\alpha)^2-v_\alpha^2]=m_\alpha\boldsymbol{v}_\alpha\cdot\Delta\boldsymbol{v}_\alpha+\frac{1}{2}m_\alpha(\Delta v_\alpha)^2\\ &=\boldsymbol{v}_\alpha\cdot\Delta\boldsymbol{p}_\alpha-\frac{\mu}{m_\alpha}\boldsymbol{u}\cdot\Delta\boldsymbol{p}_\alpha\end{aligned}\tag{1-51}$$

下面利用微分碰撞截面来计算库仑作用下的平均动量变化率和平均动能变化率。设一个实验粒子 α 与大量场粒子 β 发生碰撞，引起动量和动能的变化。单位时间内，一个实验粒子 α 与密度为 n_β 的场粒子发生碰撞，被散射到 (θ,φ) 方向立体角 $\mathrm{d}\Omega$ 内的碰撞次数为 $n_\beta\boldsymbol{u}\sigma(\theta,\varphi)\mathrm{d}\Omega$。

单位时间内实验粒子动量总变化应为所有两体碰撞产生变化的叠加：

$$\frac{\mathrm{d}\boldsymbol{P}_\alpha}{\mathrm{d}t}=n_\beta u\int\Delta\boldsymbol{p}_\alpha\sigma(\theta,\varphi)\mathrm{d}\Omega \tag{1-52}$$

碰撞前后相对速度的方向变化 θ，即

$$\Delta\boldsymbol{u}=u\sin\theta\boldsymbol{n}-(1-\cos\theta)\boldsymbol{u}=u\sin\theta\boldsymbol{n}-2\sin^2(\theta/2)\boldsymbol{u} \tag{1-53}$$

式中，$\boldsymbol{n}$ 为沿垂直于速度 $\boldsymbol{u}$ 方向的单位矢量。

把式(1-53)代入式(1-47)得 α 粒子动量的变化量为

$$\Delta\boldsymbol{p}_\alpha=\mu u\sin\theta\boldsymbol{n}-2\mu\boldsymbol{u}\sin^2(\theta/2) \tag{1-54}$$

动量变化率为

$$\frac{\mathrm{d}\boldsymbol{p}_\alpha}{\mathrm{d}t}=-4\pi n_\beta\mu u\boldsymbol{u}\int\sin^2(\theta/2)\sigma(\theta,u)\sin\theta\mathrm{d}\theta \tag{1-55}$$

卢瑟福散射截面为

$$\sigma(\theta,u)=\left(\frac{q_\alpha q_\beta}{8\pi\varepsilon_0\mu u^2}\right)^2\frac{1}{\sin^4(\theta/2)} \tag{1-56}$$

将式(1-56)代入式(1-55)得

$$\frac{\mathrm{d}\boldsymbol{p}_\alpha}{\mathrm{d}t}=-\frac{n_\beta(q_\alpha q_\beta)^2\boldsymbol{u}}{16\pi\varepsilon_0^2\mu u^3}\int\frac{\sin\theta}{\sin^2(\theta/2)}\mathrm{d}\theta \tag{1-57}$$

其中积分因子为

$$L_c=\int_0^\pi\frac{\sin\theta}{\sin^2(\theta/2)}\mathrm{d}\theta=4\ln[\sin(\theta/2)]\Big|_0^\pi\to\infty \tag{1-58}$$

积分因子发散是因为库仑力为长程作用，碰撞参量 b 可以到无限大，而偏转角 $\theta\to0$。实际上两体作用必须考虑电荷屏蔽效应。如果把德拜距离以外的电场当作零，即在 $b=\lambda_D$ 处把相互作用截断。于是把 $b=\lambda_D$ 时的偏转角 $\theta=\theta_{\min}$ 作为积分下限，这时，有

$$\tan\left(\frac{\theta_{\min}}{2}\right)=b_0/\lambda_D \tag{1-59}$$

小角度偏转时，$\theta_{\min}\approx 2b_0/\lambda_D$。积分因子为

$$L_c=4\ln[\sin(\theta/2)]\big|_{\theta_{\min}}^{\pi}=-4\ln[\sin(\theta_{\min}/2)]=4\ln(\lambda_D/b_0)=4\ln\Lambda \tag{1-60}$$

式中，等离子体参数 $\Lambda=\lambda_D/b_0$。

这时，动量变化量为

$$\frac{\mathrm{d}\boldsymbol{p}_\alpha}{\mathrm{d}t}=-\frac{n_\beta\,(q_\alpha q_\beta)^2\boldsymbol{u}}{4\pi\varepsilon_0^2\mu u^3}\ln\Lambda \tag{1-61}$$

若场粒子 β 满足分布 $f(\boldsymbol{v}_\beta)$，则平均动量变化率为

$$\left\langle\frac{\mathrm{d}\boldsymbol{p}_\alpha}{\mathrm{d}t}\right\rangle_\beta=-\frac{(q_\alpha q_\beta)^2}{4\pi\varepsilon_0^2\mu}\int\frac{\boldsymbol{u}}{u^3}\ln\Lambda f(\boldsymbol{v}_\beta)\mathrm{d}\boldsymbol{v}_\beta \tag{1-62}$$

$\ln\Lambda$ 对 $\boldsymbol{u}$ 值的变化不灵敏，通常用其平均值 $\overline{\ln\Lambda}$ 代替，直接移到积分号外得

$$\left\langle\frac{\mathrm{d}\boldsymbol{p}_\alpha}{\mathrm{d}t}\right\rangle_\beta=-\frac{(q_\alpha q_\beta)^2}{4\pi\varepsilon_0^2\mu}\,\overline{\ln\Lambda}\int\frac{\boldsymbol{u}}{u^3}f(\boldsymbol{v}_\beta)\mathrm{d}\boldsymbol{v}_\beta \tag{1-63}$$

由式(1-51)得动能变化率为

$$\left\langle\frac{\mathrm{d}\varepsilon_\alpha}{\mathrm{d}t}\right\rangle_\beta=\boldsymbol{v}_\alpha\cdot\left\langle\frac{\mathrm{d}\boldsymbol{p}_\alpha}{\mathrm{d}t}\right\rangle_\beta-\frac{\mu}{m_\alpha}\left\langle\boldsymbol{u}\cdot\frac{\mathrm{d}\boldsymbol{p}_\alpha}{\mathrm{d}t}\right\rangle_\beta \tag{1-64}$$

将式(1-64)代入式(1-63)得

$$\left\langle\frac{\mathrm{d}\varepsilon_\alpha}{\mathrm{d}t}\right\rangle_\beta=-\frac{(q_\alpha q_\beta)^2}{4\pi\varepsilon_0^2}\,\overline{\ln\Lambda}\int\left(\frac{\boldsymbol{v}_\alpha\cdot\boldsymbol{u}}{\mu u^3}-\frac{1}{m_\alpha u}\right)f(\boldsymbol{v}_\beta)\mathrm{d}\boldsymbol{v}_\beta \tag{1-65}$$

给出场粒子分布 $f(\boldsymbol{v}_\beta)$，就可以计算以上具体结果。

另外，

$$\begin{cases}\boldsymbol{E}(\boldsymbol{v}_\alpha)=\dfrac{1}{4\pi\varepsilon_0}\displaystyle\int\frac{\boldsymbol{v}_\alpha-\boldsymbol{v}_\beta}{|\boldsymbol{v}_\alpha-\boldsymbol{v}_\beta|^3}\rho(\boldsymbol{v}_\beta)\mathrm{d}\boldsymbol{v}_\beta\\[2ex]\phi(\boldsymbol{v}_\alpha)=\dfrac{1}{4\pi\varepsilon_0}\displaystyle\int\frac{1}{|\boldsymbol{v}_\alpha-\boldsymbol{v}_\beta|}\rho(\boldsymbol{v}_\beta)\mathrm{d}\boldsymbol{v}_\beta\end{cases} \tag{1-66}$$

式中，$\rho(\boldsymbol{v}_\beta)=\dfrac{(q_\alpha q_\beta)^2}{\varepsilon_0}f(\boldsymbol{v}_\beta)$。可得

$$\left\langle\frac{\mathrm{d}\boldsymbol{p}_\alpha}{\mathrm{d}t}\right\rangle=-\frac{1}{\mu}\overline{\ln\Lambda}\boldsymbol{E}(\boldsymbol{v}_\alpha) \tag{1-67}$$

$$\left\langle\frac{\mathrm{d}\varepsilon_\alpha}{\mathrm{d}t}\right\rangle=-\overline{\ln\Lambda}\left[\frac{\boldsymbol{v}_\alpha\cdot\boldsymbol{E}(\boldsymbol{v}_\alpha)}{\mu}-\frac{\phi(\boldsymbol{v}_\alpha)}{m_\alpha}\right] \tag{1-68}$$

若场粒子 β 为各向同性，且服从麦克斯韦分布：

$$f(\boldsymbol{v}_\beta)\equiv f(v_\beta)=n_\beta\,(\sqrt{\pi}v_{\beta,T})^{-3}\exp[-(v_\beta/v_{\beta,T})^2] \tag{1-69}$$

可得

$$\left\langle\frac{\mathrm{d}\boldsymbol{p}_\alpha}{\mathrm{d}t}\right\rangle_\beta=-\frac{n_\beta\,(q_\alpha q_\beta)^2\boldsymbol{v}_\alpha}{4\pi\varepsilon_0^2\mu v_\alpha^3}\overline{\ln\Lambda}\Phi_1(v_\alpha/v_{\beta,T}) \tag{1-70}$$

$$\left\langle \frac{d\varepsilon_\alpha}{dt} \right\rangle = -\frac{n_\beta (q_\alpha q_\beta)^2}{4\pi\varepsilon_0^2 \mu v_\alpha}\overline{\ln\Lambda}\left[\Phi_1(v_\alpha/v_{\beta,T}) - \frac{\mu}{m_\alpha}\Phi(v_\alpha/v_{\beta,T})\right] \tag{1-71}$$

式中，$\Phi(x)$为误差函数：

$$\Phi(x) = \frac{2}{\sqrt{\pi}}\int_0^x \exp(-\xi^2)d\xi \tag{1-72}$$

$$\Phi_1(x) = \frac{4}{\sqrt{\pi}}\int_0^x \xi^2\exp(-\xi^2)d\xi = \Phi(x) - \frac{2x}{\sqrt{\pi}}\exp(-x^2) \tag{1-73}$$

3. 弛豫时间

实验粒子α和场离子β通过库仑碰撞交换能量，若实验粒子也满足温度为T_α的麦克斯韦分布，对式(1-71)求平均得

$$\left\langle \frac{d\varepsilon_\alpha}{dt} \right\rangle_{\beta_\alpha} = -\frac{n_\beta (q_\alpha q_\beta)^2 \overline{\ln\Lambda}}{2\pi\varepsilon_0^2 \sqrt{2\pi} m_\alpha m_\beta}\left(\frac{T_\alpha}{m_\alpha} + \frac{T_\beta}{m_\beta}\right)^{-3/2}(T_\alpha - T_\beta) \tag{1-74}$$

定义能量弛豫时间τ_ε为

$$\left\langle \frac{d\varepsilon_\alpha}{dt} \right\rangle_{\beta\alpha} = -\frac{3}{2}(T_\alpha - T_\beta)/\tau_\varepsilon \tag{1-75}$$

可得

$$\tau_\varepsilon = \frac{\sqrt{2\pi}\cdot 3\pi\varepsilon_0^2 m_\alpha m_\beta}{n_\beta (q_\alpha q_\beta)^2 \overline{\ln\Lambda}}\left(\frac{T_\alpha}{m_\alpha} + \frac{T_\beta}{m_\beta}\right)^{3/2} \tag{1-76}$$

当电子-电子、电子-离子、离子-离子碰撞时，可以得到它们的能量弛豫时间为

$$\begin{cases} \tau_\varepsilon^{ee} \approx \dfrac{\sqrt{2\pi m_e}\cdot 6\pi\varepsilon_0^2 T_e^{3/2}}{n_e e^4 \ln\Lambda} \\ \tau_\varepsilon^{ii} \approx \dfrac{\sqrt{2\pi m_i}\cdot 6\pi\varepsilon_0^2 T_i^{3/2}}{n_i z^4 e^4 \ln\Lambda} \\ \tau_\varepsilon^{ei} \approx \dfrac{\sqrt{2\pi}\cdot 3\pi\varepsilon_0^2 m_e^{-1/2} m_i T_e^{3/2}}{n_i z^2 e^4 \ln\Lambda} \end{cases} \tag{1-77}$$

当$z=1$，$T_i=T_e$时，上述时间的比值为

$$\tau_\varepsilon^{ee} : \tau_\varepsilon^{ii} : \tau_\varepsilon^{ei} \approx 1 : \sqrt{m_i/m_e} : m_i/m_e \tag{1-78}$$

由此可见，电子达到热平衡的时间最短，离子次之，电子-离子间达到平衡时间最长，过程最慢。

1.2.2　非弹性碰撞

两个粒子的非弹性碰撞，按照参与粒子的种类，可分为电子-离子作用、离子-离子作用碰撞、光子-离子作用、光子-电子作用等。下面对上述过程分别进行介

绍,主要过程如图 1-5 所示。

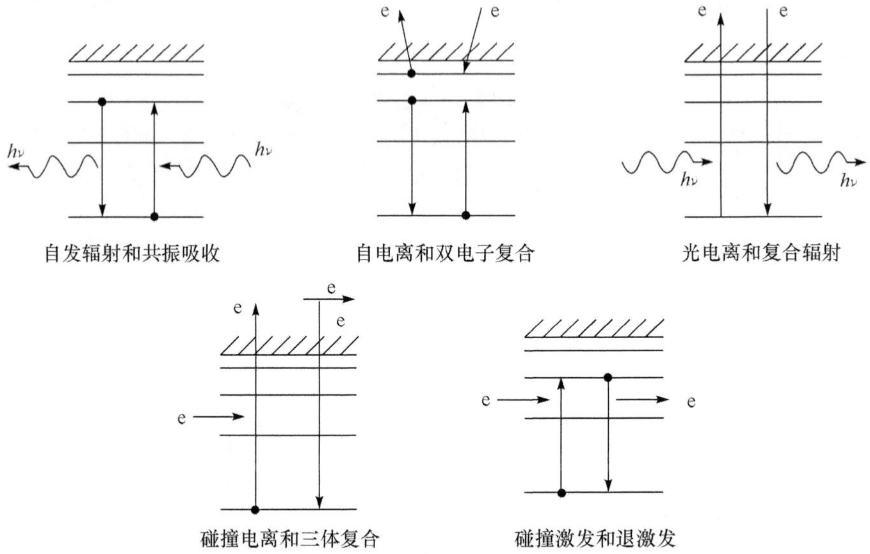

图 1-5　非弹性碰撞的过程

1. 电子引起的非弹性碰撞

电子和离子发生非弹性碰撞,使得离子发生电离、复合或激发、退激发的过程。

电子碰撞电离过程是自由电子和离子作用,将束缚电子变成自由电子。

$$S^{\zeta}(m)+\mathrm{e}\longrightarrow S^{\zeta+1}(m')+\mathrm{e}+\mathrm{e}$$

其逆过程是三体复合(电子碰撞复合)过程,两个自由电子同时和离子作用,其中一个电子被离子俘获,而第二个电子带走剩余的能量。

$$S^{\zeta+1}(m')+\mathrm{e}+\mathrm{e}\longrightarrow S^{\zeta}(m)+\mathrm{e}$$

若一个自由电子被离子俘获后,多余的能量以辐射光子的形式释放出去,这个过程称为辐射复合过程,它的逆过程是光电离。

$$S^{\zeta+1}+\mathrm{e}\longrightarrow S^{\zeta}(m)+h\nu$$

若一个自由电子被离子俘获后,释放的能量被一个束缚电子吸收,使得基态电子被激发形成高激发态,从而形成双激发态的离子,这个过程称为双电子复合。

$$S^{\zeta+1}_{(m')}(i)+\mathrm{e}\longrightarrow S^{\zeta}(nl)$$

若自由电子在离子周围损失能量,将一个束缚电子从低能态激发至高能态,则称为电子碰撞激发。

$$S^{\zeta}(m')+\mathrm{e}\longrightarrow S^{\zeta}(m)+\mathrm{e}$$

电子碰撞激发的逆过程是自由电子在激发态离子周围,引起离子从高能态退激发至低能态，电子将带走多余的能量，称为电子碰撞退激发。

$$S^{\zeta}(m)+e\longrightarrow S^{\zeta}(m')+e$$

2. 光子引起的非弹性碰撞

光子与离子发生非弹性相互作用，使得粒子激发或电离。辐射场中能量恰好为两个电离态离子能量差的光子被离子吸收，将其从低能级激发至高能级，这个过程称为共振光吸收，是自发辐射的逆过程。

$$S^{\zeta}(m')+h\nu\longrightarrow S^{\zeta}(m)$$

此外，若离子吸收一个光子后发生电离，这个过程称为光电离，是辐射复合的逆过程。

$$S^{\zeta}(m)+h\nu\longrightarrow S^{\zeta+1}(m')+e$$

光子与电子发生非弹性相互作用包括轫致辐射和逆轫致辐射。轫致辐射是离子附近的电子被离子的库仑场加速，辐射出光子。

$$S^{\zeta}(m)+e\longrightarrow S^{\zeta}(m')+e+h\nu$$

逆轫致辐射是轫致辐射的逆过程，离子附近运动的电子从辐射场中吸收光子。

$$S^{\zeta}(m)+e+h\nu\longrightarrow S^{\zeta}(m)+e$$

3. 离子的作用

离子-离子的非弹性碰撞，可以电离、复合、激发或退激发一个或者全部相互作用的离子。上面每一个电子-离子相互作用就相对应地有一个离子-离子的过程，此外还包括以下过程。

电荷交换：两个离子相遇时，电子由一个离子转移至另一个离子，从而引起电荷的重新分配，这对稳态等离子体的影响可以忽略。

$$S^{\zeta}+S'^{\zeta'}\longrightarrow S^{\zeta+1}+S'^{\zeta'-1}$$

潘宁电离：激发态原子或分子 S' 和靶原子或分子 S 碰撞后使 S 发生电离，只有当靶原子的电离能低于 S' 原子或分子的激发能时才可能发生。

$$S+S'^{*}\longrightarrow S^{+1}+S'+e$$

例如，He 原子两个激发态的激发能是 19.8eV 和 20.6eV，电离能是 24.5eV。这两个激发态能量大于 Ar 原子的电离能 15.8eV。

结合电离：两个气态原子或分子碰撞后发生化学反应，并形成电子。化学反应释放的能量转移给电子，当这个能量大于电离能时发生电离，通常碰撞粒子处于激发态。

在热等离子体中，通常离子-离子过程的速率远小于电子-离子过程，因而在等离子体谱的计算中可以忽略。

除了两体作用,激发态离子不与其他粒子相互作用而直接变为低能级的过程。其中,自发辐射是激发态退激发至较低的能级,产生一个光子,光子的能量等于高能级和低能级的能量差值。

$$S^{\zeta}(m)\longrightarrow S^{\zeta}(m')+h\nu$$

另一个过程是自电离,初态为双激发态的离子,即两个电子都位于激发的壳层内。这种双激发态的离子主要是通过双电子复合过程产生的,也可以通过两个电子的级联激发,或者一个电子的双激发产生。在自电离的过程中,一个激发态的电子退激发至低能级,主要是基态,第二个电子把这部分退激发的能量拿走后电离成自由电子。只有当初态时两个激发电子的能量之和大于离子的电离能才可能发生自电离。

$$S^{\zeta}(nl)\longrightarrow S^{\zeta+1}(i)+\mathrm{e}$$

在热等离子体中,还包括多体作用,以及双激发态和电离过程。这些复杂的过程在一些特殊的条件下才变得重要。

1.3 电离平衡模型及辐射谱

等离子体中的电离复合过程将决定不同电离度的丰度,等离子体中各电离度离子的丰度与等离子体热力学参数(电子密度、电子温度)密切相关。下面将讨论由等离子体参数描述其电离度分布的物理模型[4]。

1.3.1 热力学平衡模型

热力学平衡(thermodynamic equilibrium,TE)模型描述的是平衡态的等离子体,等离子体中的每一个原子过程和它的逆过程达到平衡,即为细致平衡。这时,等离子体中的物理状态可以由有限的热力学参数,如温度和密度来描述。当温度为 T 时,数密度分布由玻尔兹曼统计和萨哈电离平衡分布决定。

电离度为 ζ,能级 m 的能态的数密度为

$$n_{\zeta m}=\frac{N_{\zeta}}{Z_{\zeta}(T)}g_{\zeta m}\exp\left(-\frac{E_{\zeta m}}{k_{\mathrm{B}}T}\right) \tag{1-79}$$

式中,N_{ζ} 为电离度 ζ 的总离子数;$g_{\zeta m}$ 为简并能级的简并度;$E_{\zeta m}$ 为相对于基态的激发能;Z_{ζ} 为配分函数,$Z_{\zeta}=\sum_{m'}g_{\zeta m'}\exp\left(-\frac{E_{\zeta m'}}{k_{\mathrm{B}}T}\right)$。

两个相邻电离态离子的相对丰度由萨哈电离方程决定,电离度 ζ 和 $\zeta+1$ 离子基态能级的数密度满足

$$n_{\zeta 0}=\frac{n_{\zeta+10}n_{e}}{2}\frac{g_{\zeta 0}}{g_{\zeta+10}}\left(\frac{h^{2}}{2\pi m_{e}k_{B}T}\right)^{3/2}\exp\left(-\frac{E_{I\zeta}}{k_{B}T}\right) \tag{1-80}$$

式中，$E_{I\zeta}$为 ζ 离子到 $\zeta+1$ 离子的电离能。

等离子体中的辐射场是均匀且各向同性的。在温度为 T 时，辐射场强度由普朗克方程描述：

$$B_{\nu}(T)=\frac{2h\nu^{3}}{c^{2}}\frac{1}{\exp(h\nu/k_{B}T)-1} \tag{1-81}$$

式中，ν 为辐射频率。对于实验室等离子体，碰撞过程通常满足细致平衡，辐射过程却通常不满足。即使在一定的光谱范围内满足细致平衡，但是总存在不同能量光子间的能量转移和等离子体的辐射损失。因此实验室等离子体很少满足热力学平衡。

当辐射过程不服从细致平衡时，等离子体中的数密度分布用局域热力学平衡(local thermodynamic equilibrium，LTE)模型来描述。这时，离子的数密度分布由玻尔兹曼方程和萨哈电离方程来描述，自由电子分布由麦克斯韦方程来描述。然而，辐射场不是普朗克分布，依赖于局域等离子体中离子的数密度分布和跃迁概率。

密度较高、温度较低的实验室等离子体通常服从 LTE 分布，这时等离子体中的碰撞过程远比辐射过程重要，辐射过程不影响离子数密度的分布。这里需要指出的是：碰撞过程依赖于局域等离子体的参数，而辐射过程是非局域的，它同时依赖于其他空间位置处的数密度分布。局域热平衡等离子体中，碰撞过程起主导作用，任何时刻等离子体的数密度分布由局域等离子体参数决定，即玻尔兹曼统计和萨哈方程。

在非局域热平衡的等离子体中，总可能找到一些能级的碰撞跃迁过程远大于辐射跃迁过程。这些能级称为处于部分局域热平衡，响应的等离子体称为部分局域热平衡等离子体。这些能级分布也可用玻尔兹曼和萨哈方程来描述。

1.3.2　日冕模型

当电子密度较低时，通常对应天体等离子体的情况，如太阳的日冕，等离子体的分布由日冕模型描述。电子密度很低以至于碰撞退激发和三体复合过程并不显著。碰撞电离和激发与辐射复合和自发辐射过程达到平衡。也就是说，激发态的数密度通过碰撞激发和自发辐射达到平衡，基态离子的数密度由碰撞电离和辐射复合及双电子复合达到平衡。

由于碰撞激发的速率远小于自发辐射的速率，因此激发态能级的数密度可以忽略。日冕模型中的自由电子通常满足麦克斯韦分布。

日冕模型仅适用于电子密度较低的情况，当碰撞退激发的速率比自发辐射的速率大时，日冕模型并不适用。

对于氢离子，满足日冕模型的一个必要条件是

$$n_e(\text{cm}^{-3}) \leqslant 5.6\times10^8(\zeta+1)T_e(\text{eV})^{1/2}\exp\left[\frac{1.162\times10^3(\zeta+1)^2}{T_e}\right] \tag{1-82}$$

式中，ζ 为离子电离度。

1.3.3 碰撞辐射模型

与局域热力学平衡模型不同，碰撞辐射模型中，空间某处的数密度分布不只是依赖于局域的等离子体参数，而是由具有局域特征的碰撞过程和具有非局域特征的辐射过程共同决定。与日冕模型不同，碰撞退激发和逐级碰撞过程影响数密度分布。碰撞辐射模型已经广泛应用于实验室非平衡等离子体的分析，如激光产生的惯性约束聚变等离子体，粒子束产生的等离子体、箍缩等离子体，磁约束聚变等离子体，天体等离子体等。

在碰撞辐射模型中，粒子数密度通过求解多能级且自洽考虑辐射场作用的速率方程得到。辐射场由辐射输运方程计算得到，对数密度的计算将引入非局域等离子体的贡献。由于辐射过程非局域的特定性，即使对于等离子体参数（温度、密度）均匀分布的等离子体，数密度的分布仍可能具有空间梯度。

每个能级的速率方程是通过各碰撞辐射过程的反应速率决定的。反应速率系数是从原子物理代码计算得到的，近年来随着计算机计算能力的提高以及更精确的实验数据，原子数据的准确性得到了极大改进。计算辐射过程速率所需的辐射场是通过求解辐射输运方程得到的。求解辐射输运方程需要知道分布函数，因此碰撞辐射模型的速率方程和辐射输运方程需要自洽地求解。

速率方程为

$$\frac{\mathrm{d}n_m^\zeta}{\mathrm{d}t} = \sum_{m'\neq m} n_{m'}W_{m'm} - n_m^\zeta \sum_{m'\neq m} W_{mm'} \tag{1-83}$$

方程右边第一项和第二项分别对 n_m^ζ 的产生和消失过程求和。各离子能态的数密度在速率方程中互相耦合，构成方程组。若布居数分布不随时间变化，即 $\mathrm{d}n_m^\zeta/\mathrm{d}t=0$，微分方程组退化为线性方程组。求解该线性方程组，可以得到各离子各能态的密度。

碰撞辐射模型中考虑的原子过程分为激发和电离两部分。激发过程有光激发（photoexcitation，PE）和电子碰撞激发（collisional excitation，CE），它们的逆过程是自辐射（spontaneous/stimulated emission）及电子碰撞退激发（collisional de-excitation，CDE）；电离过程有光电离（photoionization，PI）、电子碰撞电离（collisional ionization,CI)和自电离(autoionization,AI),它们的逆过程为辐射复合(radiative recombination,RR)、三体复合(3-body recombination,TBR)和双电子复合(dielectronic recombination,DR)。这些过程的反应方程及其速率见表 1-1。

表中,ζ 和 $\zeta+1$ 表示电离度;m 和 m' 表示能级;(nl) 表示双激发态;$N_{\rightarrow}$ 和 $N_{\leftarrow}$ 表示正过程和逆过程的反应速率;n_e 为电子密度;n_m^ζ 为 ζ 电离态 m 能级的离子密度;$A_{mm'}$ 为从 m 能级到 m' 能级的自发辐射跃迁速率($m>m'$);$B_{mm'}$ 为受激辐射跃迁速率;$B_{m'm}$ 为光致激发速率;J_ν 为光子为 ν 的辐射场能量密度;$X_{mm'}$ 为从 m 能级到 m' 能级的碰撞激发率系数;$S_{mm'}^\zeta$ 为从 ζ 电离态 m 能级到 $\zeta+1$ 电离态 m' 能级的碰撞电离率系数;$Q_{m'm}^{\zeta+1}$ 为从 $\zeta+1$ 电离态 m' 能级到 ζ 电离态 m 能级的复合率系数;A_a^ζ 表示自电离率系数;$R_d^{\zeta+1}$ 为双电子复合率系数。

表 1-1　碰撞辐射模型过程的方程及其速率

过程名称	反应方程	正过程速率	逆过程速率
辐射跃迁-光激发	$S^\zeta(m)\Longleftrightarrow S^\zeta(m')+h\nu$	$N_{\rightarrow}=n_m(A_{mm'}+J_\nu B_{mm'})$	$N_{\leftarrow}=n_{m'}J_\nu B_{m'm}$
电子碰撞退激发-激发	$S^\zeta(m)+e\Longleftrightarrow S^\zeta(m')+e$	$N_{\rightarrow}=n_m n_e X_{mm'}(T_e)$	$N_{\leftarrow}=n_{m'}n_e X_{m'm}(T_e)$
光电离-复合辐射	$S^\zeta(m)+h\nu\Longleftrightarrow S^{\zeta+1}+e$	$N_{\rightarrow}=n_m^\zeta J_\nu\beta_m^\zeta$	$N_{\leftarrow}=n_e n^{\zeta+1}\alpha_{m'}^{\zeta+1}(T_e)$
电子碰撞电离-三体复合	$S^\zeta(m)+e\Longleftrightarrow S^{\zeta+1}(m')+e+e$	$N_{\rightarrow}=n_m^\zeta n_e S_{mm'}^\zeta(T_e)$	$N_{\leftarrow}=n_{m'}^{\zeta+1}n_e^2 Q_{m'm}^{\zeta+1}(T_e)$
自电离-双电子复合	$S^\zeta(nl)\Longleftrightarrow S^{\zeta+1}(i)+e$	$N_{\rightarrow}=n_{nl}^\zeta A_a^\zeta$	$N_{\leftarrow}=n_e n_i^{\zeta+1}R_d^{\zeta+1}$

1.3.4　等离子体辐射谱

等离子体辐射由线辐射和连续辐射构成,辐射强度和谱分布依赖于等离子体的温度密度等参数。其中线辐射由自发辐射过程产生,连续谱辐射由辐射复合过程和韧致辐射过程构成。

定义谱发射率 $\varepsilon(\boldsymbol{r},\nu,t)$ 为在 ν 附近的单位频率范围内,单位体积等离子体在单位时间内向单位立体角辐射的能量。

线辐射发射率为

$$\varepsilon_\nu^{bb}=n_m A_{mm'}h\nu_{mm'}\phi(\nu)/4\pi \tag{1-84}$$

式中,n_m 为 m 能级的数密度;$h\nu_{mm'}$ 为辐射光子的能量,等于能级 m 和 m' 的能量差,$m>m'$。其中,$\phi(\nu)$ 为线型函数,通常为 Vogit 函数,它是热运动引起的多普勒展宽和有限寿命引起的洛伦兹展宽的卷积。

辐射产生后在等离子体中输运,能量为 $h\nu$ 的光子的平均自由程记为等离子体不透明度。线辐射的吸收过程为受激辐射,其不透明度为

$$\kappa_\nu^{bb}=\frac{\pi e^2}{mc}n_{m'}\left(1-\frac{n_m g_{m'}}{n_{m'}g_m}\right)f_{mm'}\phi(\nu) \tag{1-85}$$

式中，$f_{mm'}$ 为跃迁的吸收振子强度。

电离度 $\zeta+1$ 离子至 ζ 离子的辐射复合谱发射率为

$$\varepsilon_\nu^{\mathrm{bf}}=2.41\times10^{-35}n_{\zeta+1}n_{\mathrm{e}}\frac{g_\zeta}{g_{\zeta+1}}\frac{E_{\mathrm{I}\zeta}^{5/2}}{T_{\mathrm{e}}^{3/2}Z}\exp[(E_{\mathrm{I}\zeta}-h\nu)/T_{\mathrm{e}}]G \tag{1-86}$$

式中，辐射光子能量 $h\nu>E_{\mathrm{I}\zeta}$；G 为 Gaunt 因子。

辐射复合不透明度为

$$\kappa_\nu^{\mathrm{bf}}=4.13\times10^{26}\frac{n_\zeta E_{\mathrm{I}\zeta}^{5/2}}{Z\nu^3}G\left\{1-1.66\times10^{-22}\frac{n_{\zeta+1}}{n_\zeta}\frac{g_\zeta}{g_{\zeta+1}}\frac{n_{\mathrm{e}}}{T_{\mathrm{e}}^{3/2}}\exp[(E_{\mathrm{I}\zeta}-h\nu)/T_{\mathrm{e}}]\right\} \tag{1-87}$$

韧致辐射谱发射率为

$$\varepsilon_\nu^{\mathrm{ff}}=1.22\times10^{-33}\frac{n_{\mathrm{e}}}{T_{\mathrm{e}}^{1/2}}\sum n_\zeta\zeta^2\exp(-h\nu/T_{\mathrm{e}}) \tag{1-88}$$

不透明度为

$$\kappa_\nu^{\mathrm{ff}}=3.43\times10^{6}\frac{N_{\mathrm{e}}}{T_{\mathrm{e}}^{1/2}}\sum\frac{n_\zeta\zeta^2}{\nu^3}\exp(-h\nu/T_{\mathrm{e}}) \tag{1-89}$$

若不考虑外部辐射场的影响，式(1-83)速率方程中的速率系数是麦克斯韦电子温度 T_{e}、密度 n_{e} 及反应初末态的函数。所以只要给定原子序数 N、电子温度 T_{e} 及密度 n_{e}，就能得到等离子体各能态的密度，由此计算谱发射率和吸收系数。

实验测量得到辐射谱强度 $I(\boldsymbol{r},\boldsymbol{n},\nu,t)$ 定义为空间 $\boldsymbol{r}$ 处，在 $\mathrm{d}t$ 的时间间隔内，频率在$(\nu,\nu+\mathrm{d}\nu)$范围内的光子通过单位面元 $\mathrm{d}\boldsymbol{S}$ 沿着方向 $\boldsymbol{n}$ 进入立体角 $\mathrm{d}\Omega$ 的能量为 $\mathrm{d}E$ 的函数。

$$\mathrm{d}E=I(\boldsymbol{r},\boldsymbol{n},\nu,t)\boldsymbol{n}\cdot\mathrm{d}\boldsymbol{S}\mathrm{d}\Omega\mathrm{d}\nu\mathrm{d}t \tag{1-90}$$

谱发射率 $\varepsilon(\boldsymbol{r},\nu,t)$ 与辐射谱强度 $I(\boldsymbol{r},\boldsymbol{n},\nu,t)$ 满足辐射输运方程：

$$\left[\frac{1}{c}\frac{\partial}{\partial t}+\boldsymbol{n}\cdot\nabla\right]I(\boldsymbol{r},\boldsymbol{n},\nu,t)=\varepsilon(\boldsymbol{r},\nu,t)-\kappa(\boldsymbol{r},\nu,t)I(\boldsymbol{r},\boldsymbol{n},\nu,t) \tag{1-91}$$

大多数实验室等离子体辐射强度随时间的变化小于其随空间的变化，因此常忽略辐射场随时间变化的影响。只考虑一维情况(z 方向)，辐射输运方程化简为

$$\mu\frac{\partial I(\mu,z,\nu)}{\partial z}=\varepsilon(z,\nu)-\kappa(z,\nu)I(\mu,z,\nu) \tag{1-92}$$

定义光学厚度为

$$\eta(z,\nu)=\int_z^{z_{\max}}\kappa(z',\nu)\mathrm{d}z' \tag{1-93}$$

定义源项函数为

$$S(z,\nu)=\varepsilon(z,\nu)/\kappa(z,\nu) \tag{1-94}$$

输运方程可写成

$$\mu \frac{\partial I(\mu,z,\nu)}{\partial \eta(z,\nu)}=S(z,\nu)-I(\mu,z,\nu) \tag{1-95}$$

1.4　等离子体描述方法

等离子体由大量的带电粒子组成，其动力学过程非常复杂。在德拜长度内，带电粒子间受到库仑作用引起的碰撞；在德拜长度外，则主要受到屏蔽库仑势引起的集体运动。当存在外部电磁场时，等离子体中的带电粒子受到电磁力的作用，而带电粒子的运动又将产生电磁场。因此，要精确描述等离子体的行为极其困难，只能根据不同条件和研究的问题，采用不同的近似方法，对等离子体进行描述。

1.4.1　单粒子轨道理论

单粒子轨道理论是讨论单个带电粒子在外部场力作用下的运动行为，基本方法是求解粒子的运动方程。单粒子轨道理论忽略粒子间的相互作用，也忽略带电粒子本身对电磁场的贡献，是一种近似方法，具有很大的局限性。但是该方法简单，物理图像直观，能较好地解释等离子体的许多性质。

1. 均匀恒定磁场中的回旋运动[2]

在均匀恒定磁场条件下，带电粒子受洛伦兹力作用，质量为 m，电荷量为 q 粒子的运动方程为

$$\frac{\mathrm{d}\boldsymbol{v}}{\mathrm{d}t}=\frac{q}{m}\boldsymbol{v}\times\boldsymbol{B} \tag{1-96}$$

或可写为

$$\frac{\mathrm{d}}{\mathrm{d}t}\left(\boldsymbol{v}+\frac{q}{m}\boldsymbol{B}\times\boldsymbol{r}\right)=0 \tag{1-97}$$

解得

$$\boldsymbol{v}=\boldsymbol{v}_0+\boldsymbol{\omega}_{\mathrm{c}}\times\boldsymbol{r} \tag{1-98}$$

式中，

$$\boldsymbol{\omega}_{\mathrm{c}}=-\frac{q\boldsymbol{B}}{m} \tag{1-99}$$

为粒子回旋频率。恒定磁场中，带电粒子的运动可分解为沿着磁场方向的直线运动和绕磁场的圆周运动。粒子运动的轨迹为围绕磁力线做等距的螺旋线运动，如图 1-6 所示。

粒子回旋运动半径

$$r_{\mathrm{L}}=\frac{v_{\perp}}{\omega_{\mathrm{c}}}=\frac{mv_{\perp}}{|q|B} \tag{1-100}$$

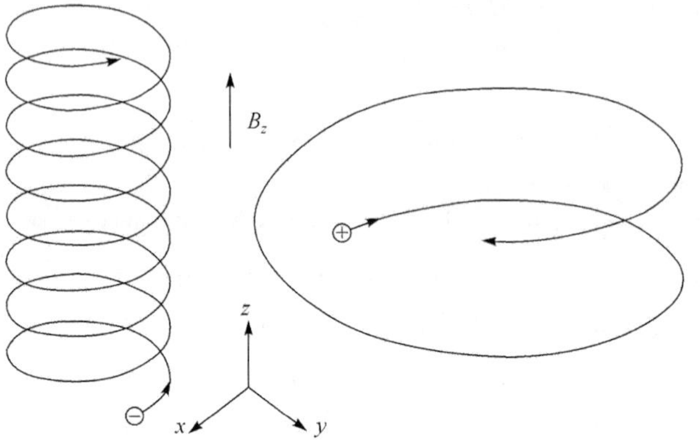

图 1-6　带电粒子在均匀磁场中做螺旋形运动

式中，r_L称为拉莫尔半径；$v_\perp$ 为粒子在垂直于磁场方向的速度。

由回旋频率式(1-99)可知，正负电荷的回旋运动方向相反。此外，不同核质比的粒子回旋频率不同，相同磁场时，电子的回旋频率大于离子。

带电粒子的回旋运动可视为一个电流环，定义磁矩 $\boldsymbol{\mu}$ 为电流环电流和其环绕面积的乘积：

$$\boldsymbol{\mu}=(\pi r_L^2)\left(\frac{q\boldsymbol{\omega}_c}{2\pi}\right)=-\frac{W_\perp}{B}\left(\frac{\boldsymbol{B}}{B}\right) \tag{1-101}$$

离子垂直于磁场方向的动能 $W_\perp=\dfrac{1}{2}mv_\perp^2$。

带电粒子的回旋运动产生磁场，该磁场方向与外加磁场的方向是相反的，将减弱外加磁场，表明等离子体是逆磁性的。

2. 外力(场)作用下导向中心的漂移[2]

回旋运动通常是磁场中粒子的基本运动，如果还有静电力或重力，或电磁场非均匀时，若外力的影响很小或磁场的不均匀性很小，这时粒子运动轨道与螺旋形运动轨道偏离不大，可以把粒子的运动近似地看成粒子回旋中心(导向中心)运动和绕回旋中心的回旋运动的合成，这种近似处理方法称为漂移近似。

漂移近似需要满足弱不均匀性条件：

(1) 回旋运动的特征尺寸(回旋半径) r_L 远小于磁场的非均匀性；

(2) 在一个回旋周期内回旋中心的漂移距离远小于回旋半径 r_L。

首先考虑均匀恒定磁场中运动的粒子，受到外力 $\boldsymbol{F}$ 的作用，运动方程为

$$m\frac{\mathrm{d}\boldsymbol{v}_\perp}{\mathrm{d}t}=q(\boldsymbol{v}_\perp\times\boldsymbol{B})+\boldsymbol{F} \tag{1-102}$$

定义

$$\boldsymbol{v}_{\perp}=\boldsymbol{v}_0+\boldsymbol{v}_{\mathrm{D}} \tag{1-103}$$

$\boldsymbol{v}_0$ 满足

$$\frac{\mathrm{d}\boldsymbol{v}_0}{\mathrm{d}t}=\boldsymbol{\omega}_{\mathrm{c}}\times\boldsymbol{v}_0 \tag{1-104}$$

把式(1-103)和式(1-104)代入式(1-102)得

$$\boldsymbol{\omega}_{\mathrm{c}}\times\boldsymbol{v}_{\mathrm{D}}=\frac{\boldsymbol{F}}{m} \tag{1-105}$$

可求得

$$\boldsymbol{v}_{\mathrm{D}}=\frac{\boldsymbol{\omega}_{\mathrm{c}}\times\boldsymbol{F}}{m\omega_{\mathrm{c}}^2} \tag{1-106}$$

即粒子的运动可以看成回旋运动 $\boldsymbol{v}_0$ 和回旋中心运动 $\boldsymbol{v}_{\mathrm{D}}$ 的合成。

重力作用引起的漂移为重力漂移，漂移速度 $\boldsymbol{v}_{\mathrm{DG}}$ 为

$$\boldsymbol{v}_{\mathrm{DG}}=\frac{m\boldsymbol{g}\times\boldsymbol{B}}{qB^2} \tag{1-107}$$

由式(1-107)可知，电子和离子的重力漂移方向相反，这将引起空间电荷分离，进而产生电场或者电流，如下图所示。实际上，由于引力相互作用远小于电磁相互作用，重力引起的漂移通常可以忽略。

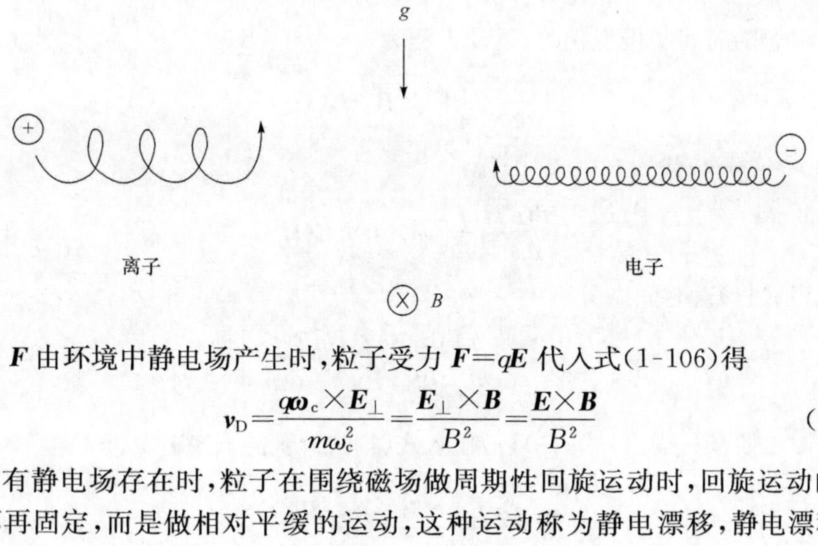

当 $\boldsymbol{F}$ 由环境中静电场产生时，粒子受力 $\boldsymbol{F}=q\boldsymbol{E}$ 代入式(1-106)得

$$\boldsymbol{v}_{\mathrm{D}}=\frac{q\boldsymbol{\omega}_{\mathrm{c}}\times\boldsymbol{E}_{\perp}}{m\omega_{\mathrm{c}}^2}=\frac{\boldsymbol{E}_{\perp}\times\boldsymbol{B}}{B^2}=\frac{\boldsymbol{E}\times\boldsymbol{B}}{B^2} \tag{1-108}$$

当有静电场存在时，粒子在围绕磁场做周期性回旋运动时，回旋运动的回旋中心不再固定，而是做相对平缓的运动，这种运动称为静电漂移，静电漂移速度 $\boldsymbol{v}_{\mathrm{DE}}$ 为

$$\boldsymbol{v}_{\mathrm{DE}}=\frac{\boldsymbol{E}\times\boldsymbol{B}}{B^2} \tag{1-109}$$

静电漂移运动与粒子电荷、质量都无关，是等离子体整体的平移运动。

在静电场作用下，粒子的回旋运动发生了变化，当回旋运动方向与电场方向相

同时，粒子会受到静电场加速，回旋运动的曲率半径增加；反之，曲率半径减小，因而在一个周期后粒子的运动轨迹不闭合，形成了漂移运动，如图 1-7 所示。

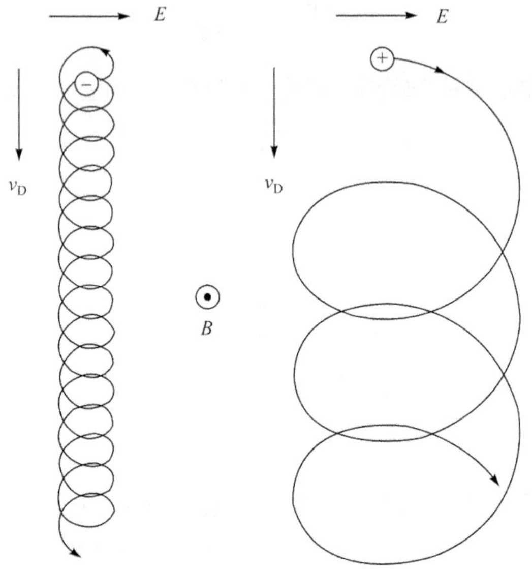

图 1-7　带电粒子的电场漂移

当电场随时间缓慢变化时，运动方程为

$$\frac{\mathrm{d}\boldsymbol{v}}{\mathrm{d}t}=\frac{q}{m}[\boldsymbol{v}\times\boldsymbol{B}+\boldsymbol{E}(t)] \tag{1-110}$$

把 $\boldsymbol{v}=\boldsymbol{v}_0+\boldsymbol{v}_D$ 代入式(1-110)得

$$\frac{\mathrm{d}\boldsymbol{v}_D}{\mathrm{d}t}=\frac{q}{m}[\boldsymbol{v}_D\times\boldsymbol{B}+\boldsymbol{E}(t)] \tag{1-111}$$

式(1-111)对时间微分得

$$\frac{\mathrm{d}^2\boldsymbol{v}_D}{\mathrm{d}t^2}=\frac{q}{m}\left[\frac{\mathrm{d}\boldsymbol{v}_D}{\mathrm{d}t}\times\boldsymbol{B}+\frac{\mathrm{d}\boldsymbol{E}(t)}{\mathrm{d}t}\right] \tag{1-112}$$

忽略二阶项$\frac{\mathrm{d}^2\boldsymbol{v}_D}{\mathrm{d}t^2}$，将式(1-111)代入式(1-112)消除$\frac{\mathrm{d}\boldsymbol{v}_D}{\mathrm{d}t}$得

$$\boldsymbol{v}_D=\frac{\boldsymbol{E}(t)\times\boldsymbol{B}}{B^2}+\frac{m}{qB^2}\frac{\mathrm{d}\boldsymbol{E}(t)}{\mathrm{d}t} \tag{1-113}$$

除了静电场漂移，新引入的漂移速度与电荷的符号有关，电子和离子的漂移速度方向相反，漂移方向与电场方向一致。这种漂移会引起电荷极化并产生极化电流，故称为极化漂移，如图 1-8 所示。

假设离子电离度为 1，可以得到极化电流为

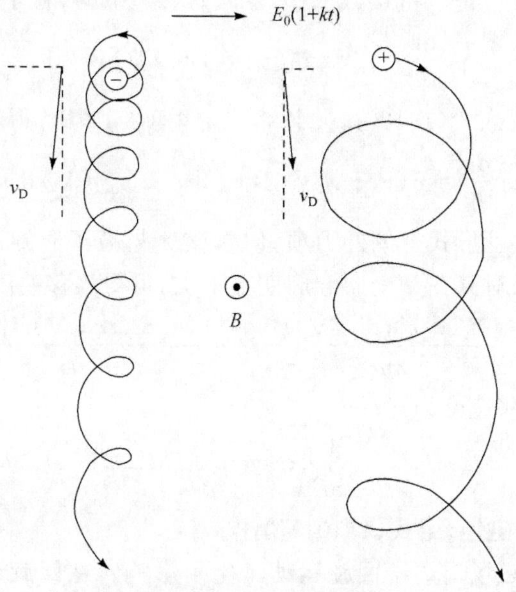

图 1-8　带电粒子的极化漂移($k>0$)

$$\boldsymbol{j}_{\mathrm{P}}=ne(\boldsymbol{v}_{\mathrm{Pi}}-\boldsymbol{v}_{\mathrm{Pe}})=\frac{n(m_{\mathrm{i}}+m_{\mathrm{e}})}{B^2}\frac{\mathrm{d}\boldsymbol{E}}{\mathrm{d}t}=\frac{\rho_{\mathrm{M}}}{B^2}\frac{\mathrm{d}\boldsymbol{E}}{\mathrm{d}t} \tag{1-114}$$

质量密度 $\rho_{\mathrm{M}}=n(m_{\mathrm{i}}+m_{\mathrm{e}})$。如果把等离子体看成电介质，麦克斯韦方程为

$$\nabla\times\boldsymbol{H}=\boldsymbol{j}+\varepsilon_0\frac{\partial\boldsymbol{E}}{\partial t} \tag{1-115}$$

电流项还需要考虑极化电流的影响：

$$\nabla\times\boldsymbol{H}=(\boldsymbol{j}+\boldsymbol{j}_{\mathrm{P}})+\varepsilon_0\frac{\partial\boldsymbol{E}}{\partial t} \tag{1-116}$$

将式(1-114)代入式(1-116)得

$$\nabla\times\boldsymbol{H}=\boldsymbol{j}+\varepsilon_0\left(1+\frac{\rho_{\mathrm{M}}}{\varepsilon_0B^2}\right)\frac{\partial\boldsymbol{E}}{\partial t} \tag{1-117}$$

若外电场是周期变化的，则可得等离子的相对介电常数 ε_{r} 为

$$\varepsilon_{\mathrm{r}}=\left(1+\frac{\rho_{\mathrm{M}}}{\varepsilon_0B^2}\right) \tag{1-118}$$

通常，$\varepsilon_{\mathrm{r}}\gg1$。也就是说，对于变化的电场，等离子体通常可以看成介电常数非常大的电介质。

下面探讨非均匀磁场引起的漂移

由导向中心近似，导向中心处将磁场做空间泰勒展开：

$$\boldsymbol{B}(\boldsymbol{r})\approx\boldsymbol{B}_0+(\boldsymbol{r}_0\cdot\nabla)\boldsymbol{B}\big|_0=\boldsymbol{B}_0+\boldsymbol{B}_1 \tag{1-119}$$

式中，$\boldsymbol{r}_0$ 为导向中心位置。将式(1-119)代入式(1-102)得粒子运动方程为

$$m\frac{\mathrm{d}\boldsymbol{v}}{\mathrm{d}t}=q[\boldsymbol{v}\times\boldsymbol{B}_0+\boldsymbol{v}\times(\boldsymbol{r}_0\cdot\nabla)\boldsymbol{B}|_0] \tag{1-120}$$

将 $\boldsymbol{v}=\boldsymbol{v}_0+\boldsymbol{v}_D$ 代入式(1-120)，并忽略二阶小项 $\boldsymbol{v}_D\times\boldsymbol{B}_1$，得

$$m\frac{\mathrm{d}\boldsymbol{v}_0}{\mathrm{d}t}=q(\boldsymbol{v}_0+\boldsymbol{v}_D)\times\boldsymbol{B}_0+q\boldsymbol{v}_0\times(\boldsymbol{r}_0\cdot\nabla)\boldsymbol{B}|_0 \tag{1-121}$$

式中，最后一项提供了形式上的外力项，但是该项与粒子回旋运动有关，是一个随时间变化的量，如果对其在一个回旋周期上平均，可得漂移速度为

$$\boldsymbol{v}_D=\frac{\boldsymbol{\omega}_c\times\boldsymbol{F}}{m\omega_c^2}=\frac{q\boldsymbol{\omega}_c\times\langle\boldsymbol{v}_0\times(\boldsymbol{r}_0\cdot\nabla)\boldsymbol{B}|_0\rangle}{m\omega_c^2}=\frac{\langle\boldsymbol{v}_0\times(\boldsymbol{r}_0\cdot\nabla)\boldsymbol{B}|_0\rangle\times\boldsymbol{B}}{B^2} \tag{1-122}$$

化简得磁场梯度漂移速度为

$$\boldsymbol{v}_{D\nabla B}=\frac{W_\perp}{qB^3}\boldsymbol{B}\times\nabla B=-\frac{\boldsymbol{\mu}\times\boldsymbol{B}}{qB^2} \tag{1-123}$$

式中，$\boldsymbol{\mu}$ 为带电粒子磁矩，由式(1-101)给出。

空间中变化的磁场对离子回旋运动产生了影响。在回旋运动中，磁场小的区域，回旋半径大，而磁场大的区域，回旋半径小，这使得回旋半径并不闭合，等效发生了漂移运动，如图 1-9 所示。梯度漂移速度的方向与电荷符号有关，会有引起电荷分离的趋势。

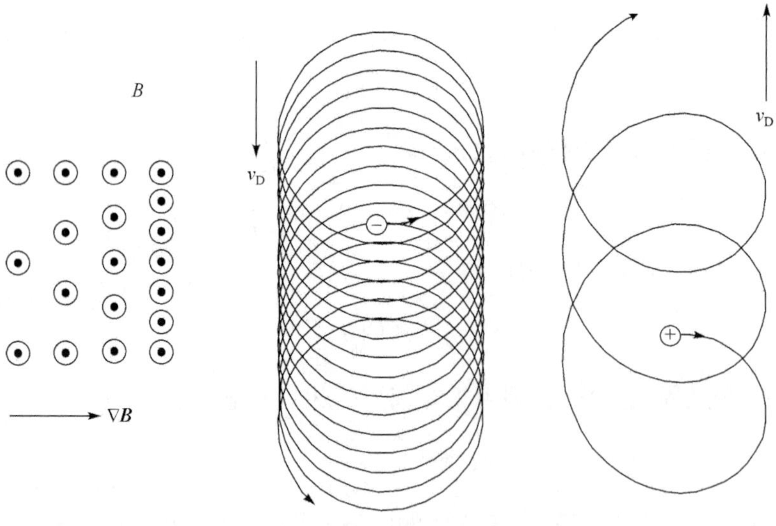

图 1-9　带电粒子的磁场梯度漂移

若磁力线有轻微弯曲，则粒子绕磁力线做回旋运动时，还将感受到惯性离心力，会产生相应的漂移运动，称为磁场曲率漂移，如图 1-10 所示。

受到的离心力为

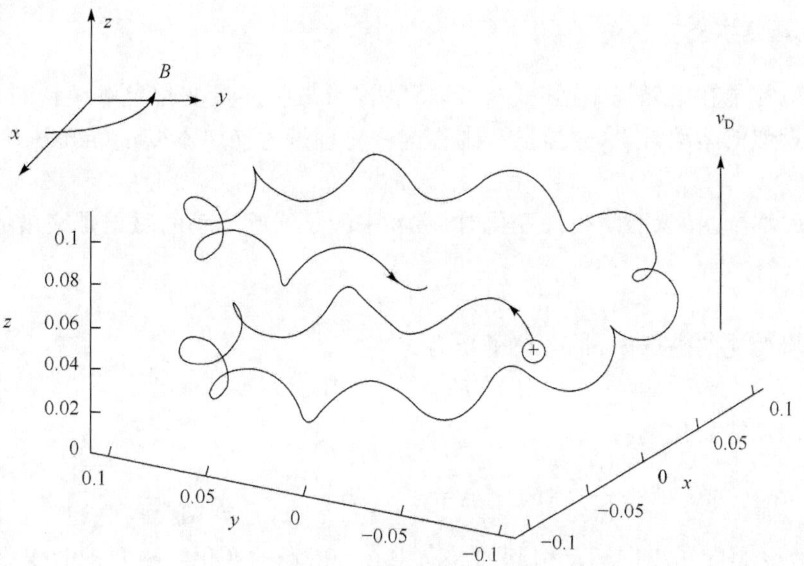

图 1-10　带电粒子的磁场曲率漂移

$$\boldsymbol{F}_c = \frac{mv_{/\!/}^2 \times \boldsymbol{R}}{R^2} \tag{1-124}$$

式中，$v_{/\!/}$为沿磁场方向的运动速度。由式(1-106)得磁场曲率漂移速度为

$$\boldsymbol{v}_D = \frac{mv_{/\!/}^2}{qB^2R^2}\boldsymbol{R}\times\boldsymbol{B} \tag{1-125}$$

可以证明

$$-\frac{\boldsymbol{R}}{R^2} = \frac{\nabla B}{B} \tag{1-126}$$

因而

$$\boldsymbol{v}_D = \frac{2W_{/\!/}}{qB^3}\boldsymbol{B}\times\nabla B \tag{1-127}$$

一般地，磁力线弯曲时必定存在磁场梯度，因此粒子的总漂移应该是由梯度漂移与曲率漂移共同引起的，将式(1-123)加入得总漂移速度为

$$\boldsymbol{v}_D = \frac{W_\perp + 2W_{/\!/}}{qB^3}\boldsymbol{B}\times\nabla B \tag{1-128}$$

托卡马克装置中，带电粒子沿着环向的磁力线运动，这时存在曲率漂移，使得粒子离开磁场的约束。此外，离子和电子的曲率漂移和梯度漂移的速度方向相反，漂移运动将使得正负电荷分离，形成电场，而新形成的电场又将引起静电漂移，使等离子体整体向外漂移，最终破坏约束。

3. 绝热不变量[2]

带电粒子在电磁场中运动时，可以证明，当某些参量变化足够缓慢时，有些物理量是近似的运动常量（守恒量），则称这些物理量为绝热不变量（adiabatic invariant）。

当磁场随空间、时间缓慢变化时，磁场中粒子回旋运动的磁矩是绝热不变量。

$$\mu=\frac{W_{\perp}}{B} \tag{1-129}$$

缓慢变化的磁场中，带电粒子受力为

$$\boldsymbol{F}_{/\!/}=-\mu\,\nabla B \tag{1-130}$$

纵向动能变化率为

$$\frac{\mathrm{d}W_{/\!/}}{\mathrm{d}t}=\boldsymbol{F}_{/\!/}\cdot\boldsymbol{v}_{/\!/}=-\mu\,\nabla B\cdot\frac{\mathrm{d}\boldsymbol{r}}{\mathrm{d}t}=-\mu\,\frac{\mathrm{d}B}{\mathrm{d}t} \tag{1-131}$$

$\mathrm{d}B/\mathrm{d}t$ 是粒子纵向运动引起的导向中心处磁场的变化。横向动能变化率为

$$\frac{\mathrm{d}W_{\perp}}{\mathrm{d}t}=\frac{\mathrm{d}}{\mathrm{d}t}(\mu B)=B\,\frac{\mathrm{d}\mu}{\mathrm{d}t}+\mu\,\frac{\mathrm{d}B}{\mathrm{d}t} \tag{1-132}$$

总动能变化率为

$$\frac{\mathrm{d}W}{\mathrm{d}t}=\frac{\mathrm{d}W_{/\!/}}{\mathrm{d}t}+\frac{\mathrm{d}W_{\perp}}{\mathrm{d}t}=B\,\frac{\mathrm{d}\mu}{\mathrm{d}t}=0 \tag{1-133}$$

因此磁矩是绝热不变量：

$$\frac{\mathrm{d}\mu}{\mathrm{d}t}=0 \tag{1-134}$$

1.4.2 磁流体

当等离子体的特征长度和时间远大于等离子体的平均自由程和平均碰撞时间时，等离子体可以看成处于局部热平衡状态。这时，等离子体表现出大量粒子的集体运动特征，可以像通常的流体力学那样去描述，如定义温度、速度、压强、密度等流体力学和热力学参量。

另外，等离子体作为一种带电流体，流体运动受到电磁力的作用，而流体在磁场中运动时也会产生电磁场，因此，带电流体运动行为比通常的流体复杂得多。带电流体的运动需要耦合电磁场方程和流体运动方程来描述，这种理论称为磁流体动力学（magnetohydrodynamics，MHD）。

1. 速度矩及矩方程[3]

流体力学方程组可以从体系的动理学方程的矩方程得到，等离子体的动理学

方程(1.4.3 节)为

$$\frac{\partial f}{\partial t}+\boldsymbol{v}\cdot\frac{\partial f}{\partial \boldsymbol{r}}+\frac{q}{m}(\boldsymbol{E}+\boldsymbol{v}\times\boldsymbol{B})\frac{\partial f}{\partial \boldsymbol{v}}=\left(\frac{\partial f}{\partial t}\right)_{\mathrm{c}} \tag{1-135}$$

式中，$f(\boldsymbol{r},\boldsymbol{v},t)$ 为粒子分布函数，代表粒子在空间位置在 $[\boldsymbol{r},\boldsymbol{r}+\mathrm{d}\boldsymbol{r}]$、速度在 $[\boldsymbol{v},\boldsymbol{v}+\mathrm{d}\boldsymbol{v}]$ 的粒子数。粒子数密度为

$$n(\boldsymbol{r},t)=\int f(\boldsymbol{r},\boldsymbol{v},t)\mathrm{d}\boldsymbol{v} \tag{1-136}$$

体系内的总粒子数为

$$N=\int f(\boldsymbol{r},\boldsymbol{v},t)\mathrm{d}\boldsymbol{r}\mathrm{d}\boldsymbol{v} \tag{1-137}$$

带电粒子受到电磁力为

$$\boldsymbol{F}=q(\boldsymbol{E}+\boldsymbol{v}\times\boldsymbol{B}) \tag{1-138}$$

$\psi=\psi(\boldsymbol{v})$ 是速度的函数，定义速度矩为

$$\langle\psi(\boldsymbol{v})\rangle=\frac{\int\psi(\boldsymbol{v})f(\boldsymbol{r},\boldsymbol{v},t)\mathrm{d}\boldsymbol{v}}{\int f(\boldsymbol{r},\boldsymbol{v},t)\mathrm{d}\boldsymbol{v}}=\frac{\int\psi(\boldsymbol{v})f(\boldsymbol{r},\boldsymbol{v},t)\mathrm{d}\boldsymbol{v}}{n(\boldsymbol{r},t)} \tag{1-139}$$

矩方程为

$$\int\psi(\boldsymbol{v})\frac{\partial f}{\partial t}\mathrm{d}\boldsymbol{v}+\int\psi(\boldsymbol{v})\boldsymbol{v}\cdot\nabla f\mathrm{d}\boldsymbol{v}+\frac{q}{m}\int\psi(\boldsymbol{v})(\boldsymbol{E}+\boldsymbol{v}\times\boldsymbol{B})\cdot\frac{\partial f}{\partial \boldsymbol{v}}\mathrm{d}\boldsymbol{v}=\int\psi(\boldsymbol{v})\left(\frac{\partial f}{\partial t}\right)_{\mathrm{c}}\mathrm{d}\boldsymbol{v} \tag{1-140}$$

式中，

$$\int\psi(\boldsymbol{v})\frac{\partial f}{\partial t}\mathrm{d}\boldsymbol{v}=\frac{\partial}{\partial t}\int\psi(\boldsymbol{v})f\mathrm{d}\boldsymbol{v}=\frac{\partial}{\partial t}(n\langle\psi(\boldsymbol{v})\rangle) \tag{1-141}$$

$$\int\psi(\boldsymbol{v})\boldsymbol{v}\cdot\nabla f\mathrm{d}\boldsymbol{v}=\nabla\cdot\int\psi(\boldsymbol{v})\boldsymbol{v}f\mathrm{d}\boldsymbol{v}=\nabla\cdot(n\langle\psi(\boldsymbol{v})\boldsymbol{v}\rangle) \tag{1-142}$$

$$\frac{q}{m}\int\psi(\boldsymbol{v})(\boldsymbol{E}+\boldsymbol{v}\times\boldsymbol{B})\cdot\frac{\partial f}{\partial \boldsymbol{v}}\mathrm{d}\boldsymbol{v}=-\frac{nq}{m}\boldsymbol{E}\cdot\left\langle\frac{\partial\psi}{\partial \boldsymbol{v}}\right\rangle-\frac{q}{m}\left\langle(\boldsymbol{v}\times\boldsymbol{B})\cdot\frac{\partial\psi(\boldsymbol{v})}{\partial \boldsymbol{v}}\right\rangle \tag{1-143}$$

将式(1-141)～式(1-143)代入式(1-140)得矩方程为

$$\frac{\partial}{\partial t}(n\langle\psi(\boldsymbol{v})\rangle)+\nabla\cdot(n\langle\psi(\boldsymbol{v})\boldsymbol{v}\rangle)-\frac{nq}{m}\boldsymbol{E}\cdot\left\langle\frac{\partial\psi}{\partial \boldsymbol{v}}\right\rangle-\frac{nq}{m}\left\langle(\boldsymbol{v}\times\boldsymbol{B})\cdot\frac{\partial\psi}{\partial \boldsymbol{v}}\right\rangle$$
$$=\int\psi(\boldsymbol{v})\left(\frac{\partial f}{\partial t}\right)_{\mathrm{c}}\mathrm{d}\boldsymbol{v} \tag{1-144}$$

在式(1-144)所示的矩方程中令 $\psi=1$，且系统内部只有弹性碰撞，碰撞过程中粒子数守恒：

$$\int\left(\frac{\partial f}{\partial t}\right)_{\mathrm{c}}\mathrm{d}\boldsymbol{v}=0 \tag{1-145}$$

得粒子数守恒方程，也称为连续性方程：

$$\frac{\partial n}{\partial t}+\nabla\cdot(n\boldsymbol{v})=0 \tag{1-146}$$

若粒子质量为 m，质量密度 $\rho=mn$，得质量守恒方程为

$$\frac{\partial \rho}{\partial t}+\nabla\cdot(\rho\boldsymbol{v})=0 \tag{1-147}$$

在式(1-144)所示的矩方程中令 $\psi=m\boldsymbol{v}$，则一阶矩方程为

$$\frac{\partial}{\partial t}(n\langle m\boldsymbol{v}\rangle)+\nabla\cdot(n\langle m\boldsymbol{v}\boldsymbol{v}\rangle)-\frac{nq}{m}\boldsymbol{E}\cdot\left\langle\frac{\partial m\boldsymbol{v}}{\partial\boldsymbol{v}}\right\rangle-\frac{nq}{m}\left\langle(\boldsymbol{v}\times\boldsymbol{B})\cdot\frac{\partial m\boldsymbol{v}}{\partial\boldsymbol{v}}\right\rangle$$
$$=\int m\boldsymbol{v}\left(\frac{\partial f}{\partial t}\right)_{\mathrm{c}}\mathrm{d}\boldsymbol{v} \tag{1-148}$$

定义粒子热运动速度为

$$\boldsymbol{w}=\boldsymbol{v}-\boldsymbol{u} \tag{1-149}$$

满足 $\langle\boldsymbol{w}\rangle=0$。

定义热压强张量 $\overleftrightarrow{\boldsymbol{p}}$ 为

$$\overleftrightarrow{\boldsymbol{p}}=nm\langle\boldsymbol{w}\boldsymbol{w}\rangle=m\int\boldsymbol{w}\boldsymbol{w}f(\boldsymbol{r},\boldsymbol{v},t)\mathrm{d}\boldsymbol{v} \tag{1-150}$$

式中，对角项：$p_{kk}=nm\langle w_k^2\rangle$；非对角项：$p_{kl}=nm\langle w_k w_l\rangle=p_{lk}$。

若粒子系统处于局域热平衡状态，则定义压强为

$$p=p_{kk}=nm\langle w_k^2\rangle=nmT \tag{1-151}$$

这时，有

$$\overleftrightarrow{\boldsymbol{p}}=p\overleftrightarrow{\boldsymbol{I}}+\overleftrightarrow{\boldsymbol{\Pi}} \tag{1-152}$$

式中，$\overleftrightarrow{\boldsymbol{I}}$ 为单位张量；$\overleftrightarrow{\boldsymbol{\Pi}}$ 为对称张量。只有六个非对角项，三个分量是独立的，其意义为黏滞应力张量。

碰撞项 $\boldsymbol{R}$ 为摩擦阻力：

$$\boldsymbol{R}=m\int\boldsymbol{v}\left(\frac{\partial f}{\partial t}\right)_{\mathrm{c}}\mathrm{d}\boldsymbol{v}=m\int(\boldsymbol{u}+\boldsymbol{w})\left(\frac{\partial f}{\partial t}\right)_{\mathrm{c}}\mathrm{d}\boldsymbol{v}=m\int\boldsymbol{w}\left(\frac{\partial f}{\partial t}\right)_{\mathrm{c}}\mathrm{d}\boldsymbol{v} \tag{1-153}$$

利用上述物理量，即可将一阶矩方程(1-144)简化为

$$\frac{\partial(nm\boldsymbol{u})}{\partial t}+\nabla\cdot[(nm\boldsymbol{u})\boldsymbol{u}]=nq(\boldsymbol{E}+\boldsymbol{u}\times\boldsymbol{B})-\nabla p-\nabla\cdot\overleftrightarrow{\boldsymbol{\Pi}}+\boldsymbol{R} \tag{1-154}$$

利用连续性方程(1-146)，可进一步化简为

$$mn\frac{\mathrm{d}\boldsymbol{u}}{\mathrm{d}t}=nq(\boldsymbol{E}+\boldsymbol{u}\times\boldsymbol{B})-\nabla p-\nabla\cdot\overleftrightarrow{\boldsymbol{\Pi}}+\boldsymbol{R} \tag{1-155}$$

上述称为运动方程，其中，

$$\frac{\mathrm{d}}{\mathrm{d}t}=\frac{\partial}{\partial t}+\boldsymbol{u}\cdot\nabla \tag{1-156}$$

为随体导数,表示在随流体元一起运动的坐标系上计算得到的时间微商。在数学上是全微分的概念。运动方程(1-154)左边为流体元动量的变化率;右边为流体元受到的力的作用,第一项是电磁力的贡献,第二项为热压力的贡献,第三项为黏滞力的贡献,第四项为α粒子与不同β粒子弹性碰撞后,α粒子失去的动量,即流体元受到的摩擦阻力。

在式(1-144)矩方程中令 $\psi=\frac{1}{2}m\boldsymbol{v}^2$,得到二阶矩方程为

$$\frac{\partial}{\partial t}(n\langle v^2\rangle)+\nabla\cdot(n\langle mv^2\boldsymbol{v}\rangle)-\frac{nq}{m}\boldsymbol{E}\cdot\left\langle\frac{\partial mv^2}{\partial \boldsymbol{v}}\right\rangle-\frac{nq}{m}\left\langle(\boldsymbol{v}\times\boldsymbol{B})\cdot\frac{\partial mv^2}{\partial \boldsymbol{v}}\right\rangle$$
$$=\int mv^2\left(\frac{\partial f}{\partial t}\right)_{\mathrm{c}}\mathrm{d}\boldsymbol{v} \tag{1-157}$$

应用粒子数守恒方程、运动方程后,可得到热能平衡方程为

$$\frac{3}{2}n\frac{\mathrm{d}T}{\mathrm{d}t}=-(\overleftrightarrow{\boldsymbol{p}}\cdot\nabla)\cdot\boldsymbol{u}-\nabla\cdot\boldsymbol{q}+Q \tag{1-158}$$

式中,

$$\boldsymbol{q}=\frac{1}{2}nm\langle w^2\boldsymbol{w}\rangle \tag{1-159}$$

$$Q=\frac{1}{2}m\int w^2\left(\frac{\partial f}{\partial t}\right)_{\mathrm{c}}\mathrm{d}v \tag{1-160}$$

表示系统内能的变化由内摩擦(黏滞力)做的功率、热传导和不同类粒子碰撞引起的热能交换引起。

2. *双磁流体方程*

在双流体模型中,等离子体由离子和电子组成,对离子和电子作为两种粒子体系建立磁流体方程,粒子之间的耦合主要有两种途径:一种是电荷、电流与麦克斯韦方程组的耦合,另一个是它们之间碰撞引起的动量和内能的交换。

由速度矩和矩方程部分得到双流体方程为

$$\begin{cases}\dfrac{\partial n_\alpha}{\partial t}+\nabla\cdot(n_\alpha\boldsymbol{u}_\alpha)=0\\ m_\alpha n_\alpha\dfrac{\mathrm{d}\boldsymbol{u}_\alpha}{\mathrm{d}t}=-\nabla p_\alpha-\nabla\cdot\overleftrightarrow{\boldsymbol{\Pi}}_\alpha+n_\alpha q(\boldsymbol{E}+\boldsymbol{u}_\alpha\times\boldsymbol{B})+\boldsymbol{R}_\alpha,\quad \alpha=\mathrm{i,e}\\ \dfrac{3}{2}n_\alpha\dfrac{\mathrm{d}T_\alpha}{\mathrm{d}t}=-(\overleftrightarrow{\boldsymbol{p}}_\alpha\cdot\nabla)\cdot\boldsymbol{u}_\alpha-\nabla\cdot\boldsymbol{q}_\alpha+Q_\alpha\end{cases} \tag{1-161}$$

上述由动理学方程求速度矩得到的双流体力学方程组是严格的、精确的,但是它并不封闭,这是因为在求每一阶矩方程时,总含有更高一阶矩的分量,所以无论如何增加矩方程的阶数,方程组都不可能封闭。

为了获得封闭的矩方程组，通常在一定条件下，略去高阶矩，或高阶矩用低阶矩表示。例如，对于冷等离子体，因热能很小，压强张量和热流矢量都可以忽略，这样高阶矩被截断，方程组可以闭合。另一种情况，碰撞频繁或占优势，流体接近平衡的麦克斯韦分布，可以用 Chapman-Enskog 展开方法截断，方程组就可封闭。

令$\nabla \cdot \overleftrightarrow{\boldsymbol{\Pi}}_\alpha \approx 0, \nabla \cdot \boldsymbol{q} \approx 0$，可得到封闭的双流体方程组为

$$\begin{cases} \dfrac{\partial n_\alpha}{\partial t} + \nabla \cdot (n_\alpha \boldsymbol{u}_\alpha) = 0 \\ n_\alpha m_\alpha \dfrac{\mathrm{d}\boldsymbol{u}_\alpha}{\mathrm{d}t} = -\nabla p_\alpha + n_\alpha q(\boldsymbol{E} + \boldsymbol{u}_\alpha \times \boldsymbol{B}) + \boldsymbol{R}_\alpha, \quad \alpha = \mathrm{i}, \mathrm{e} \\ \dfrac{3}{2} n_\alpha \dfrac{\mathrm{d}T_\alpha}{\mathrm{d}t} = -p_\alpha \nabla \cdot \boldsymbol{u}_\alpha + Q_\alpha \end{cases} \tag{1-162}$$

电磁场由外部电磁场和等离子体自身产生的电磁场构成：

$$\boldsymbol{E} = \boldsymbol{E}_0 + \boldsymbol{E}_1 \tag{1-163}$$

$$\boldsymbol{B} = \boldsymbol{B}_0 + \boldsymbol{B}_1 \tag{1-164}$$

式中，$\boldsymbol{E}_0$ 和 $\boldsymbol{B}_0$ 是外场，$\boldsymbol{E}_1$ 和 $\boldsymbol{B}_1$ 为等离子体本身的电荷、电流产生的场，称为波场。波场是与双流体方程耦合的麦克斯韦方程组确定的。

波场满足麦克斯韦方程组：

$$\begin{cases} \nabla \cdot \boldsymbol{E}_1 = \sum\limits_\alpha q_\alpha n_\alpha / \varepsilon_0 \\ \nabla \cdot \boldsymbol{B}_1 = 0 \\ \nabla \times \boldsymbol{E}_1 = -\dfrac{\partial \boldsymbol{B}_1}{\partial t} \\ \nabla \times \boldsymbol{B}_1 = \dfrac{\partial \boldsymbol{E}_1}{\partial t} + \mu_0 \sum\limits_\alpha n_\alpha q_\alpha \boldsymbol{u}_\alpha \end{cases} \tag{1-165}$$

离子、电子的流体方程加上麦克斯韦方程组，共有 16 个未知数：n_α、p_α、$\boldsymbol{u}_\alpha$（$\alpha=$ i，e）、$\boldsymbol{E}_1$、$\boldsymbol{B}_1$。此外，T_α 满足 $p_\alpha = n_\alpha T_\alpha$，虽然方程有 18 个，但是麦克斯韦方程中的两个散度方程可由旋度方程得到，独立的方程数也为 16 个。因此双流体方程是封闭的。

在双流体方程组中，如果只考虑外场作用，而忽略波场 E_1 和 B_1，这样就不需要与之耦合的麦克斯韦方程组，于是就变成输运方程组。

如果忽略碰撞项，同时也不考虑黏滞力，而且取 $T_\mathrm{i} = T_\mathrm{e} =$ 常量，只考虑波场的作用，这样需保留波场的麦克斯韦方程组，于是就得到描述等离子体波的双流体方程组。

3. 磁单流体方程[3]

若等离子体满足条件：电子和离子之间有很强的耦合，电中性；研究的问题随

时间变化很缓慢，离子、电子的流动速度都小于离子热运动的速度，这样可以把电子、离子看成一种流体，即单流体模型，它所满足的运动方程组称单流体方程，或称磁流体力学方程。

磁（单）流体力学方程可以从双流体的方程组得到。

连续性方程为

$$\frac{\partial\rho}{\partial t}+\nabla\cdot(\rho\boldsymbol{u})=0 \tag{1-166}$$

其中质量密度为

$$\rho(\boldsymbol{r},t)=m_{\mathrm{i}}n_{\mathrm{i}}+m_{\mathrm{e}}n_{\mathrm{e}}=\sum_{\alpha}m_{\alpha}n_{\alpha} \tag{1-167}$$

质心速度为

$$\boldsymbol{u}(\boldsymbol{r},t)=\frac{m_{\mathrm{i}}n_{\mathrm{i}}\boldsymbol{u}_{\mathrm{i}}+m_{\mathrm{e}}n_{\mathrm{e}}\boldsymbol{u}_{\mathrm{e}}}{m_{\mathrm{i}}n_{\mathrm{i}}+m_{\mathrm{e}}n_{\mathrm{e}}}=\sum_{\alpha}m_{\alpha}n_{\alpha}\boldsymbol{u}_{\alpha}\Big/\sum_{\alpha}m_{\alpha}n_{\alpha} \tag{1-168}$$

由式(1-166)得动量方程：

$$\frac{\partial\left(\sum_{\alpha}n_{\alpha}m_{\alpha}\boldsymbol{u}_{\alpha}\right)}{\partial t}+\nabla\cdot\left(\sum_{\alpha}m_{\alpha}n_{\alpha}\langle\boldsymbol{v}_{\alpha}\boldsymbol{v}_{\alpha}\rangle\right)=\sum_{\alpha}n_{\alpha}q_{\alpha}(\boldsymbol{E}+\boldsymbol{u}_{\alpha}\times\boldsymbol{B})+\sum_{\alpha}\boldsymbol{R}_{\alpha} \tag{1-169}$$

这时，有

$$\boldsymbol{v}_{\alpha}=\boldsymbol{u}_{\alpha}+\boldsymbol{w}_{\alpha}=\boldsymbol{u}+\boldsymbol{w}_{\alpha}^{0} \tag{1-170}$$

把式(1-170)代入式(1-169)得

$$\begin{aligned}m_{\alpha}n_{\alpha}\langle\boldsymbol{v}_{\alpha}\boldsymbol{v}_{\alpha}\rangle&=m_{\alpha}n_{\alpha}\langle(\boldsymbol{u}+\boldsymbol{w}_{\alpha}^{0})(\boldsymbol{u}+\boldsymbol{w}_{\alpha}^{0})\rangle\\&=\overleftrightarrow{\boldsymbol{p}}_{\alpha}^{0}+m_{\alpha}n_{\alpha}(\boldsymbol{u}_{\alpha}\boldsymbol{u}+\boldsymbol{u}\boldsymbol{u}_{\alpha}-\boldsymbol{u}\boldsymbol{u})\end{aligned} \tag{1-171}$$

对两种粒子求和，并将式(1-168)代入后进一步化简得

$$\sum_{\alpha}m_{\alpha}n_{\alpha}\langle\boldsymbol{v}_{\alpha}\boldsymbol{v}_{\alpha}\rangle=\overleftrightarrow{\boldsymbol{p}}+\rho\boldsymbol{u}\boldsymbol{u} \tag{1-172}$$

式中，

$$\overleftrightarrow{\boldsymbol{p}}=\sum_{\alpha}\overleftrightarrow{\boldsymbol{p}}_{\alpha}^{0}=p\overleftrightarrow{\boldsymbol{I}}+\overleftrightarrow{\boldsymbol{\Pi}} \tag{1-173}$$

$$p=\sum_{\alpha}p_{\alpha}^{0}=\sum_{\alpha}n_{\alpha}T_{\alpha} \tag{1-174}$$

$$\overleftrightarrow{\boldsymbol{\Pi}}=\sum_{\alpha}\overleftrightarrow{\boldsymbol{\Pi}}_{\alpha}^{0} \tag{1-175}$$

洛伦兹力为

$$\sum_{\alpha}n_{\alpha}\boldsymbol{F}_{\alpha}=\sum_{\alpha}n_{\alpha}q_{\alpha}(\boldsymbol{E}+\boldsymbol{u}_{\alpha}\times\boldsymbol{B})=\boldsymbol{j}\times\boldsymbol{B} \tag{1-176}$$

式中，电流为 $\boldsymbol{j}=\sum_{\alpha}n_{\alpha}q_{\alpha}\boldsymbol{u}_{\alpha}$。

碰撞项为

$$\sum_{\alpha}\boldsymbol{R}_{\alpha}=\boldsymbol{R}_{ie}+\boldsymbol{R}_{ei}=0 \tag{1-177}$$

结合式(1-172)、式(1-176)和式(1-177)得

$$\frac{\partial}{\partial t}(\rho\boldsymbol{u})+\nabla\cdot(\overleftrightarrow{\boldsymbol{p}}+\rho\boldsymbol{u}\boldsymbol{u})=\boldsymbol{j}\times\boldsymbol{B} \tag{1-178}$$

将连续性方程(1-166)代入式(1-178)得运动方程为

$$\rho\frac{\mathrm{d}\boldsymbol{u}}{\mathrm{d}t}=-\nabla\cdot\overleftrightarrow{\boldsymbol{p}}+\boldsymbol{j}\times\boldsymbol{B} \tag{1-179}$$

采用相似的方法,可得能量平衡方程为

$$\frac{\partial}{\partial t}\left(\frac{3}{2}p+\frac{1}{2}\rho u^2\right)+\nabla\cdot\left[\boldsymbol{q}+\left(\frac{3}{2}p+\frac{1}{2}\rho u^2\right)\boldsymbol{u}+\overleftrightarrow{\boldsymbol{p}}\cdot\boldsymbol{u}\right]=\boldsymbol{j}\cdot\boldsymbol{E} \tag{1-180}$$

式中,总热流量为

$$\boldsymbol{q}=\sum_{\alpha}\boldsymbol{q}_{\alpha}^{0}=\sum_{\alpha}\frac{1}{2}m_{\alpha}n_{\alpha}\langle(w_{\alpha}^{0})^{2}\boldsymbol{w}_{\alpha}^{0}\rangle \tag{1-181}$$

忽略高阶矩 $\boldsymbol{q}$ 和 $\overleftrightarrow{\boldsymbol{\Pi}}$,且认为 $T_i=T_e$,最终可将能量方程化简为

$$\frac{\mathrm{d}}{\mathrm{d}t}\left(\frac{3}{2}p\right)-\frac{5}{2}\frac{p}{\rho}\frac{\mathrm{d}\rho}{\mathrm{d}t}=\boldsymbol{j}\cdot(\boldsymbol{E}+\boldsymbol{u}\times\boldsymbol{B}) \tag{1-182}$$

运动导体的欧姆定律为

$$\boldsymbol{j}=\sigma_c(\boldsymbol{E}+\boldsymbol{u}\times\boldsymbol{B}) \tag{1-183}$$

这时,结合流体方程组和麦克斯韦方程组,可得磁单流体方程组为

$$\begin{cases}\dfrac{\partial\rho}{\partial t}+\nabla\cdot(\rho\boldsymbol{u})=0 & \text{(连续性方程)}\\ \rho\dfrac{d\boldsymbol{u}}{\mathrm{d}t}=-\nabla p+\boldsymbol{j}\times\boldsymbol{B} & \text{(运动方程)}\\ \dfrac{\mathrm{d}}{\mathrm{d}t}(p\rho^{-5/3})=\dfrac{2}{3\sigma_c}\rho^{-5/3}j^2 & \text{(热能方程)}\\ \boldsymbol{j}=\sigma_c(\boldsymbol{E}+\boldsymbol{u}\times\boldsymbol{B}) & \text{(欧姆定律)}\\ \nabla\times\boldsymbol{E}=-\dfrac{\partial\boldsymbol{B}}{\partial t} & \text{(麦克斯韦方程)}\\ \nabla\times\boldsymbol{B}=\mu_0\boldsymbol{j}+\dfrac{\partial\boldsymbol{E}}{\partial t} & \text{(麦克斯韦方程)}\end{cases} \tag{1-184}$$

方程组中共有 14 个未知物理量(分量)ρ、$\boldsymbol{u}$、p、$\boldsymbol{j}$、$\boldsymbol{E}$、$\boldsymbol{B}$ 等和 14 个独立方程,所以方程组是闭合的。两个散度方程只作为初始条件,在这里没有被列入。

考虑无黏滞性、绝热、理想导体,且忽略了位移电流项(磁流体中场的变化比较缓慢),可得到理想磁流体力学方程组:

$$
\begin{cases}
\dfrac{\partial\rho}{\partial t}+\nabla\cdot(\rho\boldsymbol{u})=0 & (\text{连续性方程})\\
\rho\dfrac{\mathrm{d}\boldsymbol{u}}{\mathrm{d}t}=-\nabla p+\boldsymbol{j}\times\boldsymbol{B} & (\text{运动方程})\\
\dfrac{\mathrm{d}}{\mathrm{d}t}(p\rho^{-5/3})=0 & (\text{绝热方程})\\
\nabla\times(\boldsymbol{u}\times\boldsymbol{B})=\dfrac{\partial\boldsymbol{B}}{\partial t} & (\text{麦克斯韦方程})\\
\nabla\times\boldsymbol{B}=\mu_0\boldsymbol{j} & (\text{麦克斯韦方程})
\end{cases}
\tag{1-185}
$$

共有 11 个方程和需要由方程确定的 ρ、$\boldsymbol{u}$、p、$\boldsymbol{j}$、$\boldsymbol{B}$ 等 11 个物理量(分量)，所以方程组是闭合的。电场满足

$$\boldsymbol{E}=-\boldsymbol{u}\times\boldsymbol{B}\tag{1-186}$$

4. *磁压强、磁张力、磁扩散、磁冻结*[3]

对于理想磁流体，单位体积导电流体所受的磁力为

$$\boldsymbol{f}=\boldsymbol{j}\times\boldsymbol{B}=\frac{1}{\mu_0}(\nabla\times\boldsymbol{B})\times\boldsymbol{B}=\frac{1}{\mu_0}(\boldsymbol{B}\cdot\nabla)\boldsymbol{B}-\frac{1}{2\mu_0}\nabla B^2=\nabla\cdot\overleftrightarrow{\boldsymbol{T}}\tag{1-187}$$

式中，$\overleftrightarrow{\boldsymbol{T}}$ 为不考虑电场时麦克斯韦应力张量：

$$\overleftrightarrow{\boldsymbol{T}}=\frac{1}{\mu_0}\left(\boldsymbol{BB}-\frac{1}{2}B^2\overleftrightarrow{\boldsymbol{I}}\right)\tag{1-188}$$

作用在流体体积 V 上的力为

$$\int_V\boldsymbol{f}\mathrm{d}V=\int_V\nabla\cdot\overleftrightarrow{\boldsymbol{T}}\mathrm{d}V=\oint_s\boldsymbol{n}\cdot\overleftrightarrow{\boldsymbol{T}}\mathrm{d}S=\oint\boldsymbol{T}_n\mathrm{d}S\tag{1-189}$$

式中，

$$\boldsymbol{T}_n=\boldsymbol{n}\cdot\overleftrightarrow{\boldsymbol{T}}=\frac{1}{\mu_0}\left[-\frac{1}{2}B^2\boldsymbol{n}+\boldsymbol{B}(\boldsymbol{B}\cdot\boldsymbol{n})\right]\tag{1-190}$$

$\boldsymbol{T}_n$ 为法向矢量 $\boldsymbol{n}$ 的单位面元上的应力，称为磁应力。式(1-190)中括号内第一项是方向与流体表面方向 $\boldsymbol{n}$ 相反的各向同性的磁压强，大小为 $B^2/2\mu_0$。第二项表示沿磁力线方向的张力，压强大小为 B^2/μ_0；磁张力方向沿着磁场，磁场增强张力也增大，好像拉紧的橡皮筋产生的张力。如果磁力线是弯曲的，这个张力就可产生一个指向磁力线曲率中心的恢复力，试图使磁力线变直，如图 1-11 所示。

图 1-11　磁压力和磁张力

定义等离子体比压 β 为流体热压强与磁压强之比，是磁流体力学一个重要的无量纲参量：

$$\beta=\frac{p}{B^2/2\mu_0} \tag{1-191}$$

在磁约束领域，对于平衡的等离子体，比压反映了磁约束的性能。比压的提高意味着用磁场约束等离子体效率的提高。

磁流体中磁场和导电流体的运动是相互影响的，导电流体与磁场相互作用的性质可以由磁场的冻结与扩散来描述。磁冻结是指导电流体和磁力线之间没有相对运动，而扩散则是导电流体和磁场间存在彼此相互渗透的运动。

磁流体方程中，与磁场相关的三个方程：

$$\nabla\times\boldsymbol{E}=-\frac{\partial\boldsymbol{B}}{\partial t}$$

$$\nabla\times\boldsymbol{B}=\mu_0\boldsymbol{j}$$

$$\boldsymbol{j}=\sigma_c(\boldsymbol{E}+\boldsymbol{u}\times\boldsymbol{B}) \tag{1-192}$$

消除 $\boldsymbol{j}$ 得

$$\boldsymbol{E}=-\boldsymbol{u}\times\boldsymbol{B}+\frac{1}{\mu_0\sigma_c}\nabla\times\boldsymbol{B} \tag{1-193}$$

式(1-193)两边求旋度，并假设 σ_c 为常量，得感应方程为

$$\frac{\partial\boldsymbol{B}}{\partial t}=\nabla\times(\boldsymbol{u}\times\boldsymbol{B})+\nu_m\nabla^2\boldsymbol{B} \tag{1-194}$$

式中，$\nu_m=1/\mu_0\sigma_c$，为磁黏滞系数，量纲与流体力学中的黏滞系数相同。方程(1-194)中第一项为导电流体横越磁场运动引起磁场的变化，第二项为磁场的扩散项。

定义磁雷诺数为

$$Rm=\frac{|\nabla\times(\boldsymbol{u}\times\boldsymbol{B})|}{|\nu_m\nabla^2\boldsymbol{B}|}\approx\frac{uB}{L_B}\frac{1}{\nu_m B/L_B^2}=\frac{uL_B}{\nu_m} \tag{1-195}$$

式中，L_B 为磁场变化的特征尺度。磁雷诺数很大时，表示磁场的黏性作用可以忽略，磁流体近似为理想，反之磁黏性引起的磁场扩散对磁场的变化影响很大。

假设等离子体是理想导体，$\nu_m=1/\mu_0\sigma_c\to 0$、$Rm\to\infty$，感应方程为

$$\frac{\partial\boldsymbol{B}}{\partial t}=\nabla\times(\boldsymbol{u}\times\boldsymbol{B}) \tag{1-196}$$

称为冻结方程。由这个方程可以证明：通过和理想导电流体一起运动的任何封闭回路所围曲面的磁通量是不变的。

考察一个随带电流体一起运动的闭合回路，这一回路包含的磁通量的变化由两部分引起，一部分是磁场本身随着时间的变化而变化，另一部分是由闭合回路随导电流体一起运动而引起的。磁通量随着时间的变化为

$$\frac{\mathrm{d}\Phi}{\mathrm{d}t}=\int_s\frac{\partial\boldsymbol{B}}{\partial t}\cdot\boldsymbol{n}\mathrm{d}S+\oint_c\boldsymbol{B}\cdot(\boldsymbol{u}\times\mathrm{d}\boldsymbol{l})$$

$$
\begin{aligned}
&= \int_s \frac{\partial \boldsymbol{B}}{\partial t} \cdot \boldsymbol{n} \mathrm{d}S - \oint_c \boldsymbol{u} \times \boldsymbol{B} \cdot \mathrm{d}\boldsymbol{l} \\
&= \int_s \left[\frac{\partial \boldsymbol{B}}{\partial t} - \nabla \times (\boldsymbol{u} \times \boldsymbol{B}) \right] \cdot \boldsymbol{n} \mathrm{d}S = 0
\end{aligned} \tag{1-197}
$$

如果流体有垂直于磁力线方向的运动，磁力线也要随着导电流体一起运动。这时因为当导体有切割磁力线的相对运动，将产生感应电场和感应电流。对于理想导体，电导率→∞，若存在感应电场，引起的感应电流就无限大，因此理想导电流体不允许有切割磁力线的相对运动，就好像磁力线被“冻结”在理想导电流体中，也可以认为是理想导电流体物质被束缚在磁力线上。而在导电流体外的磁场，也不能进入导电流体内。

当磁雷诺数很小时，感应方程变为

$$
\frac{\partial \boldsymbol{B}}{\partial t} = \nu_{\mathrm{m}} \nabla^2 \boldsymbol{B} \tag{1-198}
$$

这是磁场的扩散方程，说明磁场不被冻结在导电流体中，将从强的区域向弱的区域扩散。

$$
\nabla B \approx -B/L_B \tag{1-199}
$$

扩散方程为

$$
\frac{\partial B}{\partial t} = \nu_{\mathrm{m}} \nabla^2 B = -\nu_{\mathrm{m}} B/L_B^2 = -B/\tau_{\mathrm{d}} \tag{1-200}
$$

式中，τ_{d} 为磁场从等离子体中扩散出去的特征时间，称为磁扩散时间：

$$
\tau_{\mathrm{d}} \approx L_B^2/\nu_{\mathrm{m}} = \mu_0 \sigma_{\mathrm{c}} L_B^2 \tag{1-201}
$$

磁场为

$$
B(t) = B(0) \mathrm{e}^{-t/\tau_{\mathrm{d}}} \tag{1-202}
$$

电导率越大，磁场衰减越慢，如果电导率为无穷大，则磁场不衰减(冻结)。对于有限电导率的流体，如果它的特征长度 L_B 越大，则磁场衰减也越慢。对于宇宙等离子体，因为它的线度 L_B 很大，所以衰减时间就特别长。

5. 广义欧姆定律

双流体方程组(1-162)中，设电子和离子的密度相同，即 $n_{\mathrm{e}} = n_{\mathrm{i}} = n$，得

$$
\begin{cases}
nm_i \left(\dfrac{\partial \boldsymbol{u}_{\mathrm{i}}}{\partial t} + \boldsymbol{u}_{\mathrm{i}} \cdot \nabla \boldsymbol{u}_{\mathrm{i}} \right) + \nabla p_{\mathrm{i}} = en(\boldsymbol{E} + \boldsymbol{u}_{\mathrm{i}} \times \boldsymbol{B}) + m_{\mathrm{e}} n_{\mathrm{e}} \nu_{\mathrm{ei}} (\boldsymbol{u}_{\mathrm{e}} - \boldsymbol{u}_{\mathrm{i}}) \\
nm_{\mathrm{e}} \left(\dfrac{\partial \boldsymbol{u}_{\mathrm{e}}}{\partial t} + \boldsymbol{u}_{\mathrm{e}} \cdot \nabla \boldsymbol{u}_{\mathrm{e}} \right) + \nabla p_{\mathrm{e}} = -en(\boldsymbol{E} + \boldsymbol{u}_{\mathrm{e}} \times \boldsymbol{B}) - m_{\mathrm{e}} n_{\mathrm{e}} \nu_{\mathrm{ei}} (\boldsymbol{u}_{\mathrm{e}} - \boldsymbol{u}_{\mathrm{i}})
\end{cases} \tag{1-203}
$$

摩擦阻力项 $\boldsymbol{R}$ 由 1.4.2 节给出。

$$
\boldsymbol{R}_{\mathrm{ei}} = -\boldsymbol{R}_{\mathrm{ie}} = -m_{\mathrm{e}} n_{\mathrm{e}} \nu_{\mathrm{ei}} (\boldsymbol{u}_{\mathrm{e}} - \boldsymbol{u}_{\mathrm{i}}) \tag{1-204}
$$

将式(1-203)的电子方程和离子方程合并，考虑到 $m_i \gg m_e$，并忽略二阶小量，最后可化简为

$$\frac{m_e}{ne^2}\frac{\partial \boldsymbol{j}}{\partial t}=(\boldsymbol{E}+\boldsymbol{u}\times\boldsymbol{B})-\frac{1}{ne}\boldsymbol{j}\times\boldsymbol{B}+\frac{1}{ne}\nabla p_e-\frac{1}{\sigma_c}\boldsymbol{j} \tag{1-205}$$

式中，

$$\sigma_c=\frac{e^2 n}{m_e \nu_{ei}} \tag{1-206}$$

式(1-206)就是等离子体的广义欧姆定律。对于稳恒情况 $\partial \boldsymbol{j}/\partial t=0$，广义欧姆定律为

$$\boldsymbol{j}=\sigma_c\left[(\boldsymbol{E}+\boldsymbol{u}\times\boldsymbol{B})-\frac{1}{ne}\boldsymbol{j}\times\boldsymbol{B}+\frac{1}{ne}\nabla p_e\right] \tag{1-207}$$

式(1-207)右边第一项就是通常导电流体的欧姆定律，右边第二、三项是双流体效应增加的项：第二项为霍尔电流，是由磁场对等离子体电子运动的影响而产生的；第三项是电子压强梯度引起的，等离子体温度或密度不均匀都会引起。

右边第二项与电流 $\boldsymbol{j}$ 相比，若

$$\frac{\sigma_c B}{ne}=\frac{e^2 nB}{nem_e\nu_{ei}}=\omega_{ce}\tau_{ei}\ll 1 \tag{1-208}$$

则双流体效应的影响可以忽略，广义欧姆定律退化为欧姆定律。当 $\omega_{ce}\tau_{ei}\ll 1$ 时，双流体引起的电流不可忽略。

研究等离子体准稳态或静态的磁流体行为时(如平衡)，式(1-207)右边第二、三项相互抵消，双流体效应的两项可以忽略。但是，如果研究磁流体中波的行为，则这两项不能忽略。

定义等效电场为

$$\boldsymbol{E}_{\text{eff}}=\boldsymbol{E}+\boldsymbol{u}\times\boldsymbol{B}+\frac{1}{ne}\nabla p_e \tag{1-209}$$

广义欧姆定律可写为

$$\boldsymbol{j}=\sigma_c\boldsymbol{E}_{\text{eff}}-\frac{\omega_{ce}\tau_{ei}}{B}\boldsymbol{j}\times\boldsymbol{B} \tag{1-210}$$

可得广义电导率为

$$\boldsymbol{j}=\overleftrightarrow{\boldsymbol{\sigma}}\cdot\boldsymbol{E}_{\text{eff}} \tag{1-211}$$

$\overleftrightarrow{\boldsymbol{\sigma}}$ 为电导率张量，在直角坐标系中，若磁场沿 z 方向，则

$$\overleftrightarrow{\boldsymbol{\sigma}}=\sigma_c\begin{pmatrix}\dfrac{1}{1+\omega_{ce}^2\tau_{ei}^2} & \dfrac{-\omega_{ce}\tau_{ei}}{1+\omega_{ce}^2\tau_{ei}^2} & 0\\ \dfrac{\omega_{ce}\tau_{ei}}{1+\omega_{ce}^2\tau_{ei}^2} & \dfrac{1}{1+\omega_{ce}^2\tau_{ei}^2} & 0\\ 0 & 0 & 1\end{pmatrix} \tag{1-212}$$

一般情况下，$\boldsymbol{j}$ 与 $\boldsymbol{E}_{\text{eff}}$ 方向不一致，存在磁场时，等离子体是各向异性导电介质。

1.4.3　动理学方程简介

从粒子分布函数的变化规律出发，用统计力学的方法确定系统的物理状态及其随时间的变化过程，这种描述方法称为动理学理论。

1. 动理学方程

分布函数 $f(\boldsymbol{r},\boldsymbol{v},t)\mathrm{d}\boldsymbol{r}\mathrm{d}\boldsymbol{v}$ 代表粒子空间位置在$[\boldsymbol{r},\boldsymbol{r}+\mathrm{d}\boldsymbol{r}]$、速度在$[\boldsymbol{v},\boldsymbol{v}+\mathrm{d}\boldsymbol{v}]$的粒子数，则粒子数密度 $n(\boldsymbol{r},t)$满足

$$n(\boldsymbol{r},t)=\int f(\boldsymbol{r},\boldsymbol{v},t)\mathrm{d}\boldsymbol{v} \tag{1-213}$$

总粒子数 N 为

$$N=\int f(\boldsymbol{r},\boldsymbol{v},t)\mathrm{d}\boldsymbol{r}\mathrm{d}\boldsymbol{v} \tag{1-214}$$

在相体积元 $\mathrm{d}\boldsymbol{r}\mathrm{d}\boldsymbol{v}$ 的粒子，经过 δt 时间后，因粒子运动和受外场作用而全部进入对应相体积元 $\mathrm{d}\boldsymbol{r}'\mathrm{d}\boldsymbol{v}'$内。此外，在时间$[t,t+\mathrm{d}t]$内，因粒子间碰撞，净进入相体积元 $\mathrm{d}\boldsymbol{r}'\mathrm{d}\boldsymbol{v}'$的粒子数为$\left(\frac{\partial f}{\partial t}\right)_{\mathrm{c}}\delta t\mathrm{d}\boldsymbol{r}'\mathrm{d}\boldsymbol{v}'$。由粒子数守恒方程得

$$f(\boldsymbol{r}',\boldsymbol{v}',t+\delta t)\mathrm{d}\boldsymbol{r}'\mathrm{d}\boldsymbol{v}'=f(\boldsymbol{r},\boldsymbol{v},t)\mathrm{d}\boldsymbol{r}\mathrm{d}\boldsymbol{v}+\left(\frac{\partial f}{\partial t}\right)_{\mathrm{c}}\delta t\mathrm{d}\boldsymbol{r}'\mathrm{d}\boldsymbol{v}' \tag{1-215}$$

式中，

$$\boldsymbol{r}'=\boldsymbol{r}+\boldsymbol{v}\delta t \tag{1-216}$$

$$\boldsymbol{v}'=\boldsymbol{v}+\frac{\boldsymbol{F}}{m}\delta t \tag{1-217}$$

$$\mathrm{d}\boldsymbol{r}'\mathrm{d}\boldsymbol{v}'=\frac{\partial(\boldsymbol{r}',\boldsymbol{v}')}{\partial(\boldsymbol{r},\boldsymbol{v})}\mathrm{d}\boldsymbol{r}\mathrm{d}\boldsymbol{v}=\mathrm{d}\boldsymbol{r}\mathrm{d}\boldsymbol{v} \tag{1-218}$$

即

$$f\left(\boldsymbol{r}+\boldsymbol{v}\delta t,\boldsymbol{v}+\frac{\boldsymbol{F}}{m}\delta t,t+\delta t\right)=f(\boldsymbol{r},\boldsymbol{v},t+\delta t)+\left(\frac{\partial f}{\partial t}\right)_{\mathrm{c}}\delta t \tag{1-219}$$

对 δt 做泰勒展开，保留到一阶小量，得动理学方程，又称为玻尔兹曼方程：

$$\frac{\partial f_\alpha}{\partial t}+\boldsymbol{v}\cdot\frac{\partial f_\alpha}{\partial \boldsymbol{r}}+\frac{\boldsymbol{F}_\alpha}{m_\alpha}\cdot\frac{\partial f_\alpha}{\partial \boldsymbol{v}}=\left(\frac{\partial f}{\partial t}\right)_{\mathrm{c}}\delta t \tag{1-220}$$

2. 弗拉索夫方程

在动理学方程中，忽略碰撞项，即$\left(\frac{\partial f_\alpha}{\partial t}\right)_{\mathrm{c}}=0$，称为弗拉索夫方程或无碰撞玻

尔兹曼方程：

$$\frac{\partial f_\alpha}{\partial t}+\boldsymbol{v}\cdot\frac{\partial f_\alpha}{\partial \boldsymbol{r}}+\frac{\boldsymbol{F}_\alpha}{m_\alpha}\cdot\frac{\partial f_\alpha}{\partial \boldsymbol{v}}=0 \tag{1-221}$$

这个方程适合于讨论特征时间远小于碰撞时间或特征长度远小于平均自由程情况，因为在这种情况下，碰撞效应完全可以忽略。

但需指出，式中的力场包含外场和等离子体内部的平均场(自洽场)，因此方程要与电磁场的麦克斯韦方程联合求解。

$$\begin{cases}\nabla\cdot \boldsymbol{E}=\dfrac{1}{\varepsilon_0}\sum\limits_\alpha q_\alpha\int f_\alpha \mathrm{d}\boldsymbol{v}_\alpha \\ \nabla\cdot \boldsymbol{B}=0 \\ \nabla\times \boldsymbol{E}=-\dfrac{\partial \boldsymbol{B}}{\partial t} \\ \nabla\times \boldsymbol{B}=\mu_0\dfrac{\partial \boldsymbol{D}}{\partial t}+\mu_0\sum\limits_\alpha q_\alpha\int \boldsymbol{v}_\alpha f_\alpha \mathrm{d}\boldsymbol{v}_\alpha\end{cases} \tag{1-222}$$

3. 碰撞项及动理学方程

碰撞项可以用各种模型导出，由此得到相应的碰撞积分，因而动理学方程就有各种不同的形式。

BGK 碰撞项或称 Krook 碰撞项：

$$\left(\frac{\partial f}{\partial t}\right)_{\mathrm{c}}=-(f-f_0)/\tau_{\mathrm{c}}=-\nu_{\mathrm{c}}(f-f_0) \tag{1-223}$$

式中，τ_{c} 为特征时间，通常取为平均碰撞时间；ν_{c} 为平均碰撞频率。

BGK 碰撞项表示系统从初始的非平衡态分布 f，经过时间 τ_{c} 趋向平衡态分布 f_0。取 BGK 碰撞项后的动理学方程为

$$\frac{\partial f}{\partial t}+\boldsymbol{v}\cdot\frac{\partial f}{\partial \boldsymbol{r}}+\frac{\boldsymbol{F}}{m}\cdot\frac{\partial f}{\partial \boldsymbol{v}}=-\nu_{\mathrm{c}}(f-f_0) \tag{1-224}$$

福克尔-普朗克(Fokker-Planck)方程是引用布朗运动的方法来得到碰撞项的表达式，以描述等离子体中库仑长程作用引起的大量的小角度偏转。

在 Δt 的时间内，速度为 $\boldsymbol{v}$ 的粒子由于碰撞速度增量为 $\Delta\boldsymbol{v}$ 的概率定义为转移概率函数 $w(\boldsymbol{v},\Delta\boldsymbol{v})$。若假设 w 与时间无关，即与粒子过去的历史无关，这种过程称马尔可夫过程。这时分布函数可表示为

$$f(\boldsymbol{r},\boldsymbol{v},t)=\int f(\boldsymbol{r},\boldsymbol{v}-\Delta\boldsymbol{v},t-\Delta t)w(\boldsymbol{v}-\Delta\boldsymbol{v},\Delta\boldsymbol{v})\mathrm{d}(\Delta\boldsymbol{v}) \tag{1-225}$$

所有可能的增量总概率为 1，即

$$\int w(\boldsymbol{v},\Delta\boldsymbol{v})\mathrm{d}(\Delta\boldsymbol{v}) = 1 \tag{1-226}$$

对小量 $\Delta\boldsymbol{v}$ 展开得

$$f(\boldsymbol{r},\boldsymbol{v},t) = \int \mathrm{d}(\Delta\boldsymbol{v})\left\{f(\boldsymbol{r},\boldsymbol{v},t-\Delta t)w(\boldsymbol{v},\Delta\boldsymbol{v}) - \Delta\boldsymbol{v}\cdot\left[\frac{\partial f}{\partial\boldsymbol{v}}w + \frac{\partial w}{\partial\boldsymbol{v}}f\right] + \frac{1}{2}\Delta\boldsymbol{v}\Delta\boldsymbol{v}:\left[\frac{\partial^2 f}{\partial\boldsymbol{v}\partial\boldsymbol{v}}w + 2\frac{\partial f}{\partial\boldsymbol{v}}\frac{\partial w}{\partial\boldsymbol{v}} + \frac{\partial^2 w}{\partial\boldsymbol{v}\partial\boldsymbol{v}}f\right] + \cdots\right\} \tag{1-227}$$

由于

$$\left(\frac{\partial f}{\partial t}\right)_{\mathrm{c}} = \frac{[f(\boldsymbol{r},\boldsymbol{v},t) - f(\boldsymbol{r},\boldsymbol{v},t-\Delta t)]}{\Delta t} \tag{1-228}$$

可得

$$\left(\frac{\partial f}{\partial t}\right)_{\mathrm{c}} = -\frac{\partial}{\partial\boldsymbol{v}}\cdot(f\langle\Delta\boldsymbol{v}\rangle) + \frac{1}{2}\frac{\partial^2}{\partial\boldsymbol{v}\partial\boldsymbol{v}}:(f\langle\Delta\boldsymbol{v}\Delta\boldsymbol{v}\rangle) \tag{1-229}$$

式中，

$$\langle\Delta\boldsymbol{v}\rangle = \frac{1}{\Delta t}\int w(\boldsymbol{v},\Delta\boldsymbol{v})\Delta v\mathrm{d}(\Delta\boldsymbol{v}) \tag{1-230}$$

$$\langle\Delta\boldsymbol{v}\Delta\boldsymbol{v}\rangle = \frac{1}{\Delta t}\int w(\boldsymbol{v},\Delta\boldsymbol{v})\Delta\boldsymbol{v}\Delta\boldsymbol{v}\mathrm{d}(\Delta\boldsymbol{v}) \tag{1-231}$$

式(1-229)是福克尔-普朗克碰撞项，其中第一项是动摩擦项，第二项为扩散系数项。

参 考 文 献

[1] Salzman D. Atomic Physics in Hot Plasmas. Oxford：Oxford University Press，1998.

[2] Chen F F. Introduction to Plasma Physics and Controlled Fusion. second edition. New York：Plenum Press，2010.

[3] 郑春来. 等离子体物理. 北京：北京大学出版社，2009.

[4] Chung H K，Chen M H，Morgan W L，et al. Generalized population kinetics and spectral model for rapid spectroscopic analysis for all elements. High Energy Density Physics，2005，1：3-12.

第 2 章　等离子体诊断技术

2.1　电磁及辐射测量

2.1.1　脉冲电流电压测量

1. 罗科夫斯基线圈

罗科夫斯基(Rogowski)线圈简称罗氏线圈，是一种特殊结构的空心线圈，通过被测电流所产生的磁场变化而感应出相应的电势，本身并不与被测电流回路存在直接电联系。罗氏线圈不含铁心，不存在磁饱和问题，也不存在动力和热力的稳定问题，而且几乎不受被测电流大小的限制。此外，由于罗氏线圈频带较宽，自身的上升时间可以做得非常小，适于测量快速变化的大电流。

假设载流导体中流过的被测电流为 $i_1(t)$，穿过罗氏线圈的载流导体为一匝时，根据安培环路定律

$$\oint H \cdot \mathrm{d}l = i_1(t) \tag{2-1}$$

式中，H 为磁场强度，单位 A/m。由于磁感应强度 B 与磁场强度 H 的关系式为 $B=\mu_0 H$，其中 μ_0 为真空磁导率，且 $\mu_0=4\pi\times10^{-7}$ H/m。磁感应强度表示为

$$B=\frac{\mu_0 i_1(t)}{2\pi \cdot r_e} \tag{2-2}$$

式中，r_e 为线圈的中心半径，单位 m，$D=2r_e$。当线圈截面积 S 非常细小时，认为截面上磁感应强度处处相等，通过截面的磁通为 $\phi=B \cdot S$，设线圈获得的感应电动势为 $e(t)$，由法拉第电磁感应定律，有

$$e(t)=-\frac{\mathrm{d}\psi}{\mathrm{d}t} \tag{2-3}$$

式中，ψ 为总磁链。如果截面积均匀，即沿周长各处截面积均为 S，令 N 为线圈总匝数，整个线圈所交链的磁链为 $\psi=N\phi$。当被测电流发生变化时，根据电磁感应定律，线圈输出端所产生的感应电势 $e(t)$ 为

$$e(t)=-\frac{\mathrm{d}\psi}{\mathrm{d}t}=-\frac{\mu_0 NS}{2\pi r_e}\frac{\mathrm{d}i_1(t)}{\mathrm{d}t} \tag{2-4}$$

令式(2-4)右边系数为罗氏线圈与载流导体之间的互感系数 M，单位为 H，即

$$M=\frac{\mu_0 NS}{2\pi r_e}=\mu_0 nS \tag{2-5}$$

式中，n 为罗氏线圈单位长度的匝数，即小线匝密度。式(2-5)中互感系数 M 的表达式是在没有考虑罗氏线圈结构参数影响前提下获得的理论值，对于一定结构的罗氏线圈，M 为常量。若不考虑线圈分布电容，罗氏线圈自感系数 L_c 近似为

$$L_c = NM = \frac{\mu_0 N^2 S}{2\pi r_e} = \mu_0 n^2 S l_{Rog} \tag{2-6}$$

式中，l_{Rog} 为罗氏线圈的周长。上面推导获得的罗氏线圈互感系数和自感系数的表达式，是在不考虑罗氏线圈结构参数影响时的理论计算值。此时，感应电势 $e(t)$ 可以表示为

$$e(t) = -M\frac{di_1(t)}{dt} \tag{2-7}$$

式(2-7)表明，罗氏线圈获得的感应电势 $e(t)$ 正比于被测电流的变化率，即 di_1/dt，比例系数是罗氏线圈与载流导体母线之间的互感系数，要得到希望测量的被测电流波形，就必须根据被测电流的特点，通过积分电路对测量信号进行还原处理。

如图 2-1 所示，图中 L、r 分别表示罗氏线圈的自感和内阻，罗氏线圈的自感与取样电阻 R_a 构成的测量回路，本身就是一个 RL 积分电路。在这种情况下，测量回路电压方程为

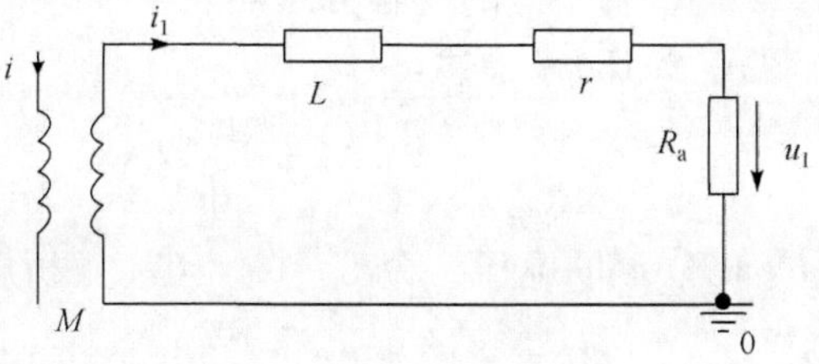

图 2-1　罗氏线圈测量回路

$$M\frac{di}{dt} = L\frac{di_1}{dt} + (r + R_a)i_1 \tag{2-8}$$

若满足条件

$$\frac{L}{r+R_a}\cdot\frac{di_1}{dt} \gg i_1 \tag{2-9}$$

回路电压方程可近似写成

$$M\frac{di}{dt} \approx L\frac{di_1}{dt} \tag{2-10}$$

因此

$$i_1 = \frac{1}{L}\int\left(M\frac{di}{dt}\right)dt = \frac{M}{L}i \tag{2-11}$$

$$u_1=R_a i_1=\frac{M}{L}R_a i \tag{2-12}$$

即取样电阻 R_a 上的电压 u_1 与被测电流 i 成正比。为满足式(2-9)的要求，取样电阻 R_a 应该选择较小数值，一般为零点几欧姆，且 di_1/dt 要足够大，因此，自积分工作状态适合于测量快速变化，持续时间较短(微秒级)的脉冲大电流，如应用于高压冲击电流的测量。

2. 电容分压器

电容分压器的等效电路如图 2-2 所示。C_L 为高压臂电容，一般由一固定电极与承受高压 V_H 的高压电极(如脉冲传输线内筒、阴极大板等)间的耦合电容所构成；C_G 为低压臂电容，由固定电极与地电极间的耦合电容形成；R_S 为串联电阻，位于高、低压臂电容间，其作用为采集电压信号。由于 R_S 的存在，会与其相连接的测量电缆(阻抗为 Z_0)形成二级分压；同时根据 R_S 取值的大小，可将电容分压器制作成自积分式和微分式两种不同类型的电容分压器。

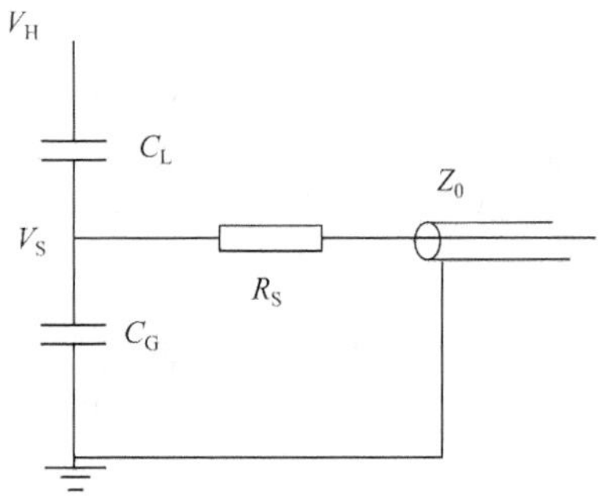

图 2-2 电容分压器的等效电路

该等效电路可以用式(2-13)来描述：

$$\frac{dV_H}{dt}=\frac{V_S}{RC_L}+\frac{C_L+C_G}{C_L}\cdot\frac{dV_S}{dt}(A) \tag{2-13}$$

式中，V_S 为电阻 $R=R_S+Z_0$ 上的电压。令 $C=C_L+C_G$，解析解为

$$V_S = Ae^{-t/(RC)}+\frac{C_L}{C}e^{-t/(RC)}\int_0^t\frac{dV_H}{dt'}e^{t'/(RC)}dt' \tag{2-14}$$

由式(2-13)可知，当 $RC\ll\tau$(τ 为所测电压信号的特征时间)时，可有

$$V_S=RC_L\frac{dV_H}{dt} \tag{2-15}$$

此时为微分式电容分压器。反之，当 $RC\gg\tau$ 时为自积分式电容分压器，可有

$$V_S=\frac{C_L}{C_L+C_G}V_H \tag{2-16}$$

2.1.2 X 射线脉冲辐射测量

1. X 射线真空二极管

X 射线真空二极管(XRD)是一种时间响应快(<1ns)、能谱响应宽

(0.01～10keV)、灵敏度高(10^{-5}～10^{-3} A/W)的软 X 射线探测器。该探测器主要由网状阳极和片状阴极组成，X 射线穿过阳极网照射到阴极表面产生光电子，光电子从阴极表面逃逸后在阴阳极间电场的作用下被阳极收集，光电流大小与 X 射线强度成正比。

探测器的最大线性电流 I_{sp} 和电子渡越时间 t_r[1]为

$$I_{sp}=2.33\times10^{-6}AU(\mathrm{V})^{3/2}/d\ (\mathrm{A}) \tag{2-17}$$

$$t_r=2d/\sqrt{2eU/m_e}=3.4\frac{d}{\sqrt{U}}(\mathrm{ns}) \tag{2-18}$$

式中，A 为探测器灵敏面积；d 为阴阳极距离，mm；U 为偏置电压，V。当灵敏面直径为 10mm，阴阳极距离为 2mm，偏置电压为 800V 时，可以得到最大线性电流 I_{sp} 为 1A，电子渡越时间 t_r 为 240ps。

XRD 的灵敏度 S 为单位辐射功率下探测器的输出电流，是光子能量的函数：

$$S=eYT/(h\nu)(\mathrm{A/W}) \tag{2-19}$$

式中，$h\nu$ 为入射光子能量；Y 为光阴极量子效率；T 为阳极网透过率。

XRD 的灵敏度强烈依赖于光子与阴极材料的光电反应截面，对于 0.01～10keV 能量范围的光子，XRD 的灵敏度可以跨越几个数量级。同时，光电反应只发生在阴极表面几个纳米的厚度内，灵敏度大小对阴极的表面状态极为敏感，灵敏度谱响应 S 需要通过实验标定确定[2]。这时，S 可表示为单能入射光子($h\nu$)功率 P 与探测器输出电流 I 的比值：

$$S(h\nu)=I(h\nu)/P(h\nu) \tag{2-20}$$

2. 金刚石光导探测器

金刚石光导探测器(PCD)采用天然或人造金刚石作为灵敏单元，金刚石电阻率>10^{13} Ω/cm，暗电流为 100pA 量级，禁带宽度为 5.5eV，对波长大于 0.22μm 的近紫外光和可见光不灵敏，两端面经过金属化处理后形成欧姆接触电极，外加偏置电压产生电场。光子垂直于电场方向入射，在灵敏区内产生电子-空穴对，电阻率下降，电子-空穴对在偏置电压的作用下漂移，在外电路中形成电流。PCD 探测器是电流型探测器，输出电流与载流子密度和定向运动速度 v 的乘积成正比，时间响应近似为载流子寿命，灵敏度 S 可表示为[2,3]

$$S=ev(E)\tau/(L\gamma) \tag{2-21}$$

式中，e 表示电子电荷；$v(E)$ 为载流子迁移率，是电场强度 E 的函数，典型值为 10cm/μs；τ 为载流子寿命，典型值为 200ps；V 为偏置电压；L 为灵敏区长度；γ 为产生一个电子空穴对所需的能量，对于能量远大于禁带宽度的光子，γ 近似为禁带宽度的三倍，16.5eV。由式(2-21)可以计算得到 S 的典型值为 1×10^{-4} A/W，与入射光子能量无关，谱响应平坦，便于对辐射功率及产额的估计。

PCD 探测器的灵敏度与灵敏区的电场强度，即探测器偏压相关。探测器自身相当于一个电阻，电流通过探测器会产生压降，抵消外置电路给探测器上的偏压，导致 PCD 灵敏度发生变化。这种现象称为 PCD 探测器的“饱和效应”，实际的输出信号需通过式(2-22)进行修正[4]：

$$V_c=\frac{V_m}{1-V_m/V_b} \tag{2-22}$$

式中，V_b 为偏置电压；V_m 为测量得到的电压；V_c 为修正后的电压。当探测器的输出信号达到偏压的 1/2 时，探测器的输出信号也减小了 1/2。这种效应能提高探测器的动态范围。

不同 PCD 探测器灵敏区的晶格缺陷和杂质浓度有差异，因而灵敏度也有差异，其值为 $2\times10^{-4}\sim7\times10^{-4}$ A/W。PCD 对表面沾染不如 XRD 敏感，而且金刚石的硬度也保证了可在使用过程中对其表面进行擦洗和清理，但长期被高能射线辐照可能导致晶格缺陷增大、载流子寿命进一步降低而使灵敏度退化。

3. *硅二极管*

Si-pin 半导体探测器采用 Si 作为灵敏材料，入射光子在灵敏层内产生电子-空穴对，并在外加电场作用下对这些电子-空穴对全部收集形成输出信号，在电子-空穴对收集过程中需防止其俘获和复合。

典型产品为美国 International Radiation Detectors(IRD)公司的 AXUVHS5[4]，灵敏面积为 1mm×1mm，厚度为 40μm 或 100μm。在 50V 偏压下，灵敏层厚度为 40μm 的 AXUV-HS5 暗电流为 200pA，响应时间为 700ps，最大线性电流约为 0.2A；探测器对 3.5keV 以下光子几乎全吸收，量子效率接近 100%，灵敏度约为 0.27A/W。

2.2　等离子体自辐射图像

对于激光诱导等离子体、Z 箍缩等离子体、气体击穿放电等快速演化的物理过程，其自发光成像技术的关键要求在于需要能够瞬时“冻结”等离子体行为，从而获得高的时间分辨能力。同时，成像系统需要具备感知低光子数的能力，即探测微弱光信号。此外，还应针对不同的成像对象，针对性地设计成像路径与放大倍数，保证系统的空间分辨力。目前广泛应用的快速成像技术主要包括像增强型 CCD (intensified CCD，ICCD)快速照相、分幅相机成像以及条纹相机成像。

2.2.1　ICCD 快速照相

ICCD 快速照相技术可以实现对等离子体快速演化过程中弱辐射信号的高时

间分辨探测。不考虑成像透镜，ICCD 由像增强器和高分辨率 CCD 两部分组成。像增强器包括三个部分：光阴极（photocathode）、微通道板（microchannel plate, MCP）和荧光屏（phosphor screen）。上述组件的性质决定了整个 ICCD 装置的性能。通过选择特定的像增强单元，ICCD 的光谱响应范围可以从可见光谱扩展到近红外、紫外和 X 射线区。

以商用相机 Andor istar DH734 为例，ICCD 工作原理如下：光子通过成像物镜达到光阴极表面产生光电子，光电子在外加电场的作用下加速穿过微通道板；光电子在微通道板内数量成倍增加，并飞向荧光屏；荧光屏将倍增后的光电子再次转化为光子，并通过耦合器件（透镜组或光纤）传导至 CCD 相机，数据可通过专用数据采集卡保存到计算机。

像增强器的操作电压如图 2-3(a)所示。光电子从光阴极出发，在外加电场作用下经过一个约 0.2mm 的间隙到达 MCP。MCP 为厚度约 1mm 的蜂巢式玻璃圆盘，其两端有高达 500～1000V 的电压，电子进入通道后通过级联效应和二次电子发射产生更多数量的电子（最高可达到 10^4 倍），如图 2-3(b)所示。之后电子再次受到一个数千伏每毫米的强电场作用，跨过约 0.5mm 的间隙到达并轰击荧光屏，从而产生 CCD 可记录的图像。此处强电场的一个重要作用在于提高电子到达荧光屏的概率，避免其四处飞散。

MCP 两侧电压可调，因此可获得不同的电子倍增效果，即实现不同的增益。相机 Andor istar DH734 的 ICCD 增益在 0～255 范围内可调，其对应的光子数放大效果如图 2-3(c)所示。需要指出的是，通常情况下的光阴极侧电压相对于 MCP 输入端为负值，此时电子在外电场作用下加速。然而当该电压为正时，光电子将无

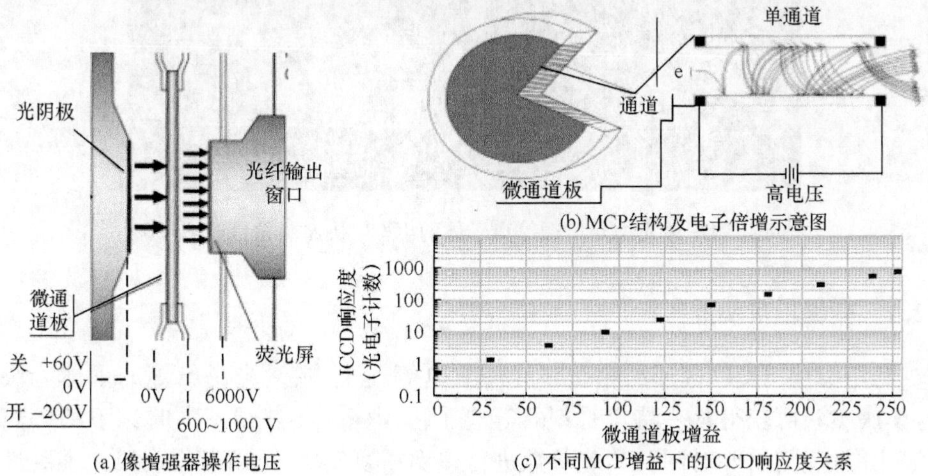

(a) 像增强器操作电压　(b) MCP结构及电子倍增示意图　(c) 不同MCP增益下的ICCD响应度关系

图 2-3　ICCD 结构和工作原理图

法获得足够的动能逃离光阴极到达 MCP，从而像增强器被有效地关闭。通过改变电压，像增强器能够被打开或关闭，这一过程称为选通（gating）。Andor istar DH734 相机的最短选通周期为 2ns，这也意味着利用该相机探测等离子体的最高时间分辨能力为 2ns。

真空（10^{-3}Pa）和低气压环境下（20Pa）激光诱导黄铜等离子体快速 ICCD 照相结果如图 2-4 所示。典型实验参数为激光能量约 15mJ，ICCD 延迟时间为 400ns，门宽为 20ns，增益为 200。由等离子体图像可知，在靠近靶面处两种情况下存在形状相似的明亮半球形等离子体发光，其直径约 2mm。当远离靶面时，真空中的等离子体辐射迅速衰减，意味着等离子体向环境中自由膨胀；气体环境中的等离子体受到背景空气的黏滞力作用而减速和热化，在距离靶面约 6mm 处形成另一个高发光强度区。实际上，随着背景气体压力（从真空到一个大气压不等）和种类（Ar、N_2、O_2 等）的不同，等离子体受到的黏滞作用也相应不同，人们常基于这一特性寻找特定种类的薄膜沉积最优方案。利用 ICCD 对等离子体辐射进行快速照相可为最优方案的确定提供有益而直观的参考。

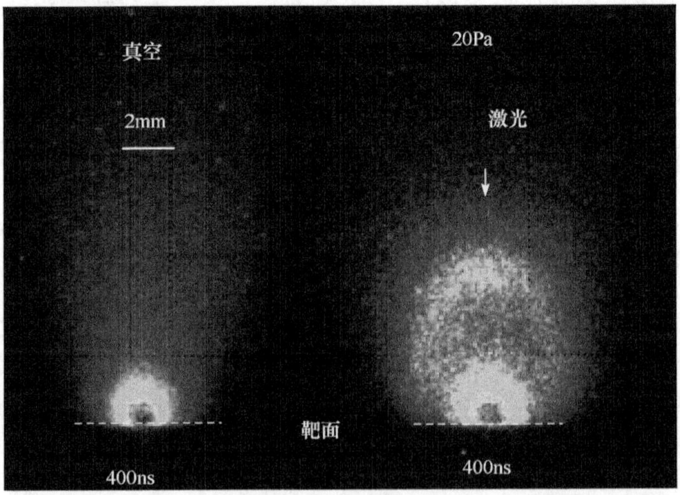

图 2-4　激光诱导黄铜等离子体的 ICCD 快速照相典型结果

2.2.2　分幅相机快速照相

利用上述 ICCD 快速照相研究脉冲放电等离子体、激光诱导等离子体等快过程，单次实验可获得某一特定时刻的等离子体图像。要获得不同时刻下的等离子体演化图像，则需要对同一实验参数进行多次重复实验，且所获得的结果准确性依赖于实验的可重复性。对于实验重复性较低或进行重复性实验代价较大的情况下，通常使用分幅相机快速照相技术。分幅图像如图 2-5 所示。

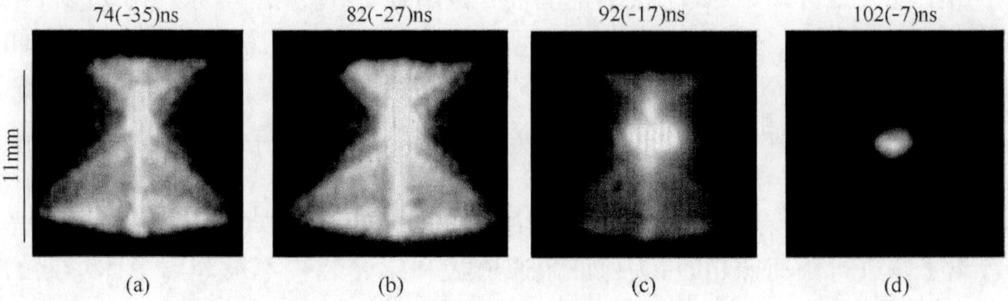

图 2-5　(2～100μm W-X 箍缩)分幅图像

分幅图像上方标识了图像快门时刻相对于电流起始时刻的时间间隔，以及相对第一个 X 射线辐射时刻的时间间隔(括号中)

分幅相机一般由收光系统、分光系统以及多台 ICCD 相机(一般为 2～8 台)组成。其中 ICCD 相机的性能决定了分幅相机的时间和空间分辨能力。收光系统一般可使用商用镜头，或专用定制镜头，将物像映射于分光系统前。分光系统则通过分光棱镜或分光棱锥，将物像分为若干份并聚焦于 ICCD 的光阴极。最后，由时间控制系统产生特定时间序列的触发脉冲，控制 ICCD 门选通，使图像在时间上分离。目前，分幅相机一般能够实现亚纳秒级的选通时间以及皮秒级的记录时间间隔。

2.2.3　条纹相机成像

基于 ICCD 的快速照相一般可提供纳秒量级时间分辨率的二维等离子体辐射信息，但一次动作只能拍摄一幅结果。要获得瞬态等离子体的时间演化过程，需要多次重复实验，并依次更改 ICCD 动作的时间延迟；通过特殊的光路设计，基于 ICCD 相机的分幅相机可实现分幅功能，如四分幅或八分幅。等离子体动态结果的准确性依赖于实验系统和实验对象的可重复性。若要通过单次实验获得瞬态等离子体连续时刻的演化，可借助于条纹相机照相技术。

条纹相机是一种用于测量超快光学现象的装置，可同时提供光的强度、时间和空间信息。与 ICCD 相比，条纹相机将入射光的时间轴信息通过扫描单元转换为一维空间轴信息，其基本原理如下：聚焦于入射狭缝的光通过中继透镜组作用于光阴极产生光电子；光电子在外电场作用下加速入射到偏转电极之间，并在偏转电场的作用下在竖直方向上(垂直于偏转电极)发生偏转；光电子再经过像增强器后到达荧光屏产生光子成像并最终记录于 CCD 相机。电子的偏折角度与承受的电场正相关，因此当探测入射光时，通过不断改变偏转电压，那么激发产生的光电子就依次落在荧光屏的不同位置，从而入射光的时间轴信息便转化成空间轴信息。偏转电极上施加的电压，称为扫描电压，其扫描速度对应不同的时间分辨能力：扫描速度越快，时间分辨能力越强，但同时可记录的时间轴也相应变短。

由上述介绍可知，条纹相机中也配置有像增强单元，其基本原理与 ICCD 中相同，因此条纹相机也具备探测微弱光信号的能力。当条纹相机中偏转电场为零时，光电子直接穿过 MCP 到达荧光屏，此时条纹相机工作于静态模式，或聚焦模式。聚焦模式下，条纹相机的内部信号转化过程类似于一台 ICCD，可用于调整和准直光路。

值得注意的是，在使用 ICCD 和条纹相机进行对脉冲放电等离子体或激光诱导等离子体进行快速照相时，为保证微通道板和感光装置不被等离子体早期的高强度辐射损坏，增益应从零开始，逐渐上调至合适的范围。当仪器在强电场环境下使用时，应注意可靠接地保证仪器安全。利用条纹相机成像记录等离子体中轴处自发光的典型结果如图 2-6 所示。此时使用的环境气体压力为 50Pa，激光参数与上文相似。图像中 X 轴为时间轴，Y 轴为空间轴。因此，条纹相机只有一维的空间分辨能力。

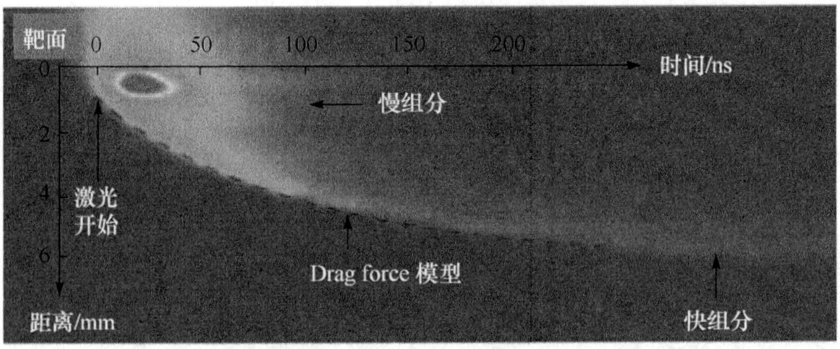

图 2-6　50Pa 环境气压下条纹相机成像的典型结果

由图可以看出，从激光入射开始到约 50ns，在近靶面处存在强烈的等离子体辐射，这源于激光源向靶面和等离子体持续的能量注入；激光结束后靶面辐射强度迅速降低，同时部分等离子体以千米每秒(km/s)量级的速度向空间运动。于是后期等离子体在表观上形成了"快组分"和"慢组分"，这就是前文 ICCD 记录的等离子体分裂现象。同时，在条纹相机结果中，辐射作为时间的连续函数，可以准确地反映出一次实验中的等离子体波前(或发光前沿)演化过程，在此处实验条件下，等离子体发光前沿可以由 Drag force 模型准确描述。基于 ICCD 的二维空间成像和条纹相机的时间连续成像，两者相互结合和印证，可提供较为全面而深入的等离子体辐射信息。

2.3　辐射谱诊断

对于热等离子体，发射光谱可视为其最为重要的诊断方法之一，它包括等离子体组分、等离子体温度、密度等在内的丰富信息。对于瞬态等离子体，如脉冲放电等离子体、脉冲激光诱导等离子体，发射光谱诊断则更是提供了传统电探针技术不可比拟的时空分辨能力以及测量可靠度。本节着重于发射光谱测量中的基本方法和原理，而不对测量装置和器件作过多介绍。

2.3.1　连续谱测量

对于等离子体连续辐射谱，其轫致辐射强度 $P_{\text{f-f}}$、复合辐射强度 $P_{\text{f-b}}$ 具有如下指数型下降结构[5]：

$$P_{\text{f-f}},P_{\text{f-b}}\propto\exp\left(-\frac{\hbar\omega}{T_{\text{e}}}\right) \tag{2-23}$$

其中，$\hbar$ 为约化普朗克常数，$\hbar=h/2\pi$；ω 为辐射光子频率；$\hbar\omega$ 则表征辐射光子的能量。由式(2-23)可知，辐射谱强度的斜率与等离子体的局部电子温度密切相关。基于上述公式作半对数图表，即可直接推导出电子温度。这种诊断方法特别适应于完全电离情况时的等离子体团，尤其是高温氢等离子体(无线谱存在)。对于部分电离等离子体，特征线谱的存在会给连续谱的结构造成扰动，给连续谱的分析带来一定难度。

图 2-7 所示为实验测量得到的聚乙烯表面等离子体辐射谱。由图可见，除碳元素 Ly-α 线区域外，辐射谱呈指数型下降，其斜率对应电子温度(170±20)eV。

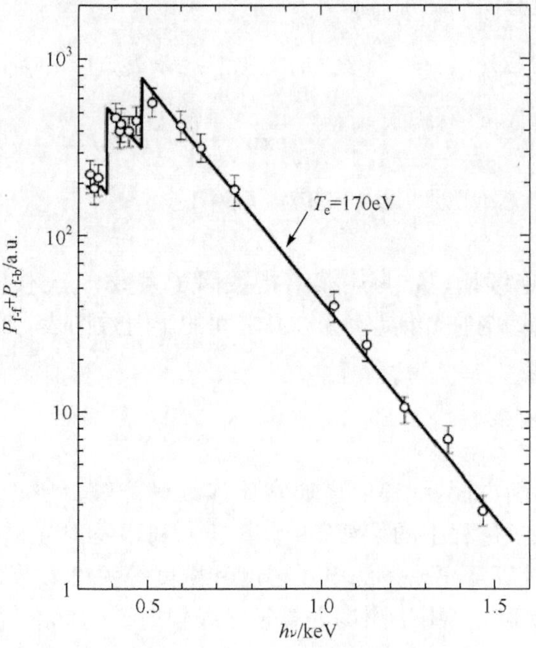

图 2-7　聚乙烯表面连续辐射谱[6]

除上述方法外，另一种常用的连续谱测试方法为吸收箔技术(absorption foil technique)。这是一种用于粗略估计时间和空间积分条件下等离子体电子温度的方法，其优点在于易操作性。实验一般由若干X射线探测器(通常为四个以上的pin二极管)和放置于探测器之前不同厚度的铍箔片(厚度一般为微米量级)组成，如图2-8所示。吸收箔技术的物理基础在于箔片的材料类型及厚度对电磁波具有不同的吸收特性。能量为 $\hbar\omega$ 的光子在金属箔中的平均自由程为 $\lambda(\hbar\omega)=1/n\sigma(\hbar\omega)$，其中 n 为金属箔的原子密度，$\sigma(\hbar\omega)$ 为光子的吸收截面。假定金属箔厚度为 D，对于如下能量为 $\hbar\omega$ 的光子，若满足

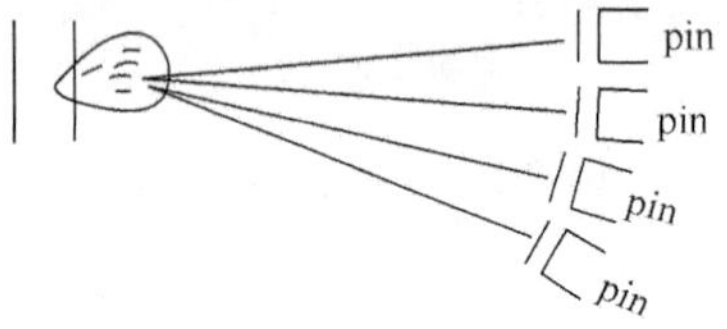

图 2-8　吸收箔技术实验原理图[1]

$$\frac{D}{\lambda_{\text{mfp}}(\hbar\omega)}=n\sigma(\hbar\omega)D>1 \tag{2-24}$$

那么有很大的概率光子被金属箔吸收而无法达到探测器表面。

通过分析光子平均自由程、光子吸收截面与光子能量之间的关系[7]，存在一临界光子能量 $\hbar\omega_c$，当光子能量大于该阈值时，很大概率会穿透金属箔；光子能量小于该阈值时，很大概率被吸收，即满足

$$\exp[-n\sigma(\hbar\omega)D]\approx\begin{cases}1, & \hbar\omega\geqslant\hbar\omega_c\\0, & \hbar\omega<\hbar\omega_c\end{cases} \tag{2-25}$$

因此作用于探测器表面的辐射强度为

$$\begin{aligned}I(D;T_e) &= \int_0^{\infty} P_c(\hbar\omega)\exp[-n\sigma(\hbar\omega)D]\mathrm{d}(\hbar\omega)\\&= P_0\int_{\hbar\omega_c(D)}^{\infty}\exp\left(-\frac{\hbar\omega}{T_e}\right)\mathrm{d}(\hbar\omega)\\&= P_0\exp\left[\frac{\hbar\omega_c(D)}{T_e}\right]\end{aligned} \tag{2-26}$$

式中，$P_c(\hbar\omega)$ 为总连续谱；P_0 为连续谱指数因子系数。上述方程表明，做出探测器脉冲强度 $I(D;T_e)$ 与临界能量 $\hbar\omega_c(D)$ 之间的半对数图表，则根据其斜率即可推导出电子温度值。

2.3.2　线辐射谱测量

在等离子体诊断方面，线辐射谱通常比连续谱能够提供更大的灵活性。这些线辐射谱来自于原子过程中的束缚-束缚跃迁。利用发射光谱技术分析物质成分或元素含量，以及计算等离子体的电子温度和密度等关键参数，一般可以通过测量分析这些分立谱线实现。用于测量等离子体线辐射谱的标准仪器称为光谱仪。

1. 谱线强度

等离子体中原子由高能级 E_u 跃迁到低能级 E_l 时，谱线强度 I 可表示为

$$I = A_{ul}h\nu n_u + w_{lu}h\nu n_l \tag{2-27}$$

式中，A_{ul}为自发衰退概率；ν 为吸收或辐射的光子频率；n_u 为处于上能级激发态的原子(或离子)数密度；n_l 为处于下能级激发态的原子(或离子)数密度；w_{lu}为由于共振光子吸收而从下能级跃迁到上能级的概率。公式中右边第一项表示自发衰退过程引起的辐射光谱强度，第二项表示共振光子吸收的谱强度。共振光子吸收过程引起光谱线的自吸收效应，一般在光谱发射诊断中应尽量避免。如果实验过程中的共振光吸收作用微弱，那么发射光谱强度公式便简化为

$$I = A_{ul}h\nu n_u \tag{2-28}$$

等离子体内部发生辐射跃迁时，不同的原子可能处于不同的激发态，如果系统处于热力学平衡状态，那么不同激发态能级的布局可用玻尔兹曼分布描述，两种激发态能级数密度比值满足

$$n_u/n_l = (g_u/g_l)\exp(-h\nu/kT) \tag{2-29}$$

式中，g_u 和 g_l 分别为上能级统计权重和下能级统计权重。若等离子体中原子总密度为 n_M，那么 n_u 和 n_l 与 n_M 满足

$$n_u = n_M \frac{g_u}{z} e^{-\frac{E_u}{kT}}, \quad n_l = n_M \frac{g_l}{z} e^{-\frac{E_l}{kT}} \tag{2-30}$$

式中，z 为原子的配分函数，其值为原子中所有能级的统计权重与玻尔兹曼常量乘积之和。至此，不考虑共振光电子激发过程，谱线强度与等离子体中原子总密度关系为

$$I = n_M A_{ul} h\nu \frac{g_u}{z} e^{-\frac{E_u}{kT}} \tag{2-31}$$

根据式(2-31)可知，在等离子体局部热平衡条件下，谱线强度与原子密度具有简单的线性关系。在此假定下，可计算等离子体电子温度，常用的方法有两种，分别为两线法和玻尔兹曼作图法(也称作玻尔兹曼斜线法)。两线法利用同一元素两条高能激发态不同的谱线强度比来计算电子温度，表示为

$$T = 5040(E_1 - E_2)\Big/\left(\lg \frac{g_1 A_1}{g_2 A_2} - \lg \frac{\lambda_1}{\lambda_2} - \lg \frac{I_1}{I_2}\right) \tag{2-32}$$

式中，E 单位为 eV，计算结果单位为 K。谱线的 g、A 和 E 值可查阅相关手册和网站数据库，I 为实验测量校正结果。一般情况下，利用两线法计算获得的电子温度准确性较低，误差通常不低于 10%，更为准确的方法是采用玻尔兹曼作图法。玻尔兹曼作图法同时采用多条激发能不同的谱线来计算电子温度，整理谱线强度公式可以得到

$$\lg\frac{I\lambda}{gA}=-\frac{5040}{T_e}E_{exc}+\lg\frac{hcn_M}{z} \tag{2-33}$$

式中，E_{exc}为高能态激发能；右边第二项为常数。可见 $\lg(I\lambda/gA)$与 E_{exc}具有简单的线性关系，斜率为$-5040/T_e$，可直接换算出 T_e 的值。因此只要测出一组具有不同 E_{exc}值的谱线强度，并查阅手册得到 g、A 常数，作出相应的关系曲线，便可根据其斜率获得电子温度。$\lg(I\lambda/gA)$与 E_{exc}关系的非线性度也可作为等离子体局部热平衡假定合理性的参考判据。

利用玻尔兹曼斜线法计算等离子体温度，典型结果如图 2-9 所示。计算使用的谱线为激发态 CuI，包括 465.2nm、510.6nm、515.3nm、521.8nm 和 529.3nm。斜线斜率为-1.25×10^{-4}，因此等离子体温度约 5000K。

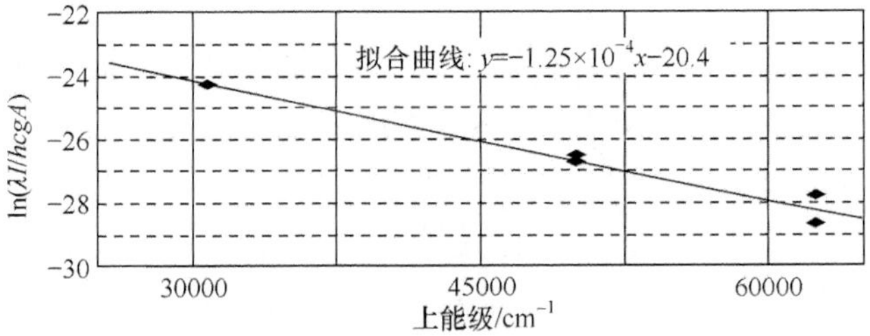

图 2-9　利用玻尔兹曼斜线图计算等离子体温度

2. 谱线展宽

实验测量得到的谱线在其中心波长两侧都会存在一定的分布，通常将谱线强度下降到 1/2 时的两个波长间隔 $\Delta\lambda$ 定义为谱线的宽度，简称半高全宽(full width of half maximum，FWHM)。辐射谱线展宽是多种物理过程共同作用的结果，主要包括自然展宽、压力展宽、Doppler 展宽。

当束缚电子由高能级 E_b 跃迁到低能级 $E_a(E_b>E_a)$时，会辐射出与之能量差相当的光子，其角频率 ν 为$\nu=(E_b-E_a)/\hbar$，谱线宽度应为无限窄。然而事实并非如此，根据测不准原理，能级无法准确获得，而是存在于一定的能量范围内，为 $\hbar/\tau$ 量级(τ 为特定能态的生命周期)。由于跃迁上下能级的能量都存在一定的测不准范围，因此带来的辐射频率也具有一定宽度。通常自然展宽在 10^{-4}nm 量级，超出绝大多数实验室分光仪器的分辨极限。

谱线的压力展宽起因于发射粒子与周围环境粒子的碰撞交互，等离子体中粒子间存在不停的碰撞交互。实验证明，粒子仅能在两次碰撞之间的时间间隔内进行自发发射，而处于自发射状态的粒子一旦受到再次碰撞，则发射过程被终止。这种碰撞状态下的谱线发射具有增宽效应。根据交互粒子的类型，压力展宽又可以细分为共振展宽(与同种原子碰撞)、Vander Waals 展宽(与不同种类原子碰撞)、

Stark 展宽(与带电粒子碰撞)。

等离子体在高温状态下,原子在不停地做高速运动,辐射的光子存在与观察者平行的速度分量,根据 Doppler 原理,实际观察到的波长将会有一定的移动。Doppler 展宽机制在低 Z(原子序号)物质的高温等离子体中作用更为重要。当等离子体中电子数密度较高时,Stark 展宽一般为 1nm 量级,而 Doppler 展宽一般在 0.01nm 量级,前者居主导地位。

自然展宽和压力展宽引起的 Lorentz 线型和 Doppler 展宽引起的 Gauss 线型,在实验测量中其综合作用表现为两种线型的卷积形式,称为 Voight 线型。对实验结果进行处理时,同时考虑多种展宽机制是十分困难的,通常先对各种机制对展宽的影响估算判断其主导机制,然后根据其主导展宽机制进行电子数密度的计算。

2.3.3　时空分辨的能谱诊断技术

1. 空间分辨光谱

由于光谱仪对入射光仅沿一个特定方向进行色散,因此可对等离子体在该方向的垂直方向上进行空间分辨。图 2-10 所示为典型的激光诱导黄铜等离子体的空间分辨光谱。其中水平方向为谱线展开方向,竖直方向为等离子体垂直靶面方向。空间分辨光谱技术对于空间密度/温度梯度较大的等离子体的准确诊断具有至关重要的意义,可以在单次实验内获得等离子体在特定方向上的空间温度和密度分布特征。

图 2-10　激光诱导等离子体的空间分辨光谱

除光谱仪外,可以利用带通滤波片获得某一原子特征谱线的二维空间分布信息,基本实验原理如图 2-11 所示。进一步,使用多个 ICCD(或分幅相机),并分别配置不同种类的带通滤波片,可以在单次实验内分辨等离子体中不同粒子组分或电离态的空间分布;甚至可以通过两线法或玻尔兹曼斜线法,得到等离子体温度的二维空间分布结果。

2. 时间分辨光谱

对于瞬态等离子体发射光谱,目前常用的记录装置为 ICCD,每次实验可记录

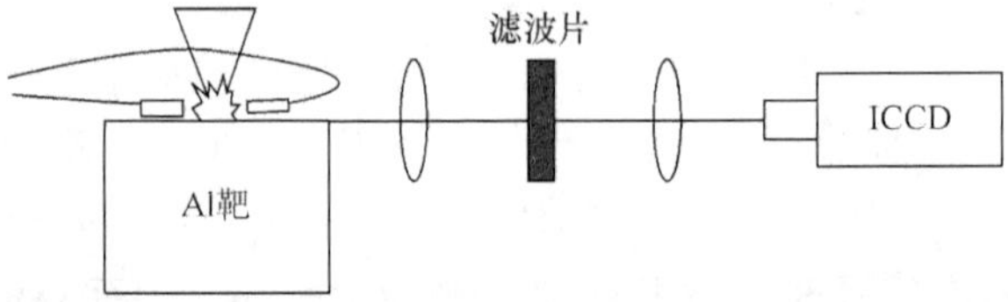

图 2-11　基于带通滤波片的特征谱测量示意图

某一特定时间窗口的光谱结果,时间分辨的实验结果是在实验重复性良好的假定前提下,通过多次实验获得的。对于特别关心的某一特征谱线,有研究人员使用光电管,或光电倍增管(PMT)作为记录装置,获得特定粒子的时间飞行曲线(TOF)。由 2.3 节中快速照相的讨论可知,如果记录装置使用条纹相机,则相对于 PMT,可以同时获得多种元素多种激发态粒子的 TOF 曲线,典型结果如图 2-12 所示;而使用分幅相机,则相当于单次实验内获得了多个时间点的发射光谱信息。

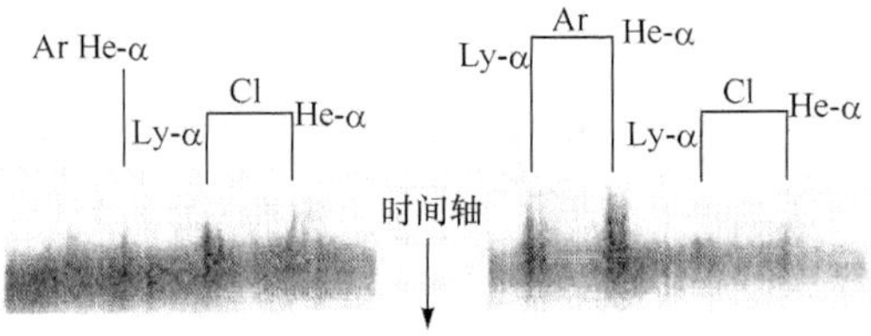

图 2-12　激光加热靶丸的时间分辨辐射谱[7]

2.4　激光诊断

2.4.1　激光干涉诊断技术

激光干涉成像是实验测量等离子体关键参数(如空间电子密度分布)的有力工具。其基本原理是:探测激光的相前信息受到等离子体折射率场的扰动,会与参考光束叠加而产生干涉条纹,每个条纹线对应一条探测光和参考光之间恒定的相位差轨迹;通过一定的数据处理方法分析相位差即可得到等离子体折射率,从而可进一步获得其他等离子体关键参数信息。

考虑两列电磁波 $\boldsymbol{E}_1$ 和 $\boldsymbol{E}_2$,它们可以表示为

$$\boldsymbol{E}_1=\boldsymbol{E}_0\mathrm{e}^{\mathrm{i}(\phi_1-\omega t)} \tag{2-34}$$

$$\boldsymbol{E}_2=\boldsymbol{E}_0\mathrm{e}^{\mathrm{i}(\phi_2-\omega t)} \tag{2-35}$$

式中,ϕ_1 和 ϕ_2 是电磁波 $\boldsymbol{E}_1$ 和 $\boldsymbol{E}_2$ 的初始相位;ω 是角频率。这里假设它们拥有相同的初始强度 $\boldsymbol{E}_0$,以方便公式推导的简化。当两列电磁波重叠时,有

$$\boldsymbol{E}=\boldsymbol{E}_1+\boldsymbol{E}_2=\boldsymbol{E}_0\mathrm{e}^{-\mathrm{i}\omega t}(\mathrm{e}^{\mathrm{i}\phi_1}+\mathrm{e}^{\mathrm{i}\phi_2}) \tag{2-36}$$

对方程(2-36)两边取绝对值再平方，可以把公式简化为

$$|\boldsymbol{E}|^2=2\boldsymbol{E}_0^2[1+\cos(\phi_1-\phi_2)] \tag{2-37}$$

从式(2-37)可以看出，两列波叠加后，其叠加处的强度取决于两列波的相位差 $\Delta\phi=\phi_1-\phi_2$，当 $\Delta\phi=2n\pi$ 时，叠加强度最强，表现为干涉条纹中的明亮条纹；而当相位差 $\Delta\phi=(2n+1)\pi$ 时，叠加强度最弱，表现为干涉条纹中的暗条纹。所以，从暗/明条纹到邻近的暗/明条纹相位相差 2π，所以条纹偏移(fringe shift，FS)和相位差满足关系

$$\Delta\phi=\mathrm{FS}\cdot 2\pi \tag{2-38}$$

当激光入射等离子体时，等离子体折射率将引起相位的偏移，其相对折射率(η)与相位差($\Delta\phi$)的数学关系可以表示为

$$\Delta\phi=\frac{2\pi}{\lambda}\int(\eta-1)\mathrm{d}s \tag{2-39}$$

式中，L 为激光所穿过的路程；λ 是激光波长。

等离子体折射率的贡献主要来自于电子和中性分子。这里首先推导折射率与电子的关系。考虑一束横电磁波穿过等离子体，假设该电磁波只受到等离子体的影响，且等离子体自身热运动忽略。由于等离子体中电子远比离子质量轻，它受到电场的作用产生的加速度远远大于离子。故在较短时间内只考虑电子的运动。

对于一个电磁场，可以用麦克斯韦方程(Maxwell's equations)描述为

$$\nabla\times\boldsymbol{E}=-\frac{\partial\boldsymbol{B}}{\partial t} \tag{2-40}$$

$$\nabla\times\boldsymbol{B}=\mu_0\boldsymbol{j}+\frac{1}{c^2}\frac{\partial\boldsymbol{E}}{\partial t} \tag{2-41}$$

式中，$\boldsymbol{E}$ 和 $\boldsymbol{B}$ 分别为电场和磁场向量；$\boldsymbol{j}$ 为电流密度向量；常数 μ_0 和 c 分别为真空中磁导率和光速。联合式(2-40)和式(2-41)可以求出电场和电流密度的关系：

$$\nabla^2\boldsymbol{E}-\nabla(\nabla\cdot\boldsymbol{E})=\mu_0\frac{\partial\boldsymbol{j}}{\partial t}+\frac{1}{c^2}\frac{\partial^2\boldsymbol{E}}{\partial t^2} \tag{2-42}$$

定义穿过等离子体的横电磁波在 $\boldsymbol{z}$ 轴方向传播，那么电场方向指向 $\boldsymbol{x}$，其数学表达式为

$$\boldsymbol{E}=E_x^{\mathrm{i}(k\cdot z-\omega t)}\boldsymbol{x} \tag{2-43}$$

式中，k 为波传播常数；$\boldsymbol{x}$ 为单位矢量。

考虑一个电子在该电场中运动，运动过程可以表示为

$$-e\boldsymbol{E}=m_{\mathrm{e}}\frac{\partial\boldsymbol{v}}{\partial t} \tag{2-44}$$

式中，m_{e} 为电子质量；$\boldsymbol{v}$ 为速度向量。

电流密度可以表示为

$$j = -n_e e v \tag{2-45}$$

式中，n_e 为电子密度；e 为电子电荷。

联合式(2-42)～式(2-45)，可以得到电磁场散度的关系为

$$\omega^2 = \omega_p^2 + k^2 c^2 \tag{2-46}$$

式中，ω_p 定义为等离子体频率，它一般可以表达为

$$\omega_p = \left(\frac{n_e e^2}{\varepsilon_0 m_e}\right)^{\frac{1}{2}} \tag{2-47}$$

式中，ε_0 是真空中介电常数。一般地，介质中折射率 η 定义为

$$\eta = \frac{c}{v_{\text{phase}}} = \frac{kc}{\omega} \tag{2-48}$$

式中，v_{phase}为电磁波的相速度。联合式(2-46)～式(2-48)可以得到电子密度和折射率的关系：

$$n_e = \sqrt{1 - \frac{\omega_p^2}{\omega^2}} = \sqrt{1 - \frac{n_e}{n_c}} \tag{2-49}$$

式中，n_c 为该横电磁波穿过等离子体的临界密度：

$$n_c = \frac{\varepsilon_0 m_e}{e^2}\omega^2 \tag{2-50}$$

从上述推导中，通过电磁波与自由电子的相互作用，得到了折射率与自由电子的关系。同样地，电磁波将会与中性分子/离子中被束缚的电子相互作用，它们也将影响穿过等离子体的电磁波的折射率。量子力学表明，被束缚的电子并不会在一个相对固定的位置内振荡，而是在原子核附近以一定的概率分布运动。此时，被束缚的电子的概率分布频率一般用 $\omega_{0i,j}$，而不是自由电子的本征频率 ω_0 表示。由此得到的折射率与分子密度的关系可以表达为

$$n_a = 1 + \frac{2\pi e^2}{m_e}\sum \frac{f_{i,j} n_i}{(\omega_{0i,j}^2 - \omega^2)} \tag{2-51}$$

式中，$f_{i,j}$为振子强度。式(2-51)可以简化为

$$n_a \approx 1 + 2\pi\alpha n_a \tag{2-52}$$

式中，α 为原子/分子的极化度，一般与波长相关；n_a 为原子/分子的密度。一些常见的原子/分子极化度可以参考表 2-1。

表 2-1　常见原子/分子极化度[8]　(单位:$10^{-30}\,m^{-3}$)

原子/分子	理论计算值			实验测量值	
	α(1064nm)	α(532nm)	α(355nm)	α(1064nm)	α(532nm)
Mg	11.8	15.2	11.8	12.4	13.9
Al	7.80	10.8	7.10	8.70	10.8
Ag	8.30	11.9	48.1	—	13.4
Cu	6.10	9.30	34.1	—	11.3
Au	7.10	8.10	10.6	—	8.30
空气	—	—	—	1.75	1.75

目前较为常用的干涉技术有 Mach-Zehnder 干涉和 Michelson-Morley 干涉两种,两者基本光路结构如图 2-13 所示。两种方法的主要区别在于后者的探针光两次穿过被测等离子体,而前者仅有一次。对于瞬态等离子体,其参数随时间变化很快,宜采用 Mach-Zehnder 干涉进行测量。

同时考虑电子和中性原子作用时,折射率 $\eta=\eta_e+\eta_a-1$,干涉条纹的相位偏移 δ 可表示为

$$\delta=\frac{1}{\lambda}\int(\eta-1)\mathrm{d}x=\frac{2\pi\alpha}{\lambda}\int n_a\mathrm{d}x-\frac{1}{2n_c\lambda}n_e\mathrm{d}x$$

式中,n_a 和 n_e 单位为 cm^{-3}。对于 532nm 激光,可以写成如下数值形式:

$$\delta=1.3\times10^{-18}\int n_a\mathrm{d}x-2.4\times10^{-18}n_e\mathrm{d}x$$

由此可见,当自由电子或者中性气体对折射率起主导作用时,可以利用单波长求解密度,否则需要利用双波长激光干涉方法来进行电子密度和中性粒子密度的求解。对干涉图像进行 FFT 和空间滤波处理后,可得到面密度分布。基于轴对称假设,利用 Abel 逆变换可以得到数密度分布。

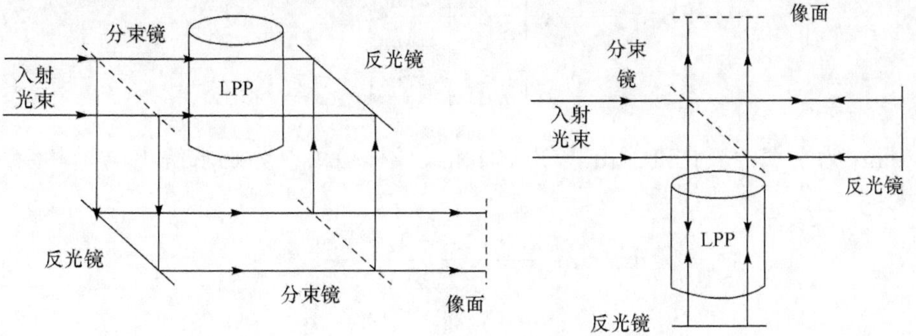

(a) Mach-Zehnder　(b) Michelson-Morley

图 2-13　Mach-Zehnder 干涉和 Michelson-Morley 干涉原理图

2.4.2 双波长干涉诊断技术

以上推导分别得到了电子和中性原子/分子与折射率的关系。由式(2-38)、式(2-39)和式(2-49)可以得到条纹偏移量与电子密度的关系：

$$\Delta\phi=\frac{2\pi}{\lambda}\int\left(\sqrt{1-\frac{n_e}{n_c}}-1\right)\mathrm{d}s\approx-\frac{\pi}{\lambda n_c}\int n_e\mathrm{d}s \tag{2-53}$$

$$FS_e=-\frac{e^2}{8\pi^2c^2\varepsilon_0m_e}\lambda\int n_e\mathrm{d}s=-\frac{r_e}{2\pi}\lambda\int n_e\mathrm{d}s \tag{2-54}$$

式中，r_e 是经典的电子半径：

$$r_e=\frac{e^2}{4\pi\varepsilon_0m_ec^2}\approx2.8\times10^{-15}\,\mathrm{m} \tag{2-55}$$

同样地，由式(2-38)、式(2-39)与式(2-52)可以得到条纹偏移量与中性原子/分子的关系：

$$\Delta\phi=\frac{2\pi}{\lambda}\int(\eta_a-1)\mathrm{d}s=\frac{2\pi}{\lambda}2\pi\alpha\int n_a\mathrm{d}s \tag{2-56}$$

$$FS_a=\frac{2\pi\alpha}{\lambda}\int n_a\mathrm{d}s \tag{2-57}$$

对于空气中测量的干涉条纹，还应该考虑空气折射率的影响：

$$\Delta\phi=\frac{2\pi}{\lambda}\int(\eta_e+\eta_a-\eta_0)\mathrm{d}s \tag{2-58}$$

$$FS=-\frac{r_e}{2\pi}\lambda\int n_e\mathrm{d}s+\frac{2\pi\alpha}{\lambda}\int n_a\mathrm{d}s-\int\eta_0\mathrm{d}s \tag{2-59}$$

空气的折射率一般取值 $\eta_0=2.7\times10^{-4}$。对于空气中的等离子体，只存在电子和空气影响激光的偏移。当两种不同波长的激光穿透等离子体后，会分别形成不同的偏移量

$$FS_1=-\frac{r_e}{2\pi}\lambda_1\int n_e\mathrm{d}s+\frac{2\pi\alpha_0}{\lambda_1}\int n_a\mathrm{d}s-\int\eta_0\mathrm{d}s \tag{2-60}$$

$$FS_2=-\frac{r_e}{2\pi}\lambda_2\int n_e\mathrm{d}s+\frac{2\pi\alpha_0}{\lambda_2}\int n_a\mathrm{d}s-\int\eta_0\mathrm{d}s \tag{2-61}$$

式中，α_0 为空气的极化度。由式(2-60)和式(2-61)可以分别求解出电子和空气的密度：

$$\begin{gathered}\int n_e\mathrm{d}s=2\pi\frac{\lambda_1\cdot FS_1-\lambda_2\cdot FS_2}{r_e(\lambda_2^2-\lambda_1^2)}\\ \int(n_a-n_0)\mathrm{d}s=\frac{n_0}{\eta_0}\frac{\lambda_2\cdot FS_1-\lambda_2\cdot FS_2}{\dfrac{\lambda_2}{\lambda_1}-\dfrac{\lambda_1}{\lambda_2}}\end{gathered} \tag{2-62}$$

式中，$n_0=\eta_0/2\pi\alpha_0=2.46\times10^{25}\text{m}^{-3}$为 1atm*、温度 298K 下空气的密度。

Mach-Zehnder 干涉系统主要由参考光束和探测光束组成，如图 2-14(a)所示。入射激光通过分束镜分为相同的两束激光，一束为参考光束，用于与探测光束形成干涉；一束为探测光束，用于探测被测物体折射率的变化。控制两束激光在空间传播的路径和激光光斑位置，使它们在时间上相干，空间上重叠，最后通过分束镜完成合束，形成干涉条纹。

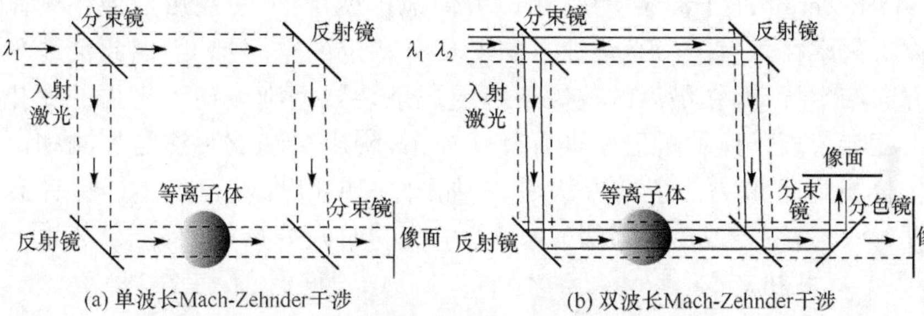

图 2-14　Mach-Zehnder 双波长干涉系统

双波长 Mach-Zehnder 干涉系统与单一波长的 Mach-Zehnder 干涉系统类似，可以看成两个不同波长的 Mach-Zehnder 干涉系统在同一位置同时发生，如图 2-14(b)所示。一般使用同一激光源的不同倍频来产生不同波长的激光，这样可以保证两激光同时入射。当经过分束镜合束产生干涉条纹后，再由分色镜将不同波长的干涉光斑分别成像。

图 2-15 为激光击穿空气，延时 872ns 时，通过双波长 Mach-Zehnder 干涉拍摄的实验结果。实验使用的激光波长分别为 532nm 和 1064nm。干涉图像中未受扰

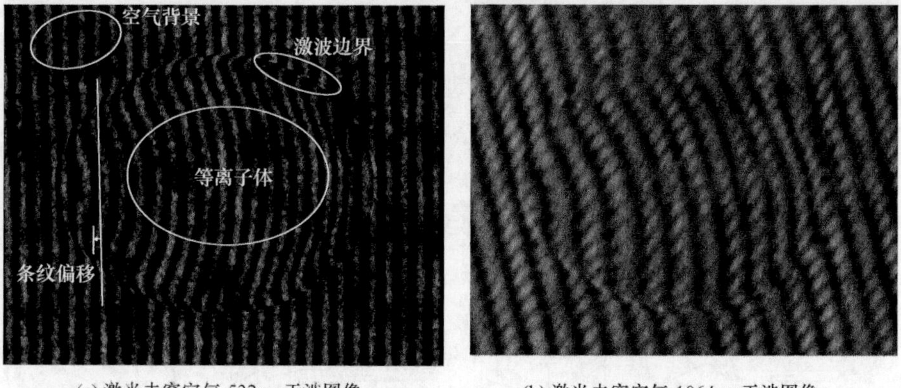

图 2-15　双波长 Mach-Zehnder 干涉的实验结果
激光击穿空气，延时 872ns

* 1atm=1.01325×10^5Pa。

动部分为空气背景，受扰动的边界为激波边界，中心区域为等离子体区域。如上所述，电子和压缩空气对折射率的贡献不同，导致干涉条纹弯曲的方向不同。受扰动的条纹相对背景条纹弯曲的多少为条纹偏移，条纹的偏移量将直接反映该处折射率的大小，从而计算该处密度。干涉条纹详细的后处理过程可以参考 2.4.3 节。

2.4.3 阴影/纹影成像

在 Mach-Zehnder 干涉装置中，可以方便地扩展出阴影/纹影成像系统。由于等离子体折射率在垂直于激光传播方向上具有特定的空间梯度，因此会对平行激光传播方向产生扰动，在最后的成像平面或记录装置上则表现为光强的变化。等离子体密度与等离子体的折射率具有密切关系，阴影法和纹影法是探测和记录瞬态等离子体折射率最为简便的方法之一，如图 2-16 和图 2-17 所示。探针激光的脉冲宽度（一般为纳秒或皮秒量级）决定了系统的时间分辨能力，记录装置一般为 CCD 或 CMOS 相机。

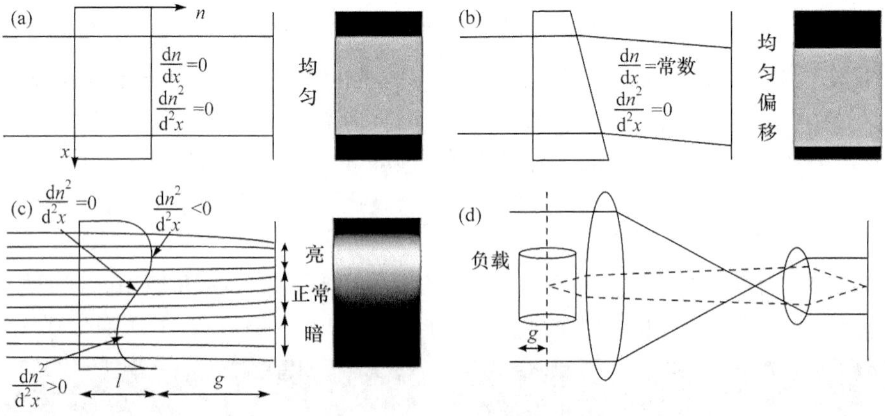

图 2-16 激光阴影成像原理

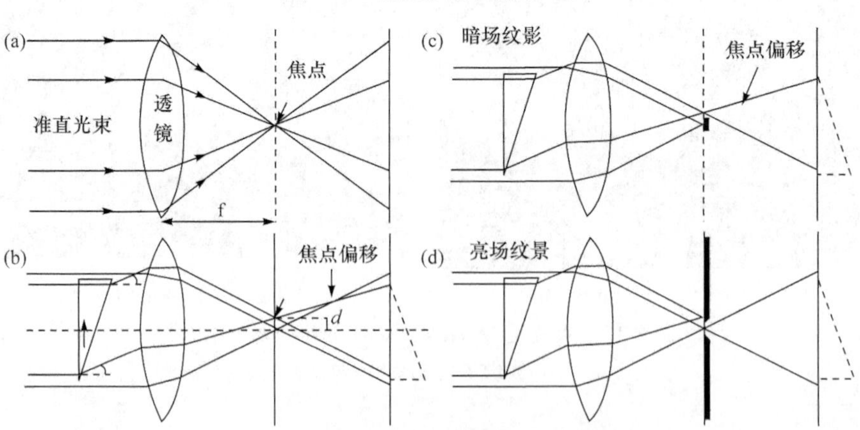

图 2-17 激光纹影成像原理

对于激光阴影成像，一般采用 4f 光学成像系统，称为聚焦阴影成像。此时探测相机记录的图像反映的是光学系统焦平面处的阴影效应，该焦平面应尽量位于等离子体中轴位置处。图 2-18(a)所示为 LPP 的聚焦阴影成像结果，由 LPP 的空间传播形成的激波清晰可见。在平行探针光聚焦斑点处放置一障碍物(一般用刀片)，则未受扰动的探针光被遮挡，仅有受到等离子体或激波偏转后的探针光可达到探测相机，这就是所谓的暗场纹影法。图 2-18(b)为典型的暗场纹影成像结果。

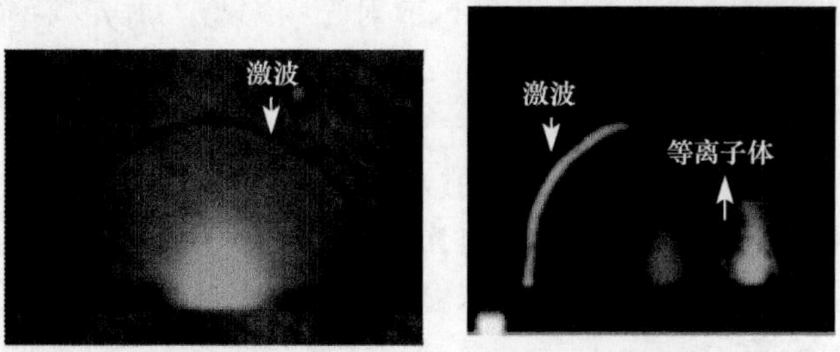

(a) 阴影图　(b) 纹影图

图 2-18　典型的激光聚焦阴影结果和暗场纹影图

一般认为，阴影图像反映等离子体密度的空间二阶梯度信息，而纹影图像则反映等离子体密度的空间一阶梯度信息(沿刀口切割方向)。不断改变刀口的切割方向，则可以了解等离子体在不同方向上的密度分布情况。通常情况下，纹影法比阴影法具有更高的探测敏感度(图 2-18)；然而对于一些特殊情况，阴影法反而敏感度更高。例如，对于涉及激波(或湍流)的流体，其二阶梯度比一阶梯度值更高，此时阴影法能反映出更多信息。图 2-19 所示为双激光烧蚀金属靶产生等离子体的聚焦阴影和暗场纹影结果，在阴影结果中可以分辨出内激波的形成(具体结果分析参见 4.6.2 节)。

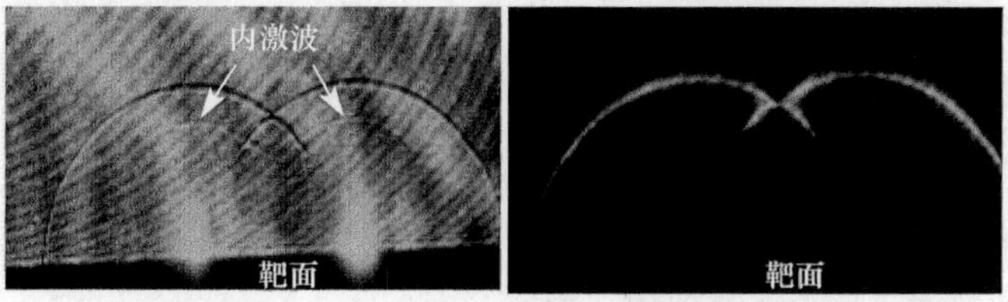

(a) 阴影图　(b) 纹影图

图 2-19　双激光诱导等离子体的阴影和纹影照相结果

2.4.4　汤姆逊散射

汤姆逊散射是最强大的等离子体参数诊断工具之一。其散射谱对等离子体参数极为敏感，且以比较直接的方式与等离子体参数相关，因此测量结果准确度高。

汤姆逊散射可以高时空分辨地测量等离子体温度、密度、速度等参数。其在托克马克和激光约束聚变装置中应用广泛，已经成为标准诊断手段之一。在 Z 箍缩等离子体中应用较晚，目前国际上只有英国帝国理工大学 Magpie 装置上采用此种方法开展丝阵负载 Z 箍缩等离子体参数测量工作。

当激光（或其他形式的电磁波）与带电粒子发生相互作用时，带电粒子将被加速并产生次级辐射。当入射光子的能量远小于电子静止质量时，这种相互作用称为汤姆逊散射。若带电粒子具有速度 $\boldsymbol{v}$，散射光频率与入射光频率之间存在差异，则称为多普勒频移，其大小为

$$\Delta\omega=\omega_s-\omega_i=(\boldsymbol{k}_s-\boldsymbol{k}_i)=\boldsymbol{k}\cdot\boldsymbol{v} \tag{2-63}$$

式中，$\boldsymbol{k}=\boldsymbol{k}_s-\boldsymbol{k}_i$ 是散射光的波矢与入射光的波矢之差。

当激光入射到等离子体中时，散射光谱是等离子体中全部带电粒子产生的散射电磁波的相干叠加。因此，汤姆逊散射光谱携带有等离子体的大量信息，其强度可以用式(2-64)来表示：

$$\frac{\mathrm{d}^2P}{\mathrm{d}\omega\,\mathrm{d}\Omega}=N_eI_0r_e^2\sin^2\theta S(k,\omega) \tag{2-64}$$

式中，$S(k,\omega)$ 为散射谱动力学形状因子，是电子密度涨落自相关函数的谱密度；I_0 为入射激光的功率密度；N_e 为发生汤姆逊散射的电子数；r_e 为经典电子半径；θ 为入射波矢与散射波矢的夹角，如图 2-20 所示。

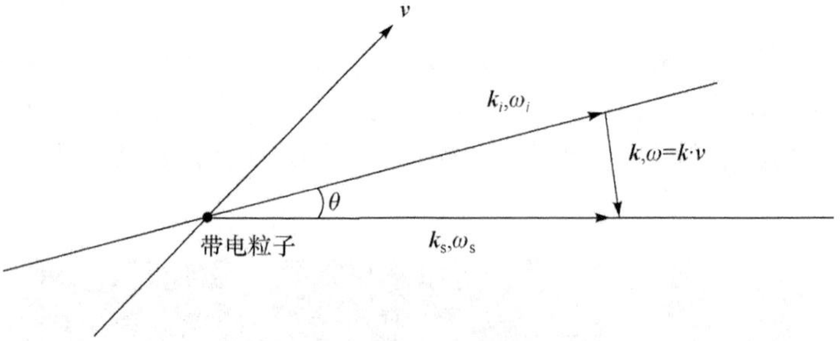

图 2-20 汤姆逊散射波矢图

散射谱动力学形状因子与参数 α 密切相关，α 的定义为

$$\alpha=\frac{1}{k\lambda_D}=\frac{\lambda_i}{4\pi\lambda_D\sin(\theta/2)} \tag{2-65}$$

式中，λ_i 为入射激光波长；λ_D 为德拜长度，$\lambda_D=\sqrt{\varepsilon_0\kappa T_e/e^2n_e}$。

可以根据 α 值的不同，将汤姆逊散射分为非相干散射和相干散射两种。

当 $\alpha\leqslant1$ 时，为非相干散射。此时电子之间完全无关，散射谱为散射体积内自由电子散射光强度的简单叠加，若电子速度分布符合麦克斯韦分布，则其散射谱符合高斯分布，谱半宽度为

$$\Delta\lambda_{1/2}=4\lambda_i\sin\frac{\theta}{2}\left(\frac{2k_B T_e}{m_e c^2}\ln 2\right)^{1/2} \tag{2-66}$$

通过测量散射谱宽度可以直接获得电子温度 T_e。

当 $\alpha\geqslant 1$ 时，电子之间是相关的，干涉效应会导致散射光谱在等离子体集体运动模式的频率和波矢处出现极大值。对于无磁化的等离子体，等离子体中的集体运动模式有两个：高频的电子等离子体波和低频的离子声波。

电子波共振峰宽度可以用式(2-67)来表示：

$$\Delta\omega_e^2=\omega_p^2+\frac{3k_B T_e}{m_e}k^2 \tag{2-67}$$

式中，$\omega_p=\sqrt{n_e e^2/m_e\varepsilon_0}$ 为等离子体频率。离子声波共振峰宽度为

$$\begin{aligned}\Delta\omega_s^2&=\left(\frac{Zk_B T_e}{m_i}\frac{\alpha^2}{1+\alpha^2}+\frac{3k_B T_i}{m_i}\right)k^2\\&=\frac{k_B T_e}{m_i}\left(Z\frac{\alpha^2}{1+\alpha^2}+3\frac{T_i}{T_e}\right)k^2\end{aligned} \tag{2-68}$$

图 2-21 给出 $\alpha=1.27$ 时电子波共振峰和离子声波共振峰之间的对比强度和谱宽度对比。

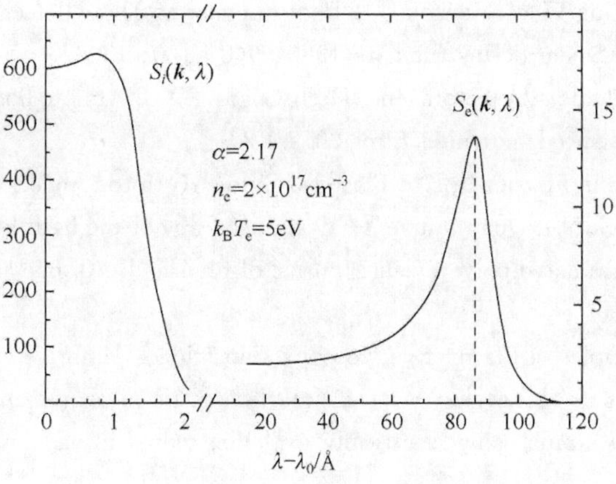

图 2-21　离子声波共振峰和电子波共振峰强度与谱宽度对比

从散射谱上看，当 $\alpha\geqslant 1$ 时存在四个共振峰(在 $\lambda+\lambda_0$ 对称的图像中有两个)，离子声波共振峰窄而高，电子波共振峰宽而低。

由于汤姆逊散射谱对等离子体参数极为敏感，在实际应用时，还可以直接通过拟合散射谱形状的方式同时获得等离子体多个参数，如图 2-22 所示。

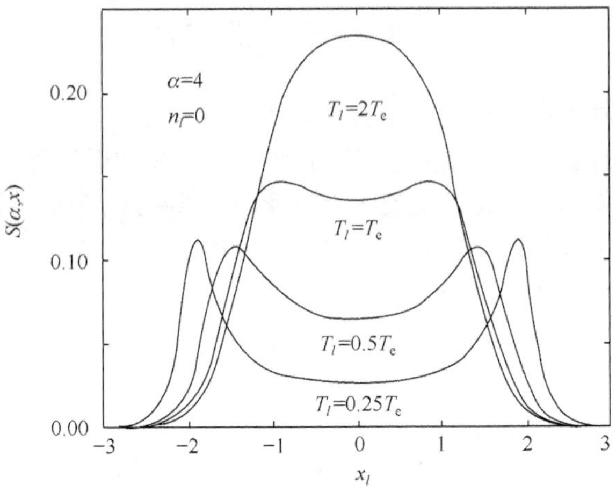

图 2-22　不同等离子体参数下散射谱变化

参考文献

[1] 程元丽,朱秋石,黄斌,等.结构简单的 X 射线二极管及其性能指标测定.中国激光,2008,35(9):1338-1341.

[2] 刘庆兆.脉冲辐射场诊断技术.北京:科学出版社,1994.

[3] Spielman R B,Hsing W W,Hanson D L. Photoconducting X-ray detectors for Z-pinch experiments. Review of Scientific Instruments,1986,59(8):1804-1806.

[4] International Radiation Detectors,Inc. High Speed AXUV Photodiodes. http://www.ird-inc.com/axuvhighspeed/axuvhigh.html[2012-4-2].

[5] Salzmann D. Atomic Physics in Hot Plasmas. Oxford:Oxford University Press,1998.

[6] Galanti M,Peacock N J. Quantitative X-ray spectroscopy of the light-absorption region at the surface of laser-irradiated polyethylene. Journal of Physics B:Atomic and Molecular Physics,1975,8:2427.

[7] Griem H R. Principles of Plasma Spectroscopy. Cambridge:Cambrige University Press,1996.

[8] Sarkisov G,Beigman I,Shevelko V,et al. Interferometric measurements of dynamic polarizabilities for metal atoms using electrically exploding wires in vacuum. Physical Review A,2006,73:042501.

第3章 Z 箍 缩

Z箍缩(Z-pinch)是利用负载等离子体轴向(Z方向)电流的自生角向磁场来使等离子体被约束或径向快速内爆的物理过程。Z箍缩的研究源于20世纪50年代,主要关注平衡箍缩问题(Bennett平衡),目的是实现可控核聚变。然而等离子体不稳定性过早地破坏了平衡箍缩状态,使得等离子体难以达到聚变点火的劳逊条件。这一技术瓶颈极大地阻碍了Z箍缩研究的进展,并使得该研究一度处于低潮。

自20世纪70年代起,短脉冲、低阻抗、高功率(电流MA、功率TW水平)脉冲功率装置的成功研制及多台并联技术的应用,极大地推动了Z箍缩研究的进展。这时,Z箍缩负载在脉冲电流自磁场的作用下,快速内爆滞止并产生高亮度的脉冲软X射线(0.1~10keV)辐射,称为动力学Z箍缩或快Z箍缩。快前沿(约100ns)电流脉冲驱动可缩短Z箍缩等离子体演化的时间长度,有利于减弱磁瑞利-泰勒(MRT)不稳定性的发展。为了与大电流、低阻抗加速器相匹配,20世纪70年代末起,人们开始采用多根金属丝构成的环形阵列替代早期的单丝负载,获得了更高的辐射转换效率,并且发现增加丝数、缩小丝间距可改进等离子体的角向均匀性,改善Z箍缩的内爆品质、提高辐射功率。

上述快脉冲驱动源技术和丝阵负载的结合使Z箍缩研究取得了突破性进展。1998年,美国圣地亚国家实验室在Z装置(20MA,100ns)上利用双层钨丝阵快Z箍缩,得到了创纪录的X射线功率输出,X射线功率达到280TW、产额1.8MJ、电能-X射线能的转化效率达到15%。

由于Z箍缩可产生超强的X射线辐射功率,且具有极高的电能-X射线能转化效率,因而引起了世界范围内的广泛关注。人们进一步提出了快Z箍缩X射线驱动的惯性约束聚变的设计,并开展了初步的实验研究。此外,快Z箍缩在高能量密度物理、辐射效应模拟、实验室天体物理等方面也发挥着重要的作用。

在丝阵Z箍缩的技术上,若金属丝交叉呈X的形状,则演变为X箍缩。电流在交叉点处汇聚,将引起该区域快速演化,可形成一个或数个高温高密度的区域(热点),并产生高亮度的脉冲X射线辐射,是一种脉冲X射线点光源的高效实现方式。金属丝阵在脉冲电流早期首先经历金属单丝的电爆炸过程,电爆炸产物及其基本特征对后续的演化过程将发挥显著影响。

本章将围绕Z箍缩,对快Z箍缩、X箍缩等离子体以及金属丝电爆炸过程开展介绍。

3.1　快 Z 箍缩

针对快 Z 箍缩(以下简称 Z 箍缩),本节将介绍其重要进展和实验平台、内爆动力学模型和丝阵 Z 箍缩的唯象模型,以及 Z 箍缩等离子体辐射谱三部分内容。

3.1.1　概述

1. 重要进展[1]

Z 箍缩是脉冲放电和磁压驱动内爆而获得的高温高密度等离子体,柱形的初始负载在脉冲大电流自磁场洛伦兹力的驱动下沿着半径方向向内部高速运动,最终在轴线处碰撞滞止达到高温高密的状态(电子温度约 1keV,离子密度 $10^{19}\sim10^{21}\text{cm}^{-3}$),并产生强烈的 X 射线辐射,基本过程如图 3-1 所示[2]。目前,Z 箍缩的典型负载构型包括喷气负载和丝阵负载。

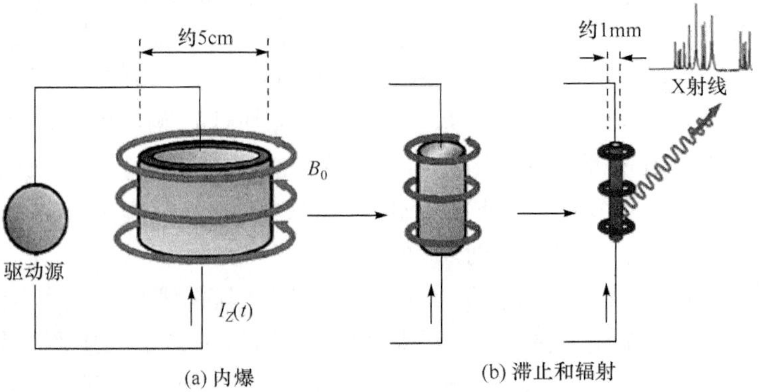

图 3-1　Z 箍缩基本过程[2]

喷气负载是通过喷嘴产生的超音速气流,喷嘴连接二极管阴极,阳极为高透过率丝网,以使气流通过。早期的喷气负载采用单层 Laval 喷嘴,产生一个空心的气体壳层,但是由于气流场的漩涡作用,气流壳层核心区在径向趋于收缩,而外围低密度区域则向外发射,在阳极端更接近不均匀填充的实心结构。由于这种轴向不均匀性,内爆过程将产生“拉链”效应,即阳极端或阴极端先内爆到达轴线,然后箍缩等离子体柱向另一端伸展。这一效应使内爆品质下降,辐射脉宽增加。从 20 世纪 90 年代中期起,人们开始研制双层、三层喷气负载,各层喷气的参数可以独立调节。这时它们产生的气流不再是简单的薄壳结构,而是沿径向连续、平滑地分布。在一定的密度分布下,外壳层内部的质量及产生的冲击波可以起到致稳作用。

丝阵负载是由数十至数百根微米量级直径的细金属丝组成的阵列,标准构型为环柱形。金属丝的各种排布可形成不同的负载构型。除了上面的柱形丝阵，还有细金属丝沿一条直线排布构成平面丝阵，两个或多个平面丝阵构成双排或多排平面丝阵，平面丝阵主要用于研究能量耦合的过程。两根或多根成X形交叉排布的金属丝阵列构成X箍缩负载，后面将对X箍缩进行详细的讨论。此外还有锥形丝阵、径向丝阵、反向丝阵等。给定丝材料后，丝阵负载的初始参数可以由阵列直径、金属丝直径、丝根数，以及轴向长度完全描述。

早期中小型装置上普遍使用由六根丝构成的简单阵列。虽然实验中已经发现通过增加丝的数目可改善内爆对称性，从而提高辐射功率，但是辐射产额没有显著增加，因此多丝的构型没有受到重视。从20世纪90年代中期开始，由于惯性约束聚变研究等应用背景对辐射功率的要求，以及Saturn、Z等大型装置的出现，丝阵负载开始采用多根小直径金属丝构成的阵列，以改善内爆均匀性。1995年，Saturn装置上测试了192根Al丝构成的丝阵，丝间距小至0.4mm，得到X射线辐射功率超过40TW，比此前记录提高了一倍。1996年，采用120根直径7.5μm的钨丝阵，进一步将X射线辐射功率提高至75TW。随后，Z装置上直径40mm，参数为240根7.5μm钨丝阵获得了总辐射功率200TW、总辐射能2MJ。当采用内外层直径分别为2cm和4cm、丝数分别为120和240的双层钨丝阵负载后，X射线辐射功率进一步提高至290TW[3]。

由于丝阵Z箍缩展示出了超强的X射线辐射功率和极高的电能-X射线能转换效率，引起了世界各国科学界的极大兴趣，研究人员提出了Z箍缩X射线辐射驱动实现惯性约束聚变的思路，成为激光惯性约束聚变(inertial confinement fusion,ICF)之外的另一种惯性约束的驱动技术。Z箍缩辐射源高效率、相对低成本的技术优势，使其迅速成为激光聚变的有力竞争对手，在美国的惯性约束聚变计划中受到重视。

面向Z箍缩惯性约束聚变，人们提出了动力学黑腔和双端黑腔两种设计，如图3-2所示。在动力学黑腔中，低密度泡沫圆柱作为辐射转换体放置在丝阵轴线上，聚变靶丸埋设在泡沫柱中心，高速内爆的丝阵等离子体与两端电极构成容积不断缩小的封闭黑腔，内爆等离子体与泡沫碰撞产生的冲击辐射加热腔体，形成200～300eV的辐射场，烧蚀内部的D_2靶丸实现内爆压缩，进而达到聚变条件。这种靶的优点是可获得较高的辐射温度。在Z装置上，动力学黑腔的辐射温度接近230eV，驱动D_2气靶丸时靶丸吸收能量达35kJ，离子温度可达4.8keV，电子温度约1keV，电子密度$4\times10^{23}cm^{-3}$，获得聚变中子数达到$1\times10^{10}\sim5\times10^{10}$[4]。借助辐射整形技术和场匀滑技术，能够进一步改善黑腔辐射场的均匀性，提高靶丸内爆对称性以及吸收辐射能量的效率。

双端黑腔[5]两端各是一套完整的丝阵结构，轮辐状的薄Be片兼做电极和X射线输运窗口。Z箍缩X射线辐射透过Be窗注入中间腔体，形成均匀的高温辐射场，再驱动靶丸内爆压缩直至点火燃烧。这种设计的优点是辐射均匀性好，靶丸压缩比大。Z 装置上黑腔辐射温度达到 70eV，靶丸压缩比达到 14～21 倍。

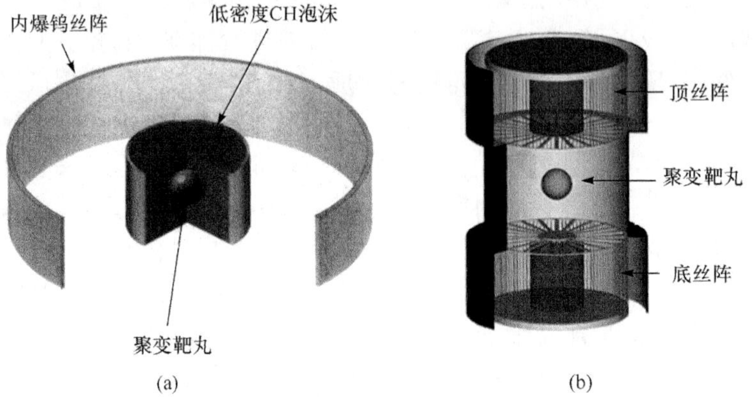

图 3-2　动力学黑腔和双端黑腔[4,5]

除了惯性约束聚变，Z 箍缩等离子体另一个重要应用是在实验室条件下获得高能注量、大辐照面积的 1～10keV 软 X 射线辐射环境，用于模拟高空核爆炸的软 X 射线环境，开展 X 射线与材料的热-力学效应研究[6]。在模拟 1keV 黑体谱时，实际上是利用不同材料 Z 箍缩的 K 壳层辐射得到不同能段的准单能 X 射线（图 3-3），分别开展辐照效应实验，再对实验数据进行加权处理。也可利用两种或两种以上负载材料的组合来获得一定程度的混合谱。针对 1～10keV 能段，常用的负载材料及其 K 层线辐射平均光子能量为 Ne(1keV)、Al(2keV)、Ar(3keV)、Ti(5keV)、Fe(7keV)、Ni(8keV)、Cu(8.5keV)、Kr(13keV)。

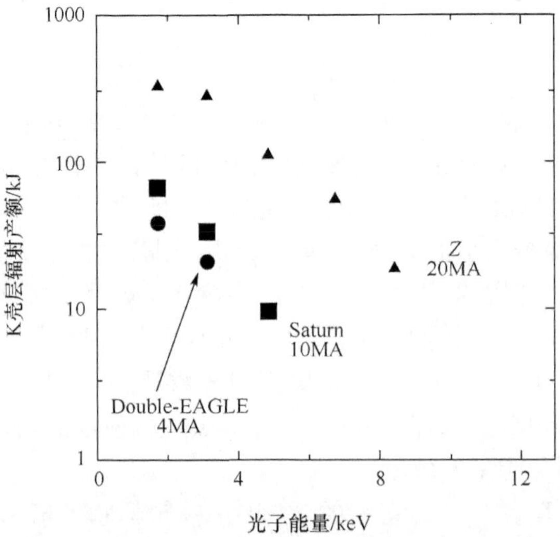

图 3-3　几个装置上的 K 层辐射产额[6]

此外，近年来英国帝国理工大学 Lebedev 教授将 Z 箍缩的研究拓展到实验室天体物理这一新的方向。实验室天体物理是在实验室内产生高温、高压、高密度的等离子体状态，模拟一些天体物理环境中的物理过程。与超强激光等离子体相比，Z 箍缩电流可产生渗透在等离子体内部并随着等离子体流一起输运的磁场，更适合研究磁化冲击波等现象。

Ciardi 等采用锥形丝阵、径向丝阵等丝阵负载首次成功模拟天体中由磁塔结构产生的辐射冷却的超声速射流等离子体，对认识天体射流的形成机理具有重要意义[7]。在此基础上，进一步提出了采用金属箔负载产生的超高声速射流的新设计，基于金属箔负载的实验研究，提出了天气射流产生的间歇发射模式[8]。开展了射流与环境气体相互作用的研究，实验中射流前端可观察到弓形的冲击波，可用于认识天体中弓形冲击波的形成机理，并发现射流中的磁流体不稳定性在一定条件下是非破坏性的，可称为新射流产生的主要因素[9]。

采用反向丝阵负载产生超声速等离子体射流研究射流与金属靶的相互作用，可以模拟天气射流、太阳风对行星或人造飞行器的影响。除了金属靶表面出现缓慢膨胀的滞止等离子体，首次观察到一定条件下滞止等离子体前方还可能出现一个朝入射等离子体流方向缓慢移动的冲击波结构，指出磁场随着等离子体流堆积在靶表面是上述现象形成的原因[10]。

2. 实验平台

Z 箍缩实验平台由脉冲功率装置和等离子体诊断系统两部分组成。脉冲功率装置是通过较长的时间(～s)把较小的功率(～kW)的电能储存起来，再在很短的时间(～ns)以很高的功率(～TW)向负载释放，实现功率的放大。Z 箍缩装置的电流峰值为兆安量级，为了抑制等离子体不稳定性，电流前沿通常为 100ns。目前 Z 箍缩装置的驱动源技术主要分为两类。一类为电容储能型，以美国 Z 装置为代表，慢放电(～μs)脉冲高压发生器通过闭合开关接水介质脉冲形成线构成单路 100ns、MV 级放电单元，再进行多路并联汇聚以驱动负载。这一技术途径能够产生的驱动电流可达 20MA 以上。另一类为电感储能型，以 GIT-12 为代表，慢放电(～μs)脉冲高压发生器接同轴储能电感通过断路开关放电构成单路，再进行多路并联汇聚以驱动负载，这一技术途径能够产生的驱动电流约 10MA。

近年来，模块化直线型变压器驱动源(linear transformer driver，LTD)技术快速发展，其初级储能电容器组并联充电、并联放电，大量基本放电回路形成一个模块，同步放电可以实现脉冲大电流的输出。多个模块通过串联次级感应叠加同步放电可以实现脉冲高电压的输出[11]。通过近 10 年来的研究，LTD 结构更加紧凑、回路电感减小，电流上升前沿变快(<100ns，fast-LTD，FLTD)，能量利用率大大提高，可实现直接驱动 Z 箍缩负载。

FLTD 技术的发展为建造下一代超大规模脉冲功率装置开辟了新的技术途径。例如，美国圣地亚国家实验室已经建造完成了 21 级 1MA 的 FLTD 串联的装置，可以产生 2.5MV、1MA 的脉冲输出。目前正在利用这台装置研究电子束对其真空绝缘堆的影响，并对这类装置的运行进行整体评价[12]。

Z 箍缩实验离不开各类高性能的诊断测试设备，通常实验中诊断测试仪器可分为三类：电参数测量、Z 箍缩过程的物理诊断以及辐射参数测量。

电参数主要包括驱动等离子体负载的电压和电流，主要由各种分压器、Rogowskii 磁场线圈等测量给出。在负载和回流柱之间或柱形负载内部放置单匝式的微分环磁探针，或利用线偏振激光的法拉第旋转效应，可以更细致地测量等离子体内的磁场和电场分布。基于电参数测量，可推断内爆壳层的动态电感、径向内爆轨迹、耦合到负载的电磁能、等离子体电阻等。

Z 箍缩物理诊断首先是确定负载初始状态。丝阵负载的初始参数比较简单，而喷气负载是一个瞬态气流，需要应用激光干涉、激光诱导荧光等技术测量其线质量和密度分布。在电流脉冲起始后，利用纳秒、皮秒分辨率的分幅相机、条纹相机记录等离子体在可见光、极紫外、软 X 射线等波段的自辐射图像，获得等离子体时空演化的过程。此外还采用激光探针建立激光阴影、纹影和干涉等激光光路，可以获得 Z 箍缩早期阶段鞘层密度分布、运动速度、不稳定性增长等参数。对稠密等离子体(如丝核)的测量还需借助 X 射线探针，即利用 X 射线作为背光照相，较为常见的是 X 箍缩 X 射线源和激光 X 射线源，若进一步借助球面弯晶，还可获得单色的 X 射线背光图像[13]。除了激光束与等离子体的相干散射，利用激光与等离子体的非相干散射，如汤姆逊效应，还可以得到等离子体流局域的运动速度、离子温度等参数。

从内爆阶段中后期到随后的滞止热化阶段，等离子体辐射主要集中在 0.1～10keV 能段的软 X 射线上，一般以热电偶式能量计，电阻式量热计等测量总辐射能，以 X 射线二极管、光电导探测器、硅光电二极管配合各种滤片测量不同能区的辐射功率。用透射光栅谱仪和弯晶谱仪测量辐射谱分布，其中透射光栅一般针对 1keV 以下的低能连续谱或 L、M 层线辐射，数据用于确定等效辐射温度，晶体谱仪则以高分辨率测量千电子伏能区的线辐射和复合辐射连续谱。在 Z 箍缩中有时会产生高能电子束，可以由测量电极的 γ 辐射来监测。

3.1.2 内爆动力学模型

1. 零维薄壳模型

零维薄壳模型是把等离子体简化为无限薄的柱对称壳体，其在洛伦兹力的作用下沿径向加速运动。等离子体壳层的运动方程为

$$\frac{m}{2\pi r}\frac{\mathrm{d}^2 r}{\mathrm{d}t^2}=-\frac{B^2}{2\mu_0}=-\frac{\mu_0 I^2(t)}{8\pi^2 r^2} \tag{3-1}$$

式中，r 为壳层位置；m 为等离子体线质量；$I(t)$为负载电流。

负载从初始半径 R_0 压缩到最小半径 R_f 获得的动能等于洛伦兹力做的功：

$$E_{KE}=\frac{1}{2}mv_{imp}^2=\int_{R_0}^{R_f}-\frac{\mu_0 I^2(t)}{4\pi r}\mathrm{d}r=\gamma\frac{\mu_0}{4\pi}I_0^2\ln\left(\frac{R_0}{R_f}\right) \tag{3-2}$$

式中，v_{imp}为最终内爆速度；γ 为内爆动能耦合因子；t_{imp}为达到最小半径 R_f 的时刻，也称为内爆时刻：

$$\gamma=\left[\int_0^{t_{imp}}\frac{i^2(t)}{r}\frac{\mathrm{d}r}{\mathrm{d}t}\mathrm{d}t\right]/\ln\left(\frac{R_0}{R_f}\right) \tag{3-3}$$

当电流波形满足 $i(t)=\sin^2(\pi t/2t_m)$时，其中 t_m 为电流达到峰值的时间，典型值为 100ns，将式(3-1)无量纲化，令 $i(t)=I(t)/I_{max}$，I_{max}为峰值电流；$R=r/R_0$，R_0为等离子体初始直径；$\tau=t/t_m$，可得

$$\frac{\mathrm{d}^2 R}{\mathrm{d}\tau^2}=-\Pi\frac{i^2(\tau)}{R} \tag{3-4}$$

式中，无量纲量 Π 为

$$\Pi=\frac{\mu_0}{4\pi}\frac{(I_0 t_m)^2}{mR_0^2} \tag{3-5}$$

无量纲量 Π 及归一化电流波形 $i(t)$将决定归一化的内爆轨迹 $R(t)$。如果两个内爆的归一化电流波形 $i(t)$和 Π 值都相同，则它们具有相似的内爆行为。

若驱动器的驱动电流确定，则存在最优的负载线质量或 Π 值，使得内爆时刻近似位于电流峰值处，从而将脉冲功率装置的储存尽可能地转换为等离子体的内爆动能。如果质量太小，内爆等离子体在电流到达峰值前就已经滞止($t_{imp}<t_m$)，这时能量耦合效率偏低；如果质量太大，电流脉冲在箍缩前就结束了，可能不能有效地内爆辐射。

若以径向压缩比 $R_0/R_f=10$ 为截止条件，可以确定 γ 和归一化内爆时间$\tau_{imp}=t_{imp}/t_m$ 对 Π 的依赖关系。当 Π 介于 4～10 时，γ 都能达到 0.9 以上，τ_{imp}为 0.95～1.2，即内爆时刻在电流峰值附近。

上述分析的前提是负载电流波形是确定的，但实际上驱动源是脉冲电压源，Z 箍缩负载作为放电回路的一部分，内爆过程中的阻抗变化将改变电流幅值和波形。考虑这种效应后，等效电路方程为

$$V(t)=IZ_0+IR_L(t)+[L_c+L(r)]\mathrm{d}I/\mathrm{d}t+I\mathrm{d}L(r)/\mathrm{d}t \tag{3-6}$$

式中，$V(t)$为脉冲源开路电压波形；Z_0 为传输线阻抗；$R_L(t)$为 Z 箍缩负载电阻；L_c为回路静态电感，包括真空传输线电感和 Z 箍缩负载初始电感；$L(r)$为径向压缩过程的动态电感。

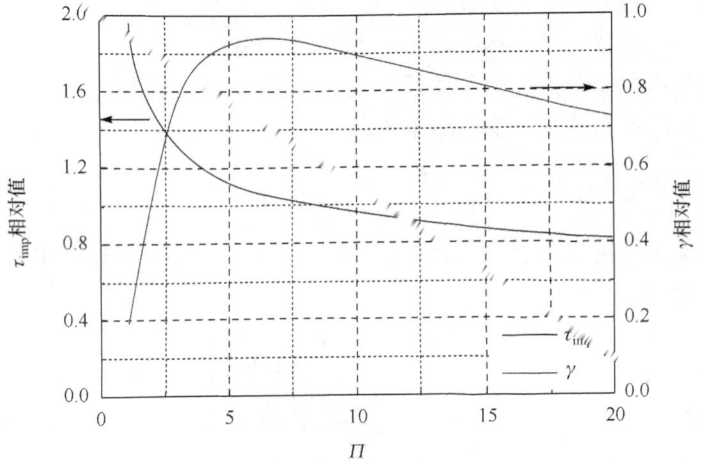

图 3-4 归一化内爆时刻和动能耦合因子与内爆无量纲量的关系

其中，Z 箍缩负载压缩过程的电感为

$$L(r)=\frac{\mu_0 I}{2\pi}\ln\left(\frac{R_{out}}{r}\right) \tag{3-7}$$

式中，R_{out}为圆柱形回流结构内半径。内爆过程对电路的影响体现在动态电感及相应的感性压降上。在内爆后期径向速度（$-dr/dt$）达到 20～100cm/μs 的量级，半径 r 接近 0.1cm，对于典型负载长度 l=2cm，动态电感变化率 $dL(r)/dt$ 达到 1Ω 量级。通常单路兆安电流装置阻抗约 1Ω，几兆安以上的装置采用多路并联的方式，其阻抗在 0.1～0.2Ω，因此 Z 箍缩内爆足以引起回路电流显著变化。感性压降的急剧增大可能导致电流在径向重新分配，如向负载外围扩展，或者使回路电流很快下降，甚至造成局部击穿而分流。

如果内爆时刻正好处于电流波形的下降沿，即 dI/dt 为较大的负值，则受电压脉冲影响可以相对小一些。对于大型装置，由于其阻抗更低，驱动源电压脉冲参数对内爆过程的制约更加显著。

2. 雪耙模型

若柱形 Z 箍缩负载的初始质量在径向有一定的分布，其内爆过程可以用雪耙模型进行描述。

雪耙模型假定电流集中在一个无限薄的导电层内，这一电流壳层类似活塞，把空间中的负载质量扫向轴线，且当被电流壳层推动时，质量停留在壳层上。这时，负载内爆的运动方程为

$$m^*(t)\frac{d^2 r}{dt^2}-2\pi r\rho(r)\left(\frac{dr}{dt}\right)^2=-\frac{\mu_0 I^2(t)}{4\pi r} \tag{3-8}$$

式中，$m^*(t)$为t时刻的雪耙质量，它与负载的径向密度分布$\rho(r)$之间满足

$$\frac{\mathrm{d}m^*(t)}{\mathrm{d}t}=-2\pi r\rho(r)\frac{\mathrm{d}r}{\mathrm{d}t} \tag{3-9}$$

方程(3-8)左边的第二项为依附在雪靶上的材料施加给雪靶的动量。若

$$2\pi r\rho(r)\left(\frac{\mathrm{d}r}{\mathrm{d}t}\right)^2=\frac{\mu_0 I^2(t)}{4\pi r} \tag{3-10}$$

则质量聚集的反冲力与洛伦兹力平衡，内爆速度保持为常数。

由于RT不稳定性的扰动，增长率Γ与内爆加速度的平方根成正比，因而雪耙内爆的不稳定性增长率显著降低。早期的快加速过程(雪耙初始质量小、加速度大)引起的扰动增长将在质量聚集的过程中被抹平。此外，运动雪耙前沿形成的冲击波也对内爆起到致稳的作用[14]。因此，雪耙内爆有利于改善内爆品质。

质量聚集过程的非弹性碰撞导致内爆过程的动能损失：

$$E_{\text{loss}}=\int\frac{1}{2}\frac{\mathrm{d}m^*}{\mathrm{d}t}\left(\frac{\mathrm{d}r}{\mathrm{d}t}\right)^2\mathrm{d}t \tag{3-11}$$

对于近似匀速内爆和质量的迅速增长，E_{loss}将与内爆动能E_{KE}相当。这部分能量提前转化为内爆壳层的内能，使得温度升高、电离度增加，辐射冷却速率也相应提高。但是这一过程是渐进、持续的，等离子体加速壳层的温度通常不会太高，辐射损失主要集中在低能的 XUV 能区。

这样内爆过程中磁场做功E_{W}实际可分为两部分：

$$E_{\text{W}}=E_{\text{KE}}+E_{\text{loss}}=\frac{1}{2}m^*v_{\text{imp}}^2+\int\frac{1}{2}\frac{\mathrm{d}m^*}{\mathrm{d}t}\left(\frac{\mathrm{d}r}{\mathrm{d}t}\right)^2\mathrm{d}t \tag{3-12}$$

由于E_{loss}部分地通过辐射损失，在电流幅值、压缩比相同的情况下，雪耙内爆的最终动能理论上要低于相同内爆时间下的薄壳内爆。但实际的内爆过程中必然存在RT不稳定性，薄壳层的加速截面更容易被破坏，使内爆品质和径向压缩比降低，而雪耙内爆则可能由致稳作用而获得高的内爆品质和压缩比。

3.1.3 丝阵 Z 箍缩唯象模型

与上述理想的薄壳模型和雪耙模型不同，丝阵 Z 箍缩负载的演化过程非常复杂，通常可唯象地分为四个阶段[15]：

(1) 电流初始阶段。从电流起始开始，丝阵中各金属丝在欧姆加热的作用下熔化甚至部分气化。某一时刻，负载电压击穿，每根金属丝电爆炸形成高温低密度冕等离子体围绕低温高密度丝核的“核冕”结构。此后，由于冕区等离子体的电阻远小于丝核，负载电流主要集中在冕区等离子体上。

(2) 融合和消融阶段。随着核冕结构的快速膨胀，丝与丝之间的距离减小，甚至融合。此外，由于全局磁场起主导作用，冕区等离子体在洛伦兹力作用下进入丝

阵内部，形成消融等离子体流，来自各金属丝的消融等离子体在轴线处堆积成先导等离子体柱。消融质量沿轴向成准周期性的分布，但相邻丝的消融结构没有角向的关联。部分电流随着消融等离子体扩散进入丝阵内部，大部分电流仍停留在负载初始位置的冕等离子体上。这个阶段的持续时间占丝阵演化全过程的50%～80%。

(3) 内爆阶段。当丝核由于不断地消融而断开时，丝阵负载进入内爆阶段。丝核上的间隙可能是由这部分质量完全被消融而形成的，也可能由于这部分丝核中渗透的电流足以驱动其向轴线内爆。电流鞘层在洛伦兹力作用下向轴线加速运动，并将预填充至丝阵内部的等离子体扫向轴线。在这个过程中，由于磁瑞利-泰勒不稳定性，小的扰动将发展成大的磁泡，开始出现持续但强度较弱的软 X 射线辐射。此外，消融慢的丝核将停留在原处形成拖尾质量。

(4) 滞止和热化阶段。当内爆等离子体到达丝阵轴线时，进入滞止辐射阶段。高速运动的内爆等离子体在轴线处滞止（甚至压缩）热化，产生脉冲 X 射线辐射。X 射线辐射脉冲的脉宽和功率受到拖尾质量分布的影响。

在电流初始阶段中，核冕结构的形成和单丝电爆炸过程是一致的，这一过程在后面的电爆炸金属丝中将详细介绍，下面对其他三个阶段分别进行深入的讨论。

1. 消融阶段

丝阵消融阶段的质量分布用“火箭模型”来描述[16]，质量消融率满足

$$V_{\mathrm{abl}}\frac{\mathrm{d}m}{\mathrm{d}t}=-\frac{\mu_0 I^2}{4\pi R_0} \tag{3-13}$$

式中，V_{abl}为等离子体流进入丝阵内部时的速率，被消融的质量份额 $\delta m/m$ 为

$$\frac{\delta m}{m}=\int\frac{\mu_0 I^2(t)}{4\pi m R_0 V_{\mathrm{abl}}}\mathrm{d}t=\frac{\mu_0 I_0^2}{4\pi m R_0 V_{\mathrm{abl}}}\int i^2(t)\mathrm{d}t \tag{3-14}$$

相应地，丝阵内部的预填充质量密度分布 $\rho(r,t)$ 为

$$\rho(r,t)=\frac{\mu_0}{8\pi^2 R_0 r V_{\mathrm{abl}}^2}\left[I\left(t-\frac{R_0-r}{V_{\mathrm{abl}}}\right)\right]^2 \tag{3-15}$$

其中，消融等离子体流速度 V_{abl} 与丝阵负载构型有关，这是因为丝间距的变化会改变全局磁场的分布，进而影响消融过程的发展。当丝间距与丝核直径之比约为 π 时，单丝的自磁通对整个丝阵自感的贡献为零，丝阵电感及电流分布与壳层相同。而在过渡到壳层模型之前，丝核消融速度 V_{abl} 为 10～20cm/μs，对驱动电流表现出弱相关性。

消融等离子体流沿着丝的方向是不均匀的，表现出“颈部”和“突起”的准周期性结构，且这种准周期结构的波长只依赖于丝材料，与电流和丝数无关。铝丝阵的波长约为 0.5mm，而钨丝阵的波长约为 0.25mm[17]。Chittenden 等通过数值模拟

研究认为，这种准周期性的结构起源于等离子体温度的随机扰动，波长近似等于丝核的直径[18]。与钨丝相比，铝丝丝核的膨胀速度更快，消融速率越大，周期性结构的波长也越大。消融等离子体流主要出现在直径较大的“突起”区域，直径较小的“颈部”区域则向两侧的“突起”输运，以致这些地方首先完全融蚀让单丝在这些位置断裂。

当消融等离子体流进入轴线附近区域时，将相互碰撞滞止形成先导等离子体柱。先导等离子体柱的直径变化大致可分为三个阶段[19]，先增加，再减小，最后再增加。首先，随着先导等离子体柱直径的增加，融蚀等离子体流通过碰撞把能量传递给先导等离子体柱中的电子，先导等离子体被加热，等离子体柱的热压和消融等离子体流的动能压力平衡，限制了先导等离子体柱被压缩。这时，先导柱直径可达5～6mm。其次，随着先导柱的温度升高，等离子体辐射增强，当辐射损失的能量超过等离子体流热化的能量时，先导等离子体柱被融蚀等离子体流进一步压缩，使得其温度进一步增加，辐射损失进一步增大。这时，先导等离子体柱的直径取决于辐射损失、热压力和消融等离子体流动能之间的平衡，逐渐减小至1～2mm。最后，随着更多的质量堆积在轴线处，先导等离子体柱开始膨胀，轴线处可能出现空心结构。

由于先导等离子体柱的直径依赖于消融等离子流间的碰撞性能，重离子的平均自由程大于轻离子，因此将形成更大直径的先导柱。先导等离子体柱的演化过程中，没有出现MHD不稳定性现象，这表明先导等离子体柱中承担的电流只占总电流的1%。

2. 内爆阶段

丝核质量通过消融不断进入丝阵内部，最终丝核上质量耗尽。丝核的断裂也是轴向不均匀的，断裂位置与消融等离子体流的位置互补，表明消融质量具有轴向的输运[13]。

在丝核断裂处，洛伦兹力直接作用到冕区等离子体上，由于不再有丝核的融蚀过程和丝核的阻碍，洛伦兹力将驱动冕区等离子体向轴线运动，以雪耙式内爆将预填充质量“扫”向轴线，身后的空间被磁场(磁泡)占领，这个过程就是内爆的启动。内爆启动的同时，先导等离子体柱上可观察到不稳定性的现象，表明通过先导等离子体的电流增大，这可能是因为丝核断裂引起了电流的重新分布。内爆启动的时刻占整个丝阵演化过程的80%，这时按照MAGPIE和Z装置丝阵实验数据，约有40%的质量进入丝阵内部。

消融阶段出现的轴向调制在内爆阶段成为全局MRT的扰动种子，内爆过程中电流壳层的厚度由MRT不稳定性决定：

$$\xi(t)=\xi_0 e^{G(t)} \tag{3-16}$$

式中，ξ_0 为流体元的初始扰动；$\xi(t)$ 为扰动区域相对于未扰动区域的位移；$G(t)$ 是指数因子，与增长速率的关系为

$$G(t)=\int_0^t \Gamma(t)\mathrm{d}t \tag{3-17}$$

小扰动时，MRT 最快的增长速率为

$$\Gamma(t)=\sqrt{ka} \tag{3-18}$$

式中，k 为扰动的波数；a 为内爆壳层的加速度。

对于薄壳模型，MRT 不稳定性增长的速率为

$$|\Gamma(\tau)|=\sqrt{k\frac{\mathrm{d}^2 r}{\mathrm{d}t^2}}=\sqrt{kR_0}\sqrt{\frac{\Pi}{R}}i(\tau) \tag{3-19}$$

相应地，指数因子 G 为

$$\frac{G(\tau)}{\sqrt{kR_0}}=\sqrt{\frac{\Pi}{R}}\int_0^{\tau'} i(\tau)\mathrm{d}\tau \tag{3-20}$$

当 $\Pi=5$、$kR_0=1000$、$\xi_0=1\mu$m 时，MRT 不稳定性的增长因子 G 和扰动位移量 ξ 随时间的变化关系如图 3-5 所示。

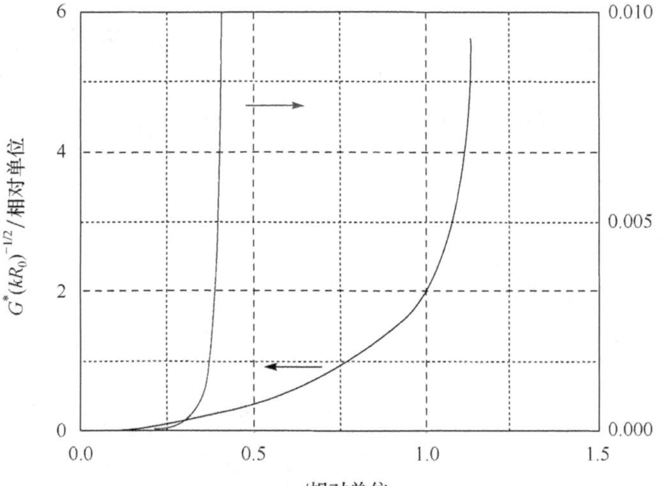

图 3-5 根据薄壳模型，当 $\Pi=5$、$kR_0=1000$、$\xi_0=1\mu$m 时，MRT 不稳定性的增长因子 G 和扰动位移量 ξ 随时间的变化关系

在上述 MRT 不稳定性的薄壳模型中，内爆等离子体的扰动具有角向一致性，这是因为某一区域的位移将影响角向磁场，从而影响角向方向上其他区域的等离子体。与壳层等离子体相比，金属丝阵由离散化金属丝构成，其雪耙内爆的行为更加复杂。这时，MRT 不稳定性的增长速度与丝间距 r_{spacing} 和丝直径 r_{wire} 的比值有

关。当 $r_{spacing}/r_{wire}<20$ 时，丝阵内爆不稳定性的发展与壳层负载基本一致，而当丝数较少时，丝阵负载扰动的角向一致性变得不显著了。

雪耙内爆时的 MRT 不稳定性比壳层内爆小，这时因为丝阵内部的预填充质量可减小甚至消除内爆的加速度；另外，在雪耙的前沿，将向丝阵内部的预填充质量产生一个分离的冲击波，这也将减小 MRT 不稳定性的发展。

停留在初始半径处的丝核仅有小部分参与了雪耙内爆，大部分留在原位置形成"质量拖尾"，它们为负载电流提供了可能的分流通道，使电流在主内爆的等离子体尚未达到中心时就可能向外转移，从而降低向主内爆的能量耦合、限制其辐射功率。然而也有一种观点认为：由于质量拖尾分布在角向的不完全关联，这种结构可能使电流沿角向流动，在一定程度上降低主内爆的不稳定性增长。

3. 滞止和热化阶段

当内爆等离子体的前沿压缩先导等离子体时，开始产生主脉冲 X 射线辐射。消融过程的初始不均匀性以及内爆时 MRT 不稳定性，使得不同轴向位置处的内爆等离子体到达轴线处与先导等离子体的作用时刻不同，从而引起 X 射线辐射脉冲的展宽。同时，滞止等离子体柱中也可以观察到温度和密度较高的热斑区域，热斑的位置与磁泡的位置是一致的，这些轴线位置处的融蚀等离子体都被雪耙扫向轴线处。

在轴线处，内爆等离子体的动能转化为内能，其中离子质量大，是内爆动能及等离子体内能的主要载体。如果热化过程足够快，以致辐射损失可以忽略，则离子内能应可与径向压缩最终内爆动能相当。若内爆速度 v_{imp} 约为 50cm/μs，取 $R_f=1mm$，热化时间 τ_{th} 约为 2ns，显著低于一般实验装置中的辐射脉宽，因此在短时间内动能热化速率可以大大超过辐射功率，等离子体温度迅速升高、辐射功率增大。Z 装置驱动的不锈钢丝阵负载内爆速度超过了 100cm/μs，相应的 Fe 离子内爆动能超过 240keV，实验中谱学分析给出的离子温度超过 200keV。

当离子被加热后，离子和电子的温度差异引起碰撞过程中的能量交换，能量传递的时间尺度用离子电子碰撞的弛豫时间 $\tau_{ei}^{(E)}$ 表示。对于原子序数约为 20，平均电离度约为 10，n_i 约为 $5\times10^{19}cm^{-3}$，在 T_e 为 100～500eV 时可估计得 $\tau_{ei}^{(E)}$ 为 0.1～1ns。单位时间单位体积内离子向电子传递的能量以 $\omega_{ei}(T_i-T_e)$ 表示，其中 ω_{ei} 为电子-离子碰撞频率能量交换系数，如果离子和电子温差为 100eV，两者通过碰撞交换能量的速率为 7～70TW/cm³。高温、低密度对应的 $\tau_{ei}^{(E)}$ 更大，离子向电子传热的速率下降，等离子体辐射持续时间延长。

然而，更细致的内爆动力学实验研究表明，X 射线辐射在内爆等离子体前沿运动到轴线处开始，在拖尾边界运动到轴线处达到峰值。由于热化速度很快，内爆等离子体动能对滞止前的 X 射线辐射起主要作用，而滞止后的 X 射线辐射能约占总辐射能的50%,则是由内爆动能热化以外的其他能量耦合机制引起的。

数值模拟研究表明,电流通过滞止等离子体时的磁场能做功,对滞止后的X射线辐射起重要作用[20]。磁场能转化为X射线能有几种机制,一种是滞止等离子体 $m=1$ 不稳定性将引起螺旋形的电流,并产生轴向的磁场。还有一种是轴向磁场将引起螺旋形内侧的等离子体径向碰撞,从而与外侧的等离子体相互碰撞而加热等离子。第三种螺旋形等离子体也增加了电流路径的长度,从而可增加欧姆沉积能量。此外,其他能量耦合机制还有反常阻性加热、磁泡压缩、粒子黏性加热等。目前,由于滞止等离子体高温高密度的特点,人们对其参数和微观结构的实验诊断还很有限,因此X射线辐射机制仍是一个开放探索的问题。

3.1.4 Z箍缩等离子体辐射谱

等离子体辐射谱包含丰富的等离子体信息,是诊断等离子体温度、密度等特征参数的主要手段。Z箍缩等离子体通常用碰撞辐射模型来描述,辐射谱由线辐射谱和连续辐射谱构成。本节将讨论常用的碰撞辐射模型代码,以及低中Z元素K壳层和L壳层辐射谱的分析。

1. *碰撞辐射模型计算代码*

FAC是美国Gu集成开发的用于等离子体碰撞辐射过程计算的程序包[21],源代码公开,可用于实验室和天体等离子体的谱分析。该软件包分为两大模块[22-24]。第一个模块(fac)计算离子的能级结构,以及碰撞辐射过程的截面或速率系数,这些过程包括辐射跃迁、电子碰撞激发与电离、自电离、辐射复合、双电子复合以及三体复合。第二个模块(crm)在第一个模块结构和过程参数的基础上,根据碰撞辐射模型,计算给定电子温度密度下速率方程的速率系数,求解速率方程,并计算谱发射率 ε 和不透明度 κ。

在构建速率方程时,FAC以能级间的碰撞辐射截面数据库为基础,分块构建速率方程组。其中,基态和部分低激发态能级独立成块进入速率方程组,其他激发态按超组态的方式分块进入速率方程组。各块间通过碰撞辐射过程相互耦合,模型充分考虑了激发态的自发辐射过程;在碰撞激发过程中,详细考虑了基态和低激发态能级与其余能态之间的碰撞激发和退激发过程,而不考虑其余高激发态间的碰撞激发和退激发过程;在电离过程中,自电离(双电子复合)考虑了双激发态能级电离至下一电离度离子基态和所有低激发态的过程;碰撞电离(及三体复合)和辐射复合过程只考虑最外层电子单激发态电离至下一电离度离子基态和部分低激发态的过程。

谱发射率包括线辐射、复合辐射及轫致辐射,其中FAC在构建复合辐射谱发射率时,没有按照反应截面进行计算,而是参照经验公式,所以在电离限处没有观察到陡峭的特征边。主要利用线谱进行等离子体参数诊断,线辐射强度远远超过复合辐射(10^2～10^3 倍),所以这个近似处理对后面的分析影响很小。等离子体的自辐射场 J 也会对碰撞辐射过程产生影响,但 FAC 不能以耦合求解方式得出自辐射场与离子布居的自洽解,也没有考虑辐射输运的影响。

离子的束缚电子数越多,碰撞辐射过程越复杂,FAC 计算的数据量越大,计算结果的准确性越差。在兆安电流水平下,Al 丝 X 箍缩 Al 原子被电离至类 H(Al ⅩⅢ,Al^{12+})、类 He(Al Ⅻ,Al^{11+})及其周边离子(K 层),Mo 丝 X 箍缩 Mo 原子被电离至类 F(Mo ⅩⅩⅩⅣ Mo^{33+})、类 Ne(Mo ⅩⅩⅩⅢ Mo^{32+})及其周边离子(L 层)。这些离子的束缚电子数约为 10,在办公用计算机上可以实现计算。钨是一种常用的 X 箍缩负载丝材料,原子序数为 74,热斑等离子体的特征谱主要由类 Cr(W^{50+})-类 Se(W^{40+})离子组成(M 层),其核外束缚电子数目更多,达约 30,计算难度非常大。本节主要对 K 壳层(铝)和 L 壳层(钼)等离子体进行分析。

计算时使用的 FAC 版本为 1.1.1,计算流程如下:首先计算感兴趣离子的结构和碰撞辐射过程的截面数据(fac 模块),构成数据库;其次设定碰撞辐射模型的参数系统,包括离子种类,电子分布函数及其温度和密度。一般而言,模型中应包括原子所有的电离态,但这样计算量非常大,通常先用简单模型对离子分布进行预估,再选定丰度较大的几种离子。最后利用 crm 模块计算等离子体中各离子能态碰撞辐射过程的速率系数,求解速率方程得到丰度,进而计算谱发射率。原子结构和过程的计算非常复杂,谱发射率的结果与计算中考虑的离子种类、最高激发态主量子数 n_{max} 等密切相关。

FLYCHK 是美国国家标准中心开发的快速计算等离子体电离分布和能谱的计算代码,可计算大多数元素的电离平衡分布,还可考虑辐射不透明度的影响,但只适用于中低 Z 元素的 K 壳层辐射谱分析。FLYCHK 模型中涉及裸核至原子的所有电离度离子,各离子单激发态最大主量子数 n_{max} 是通过 Stewart-Pyatt 电离势降低模型而确定的。除了基态和部分低激发态,FLYCHK 中采用超组态模型构建速率方程组。在碰撞辐射过程的耦合方面,与 FAC 相比,FLYCHK 考虑了各超组态间的碰撞激发(退激发)和碰撞电离(三体辐射)过程,在三体复合(碰撞电离)和复合辐射过程中还考虑了复合至上一个电离度部分双激发态的过程。然而 FLYCHK 模型中包括的双激发态数目较少,因而其自电离过程考虑得比较简单。

本节对等离子体能谱计算的基本假设是:热斑等离子体均匀、稳定、光学薄,且不考虑自辐射场与离子碰撞辐射过程的耦合。在计算中,只要给定离子种类、电子分布函数及其温度密度,等离子体各离子能态的布居数分布及谱发射率和不透明度 κ 就唯一确定了。

2. Al 等离子体 K 壳层辐射谱

Al X 箍缩热斑等离子体由类 He 离子(Al Ⅻ,Al^{11+})及其周围电离度离子组成,辐射谱以类 H 离子和类 He 离子的特征线谱辐射为主,这种由 K 壳层电子跃迁而产生的辐射称为 K 层辐射。在 Al 等离子体谱发射率的计算中,考虑裸核(Al^{13+})至类 Li(Al^{10+})离子共四种离子,约 10^4 个能态。Al 等离子体 K 层主要线谱辐射的跃迁组态、光子能量及谱线标记见表 3-1。表中还给出了美国国家标准及技术研究所(National Institute of Standards and Technology,NIST)[25]发布的结果,以进行比对。

表 3-1 Al 等离子体 K 层主要线谱辐射

离子	跃迁组态	FAC 光子能量/eV	NIST 光子能量/eV	FAC Einstein 系数/s	标记符号
[H]	$2p\ ^2P_1$-$1s\ ^2S_1$	1727.71	1727.69	1.79×10^{13}	Ly-α
[H]	$2p\ ^2P_3$-$1s\ ^2S_1$	1729.01	1728.99	1.79×10^{13}	Ly-α
[H]	$3p\ ^2P_1$-$1s\ ^2S_1$	2048.10	2048.08	4.76×10^{12}	Ly-β
[H]	$3p\ ^2P_3$-$1s\ ^2S_1$	2048.49	2048.47	4.79×10^{12}	Ly-β
[H]	$4p\ ^2P_1$-$1s\ ^2S_1$	2160.19	2160.17	1.94×10^{12}	Ly-γ
[H]	$4p\ ^2P_3$-$1s\ ^2S_1$	2160.35	2160.33	1.95×10^{12}	Ly-γ
[He]	$1s2p\ ^1P_2$-$1s^2\ ^1S_0$	1598.29	1598.29	2.84×10^{13}	He-α
[He]	$1s2p\ ^3P_2$-$1s^2\ ^1S_0$	1588.12	1588.76	6.65×10^{10}	IC
[He]	$1s3p\ ^1P_2$-$1s^2\ ^1S_0$	1868.69	1868.71	7.64×10^{12}	He-β
[He]	$1s4p\ ^1P_2$-$1s^2\ ^1S_0$	1963.71	1963.67	3.13×10^{12}	He-γ

电子密度 $n_e=5\times10^{19}\,cm^{-3}$ 时,不同电子温度下各种离子的丰度如图 3-6 所示。当电子温度 $T_e<600eV$ 时,等离子体以类 He 离子为主。随着电子温度升高,平均电离度增大;当电子温度约为 1keV 时,等离子体中以裸核离子为主。图 3-6 中同时给出了 FAC 和 FLYCHK 代码的计算结果,它们各离子分布的整体趋势基本一致,裸核和类氢离子的丰度在 $T_e>700eV$ 时有较大的偏差,FAC 中有更多的类 H 离子电离成裸核,但最大偏差小于 20%。上述结果中类 Li 离子的份额小于 1%,所以计算模型截断至类 Li 离子也是合理的。

当 $n_e=5\times10^{19}\,cm^{-3}$ 和 $T_e=700eV$ 时,Al 等离子体在 0.30keV 到 10keV 范围内的谱发射率计算结果如图 3-7(a)所示。1.5~2.1keV 的 K 层辐射谱如图 3-7(b)所示,图中标识了各特征谱线及其传统的命名。从图中可以看出,随着温度的升高,类 H 离子的特征线(Ly-α)强度增加。

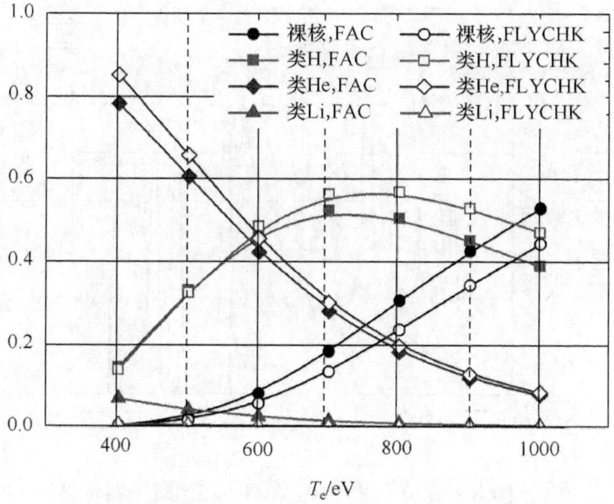

图3-6 $n_e=5\times10^{19}\text{cm}^{-3}$时,不同电子温度下 Al 各种离子的丰度值

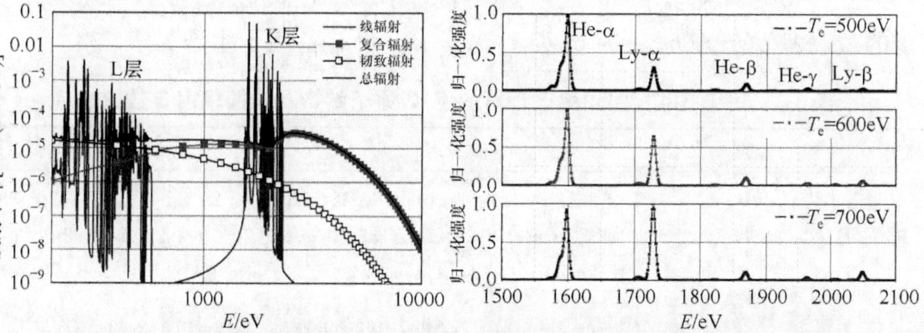

(a) $n_e=5\times10^{19}\text{cm}^{-3}$, T_e=700eV (b) $n_e=5\times10^{19}\text{cm}^{-3}$, T_e=500eV,600eV,700eV

图 3-7 FAC 计算得到的 Al 等离子体谱发射率

对 FAC 代码 crm 模块进行修改,还可以从上述谱发射率中提取出各离子的特征线辐射谱,如图 3-8 所示。在电子温度 $T_e=600$eV 时,辐射谱也以类 H 离子和类 He 离子的特征线辐射为主,且 Ly-α 线和 He-α 线的强度最强。图中还标识了类 He 离子和类 Li 离子的伴线包。类 He 离子伴线包($1snl$-$nlnl$,1704～1723eV)与 Ly-α 线位置接近,类 Li 离子伴线包($1s^2 2l$-$1s2lnl$,1564～1588eV)与 He-α 线位置接近。

3. Mo X 箍缩等离子体

Mo X 箍缩热斑等离子体由类 Ne 离子(Mo ⅩⅩⅩⅢ Mo^{32+})及其周围电离度离子组成,离子的束缚电子数目多,能级数目巨大,计算过程更加复杂。按照前面介绍的计算流程,首先建立能谱计算的原子结构和碰撞辐射过程的数据库,数据库

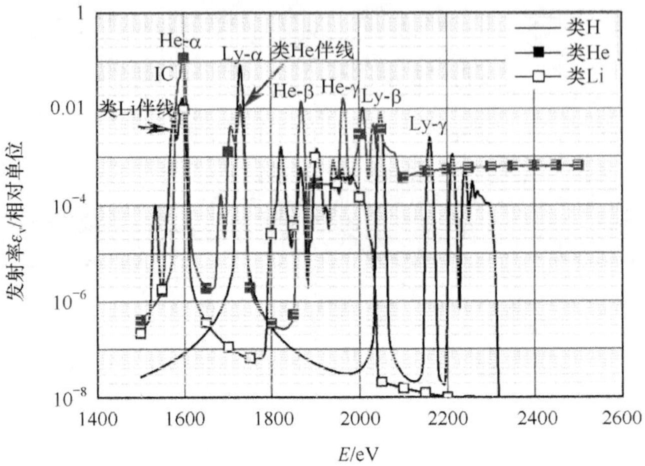

图 3-8　Al 等离子体类 H-类 Li 离子特征线

由 FAC 计算得到($n_e=5\times10^{19}\,cm^{-3}$,$T_e=600eV$)

包括类 O(Mo^{34+})-类 Al(Mo^{29+})共六种离子,8×10^4 个能态。类 F(Mo^{33+})-类 Al 离子的最高激发态 $n(n_{max})$ 为 5,类 O 离子 $n_{max}=2$,各离子组态见表 3-2。

表 3-2　用于 Mo L 层辐射谱计算的 FAC 原子结构及碰撞辐射参数数据库

离子	基态	激发态	电离态
[F]	$1s^22s^22p^5$;$1s^22s2p^6$	$1s^22s^22p^4nl$;$1s^22s2p^5nl$;$1s^22p^6nl$;$1s2s^22p^5nl$;$1s2s2p^6nl$;$1s^22s2p^43l'nl$;$1s^22s^22p^3n'l'nl$ ($n'\leqslant4,n\leqslant5$)	$1s^22s^22p^3n'l$;$1s^22s2p^4n'l$;$1s^22p^5n'l$;$1s2s^22p^5$;$1s2s2p^6$;($n'\leqslant4$)
[Ne]	$1s^22s^22p^6$	$1s^22s^22p^5nl$;$1s^22s2p^6nl$;$1s2s^22p^6nl$ $1s^22s2p^5n'l'nl$;$1s^22s^22p^4n'l'nl$ ($n'\leqslant4,n\leqslant5$)	$1s^22p^63l$ $1s2s^22p^6$ $1s^22s2p^5n'l$;$1s^22s^22p^4n'l$ ($n'\leqslant4$)
[Na]	$1s^22s^22p^63l$	$1s^22s^22p^6nl$;$1s^22s^22p^5n'l'nl$;$1s^22s2p^6n'l'nl$;$1s2s^22p^6n'l'nl$ ($n'\leqslant4,n\leqslant5$)	$1s^22s^22p^6$;$1s^22s^22p^5n'l$ $1s^22s2p^6n'l$;$1s2s^22p^6n'l$ ($n'\leqslant4$)
[Mg]	$1s^22s^22p^63l'3l$	$1s^22s^22p^6n'l'nl$;$1s^22s^22p^53l''3l'nl$;$1s^22s2p^63l''3l'nl$;$1s2s^22p^63l''3l'nl$ ($n',n\leqslant5$)	$1s^22s^22p^6nl$;$1s^22s^22p^53l'3l$ $1s^22s2p^63l'3l$;$1s2s^22p^63l'3l$ ($n\leqslant5$)
[Al]	$1s^22s^22p^63s3l'3l$	$1s^22s^22p^63l''n'l'nl$;$1s^22s^22p^53s3l''3l'nl$;$1s^22s2p^63s3l''3l'nl$;$1s2s^22p^63s3l''3l'nl$ ($n',n\leqslant5$)	$1s^22s^22p^63l'nl$;$1s^22s^22p^53s3l'3l$ $1s^22s2p^63s3l'3l$;$1s2s^22p^63s3l'3l$ ($n\leqslant5$)

Mo 等离子体 L 层辐射的特征线主要有类 Ne 离子激发态到基态 $1s^2 2s^2 2p^6 {}^1S_0$ 的跃迁，其光子能量和速率系数见表 3-3；类 F 离子特征线 F1(2755eV)，类 Na 离子特征伴线 Na1(2556eV)，类 Na 离子复合线 Na2(2657eV)。

表 3-3 类 Ne 离子从低激发态到基态 $1s^2 2s^2 2p^6 {}^1S_0$ 的跃迁

标记符号	跃迁组态	FAC 光子能量/eV	NIST 光子能量/eV	FAC Einstein 系数/s
[Ne]-3A	$2s2p^6 3p\ {}^1P_1$	2807.81	2806.13	3.46×10^{13}
[Ne]-3B	$2s2p^6 3p\ {}^3P_1$	2778.23	2776.73	1.19×10^{13}
[Ne]-3C	$2s^2 2p^5 3d\ {}^1P_1$	2675.97	2676.45	1.75×10^{14}
[Ne]-3D	$2s^2 2p^5 3d\ {}^3D_1$	2579.00	2580.61	1.83×10^{14}
[Ne]-3F	$2s^2 2p^5 3s\ {}^1P_1$	2486.39	2488.24	7.68×10^{13}
[Ne]-3G	$2s^2 2p^5 3s\ {}^3P_1$	2379.24	2381.12	1.06×10^{13}

由于模型的复杂性，对 FAC 计算结果的分析验证也十分重要，使用 FLYCHK 和 SCRAM 的结果与其进行比对。SCRAM 代码是美国内华达大学 Hansen 等开发的 L 层能谱计算程序[26]，其原子结构和碰撞辐射过程的数据取自于 HULLAC[27]，FAC 和一个混编代码(数据取自 RMBPT[28] 和 Cowan[29])。FAC、FLYCHK 和 SCRAM 计算得到各离子的丰度，如图 3-9 所示($n_e=10^{22}\,cm^{-3}$，$T_e=1200eV$)，各代码计算结果的差异比图 3-6 中 Al 离子的结果更显著。FAC 计算得到的平均电离度 Z_{eff} 最小，其次是 FLYCHK 和 SCRAM。FLYCHK 计算模型简单，考虑的组态数目非常少，反应截面取自经验公式，其计算结果的差异可以理解。

SCRAM 代码计算得到的份额最多的离子为类 Ne 离子，而 FAC 计算得到的则是低一个电离度的类 Na 离子。电离度的差异可能主要源于它们对电离复合过程的处理。离子与自由电子的复合过程包括三体复合、辐射复合和双电子复合。其中类 F 和类 Ne 离子的自电离和双电子复合速率小于碰撞电离和复合辐射的速率，但是复合至类 Na、类 Mg 和类 Al 离子的双电子复合速率明显超过辐射复合的速率。而类 Ne、类 Na 离子的丰度最大，所以认为对类 Ne、类 Na 离子双电子复合(DR)过程不同的处理方法，是造成 FAC 与 SCRAM 计算结果差异的主要原因。对 FAC 代码进行修改，可以得到不同双电子复合过程的处理模式下，各离子丰度的变化情况如图 3-9(b)所示。

若不考虑双电子复合过程，FAC 计算得到的离子丰度分布与 SCRAM 代码的计算结果接近，类 Ne 离子丰度高于类 Na 离子。若只不考虑类 Ne 离子至类 Na 离子的双电子复合过程，类 Ne 离子的丰度进一步提高。若只不考虑类 Na 离子至类 Mg 离子的双电子复合过程，则离子丰度接近 FAC 模型的计算结果。从上述分析可见，类 Ne 离子至类 Na 离子的双电子复合过程的处理对计算结果影响很大，它也可能是 FAC 和 SCRAM 计算结果差异的一个主要原因。

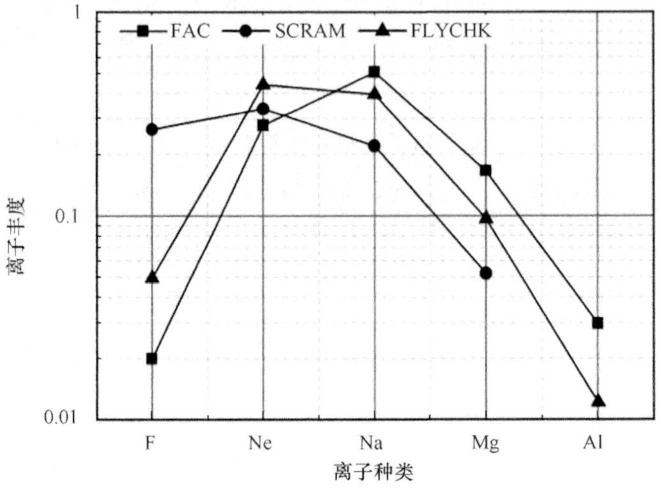

(a) 不同计算代码

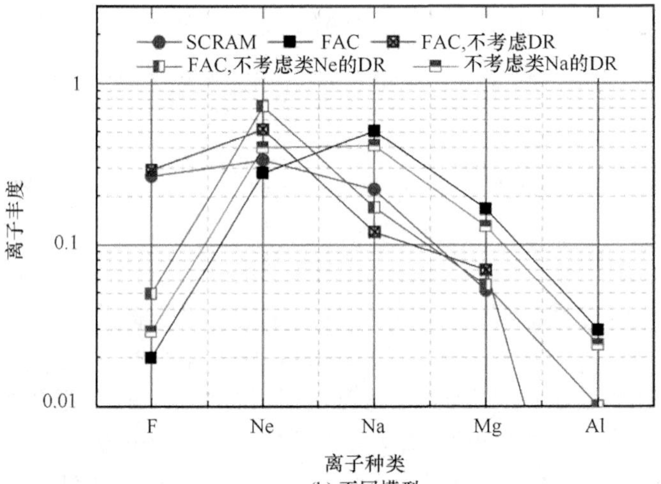

(b) 不同模型

图 3-9　不同计算代码下 Mo 各离子的丰度($n_e=10^{22}\,cm^{-3}$，$T_e=1200eV$)和 FAC 不同模型下计算结果的比较

FAC 各离子丰度随 T_e 和 n_e 的变化关系如图 3-10 所示。从图中可以看出，等离子体中类 Na 离子的份额最大，约为 40%。随着电子温度增加，等离子体将进一步电离，高电离度离子份额提高，低电离度离子份额降低。图 3-10(b)中，离子丰度随密度的变化很不明显，电子密度跨越八个量级，而类 Na、类 Ne 离子的变化很小，这一结果还有待于进一步分析确认。

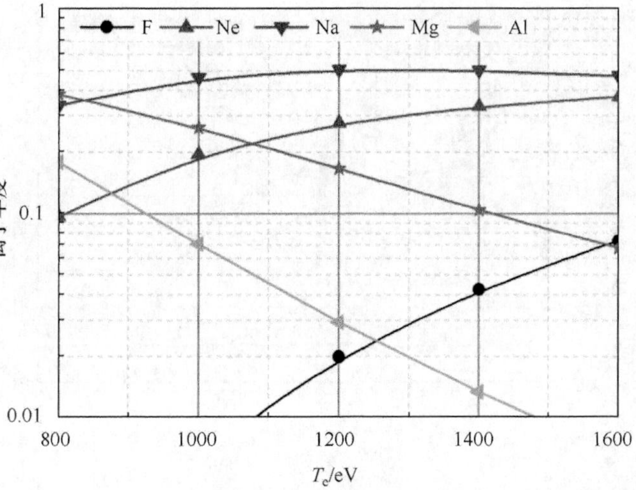

(a) 电子温度

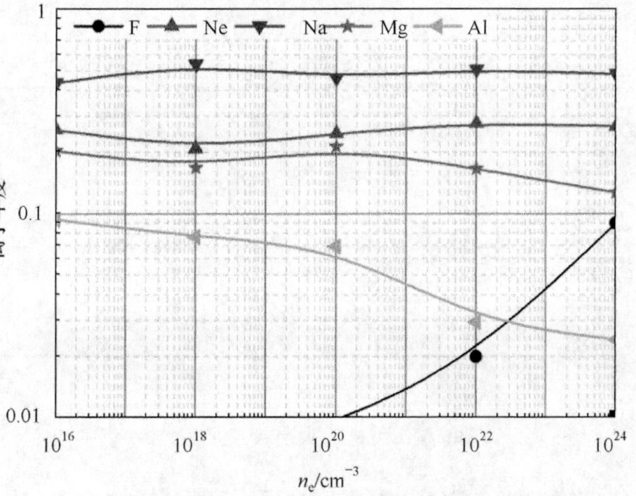

(b) 电子密度

图 3-10　Mo 等离子体类 F-类 Al 离子丰度随电子温度($n_e = 10^{22}\,cm^{-3}$)和电子密度($T_e = 1200eV$)的变化情况

在 $n_e = 10^{22}\,cm^{-3}$ 和 $T_e = 1200eV$ 时，Mo 等离子体在 0.50～30keV 的谱发射率计算结果如图 3-11(a)所示，图中标识了 M 层、L 层和 K 层的特征线辐射；2～3keV 的 L 层辐射谱如图 3-11(b)所示，图中标识了各特征谱线及其传统的命名。从图中可以看出，随着温度的升高，类 Ne 离子的特征谱线强度增加，类 Na 离子谱线降低，这与图 3-10 的趋势是一致的。

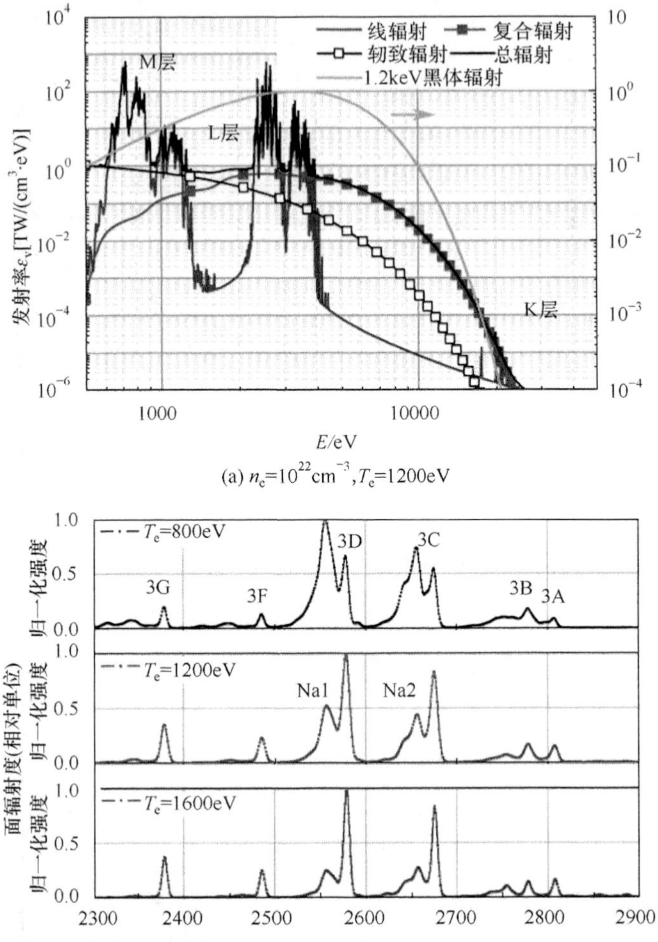

(a) $n_e=10^{22}\text{cm}^{-3}, T_e=1200\text{eV}$

(b) $n_e=10^{22}\text{cm}^{-3}, T_e=800\text{eV}, 1200\text{eV}, 1600\text{eV}$

图 3-11　FAC 计算得到的 Mo 等离子体谱发射率

图 3-12 进一步给出了相近等离子体参数下 L 层谱发射率的变化情况。图 3-12(a)中的电子温度为 1200eV，电子密度依次相差 1 个量级；图 3-12(b)中电子密度为 10^{21}cm^{-3}，温度依次相差 100eV。从图中可以看出，密度的变化主要引起 3G、3F 线相对强度的变化，温度的变化主要引起 Na1、Na2 线相对强度的变化。类 Ne 离子的 3F 和 3G 线的主要来自于更高激发态的级联辐射，随着电子密度的增加，级联辐射过程被电子碰撞过程影响而干扰，导致 3F、3G 线强度降低。3A 和 3B 线则更主要依赖于电子碰撞激发，(3A＋3B)/(3F＋3G)单调地随着电子密度增加而增大，而受电子温度影响很小[26]，该数值常用于等离子体密度的诊断。

同样利用 FAC 对类 O-类 Al 离子的特征线辐射进行辨识，各离子特征线辐射

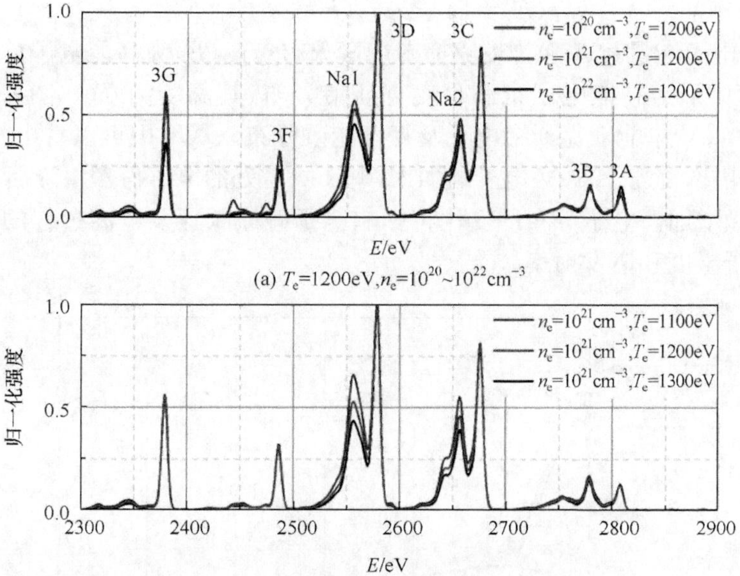

(a) T_e=1200eV,n_e=10^{20}~10^{22}cm^{-3}

(b) n_e=10^{21}cm^{-3},T_e=1100~1300eV

图 3-12　FAC 计算得到 Mo 等离子体谱发射率

的相对位置如图 3-13 所示，图中还给出了实验测量的能谱用于比对。各种离子的特征线基本覆盖了实测谱的各辐射峰。

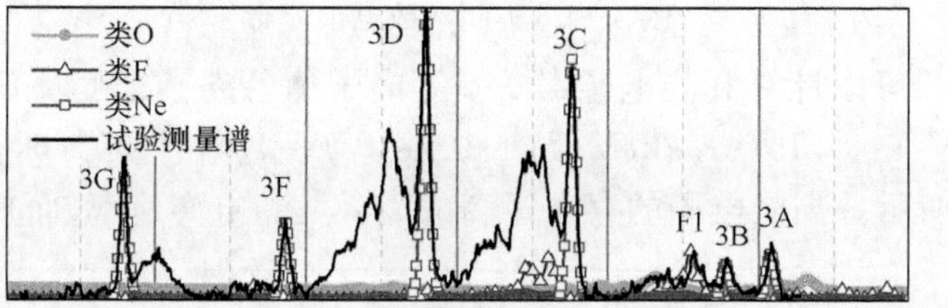

图 3-13　Mo 等离子体类 O-类 Al 离子特征线，由 FAC 计算得到
($n_e=10^{22}\,\text{cm}^{-3}$，$T_e=1200\text{eV}$)

若考虑等离子体中高能电子的影响，等效于在麦克斯韦电子上叠加一部分高能电子，电子分布函数可表示为

$$f(E)=(1-p)f_v(E)+pf_{\text{fast}}(E) \tag{3-21}$$

式中，E 为电子能量；$f_v(E)$ 为麦克斯韦能量分布；$f_{\text{fast}}(E)$ 为高能电子分布，份额为 p。在计算中认为高能电子也满足麦克斯韦分布，其温度为 T_h。图 3-14 给出了 1.2keV、10keV 单能麦克斯韦电子及复合能谱分布。从图中可以看出，与 1.2keV 单能电子相比，随着 10keV 电子的加入，0～5keV 处的电子份额下降而 5keV 以上的电子份额增加。电子分布的变化将影响电子碰撞跃迁及电离过程的速率，进而影响各离子丰度和谱发射率。

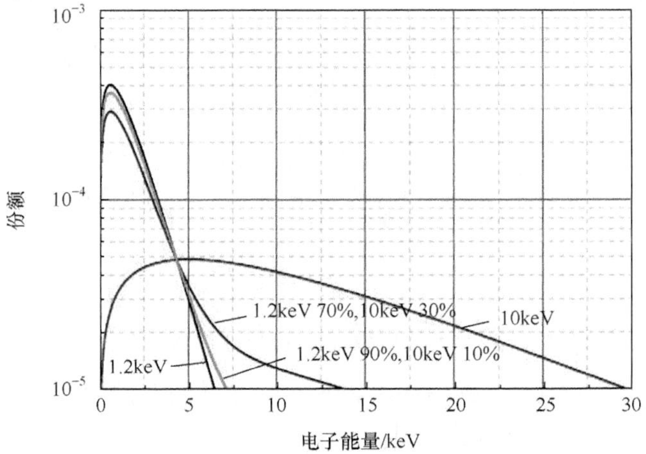

图 3-14　不同参数电子分布

利用 FAC 可以计算高能电子对 Mo 等离子体各离子丰度及其谱发射率的影响，当 $n_e=10^{22}\,\text{cm}^{-3}$，$T_e=1.2\text{keV}$，$T_h=10\text{keV}$，$f=10\%$ 及 30% 时，电离平衡曲线如图 3-15(a) 所示。高能电子的存在提高碰撞激发和电离速率，而复合过程仍依赖

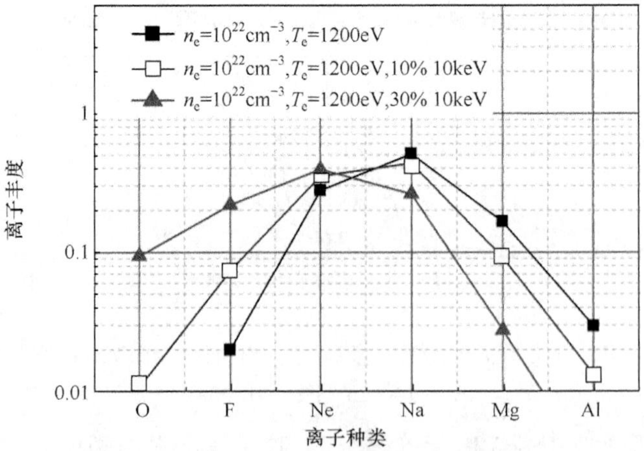

(a) Mo各离子丰度

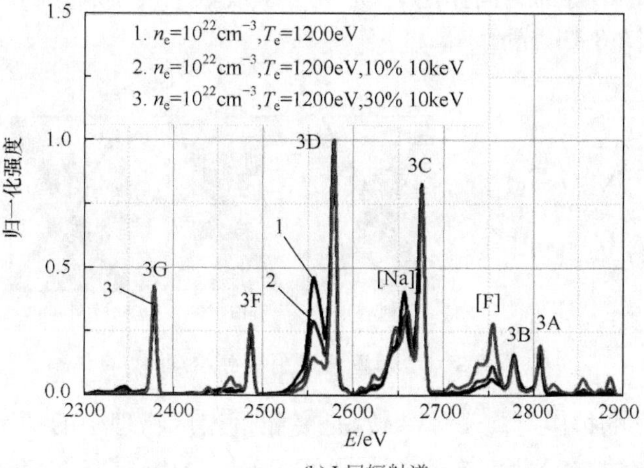

图 3-15 高能电子对 Mo 各离子丰度和 L 层辐射谱的影响

于原麦克斯韦电子,因此将提高等离子体的电离度,同时对电离度曲线有展宽作用。高能电子对谱发射率的影响如图 3-15(b)所示,类 F 离子的份额增加,其归一化线谱强度的也随之增加。

3.2 X 箍 缩

X 箍缩(X-pinch)是从丝阵 Z 箍缩演变而来的一种产生脉冲 X 射线的新构型,它是 Zakharov 等在 1982 年为了研究等离子体热斑(hot spots)而提出的。热斑是一种辐射强度远远超过背景的局域等离子体,又称为亮斑(bright spots)、微箍缩(micro-pinch)等,在真空电火花、等离子体焦点、电爆炸丝和各种 Z 箍缩负载中都十分常见,是高能量密度物理极为感兴趣的研究对象之一。

X 箍缩的热斑相对集中在交叉点区域约 2mm 的范围内,位置是基本确定的,因此常用于 X 射线点投影照相,具有微米级的空间分辨和亚纳秒的时间分辨能力。本节将介绍 X 箍缩的唯象演化过程,对 X 箍缩热斑形成的临界电流和热斑半径进行估计,最后介绍百千安电流驱动下的实验研究结果。

3.2.1 X 箍缩研究概况

X 箍缩负载由交叉相交于一点成"X"形的两根或多根金属细丝组成,在脉冲大电流的作用下,电流不足以引起金属丝根部等离子体箍缩;而在交叉点处,电流汇聚并产生很强的磁场,引起该区域等离子体快速演化形成类似于 Z 箍缩的结构,称为微 Z 箍缩(micro-Z pinch)。微 Z 箍缩在等离子体不稳定性和辐射坍塌

(radiative collapse)等的共同作用下,形成一个或数个极小尺寸的热斑并产生强烈X射线辐射,如图3-16所示。

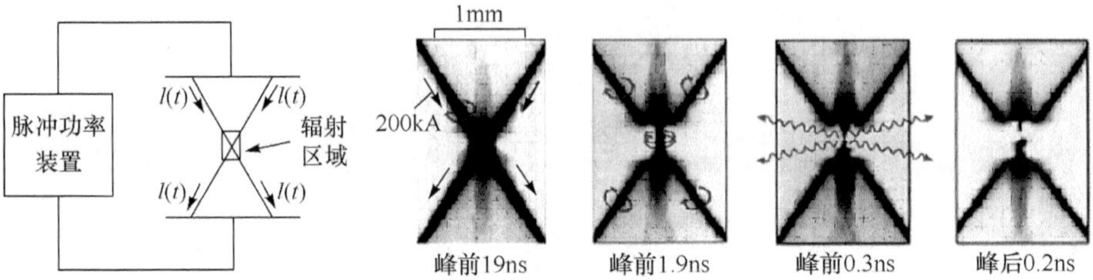

图3-16　X箍缩X射线源示意图

热斑能达到的极限等离子体参数,是高能量密度物理中的一个极为感兴趣的问题。在康奈尔大学XP装置(450kA,50ns)上,X箍缩热斑的参数如下:直径(1.2±0.5)μm,辐射脉宽约10ps,电子温度约1keV(Ti,Mo),离子密度约$10^{22}cm^{-3}$。Chittenden等的数值模拟结果表明,100kA钼X箍缩的热斑尺寸可以达到亚微米量级,该估计值与实验结果基本相符。若数值模拟的定标关系扩展到更高电流水平,则1MA的电流下焦斑尺寸为30nm,等离子体密度为1290倍固体密度;如果将焦斑尺寸的下限设定为1μm,Mo X箍缩负载在1MA电流下辐射功率为80GW,密度为10倍固体密度,在10MA电流下辐射功率为3.4TW,密度为250倍固体密度[30]。

在应用方面,作为一种高亮度、窄脉冲(约1ns)、小焦斑(≤10μm)的X射线辐射源,X箍缩非常适合于对高密度、快演化的物理过程进行X射线点投影照相。被拍摄物体放置于X箍缩负载与记录胶片之间,点源辐射将被拍摄物体投影至胶片上,这种照相方式称为点投影照相或X箍缩背光照相。X箍缩点投影照相具有微米级的空间分辨和亚纳秒的时间分辨,此外热斑的空间位置基本确定(交叉点处约±2mm),辐射时刻可重复(辐射时刻抖动约±5ns)且经验可调。目前X箍缩点投影照相主要用于电爆炸丝和丝阵Z箍缩演化过程的诊断。

X箍缩从1982提出至今已经有30多年的历史,国际上先后有数十家研究院所和高校开展了X箍缩实验研究。早期的X箍缩实验主要应用低中Z元素材料Al、Ti,关心其千电子伏特能段的K层辐射产额,焦斑尺寸为数十微米[31]。此后,康奈尔大学在XP装置(450kA,50ns)上对X箍缩及其点投影照相应用开展了非常细致的研究,报道了一系列的实验结果,极大地推动了X箍缩的研究进展。在XP装置上,Kalantar等于1995年首次报道了X箍缩点投影照相的实验[32];Pikuz等首次报道了X箍缩单色点投影照相实验[33]。1997年,Shelkovenko等首次将钼(Mo)、钯(Pd)等中高Z元素金属丝引入X箍缩中,得到了<5μm的焦斑尺寸和亚纳秒的辐射宽度,并得到了高质量的点投影照相图像[34];利用两个X箍缩互相点

投影照相，则得到了极高分辨率的 X 箍缩演化图像。2001 年，Sinars 等应用时间分辨小于 10ps 的 X 射线条纹相机分析了热斑的辐射特性[35]。2002 年，Shelkovenko 等用该条纹相机分析了热斑辐射的能谱特性[36,37]。

X 箍缩实验研究主要在峰值电流为 250～500kA，上升前沿为 45～200ns 的装置上。在这类电流水平的装置上，研究人员对 X 箍缩的热斑辐射及其能谱、射流和负载优化等开展了大量研究。实验结果表明，在电流峰值为百千安，电流前沿大于 1kA/ns 的脉冲功率装置上，中高 Z 元素 X 箍缩负载在很宽的参数范围（电流前沿、金属丝材料等）内都能实现小焦斑、窄脉冲的性质。

随着 X 箍缩实验研究的深入和脉冲功率装置的发展，X 箍缩实验已开始延伸至兆安电流水平的装置上。兆安电流 X 箍缩实验的一个目的是探索热斑等离子体可以达到的极限参数；另一个目的是获得更高亮度的脉冲 X 射线点源，以期能在超大规模装置（如 Z 装置）上，用于 Z 箍缩等离子体早期过程及 Z 箍缩驱动的 ICF 靶丸的诊断。美国 ZEBRA[38]、COBRA 装置[39]、俄罗斯 S-300 装置[40]、我国强光一号装置等先后开展了兆安电流水平的 X 箍缩实验研究。2011 年，美国圣地亚国家实验室在 6MA SATURN 装置上开展了迄今最大电流的 X 箍缩实验研究[41]，单层负载的辐射峰值功率为 11.5TW，总产额为 180kJ，最小焦斑为 10～20μm。兆安电流下，X 箍缩的辐射功率和产额均得到提高，但是面临多个热斑和显著的硬 X 射线辐射的难题。

目前，X 箍缩实验的典型结果见表 3-4，电流范围 0.04～6MA，负载丝材料以钨丝为主。表中结果选自该装置相匹配的 X 箍缩负载构型，即能较稳定地在电流峰附近产生单个脉冲 X 射线辐射。

表 3-4　不同电流水平装置的优化负载线质量及辐射性能

装置	电流峰值/MA	10%～90%上升时间/ns	负载构型	线质量/(mg/cm)	>0.1keV/J（约 2μm Mylar）	2.5～5keV/mJ（约 12.5μm Ti）
Table-top [42]	0.04	30	2～5μm-W	0.008		
FLTD[43]	0.075	72	2～8μm-W	0.019	1.5	3.9
PPG-II[44]	0.065	30	2～8μm-W	0.019		
SPAS[45]	0.24		4～20μm-W	0.24		20
XP	0.4	40	4～25μm-W	0.38		
XP		40	4～20μm-W	0.24		80
COBRA	1.0		(1NiCr-6Mo-12W)-25μm	1.7		
COBRA	1.0	60	32～25μm-W	3.2	188	>2200

续表

装置	电流峰值/MA	10%～90%上升时间/ns	负载构型	线质量/(mg/cm)	>0.1keV/J (约 2μm Mylar)	2.5～5keV/mJ (约 12.5μm Ti)
强光一号[46]	1.0	60	32～25μm-W	3.2	200	3000
S-300[40]	1.9		16～100μm-Mo	13		
SATURN[41]	6.0	40	32～53μm-W	13.6		
SATURN[41]	6.0	40	固体型		1.65×10^5	$(1.50～3.6)\times10^5$

不同电流水平下匹配负载的线质量(M_l)与驱动器峰值电流 I_{max} 的关系如图 3-17 所示，当负载电流<1MA 时，$M_l \approx I_{max}^{1.8}$。S-300 装置(2MA)的结果也符合上述实验规律，而 SATURN 装置(6MA)负载质量低于上述定标关系，若考虑 SATURN 装置的结果，$M_l \approx I_{max}^{1.3}$。

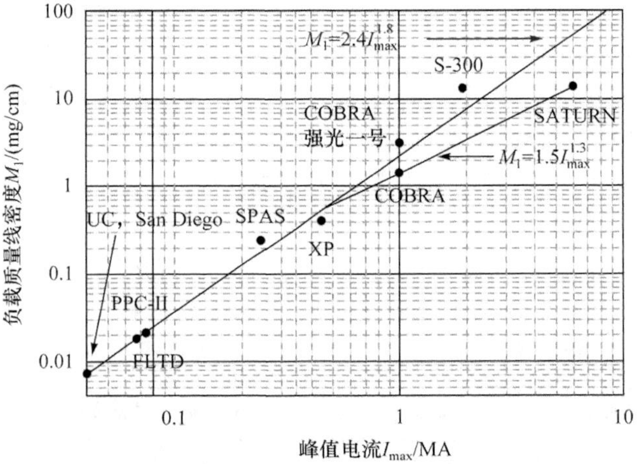

图 3-17　X 箍缩负载线质量和驱动器峰值电流的定标关系

X 箍缩低能光子辐射(>0.1keV)主要来自于交叉点区域、射流等离子体和各丝处；千电子伏特 X 射线辐射主要源自交叉点处的热斑区域。X 箍缩在大于 0.1keV 和 2.5～5keV 能段的辐射产额与驱动器峰值电流的关系如图 3-18 所示。在大于 0.1keV 光子使用的 X 射线滤片为 2μm 或 2.5μm Mylar，2.5～5keV 光子使用的滤片为 10μm 或 12.5μm Ti。由于记录 2.5～5keV 能段光子的探测器为 PCD 或 Si-pin 探测器，它们对不同能量光子的响应较平坦，故可比性较强。从图中可以看出，在 0.08～6 MA 的电流范围内，热斑辐射产额随着驱动器峰值电流的增加而增加，呈幂函数关系，幂指数为 2.7，介于欧姆加热的平方关系和磁压内爆的四次方关系之间。X 箍缩等离子体在大于 0.1keV 光子的辐射产额比 2.5～5keV 高 2～4 个量级，但它们 Y-I_{max} 关系的电流幂指数相近。

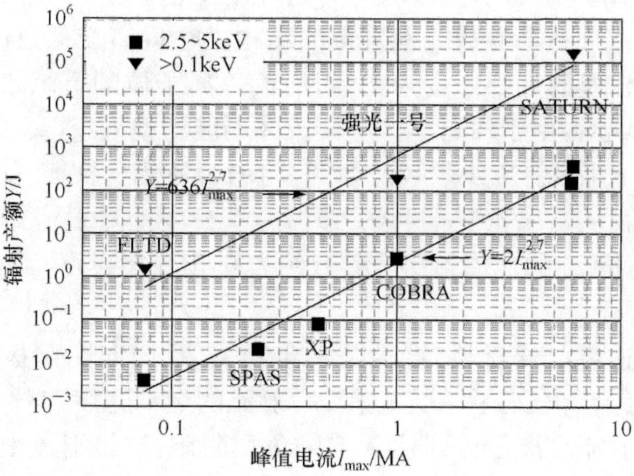

图 3-18　峰值电流与辐射产额的定标关系

3.2.2　X 箍缩唯象模型

在脉冲电流早期，与丝阵 Z 箍缩类似，各单丝独立演化形成核冕结构，再在 X 箍缩特定的磁场构型下进一步演化。下面对 X 箍缩负载核冕结构形成后的演化行为进行探讨。

1. 融蚀、射流及微 Z 箍缩形成

核冕结构形成后，在交叉点区域，各金属丝丝核在洛伦兹力的作用下发展成为一个等离子体柱。等离子体柱的形态与丝核形态相似。在电流前沿 30%～50% 的时刻，等离子体柱发展成为微 Z 箍缩结构，特征长度为 1～2mm。由于微 Z 箍缩等离子体柱是冷态稠密丝核，黏性系数大且热导率小，因此颈部结构将持续一定时间。

微 Z 箍缩区域内的质量随着沿轴线方向的输运而减小。一方面，交叉点区域的质量集中且融蚀速率快，在压力梯度 $\partial P/\partial z$ 的作用下，等离子体将沿着轴线方向扩散而输运出去。另一方面，微 Z 箍缩将产生径向方向的电流，洛伦兹力 J_rB_θ 将驱动等离子体远离交叉点区域。当微 Z 箍缩线质量减小到一定值后，X 箍缩演化进入下一个阶段。数值模拟结果表明，热斑辐射前该区域的线质量密度为初始值的约 20%[30]。如果 X 箍缩质量过大，在电流衰减前仍不能达到临界状态，这时交叉点区域的质量开始膨胀，且没有 X 射线辐射。

另外，冕等离子体在磁场洛伦兹力作用下，沿垂直于丝的方向朝轴线运动。在交叉点附近，来自各金属丝的冕等离子体流在轴线处相互碰撞，由于负载的对称性，其径向速度被相互抵消，形成一个高度准直沿轴线运动的等离子体射流，运动

速度 v_{jet} 为 1～10cm/μs，这部分区域称为射流汇聚区。射流等离子体通过辐射冷却，温度较小，是一个高马赫数低发散角的结构。在远离交叉点的区域，金属丝根部附近磁场以单根丝的局部磁场为主，对射流等离子体的贡献较弱。当射流等离子体进入这个区域后，由于没有冕区等离子体动能的馈入，等离子体在热压作用下以离子声速度 c_s 膨胀（射流发散区），如图 3-19(a)所示。文献[47]表明，对于 4～7.5μm-W X 箍缩，从金属丝腿部起约 40%的丝长度上对射流影响很小。射流运动速度 v_{jet} 与声速度 c_s 的比值给出马赫数约为 6，电子温度 T_e 约为 8eV，平均电离度 Z_{eff} 约为 5[47]。

射流的传播速度与丝材料、直径及夹角相关，且面向阴阳极处的射流速度一致。文献[48]的结果表明，在一定范围内，射流的运动速度与丝夹角 α 满足 v_{jet} 正比于 $1/\sin\alpha$。当射流等离子体到达 X 箍缩负载阴阳极时，射流上开始承担一部分负载电流（约 15%）。在电流作用下，观察到射流 $m=1$ 不稳定性的发展[48]。

除了融蚀等离子体，交叉点处的轴向质量输运也提供了一部分射流质量，这也加速了微 Z 箍缩和热斑等离子体的形成[49]。一方面交叉点区域的质量集中且融蚀速率快，在压力梯度 $\partial P/\partial z$ 的作用下，等离子体将沿着轴线方向扩散而输运出去。另一方面，电流的径向分量将产生沿轴线的洛伦兹力 $J_r B_\theta$，它也将驱动等离子体远离交叉点区域。

2. 热斑演化的启动及辐射坍塌

微 Z 箍缩形成后，在不稳定性扰动的作用下引发微 Z 箍缩快速演化。每个微 Z 箍缩又将衍生出下一级的微 Z 箍缩结构，这个过程将一直持续下去，微 Z 箍缩的级数越高，演化的速度越快。最后交叉区域轴向上分布了多个不同级次的微 Z 箍缩，Pikuz 等在实验中观察到第 5 级微 Z 箍缩，直径为 3μm。需要指出的是，只有那些发展速度比较快、所处区域比较大的微 Z 箍缩才可能倍增式地发展。

上述过程中，扰动的特征尺寸小于微 Z 箍缩柱长度，这样沿着负载轴向可能形成多个初级 Z 箍缩，从而将引发形成多个热斑[图 3-19(b.3)]。这种扰动模式的特征尺寸小于微 Z 箍缩长度，称为短扰动模式。热斑沿微 Z 箍缩柱轴线分立分布。若每个扰动的形成时间差异很大，则热斑的形成时间也差异很大，就对应多个脉冲 X 射线辐射。

此外，微 Z 箍缩电极附近的轴向扩散 $\partial P/\partial z$ 和洛伦兹力 $J_r B_\theta$ 最强[图 3-19(b.1)]，其质量随着射流快速输运，磁压首先压缩这部分区域，形成直径较小的颈部并通过辐射坍塌产生热斑[图 3-19(b.2)]。这类热斑的初始扰动是微 Z 箍缩的固有结构引起的，扰动的尺寸与微 Z 箍缩长度相当，称为长扰动模式。扰动引起的热斑集中分布于两电极附近。数值模拟代码也成功演示了这类热斑的产生[30]。

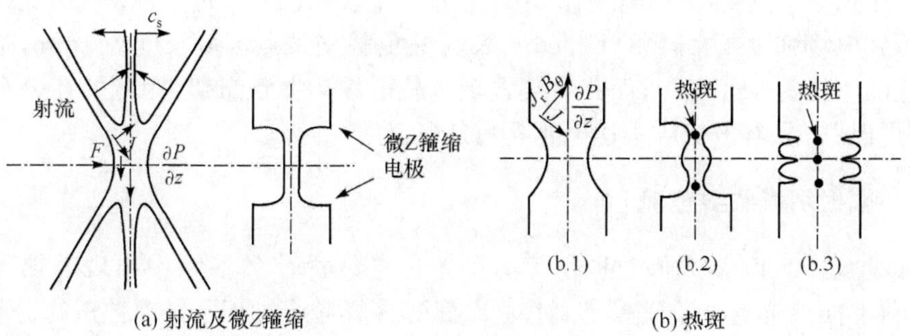

图 3-19 射流、微 Z 箍缩及热斑形成

当微 Z 箍缩及其初始扰动形成后，若磁压大于热压，等离子体被压缩；若同时满足等离子体辐射冷却超过其获得的能量，热压减小，压缩能持续进行下去，这一过程称为辐射坍塌。初始扰动区域的等离子体将在辐射坍塌的作用下形成热斑。对于最简单的氘氚等离子体，欧姆加热获得的能量正比于电流平方，而辐射损失正比于电流的四次方，因此只有当电流超过一定阈值时，辐射损失才可能超过欧姆加热，该电流阈值称为辐射坍塌临界电流(I_{cr})。

热斑半径不能无限坍塌下去，必然受到一些物理过程的限制。一个重要的因素是等离子体的不透明度。当等离子体密度较大时，内部辐射的光子部分被等离子体吸收而不能辐射出去，等离子体辐射损失降低，当减小至与其获得的能量相当时，辐射坍塌终止。

3. 崩毁及非热快电子的产生

X 箍缩热斑崩毁后，可以观察到一个准球性膨胀的冲击波，这个冲击波将对相邻区域的过程产生影响，因此多个脉冲辐射通常发生在时间较近或者空间间隔较远的情况。

另外，质量的释放使得该区域的密度比初始时低几个数量级。于是形成了微二极管，以及高能电子束和离子束。这就是 X 箍缩软 X 射线辐射后随即可观察到硬 X 射线辐射的原因。在 1MA 高阻抗 ZEBRA 装置上观察到 30～100keV 的硬 X 射线辐射，研究人员认为这些硬 X 射线辐射是由交叉点处能量约为 2MeV 的非热电子通过韧致辐射产生的。Spitzer 电阻率由电子离子碰撞引起，碰撞频率 ν_{ei} 正比于 $1/\sigma$，即正比于 $T_e^{-3/2}$。随着电子能量的增加，碰撞频率将迅速减小，有效平均自由程将迅速增加。当外加电场足够强时，电子将过渡到不断加速的状态，形成高能“逃逸电子”。Dreicer 给出了引起这种电子逃逸的临界电场强度 E_c[50]：

$$E_c(\mathrm{MV/cm}) = 6.5\times10^{-20} Z\ln\Lambda \frac{n_e(\mathrm{cm^{-3}})}{T_e(\mathrm{eV})} \tag{3-22}$$

对于钨 X 箍缩热斑等离子体，电子密度 $n_e > 10^{20}\,\text{cm}^{-3}$，$T_e \approx 1\text{keV}$，由式(3-22)计算得到电场强度 $E_c \approx 4.8\text{MV/cm}$。X 箍缩负载交叉点区域长度约 1mm，临界电场对应的电压为 0.48MV，而兆安装置上负载电压为兆伏量级，因此处在分布函数高能“尾巴”中的电子变成逃逸电子是可能的。

3.2.3 辐射坍塌临界电流

20 世纪 80 年代，人们对稠密等离子体焦点装置及 Z 箍缩中出现的热斑进行了分析，下面综合这些物理模型，针对 X 箍缩热斑形成过程及其参数进行分析。

Bennett 平衡关系给出了定态 Z 箍缩的磁压和等离子体压强的平衡关系：

$$\mu_0 I^2 = 8\pi N_i k_B (Z_{\text{eff}} T_e + T_i) \tag{3-23}$$

式中，I 为负载电流；N_i 为离子线密度；Z_{eff} 为平均电离度；k_B 为玻尔兹曼常量；T_e 和 T_i 为电子温度和离子温度。写成数值形式为

$$(Z_{\text{eff}}+1)N_i T = 3.12\times 10^{23} I^2 \tag{3-24}$$

式中，N_i 单位为 m^{-1}；$T=T_e=T_i$，单位为 eV；电流 I 单位为 MA。

根据热力学第一定律，单位长度等离子体的能量平衡方程为

$$\frac{\text{d}Q}{\text{d}t} = p\frac{\text{d}V}{\text{d}t} + \frac{\text{d}U}{\text{d}t} = P_{\text{ohm}} - P_{\text{rad}} \tag{3-25}$$

式中，$p\dfrac{\text{d}V}{\text{d}t}$ 为磁压对等离子体做功的功率；$\dfrac{\text{d}U}{\text{d}t}$ 为等离子体内能的变化率；P_{ohm} 为电流欧姆加热线功率；P_{rad} 为等离子体辐射线功率，具体可得

$$p\frac{\text{d}V}{\text{d}t} = \frac{\mu_0}{4\pi}\frac{I^2}{a}\frac{\text{d}a}{\text{d}t} \tag{3-26}$$

$$\frac{\text{d}U}{\text{d}t} = \frac{\text{d}}{\text{d}t}\left[\frac{(1+\bar{Z})N_i k_B T_B}{\gamma-1}\right] = \frac{\mu_0}{4\pi}\frac{I}{(\gamma-1)}\frac{\text{d}I}{\text{d}t} \tag{3-27}$$

$$P_{\text{ohm}} = \int_0^a 2\pi r \eta_\perp J_z^2 \text{d}r \tag{3-28}$$

式中，a 为微 Z 箍缩半径；γ 为比热容比；N_i 为离子线密度；$\eta_\perp$ 为 Spitzer 电阻率。Pease 等分析了氘氚等离子体的情况，其辐射损失以韧致辐射为主：

$$P_{\text{rad}} \approx P_{\text{ff}} = \int_0^a 2\pi \beta_B Z_{\text{eff}}^2 n_i n_e T_e^{1/2} \text{d}r \tag{3-29}$$

β_B 为韧致辐射系数：

$$\beta_B = 1.69\times 10^{-38}\,(\text{W}\cdot\text{m}^3)/\text{eV}^{1/2} \tag{3-30}$$

将式(3-26)～式(3-29)代入式(3-25)得

$$\frac{\mu_0}{4\pi}\frac{I^2}{a}\frac{\text{d}a}{\text{d}t} + \frac{\mu_0}{4\pi}\frac{I}{(\gamma-1)}\frac{\text{d}I}{\text{d}t} = \int_0^a 2\pi r(\eta_\perp J_z^2 - \beta_B Z_{\text{eff}}^2 n_i n_e T_e^{1/2})\text{d}r \tag{3-31}$$

假设在箍缩柱半径 a 为绝热边界，柱内电流密度和温度均匀分布，离子体密度

n_i 分布满足抛面分布，即

$$n_i(r)=\frac{2N_i}{\pi a^2}\left(1-\frac{r^2}{a^2}\right) \tag{3-32}$$

并且

$$n_e(r)=Z_{eff}n_i(r) \tag{3-33}$$

将式(3-32)和式(3-33)代入式(3-31)，并化简得

$$\frac{d}{dt}\left[I^2a^{2(\gamma-1)}\right]=\frac{8\alpha(\gamma-1)}{\mu_0 Ia^{4-2\gamma}}\left[\frac{8(1+Z_{eff})\pi N_i}{\mu_0}\right]^{3/2}\left(1-\frac{I^2}{I_{PB}^2}\right) \tag{3-34}$$

式中，

$$I_{PB}=\sqrt{\frac{48\alpha}{\beta_B Z_{eff}}\frac{e\pi}{\mu_0}}\left(\frac{1+Z_{eff}}{Z_{eff}}\right)\approx 0.21(\ln\Lambda)^{1/2}\left(\frac{1+Z_{eff}}{Z_{eff}}\right)(MA) \tag{3-35}$$

从式(3-35)可以看出，当电流 $I>I_{PB}$时，等离子体柱半径 a 将随着时间增加而减小，等离子体将在自磁场的压缩下，进一步箍缩达到高密度，电流 I_{PB}为氘氚等离子体的辐射坍塌阈值电流 $I_{cr,H}$，也称为 Pease-Braginskii 电流[51,52]，它是一个与等离子体温度和密度无关的量，仅在经典 Spitzer 等离子体电阻率 η 正比于 $T_e^{-3/2}$ 和轫致辐射损失 P_r 正比于 $n^2T_e^{1/2}$ 时才成立的。欧姆加热和轫致辐射的线功率都随着等离子体半径 a 按 $1/a^2$ 的关系变化，所以 I_{PB}不能得出等离子体平衡半径的信息。

中高 Z 元素等离子体达到完全电离需要很高的温度，$T\geqslant 40.8Z^2$，因此通常为部分电离。部分电离等离子体辐射由线谱辐射(P_{bb})、复合辐射(P_{bf})和轫致辐射(P_{ff})三部分组成(参见 1.3.4 节)，并以线谱辐射为主。此时辐射坍塌的临界电流 I_{cr}将远小于 Pease-Braginskii 电流 I_{PB}。

若总辐射功率与轫致辐射功率的比值为 K，且仍考虑光学薄的情况。

$$K=(P_{bb}+P_{bf}+P_{ff})/P_{ff} \tag{3-36}$$

由式(3-35)和式(3-36)可得

$$I_{cr}=I_{PB}/K^{1/2} \tag{3-37}$$

文献[50]给出线谱辐射线功率 P_{bb}的一个估计：

$$P_{bb}=1.24\times 10^{12}\frac{Z^4}{Z_{eff}T_e^3}\frac{I^4}{a^2}(W/m) \tag{3-38}$$

式中，电流 I 单位为 MA；箍缩柱半径 a 单位为 m。

能量平衡方程为

$$P_{ohm}=P_{bb}+P_{bf}+P_{ff}\approx P_{bb} \tag{3-39}$$

由式(3-28)、式(3-38)和式(3-39)得

$$I_{cr}=5.2\times 10^{-3}\sqrt{\ln\Lambda}\,T_e^{3/4}\frac{Z_{eff}}{Z^2}(MA) \tag{3-40}$$

利用 FLYCHK 代码可以估算等离子体的平均电离度 Z_{eff} 随着电子温度 T_e 的变化关系，如图 3-20 所示。在电子密度为 $n_e=10^{21}\text{cm}^{-3}$，电子温度 T_e 约为 1keV 时，钨的平均电离度为 32，钼为 28。将 FLYCHK 的计算结果代入式(3-40)，可以得到临界电流 I_{cr}。

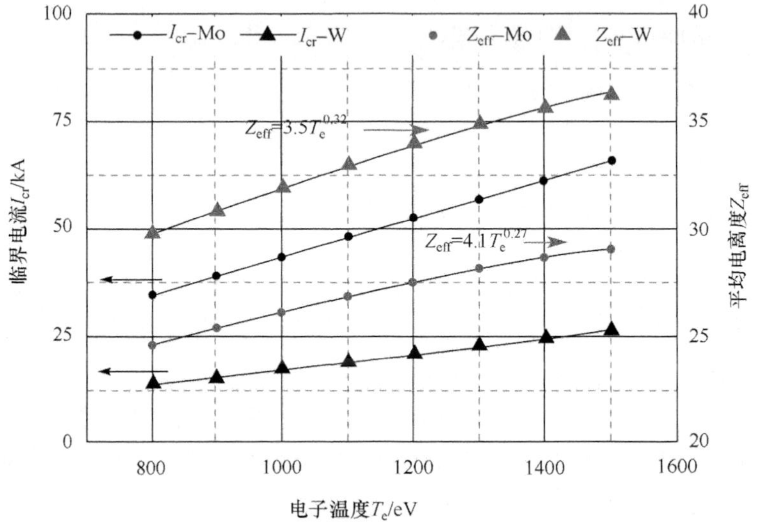

图 3-20 Mo 和 W 辐射坍塌临界电流和平均电离度随电子温度 T_e 的变化关系
电子密度 $n_e=10^{21}\text{cm}^{-3}$

I_{cr}值随着原子序数的增加而减小，计算结果表明钨丝 X 箍缩负载需要在 30kA 以上的电流水平下产生热斑；而钼丝在 75kA 以上的电流水平下产生热斑；对于铝丝 T_e 约为 300eV，Z_{eff}约为 12，由式(3-40)得 I_{cr}约为 80kA。文献[42]中给出 40kA 电流下钨丝 X 箍缩可以产生热斑而铝丝不能。该实验结果表明，上述估计是基本成立的。

3.2.4 热斑半径

光学薄等离子体的辐射区为柱状的体辐射区，辐射线功率随着 $1/a^2$ 的变化而变化。而热斑等离子体是高温高密度等离子体，有一定的光学不透明度，最极端的情况为黑体辐射谱，辐射区为面辐射，辐射线功率随着 a 的变化而变化。因此随着箍缩半径的减小，辐射线功率将从光学薄时的 $1/a^2$ 变化规律过渡到 a。

若等离子体辐射等效为辐射温度 T_R 的黑体辐射，可以由能量平衡方程得到黑体辐射损失 P_{BB}与欧姆加热 P_{ohm}平衡时的半径 a_{BB}：

$$\sigma T_R^4 2\pi a_{BB}=P_{BB}=P_{ohm}=\eta_{\perp}\frac{I^2}{\pi a_{BB}^2} \tag{3-41}$$

式中，T_R 为黑体温度，eV；σ 为斯特潘-玻尔兹曼黑体辐射常数，$\sigma=1.02\times10^9$ W/($m^2\cdot eV^4$)；$\eta_\perp$ 为 Spitzer 电阻率。

假设辐射温度 T_R 和平均电离度 Z_{eff} 与电子温度 T_e 之间有下面关系：

$$T_R=\beta T_e \tag{3-42}$$

$$Z_{eff}=fT_e^{1/2} \tag{3-43}$$

式中，f 单位为 $eV^{-1/2}$。由式(3-41)～式(3-43)和 Bennett 关系式(3-23)，以及 Spitzer 电阻率公式，可得黑体辐射时的能量平衡半径 a_{BB}：

$$a_{BB}=\left(\frac{1\times10^{-4}}{2\pi^2\sigma}\right)^{1/3}\left(\frac{\mu_0}{8\pi e}\right)^{-10/9}I^{-14/9}\beta^{-4/3}f^{13/9}N_i^{10/9}\ln\Lambda^{1/3}(m) \tag{3-44}$$

写成数值形式为

$$a_{BB}=1.3\times10^{-27}I^{-14/9}\beta^{-4/3}f^{13/9}N_i^{10/9}\ln\Lambda^{1/3}(m) \tag{3-45}$$

平衡时对应的电子温度 $T_{e,BB,eq}$ 为

$$T_{e,BB,eq}=\left(\frac{\mu_0 I^2}{8\pi eNf}\right)^{2/3}=4.6\times10^{15}I^{4/3}N_i^{-2/3}f^{-2/3}(eV) \tag{3-46}$$

平衡时的辐射线功率 $P_{BB,eq}$ 为

$$P_{BB,eq}=6.4\times10^9T_{e,BB,eq}^4a_{BB}=3.9\times10^{45}I^{34/9}\beta^{8/3}f^{-11/9}N_i^{-14/9}\ln\Lambda^{1/3}(W/m) \tag{3-47}$$

式(3-45)～式(3-47)中电流 I 单位为 MA。

实际上热斑等离子体辐射不同于光学薄等离子体体辐射的辐射线功率 P_{bb}［式(3-38)］，也不同于黑体面辐射的辐射线功率 P_{BB}［式(3-41)］。

文献[53]提出了一种双能级模型，在模型中简单考虑了电子碰撞及辐射输运的影响。激发态离子退激发的方式有两种，一种是自发辐射，其速率为 W_r；另一种是电子碰撞退激发，其退激发速率为 n_eW_e。在光学薄的近似下，辐射线功率为

$$P=P_{bb}p \tag{3-48}$$

式中，p 为一个光子吸收后重新发射的概率：

$$p=\frac{1}{1+n_eW_e/W_r} \tag{3-49}$$

辐射光子在输运过程中的衰减可表示为 p^M，M 为一个光子平均散射的次数，考虑辐射输运后的辐射线功率为

$$P=P_{bb}pp^M=P_{bb}p^{1+M} \tag{3-50}$$

假设当 $p^{1+M}\approx1/e$ 时，热斑辐射从体辐射转化为面辐射。文献[53]给出面辐射与欧姆加热平衡时的半径 a_c 为

$$a_c=1.2\times10^3\frac{I^{4/3}Z^{1/6}}{Z_{eff}^{1/2}T_e^{7/3}}(m) \tag{3-51}$$

式中，电流 I 单位 MA；T_e 单位为 eV。对应的面辐射线功率 P_s 为

$$P_s = 2.7\times10^2 aZ^{7/2}Z_{\text{eff}}^{1/2}T_e^4(\text{W/m}) \tag{3-52}$$

式中,a 单位为 m;T_e 单位为 eV。因此,P 可表示为

$$P=\begin{cases}2.7\times10^2 aZ^{7/2}Z_{\text{eff}}^{1/2}T_e^4, & a<a_c\\ P_{bb}p^{1+M}, & a>a_c\end{cases}(\text{W/m}) \tag{3-53}$$

由欧姆加热线功率 P_{ohm} 和辐射线功率 P 式可以得到能量平衡半径 a_{eq}:

$$a_{\text{eq}} = 10^2\left(\frac{I^2 Z_{\text{eff}}^{1/2}}{T_e^{11/2}Z^{7/2}}\right)^{1/3}(\text{m}) \tag{3-54}$$

由式(3-23)和式(3-54),得平衡时的电子密度 $n_{e,\text{eq}}$:

$$n_{e,\text{eq}} = 10^{19}I^{2/3}T_e^{8/3}Z_{\text{eff}}^{-1/3}Z^{7/3}(\text{m}) \tag{3-55}$$

对于 Mo,$Z=42$,若电子温度 T_e 为 1keV,平均电离度 Z_{eff} 为 32。由式(3-38)、式(3-41)和式(3-52)可以得到几种模型下辐射线功率随着焦斑半径的变化关系,如图 3-21 所示。

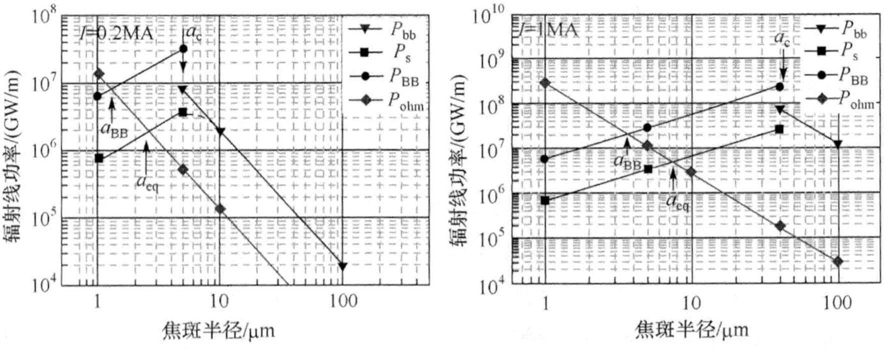

(a) I=0.2MA (b) I=1MA

图 3-21 几种模型下辐射线功率随着焦斑半径的变化关系,计算时取 $Z=42$(Mo),$Z_{\text{eff}}=32$,$T_e=1$keV

从图中可以看出,随着焦斑半径减小,光学薄的体辐射线功率 P_{bb} 逐渐过渡到光学厚的面辐射线功率 P_s,但是 P_s 值约为黑体辐射 P_{BB} 的 1/4~1/3。当欧姆加热线功率 P_{ohm} 与辐射线功率 P_{BB}(或 P)平衡时,可以得到热斑能量平衡半径 a_{BB}(或 a_{eq})。0.2MA 电流下平衡半径小于 5μm;1MA 电流下,平衡半径为 4~10μm。当热斑尺寸大于平衡半径时,线谱辐射损失 P_{bb} 大于能量沉积 P_{ohm},辐射坍塌可以持续进行,半径继续减小。若热斑尺寸小于平衡半径 a_{BB}(或 a_{eq}),能量沉积 P_{ohm} 大于黑体辐射损失 P_{BB}(或面辐射损失 P_s),辐射坍塌失效。

假设热斑高度 h 与半径 r 之比为 α,由式(3-54)、式(3-55)得热斑辐射功率 Q_{tot} 为

$$Q_{\text{tot}} = \alpha P a_{\text{eq}} = 2.7\alpha I^{3/4}Z^{7/6}Z_{\text{eff}}^{5/6}T_e^{1/3}(\text{MW}) \tag{3-56}$$

上面讨论的是由等离子体辐射不透明度引起的热斑等离子体平衡半径 a_{BB}（或 a_{eq}），限制辐射坍塌的另一个因素是微观不稳定性的发展。

当电子漂移速率 v_{De} 大于离子声速 c_s 时，会触发微观不稳定性，不稳定性在时间和幅度上快速增长。电子静电和电磁波结构与漂移电子相互作用，导致电子散射。散射比库仑碰撞强得多，引入的电阻率将超过 Spitzer 电阻率。这一过程将增强欧姆加热，抑制辐射坍塌的进行。电子漂移速率 v_{De}：

$$v_{De}=J/en_e \tag{3-57}$$

离子声速 c_s：

$$c_s=9.79\times10^3(\gamma Z_{eff}T_e/A)^{1/2}(m/s) \tag{3-58}$$

T_e 单位 eV，由式(3-23)、式(3-57)和式(3-58)得电子线密度应小于其临界密度 $N_{e,cr}$：

$$N_{e,cr}=1.3\times10^{18}A/(\gamma Z_{eff})(m^{-1}) \tag{3-59}$$

对于 Mo X 箍缩热斑 Z_{eff} 约为 30，$A=96$，得到 $N_{e,cr}$ 约为 $2.5\times10^{18}m^{-1}$，对应的线质量约为 $1.3\times10^{-4}mg/cm$。若热斑直径为 10μm，对应的电子密度约为 $3.2\times10^{22}cm^{-3}$；若热斑直径为 2μm，对应的电子密度约为 $8\times10^{23}cm^{-3}$。式(3-55)给出了辐射损失和欧姆加热平衡时对电子密度的估计 $n_{e,eq}$ 约为 $7\times10^{23}cm^{-3}$（$I=0.2MA$，a_{eq} 约为 2μm）。式(3-59)与式(3-55)的计算结果一致，而这些估计与文献[36]中给出的皮秒时间分辨下的 Mo X 箍缩热斑等离子体电子密度约为 $10^{23}cm^{-3}$ 的结果基本吻合。

3.2.5 百千安电流 X 箍缩研究

小型紧凑的 X 箍缩装置是当前 X 箍缩研究的另一个方向。除了传统型脉冲形成线装置、低电感电容器开关组，模块化直线型变压器驱动源（linear transformer driver，LTD）是一种新型的脉冲功率驱动源[11]。下面将总结 100kA、100ns FLTD 模块直接驱动 X 箍缩负载的实验结果。

1. 实验描述

FLTD 模块由 12 个轮辐式排列的放电支路（变压器初级）、磁芯和次级传输线组成，装置直径为 1.5m，高度为 0.21m[55]。每个放电支路由一只多级多通道气体开关和两只 20nF 低电感电容器组成[图 3-22(a)]，放电回路电感约为 260nH。磁芯由四块 DG6 硅钢磁芯组成，每块磁芯的内径为 0.40m，厚度为 0.025m，次级传输线外径为 0.28m。12 个放电支路同步触发并联放电，产生初级电流，磁芯将电磁能耦合到次级，形成次级电流。X 箍缩负载安装于次级传输线末端的锥座上（阴极），通过回流罩与阳极相连，实验中使用的锥座和回流罩与强光一号实验完全一致，实验时的真空度为 $2\times10^{-2}Pa$。

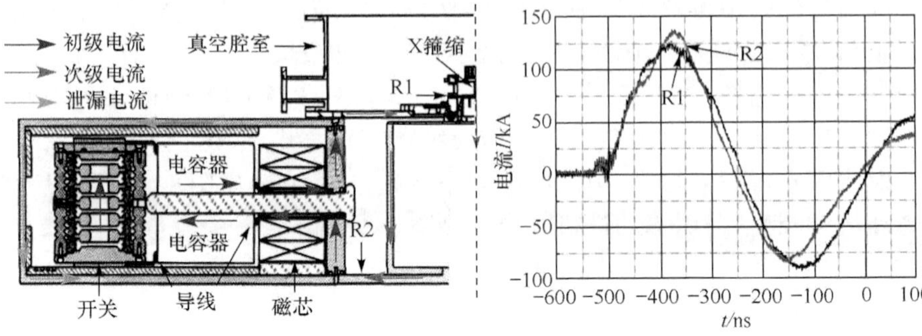

(a) 结构示意图　　(b) 短路电流波形

图 3-22　快直线型脉冲变压器模块

两个罗氏线圈测量负载电流，一个线圈安装于回流罩底座(R1)，另一个线圈安装于次级端部的模块底板上(R2)。用金属杆代替X箍缩负载将阴阳极短路，可以得到短路电流为132kA，10%～90%上升时间为85ns[图3-22(b)]。由3.2.2节可知，在该电流水平下钨丝和铝丝X箍缩均能产生有效热斑。

软X射线辐射由前置2.5μm Mylar的XRD探测器记录[56]。2.5～5keV X射线辐射由前置12.5μm Ti滤片的Si-pin测量。实验中使用的Si-pin探测器共有两类：一类是IRD公司AXUV-HS5型探测器[57]；另一类是西北核技术研究所自主研发的，灵敏区域直径为22mm，表面镀有Au箔(Si-pin 1 #)，其时间响应慢。实验记录用示波器为Tektronix DPO 4104，测量电缆为SYV-50-7型屏蔽电缆(长7m)。X箍缩热斑大小由狭缝阵列记录，狭缝宽40μm，基底为40μm不锈钢。

2. X箍缩辐射

第F10014发(2-20μm-Al X箍缩)和第F10017发(2-8μm-W X箍缩)的负载电流(罗氏线圈R1)和XRD信号如图3-23所示。X箍缩负载阴阳极间距为2cm，夹角为78°，2-20μm-Al和2-8μm-W X箍缩室温下的电阻分别为1.2Ω和14Ω；若丝半径不变，则沸腾时的电阻分别为21Ω和511Ω，FLTD模块无法驱动如此大电阻的负载。其实金属丝在脉冲电流早期已开始形成核冕等离子体，阻抗为欧姆量级，在电流起始时刻S附近观察到了低能光子辐射也证实了这一点。

电流起始时S，钨丝和铝丝X箍缩负载的电流基本重合，表明其负载阻抗基本相当。钨丝X箍缩负载电流在A时刻(电流起始后约50ns)前沿开始变缓，约0.5kA/ns，铝丝负载电流前沿在B时刻开始变缓。A、B时刻很可能对应负载微Z箍缩柱的形成时刻，负载阻抗增加。在X箍缩热斑辐射时刻(C、D处)，负载电流没有发生突变，并表现出振荡特征且反峰电流峰值超过负载电流峰值。这说明在

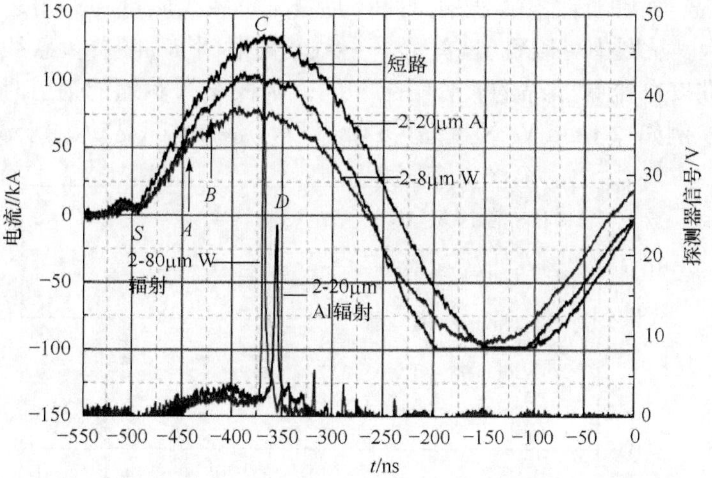

图 3-23　FLTD 模块短路电流、第 F10014 发(2-20μm-Al X 箍缩)和第 F10017 发(2-8μm-W X 箍缩)的负载电流及辐射波形

热斑辐射和微二极管崩毁后,交叉点处的电流通路仍然存在。

第 F10040 发(2-8μm-W X 箍缩)的电流波形和探测器信号如图 3-24 所示。XRD 探测器记录到的大于 100eV X 射线峰值功率约为 175MW,辐射脉宽为 3ns,产额约为 1.5J。AXUV-HS5 记录到的 2.5～5keV X 射线主脉冲辐射功率约为 0.48MW,辐射脉宽为 6ns,产额约为 3.9mJ。实验测量得到的辐射脉宽显著大于热斑辐射的典型值约 1ns,很可能是受到探测系统时间响应的限制。

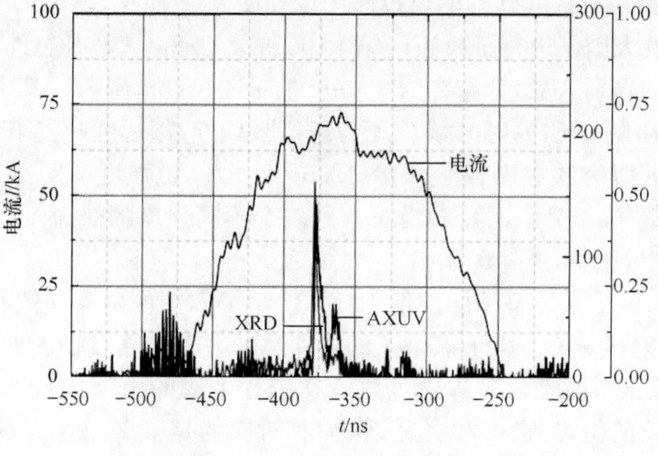

图 3-24　第 F10040 发(2-8μm-W X 箍缩)的负载电流及辐射功率

不同参数负载的首个热斑辐射时间(T_{XP})与负载线质量和夹角之间的关系如图 3-25 所示。从图中可以看出,首个 X 射线辐射时间 T_{XP}随着负载线质量的增加而增加,与兆安电流 X 箍缩的实验结果相同。两根丝 X 箍缩的辐射时刻具有较大的不稳定性,例如,2-8μm-W X 箍缩(夹角 78°),T_{XP}的时间晃动达到±25ns。

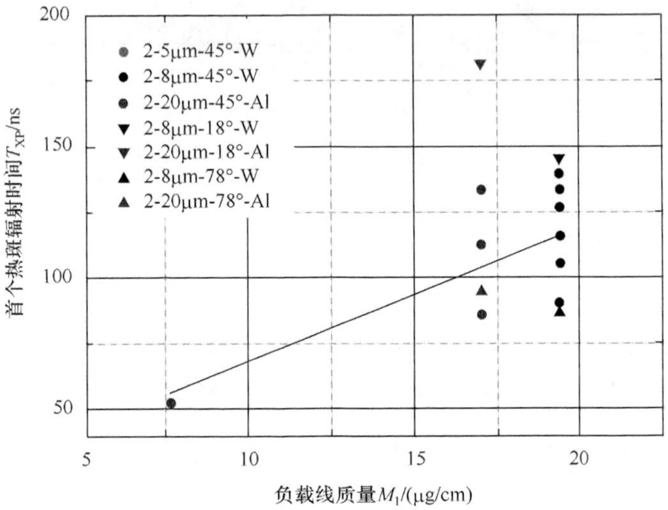

图 3-25　首个 X 射线辐射时间(T_{XP})与负载线质量 M_l 和丝夹角的关系

3. X 箍缩热斑

钨和铝 X 箍缩对狭缝阵列的点投影图像如图 3-26 所示,图中尺寸已经对点投影照相的几何放大因子进行了校正。第 F10019 发(2-8μm-W X 箍缩)可以观察到三个相对孤立的辐射区域,分布在约 300μm 的轴向长度范围内。其中热斑 A 的灰度值远远超过热斑 B 和辐射区域 C,这表明其辐射产额远远超过其他两个热斑。辐射源的尺寸近似为狭缝图像边缘处 12.5%～87.5%强度的距离,约为 11μm。第 F10016 发(2-20μm-Al X 箍缩)也观察到多个不同强度的热斑[图 3-26(b)],最亮热斑(A)的尺寸约为 15μm。

在第 F10019 发钨 X 箍缩的图像中[图 3-26(a)],图像阳极一侧有一个宽度大于 100μm 的辐射区域 C。由于该条纹的宽度远远大于狭缝点投影像的宽度(A 或 B),所以该条纹很可能是辐射源通过狭缝在胶片上成的像,而不是狭缝的点投影像。根据该条纹的位置、宽度和亮度,认为其对应的是微 Z 箍缩二极管结构的阳极区域。在第 2 章中已经指出,热斑崩毁后将形成高能电子,电子轰击微二极管的阳极,产生轫致辐射。电子轫致辐射的能量损失与靶材料的原子序数成正比,所以这种现象常见于中高 Z 元素材料 X 箍缩负载中。在低 Z 的铝丝实验中,没有观察到这种现象。

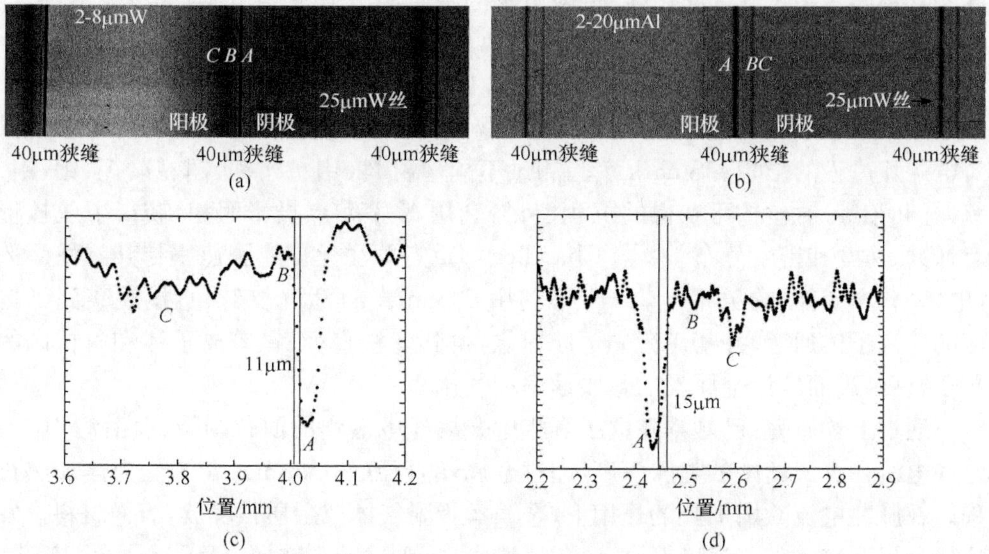

图 3-26 第 F10019 发(2-8μm-W X 箍缩)和第 F10016 发(2-20μm-Al X 箍缩)的狭缝图像[(a)和(b)]以及对应的灰度曲线[(c)和(d)]

综上所述,100kA、100ns FLTD 模块 X 箍缩的实验结果,百千安电流下 X 箍缩热斑尺寸为 10μm,约 100eV 辐射脉宽为 3ns,2.5～5keV 辐射产额为 3.9mJ。通过负载区的电流表现为振荡特征,X 箍缩电流峰值与负载参数密切相关。

3.3 金属丝电爆炸

大电流通过金属细丝时,欧姆加热作用在金属丝中沉积大量的能量,使金属丝发生相变,并产生辐射和爆炸等现象,这种过程通常称为金属丝电爆炸。电爆炸金属丝在等离子体短路开关、纳米材料制备等方面发挥着重要作用。

本节将主要针对上面 Z 箍缩和 X 箍缩等离子体,讨论 10～100ns 前沿电流下真空环境中的金属丝电爆炸行为,最后简要讨论空气环境对金属丝电爆炸的影响。

3.3.1 真空中单丝电爆炸研究现状

早期的单丝研究通常在 10～100kA/丝甚至更高的电流水平上开展。这些实验中,电流自身磁场的箍缩作用显著,负载中可观察到 $m=0$ 不稳定性导致的复杂结构,而且伴随着亮斑(bright spot)和 X 射线辐射[58-60]。

近年来,单丝Z箍缩研究通常在约1kA/丝的电流下开展,该电流对应于大型脉冲功率装置(如Z装置)丝阵负载单丝的预脉冲电流水平,且装置规模小,适合进行电爆炸过程的精细诊断。主要研究单位有美国圣地亚国家实验室、康奈尔大学、英国帝国理工大学、俄罗斯大电流研究所和列别杰夫研究所等。

美国康奈尔大学建立了LC1(4.5kA,15A/ns)装置,细致研究了金属丝参数对电爆炸过程的影响。Sinars实验测量不同丝材料(铝、钛、铁、铜、锌、铌、钼、银、钨、金和铂等)时丝核可获得的沉积能量,利用X箍缩点投影照相,获得了丝核形态、膨胀速度和密度分布[61,62]。Chandler等重点关注丝核膨胀速率与其物性参数(电阻率、相变能)的关系[63]。Hu等利用532nm、5ns激光探针,直接观察到了冕区的等离子体通道,并基于激光干涉图像,得到丝核直径、冕等离子体和丝核区的粒子密度,进而估计金属丝的膨胀速率和气化率[64]。

通过上述研究,已基本建立了真空中金属丝电爆炸的演化图像:前沿约100ns脉冲电流在金属丝中的趋肤深度,超过金属丝直径(约10μm),金属丝为体加热过程。在脉冲电流欧姆加热的作用下,金属丝吸附气体或杂质被释放,表面材料蒸发形成金属蒸气。随着温度升高,电阻值增大,电压进一步增加。最终金属丝表面气体(解吸附气体为主)在负载电压作用下首先发生电压击穿形成冕区等离子体,负载电压剧烈下降,负载电流接近短路放电。由于冕区等离子体电阻小,电流将迅速集中至冕区等离子体上,金属丝主体中的欧姆加热过程停止。这就形成由高密、低温丝核和围绕其周围的低密、高温、载流冕区等离子体组成的"核冕结构"。电爆炸中的击穿电压与金属丝材料的状态参数(蒸气压)、表面特性(气体亲和性、受热时气体脱附速率)以及热电子发射系数等密切相关,而丝核的形态及其膨胀速度与电压击穿前丝核的欧姆沉积密切相关。

美国圣地亚国家实验室Sarkisov等通过实验研究认识到,丝核形态与电压击穿前的欧姆能量沉积密切相关[65]。电爆炸钨丝核形态与电压击穿前丝核中欧姆能量沉积的关系如图3-27所示。当击穿时沉积能量小于固态焓时,金属丝表面可以观察到真空电弧,丝核没有膨胀,等离子体的自辐射谱由C、H特征线和黑体辐射连续谱组成,强度很弱。当沉积能量位于固态焓和液态焓之间时,金属丝断裂成几个部分,没有断开的部分仍可以观察到可见光辐射;辐射谱仍由C、H特征线和黑体辐射连续谱组成,辐射强度增强,丝核膨胀速度约为0.1km/s。当沉积能量位于液态焓和原子化焓之间时,表现为发光的等离子体柱,可见光辐射进一步增加,辐射谱为冕区等离子体特征线和很强的黑体辐射连续谱,丝核形态为"泡沫状"或"簇团状",膨胀速度为0.1～1km/s。当沉积能量大于原子化焓时,发光区域仍为等离子体柱,但是强度减弱,辐射谱以冕区等离子体特征线为主,丝核中可以观察到分层结构,膨胀速度接近离子声速,为2～6km/s。

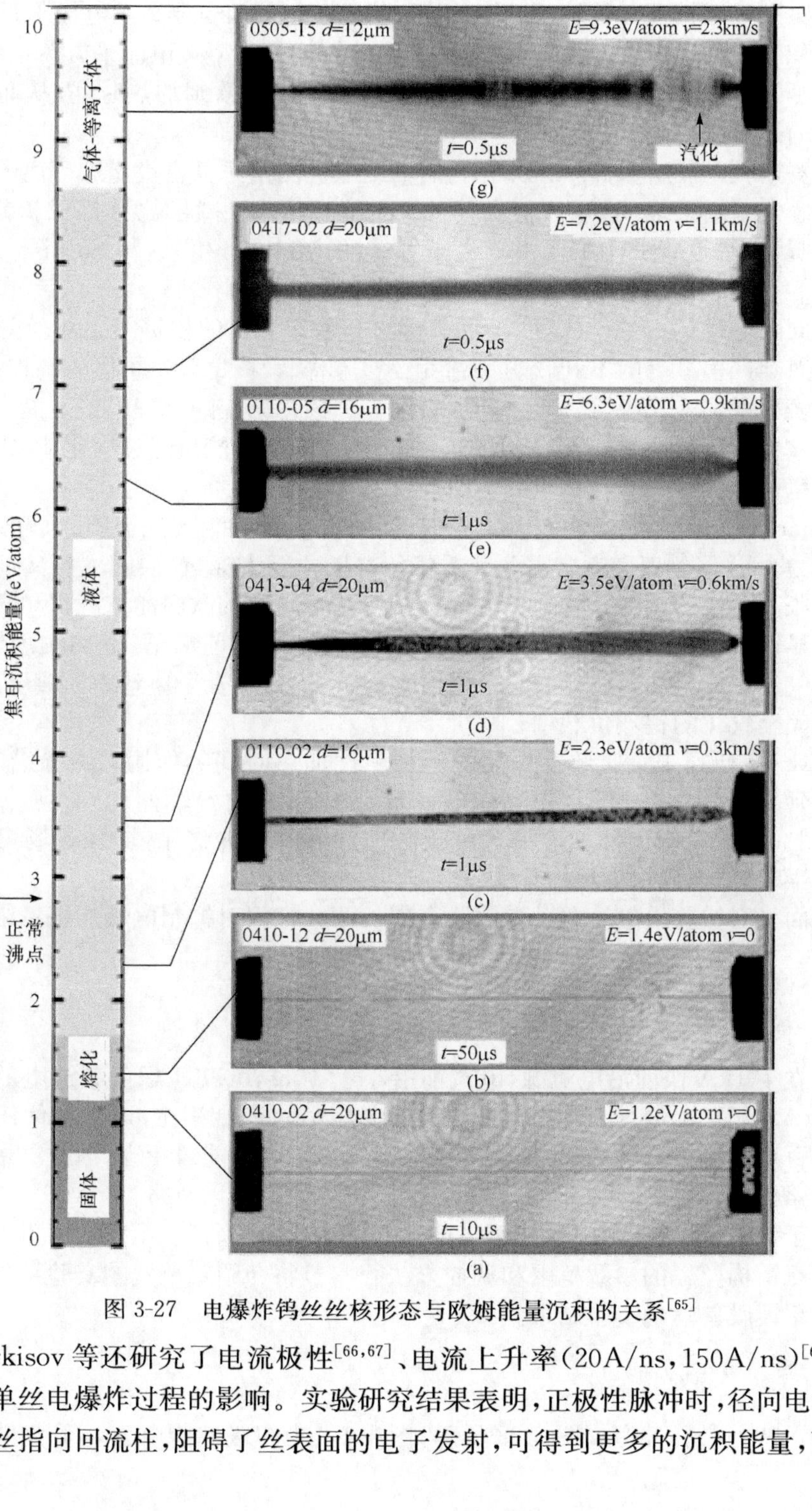

图 3-27　电爆炸钨丝丝核形态与欧姆能量沉积的关系[65]

Sarkisov 等还研究了电流极性[66,67]、电流上升率(20A/ns,150A/ns)[68]等电参数对单丝电爆炸过程的影响。实验研究结果表明,正极性脉冲时,径向电场方向由金属丝指向回流柱,阻碍了丝表面的电子发射,可得到更多的沉积能量,而负极性脉冲时则正好相反。此外,电极对电场的屏蔽也会影响金属丝电极附近区域的能量沉积。提高电流上升速率,金属丝中的欧姆加热功率按电流平方关系增加,而金属丝蒸发或解吸附过程受到惯性影响可维持一定的欧姆加热时间,从而可提高丝核中的欧姆沉积能量。

俄罗斯大电流所 Rousskikh 等利用辅助电极测量了低密度冕区等离子体的膨胀速度。实验结果表明,冕区等离子体膨胀速度与丝材料无关(铝或钨)[69]。因此,他们认为冕等离子体主要由解吸附气体的击穿而产生,这与 Sarkisov 实验中观察到的等离子体辐射中碳、氢元素的谱线相吻合。

前面 Z 箍缩的讨论中已经看到,金属丝电爆炸产生的核冕结果对丝阵负载内爆和辐射会产生显著的不利影响,人们已经开始探索核冕等离子体的调控方法,主要包括表面增加绝缘膜、预加热、外加磁场等。核冕调控的物理思想是提高电压击穿前丝核中的沉积能量,若电压击穿前金属丝中的沉积能量超过气化能,则可完全消除核冕结构。

Sinars 研究了金属丝表面镀绝缘膜 (硅基扩散泵油、聚酰亚胺、聚酯)时的电爆炸行为[62]。聚酰亚胺通常需要几千伏的电压才能击穿,这层膜本身又抑制了蒸气的膨胀和电子的运动,因而延缓了击穿过程,金属丝的欧姆能量沉积和膨胀速率都有明显增加。Sarkisov 在约 150A/ns 的正极性电流前沿下,成功实现铝丝、银丝完全气化形成金属蒸气;利用正极性快电流前沿放电及金属丝表面镀层的方法,产生了完全气化的钨丝负载[70]。

Pikuz 等研究了金属丝预加热对延长阻性加热时间的作用。实验结果表明,预热可延长阻性加热时间,提高丝核的膨胀速率并改善轴向均匀度[71]。Rousskikh 研究了丝负载上外加磁场对延长阻性加热时间的作用,增强磁场可缩小电子回旋半径,从而延迟电压击穿[72]。

下面将对快前沿电流驱动和镀膜金属丝两个方面对抑制电爆炸核冕结构进行探讨。

3.3.2 真空中铝单丝电爆炸行为

建立了 1kA 快前沿电流源,电流前沿小于 10ns,50Ω 匹配负载放电的电流峰值为 1kA,脉宽为 30ns。与之前的单丝电爆炸实验平台相比,该平台使用的储能电容为百皮法量级,其储能与加热金属丝至气化所需的能量相当,因此电爆炸结束后的短路电流很快衰减,对电爆炸丝后续演化的影响可以忽略。

基于该平台,开展了单丝和镀膜单丝电爆炸的实验研究,系列实验重点关注实现无核冕结构丝爆的参数范围和调控方法。本节将介绍铝单丝的实验结果,3.3.3 节将介绍镀膜单丝的实验结果。

1. 脉冲电流源

1kA 快前沿脉冲源如图 3-28 所示,图中 C_p 为初级储能电容,PT 为脉冲变压器，C_s 为次级储能电容，采用同轴型低电感电容器，S_s 为自击穿气体间隙。脉冲源工作时，直流高压电源给 C_p(17nF)充电，当 C_p 电压达到设定值后，触发模块触发氢闸流管放电，初级放电电流通过脉冲变压器 PT(变比 1∶4)给 C_s(150pF 或 650pF)充电。此后 S_s 自击穿，C_s 对负载(金属丝)放电，引起金属丝演化。

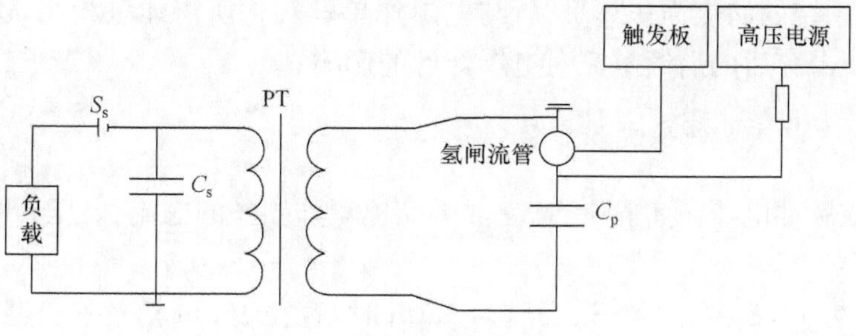

图 3-28 1kA 脉冲源原理图

C_p 为初级储能电容；C_s 为次级储能电容；PT 为脉冲变压器；S_s 为自击穿间隙

短路负载的电流电压波形如图 3-29 所示，此时 C_p 充电电压为 16.8kV，间隙 S_s 表压为 4atm。当短路负载为直径 23.5mm 铜杆时，电流峰值为 2kA，在电流波形的第一个周期内，电压波形与电流微分可较好吻合，放电回路等效电感为 26nH。当短路负载为直径 160μm 的铜丝时，电流峰值为 1.8kA，电压波形与电流微分同样可较好吻合，放电回路电感为 46nH。

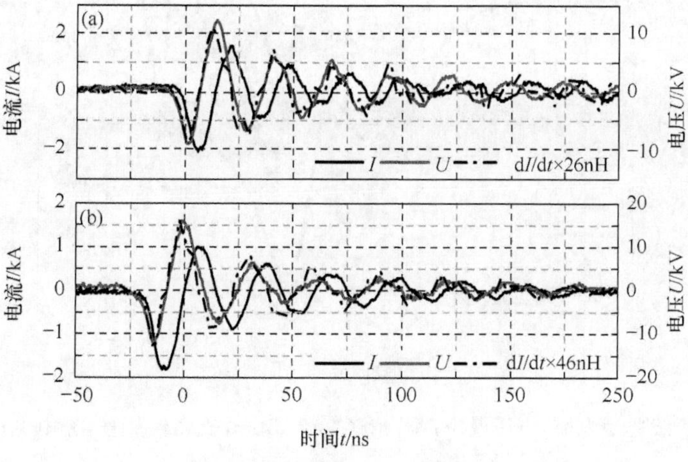

图 3-29 短路电流电压波形

另外，负载段电感(L_{load})可以用经验计算公式估计 $L_{load}=2l_{load}\ln(D/d_{load})$，式中 L_{load} 单位为 nH，l_{load} 为金属丝长度，为 2cm，D、d_{load} 分别为回流杆所在圆周的直径(70mm)和负载直径。上述短路实验中，铜丝与铜杆直径差引入的电感差别

$\Delta L_{load}=4\times\ln(23.5\text{mm}/160\mu\text{m})=20(\text{nH})$，与上面实验结果非常吻合。实验中使用的铝丝直径为 15μm，与 160μm 铜丝的直径差引入电感为 9nH，故认为其回路电感为 55nH。

该脉冲电流源采用的储能电容 C_s 容量小，一方面有利于产生快前沿的脉冲；另一方面，系统的储能为焦耳量级，与电爆炸单丝气化所需能量相当，这样可以尽量避免电压击穿后的后续电流对电爆炸丝的影响。

2. 电流、电压及欧姆沉积能量

基于该脉冲电流源实验平台，首先介绍电爆炸铝丝的电流、电压和欧姆能量沉积的情况。

当 C_p 为 16.8kV、间隙 S_s 表压为 4atm 时，直径 15μm 铝丝的负载电流、电压及辐射波形如图 3-30 所示。脉冲电流通过欧姆加热在金属丝中沉积能量，随着能量的沉积，金属丝电阻增加，电压随之升高。在 T_0 时刻，负载发生电压击穿，电压迅速下降，电流快速上升对应于核冕结构的形成。此后，电流转移至冕区等离子体，负载主体的欧姆加热停止，电流和电压表现为短路振荡的特征。负载电流 I 峰值为 1.17kA，上升速率为 133A/ns，负载电压 U 峰值为 33.6kV。

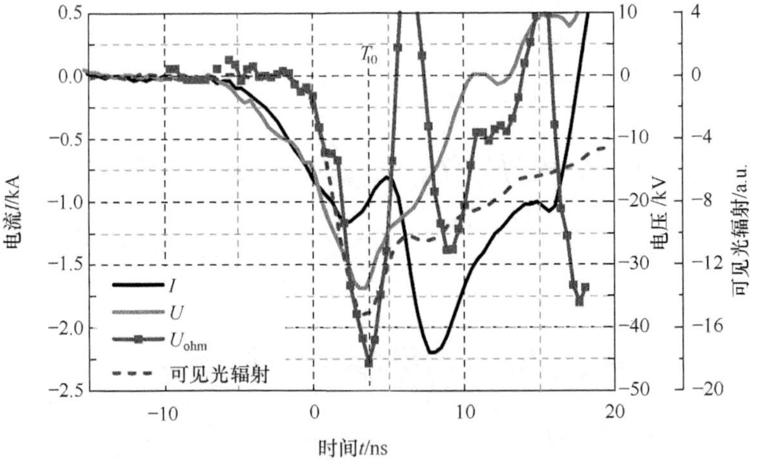

图 3-30 负载典型电流、电压及辐射波形（直径 15μm，长 2cm 铝丝，充电电压 16.8kV）

负载电压 U 由阻性电压和感性电压组成：$U=IR+\mathrm{d}(L_{load}I)/\mathrm{d}t$，其中 R 为负载等效电阻。金属丝膨胀主要发生在电压击穿后，在电压击穿前直径保持不变，因而可认为电压击穿前负载段电感 L_{load} 固定为 55nH，相应的 $I\mathrm{d}L_{load}/\mathrm{d}t\approx0$。这样，电压 U 扣除感性电压 $L_{load}\mathrm{d}I/\mathrm{d}t$ 后，得到阻性电压 $U_{ohm}=IR$。阻性电压峰位于电流峰后 2ns，幅值为 45.5kV。随着欧姆能量沉积，负载产生可见光辐射，可见光辐射在阻性电压峰值时也达到峰值，此后辐射强度缓慢衰减。

根据上述电流和电压值可进一步计算得到欧姆加热功率 P、负载电阻 R、欧姆沉积能量 E 等参数，如图 3-31 所示。在负载电压击穿前，能量沉积在整个负载中；在电压击穿过程中，电流逐渐转移至冕区等离子体处；当电压击穿后，电流主要由冕区等离子体承担。在电压击穿时刻 T_0，欧姆加热功率及电阻也达到峰值。欧姆加热峰值功率为 46MW，加热时间（取为欧姆功率峰值 5%处的时间宽度）为 5. 4ns，负载电阻峰值为 46Ω。在欧姆加热功率峰值时刻。沉积能量为 2. 6eV/atom，该能量为常压时铝丝加热至气化所需能量（约 4eV）的 65%。若认为在欧姆加热功率下降至其峰值 1/2 之前，欧姆加热都沉积在丝核中，这时丝核内的沉积能量为 3. 8eV/atom，是完全气化所需能量的 96%。

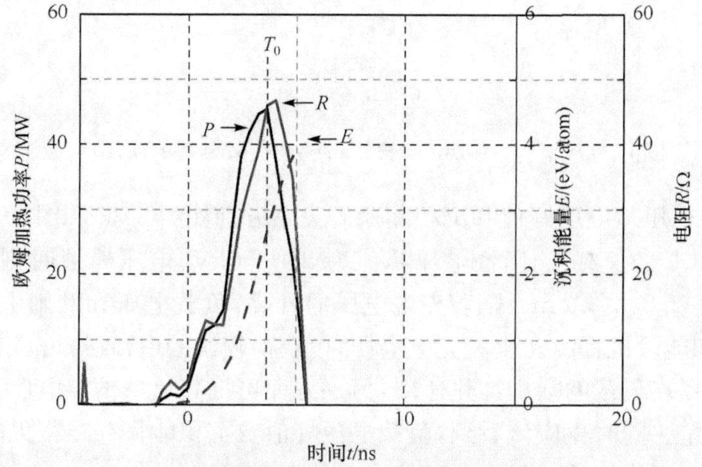

图 3-31 负载典型电阻和沉积能量波形

铝丝直径 15μm，长 2cm，充电电压 16. 8kV

调整 C_p 充电电压和 S_s 气压，可以改变脉冲源的输出能力。当 C_p 充电电压为 14. 5kV[S_s 表压为 3atm]和 19. 5kV（S_s 表压为 4. 5atm）时，负载电流和阻性电压如图 3-32 所示。当充电电压为 14. 5kV 时，负载电流峰值为 0. 94kA，0～100%电流上升时间为 10ns，阻性电压峰值为 36. 2kV，电压峰值时刻对应的沉积能量为 2. 7eV/atom；当充电电压为 19. 5kV 时，负载电流峰值为 1. 22kA，0～100%电流上升时间为 7ns，阻性电压峰值为 45. 5kV，电压峰值时刻对应的沉积能量为 2. 9eV/atom。

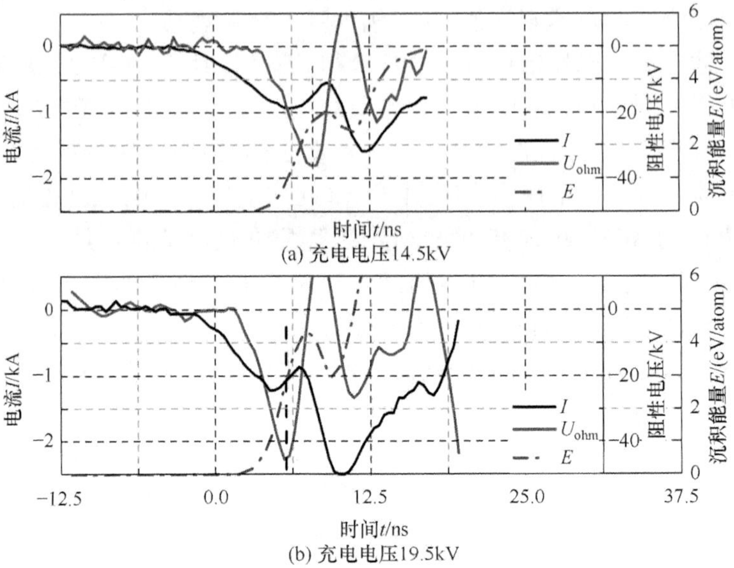

图 3-32 不同充电电压下,直径 15μm、长 2cm 铝丝负载典型电流、电压及沉积能量波形

C_p 充电电压与电压峰值和沉积能量的关系分别如图 3-33 和图 3-34 所示。实验中,在 2cm 长的负载上,阻性电压峰值为 35～50kV,电压峰值时刻的欧姆能量沉积为 1.5～2.5eV/atom。随着充电电压的升高,负载电压和欧姆电压峰值均提高,欧姆沉积能量也提高。提高充电电压,可获得较快的电流脉冲前沿。快前沿脉冲一方面可提高负载的欧姆加热速率,另一方面可提高负载击穿电压,从而获得更多的沉积能量。同时也应该看到,负载电压峰值及沉积能量存在很大的分散性,这表明铝丝的电爆炸特性与每个负载的自身状态密切相关。

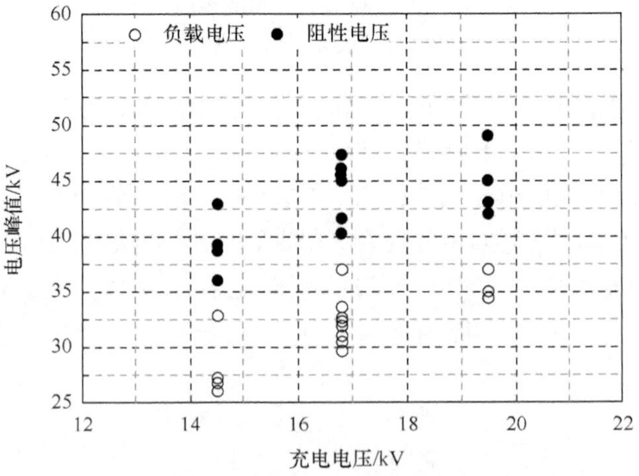

图 3-33 充电电压与峰值电压的关系

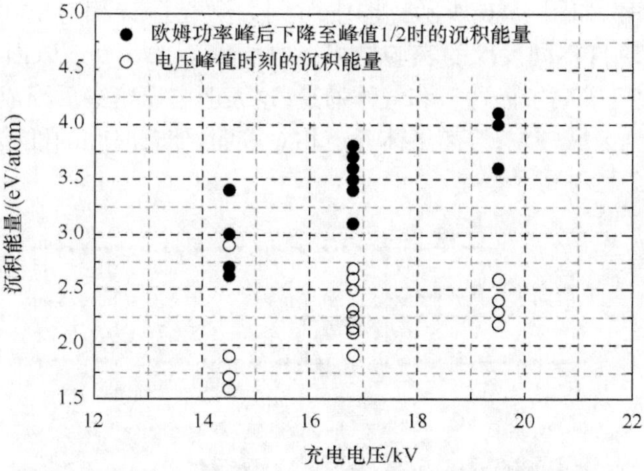

图 3-34 充电电压与沉积能量的关系

负载电阻率与沉积能量的关系如图 3-35 所示，不同曲线为不同发次的实验结果，计算电阻率时仍认为电压击穿前负载丝直径保持不变。随着能量的沉积，负载电阻率增大，当沉积能量为 2.5eV 时电阻率为 30～40$\mu\Omega\cdot$cm。此后发生电压击穿，电阻率迅速下降。图中黑实线为 Sarkisov 实验中正极性脉冲下的结果，相同沉积能量下的电阻率高于负极性。由于正极性脉冲对电子发射具有显著的抑制作用，这可能表明负极性脉冲时，负载在整体击穿前，局部区域已经出现了电离通道。

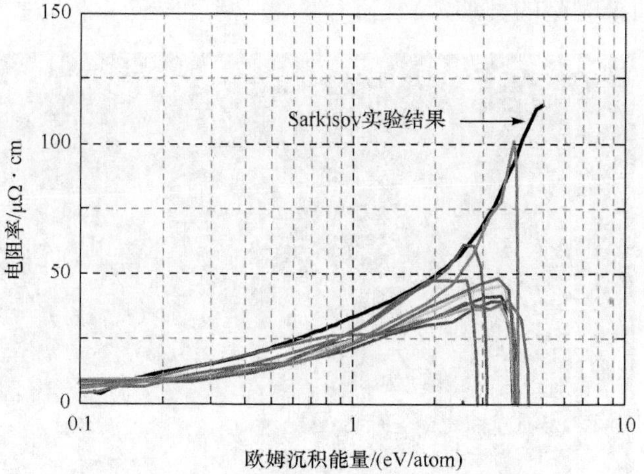

图 3-35 电阻率与沉积能量的关系

3. 激光探针诊断结果

负载演化可以通过激光探针进行诊断，当 C_p 充电电压为 16.8kV 时，不同时刻的激光纹影图像如图 3-36 所示。图中时刻为激光探针相对电压峰值的时间间隔,各时刻图像取自不同发次的实验结果。电压峰后约 100ns 以内,金属丝初始位置两侧可以观察到等离子体通道和气体通道,这表明电压击穿后形成等离子体通道。气体通道明显,且区域较宽;等离子体通道相对较弱,随着时间的推移,变得不可见。

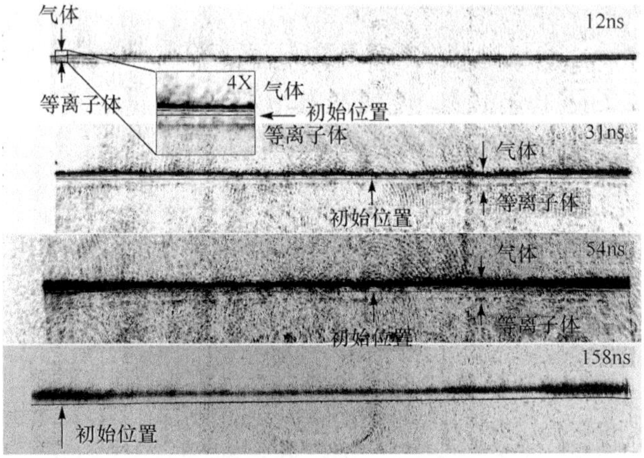

图 3-36　不同时刻的激光纹影图像

直径 15μm,长 2cm 铝丝,充电电压 16.8 kV

不同时刻的激光阴影图像如图 3-37 所示,阴影图像总体表现为下面两个特征:首先,随着拍摄时刻的推移,负载直径膨胀,密度降低,可通过激光的低密度区

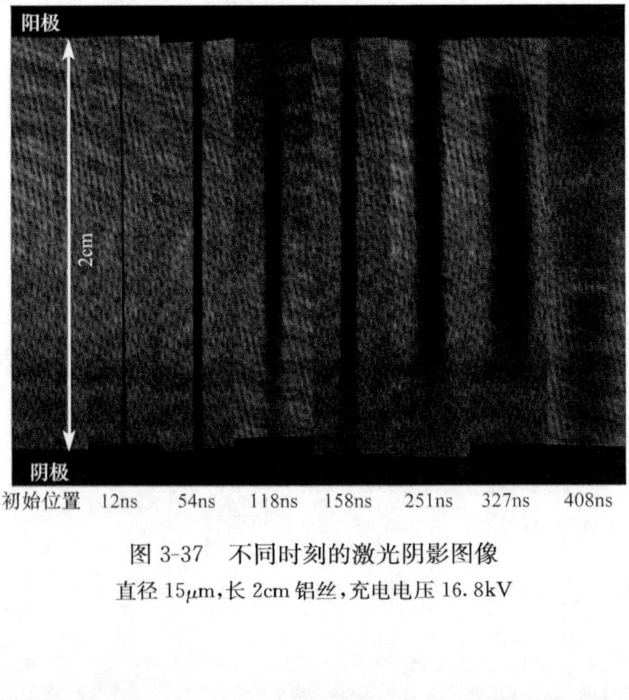

图 3-37　不同时刻的激光阴影图像

直径 15μm,长 2cm 铝丝,充电电压 16.8kV

域增加。在电压峰值后约400ns,激光可穿透整个负载区域,在靠近阴极附近区域可以观察到准周期性结构,这种结构通常在丝核中的沉积能量超过气化能时才可观察到。其次,激光阴影图像中电极附近的激光通透性较好,高密度区主要集中在负载中部,这表明电极附近负载的沉积能量大于负载中间区域。然而,各发次电极附近低密度区域的位置存在差异,这表明电爆炸特征与每根丝的表面特性密切相关。

不同时刻的激光干涉图像如图3-38所示。在电压击穿后约100ns以内,负载主体区域激光都不可通过,边界处可观察到干涉条纹,根据条纹的偏移方向,折射率 $\eta>1$,对应于气体。随着负载膨胀密度降低,在电压击穿后100～150ns,负载电极附近区域开始观察到干涉条纹,而中部干涉条纹仍不可见;电压击穿后的约300ns,整个负载区域都可以观察到干涉条纹,负载中部的干涉条纹存在杂散背景,对应液滴态或团簇态铝。

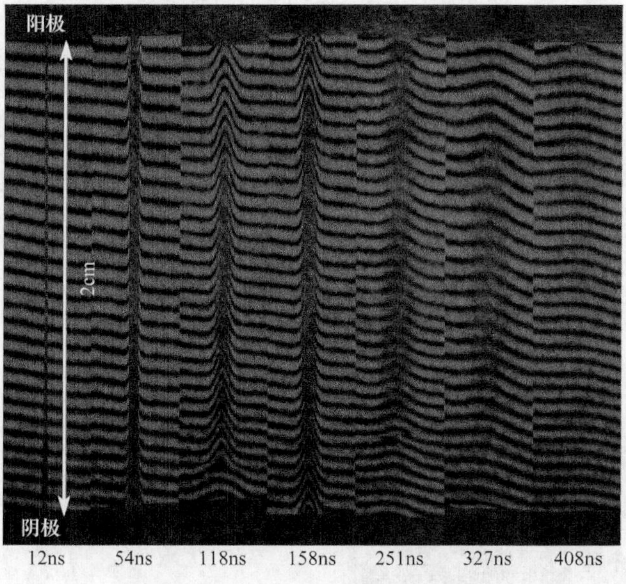

图3-38 不同时刻的激光干涉图像

直径15μm,长2cm铝丝,充电电压16.8kV

负载直径随时间的变化关系如图3-39所示。图中阴影图像直径为负载中部激光不可穿透区域直径;干涉图像内边界取为负载中部无干涉条纹区域的直径,外边界为干涉条纹边缘区域的直径,对应的气体密度约为 $10^{18}/cm^3$。电压击穿后,负载在真空中为自由膨胀。干涉图像内边界直径与阴影图像吻合,丝核区膨胀速度约为4.8km/s,不同充电电压下膨胀速度没有显著差别,低密度气体区也为线性膨胀,速度约为8.2km/s,约为丝核膨胀速度的1.7倍。

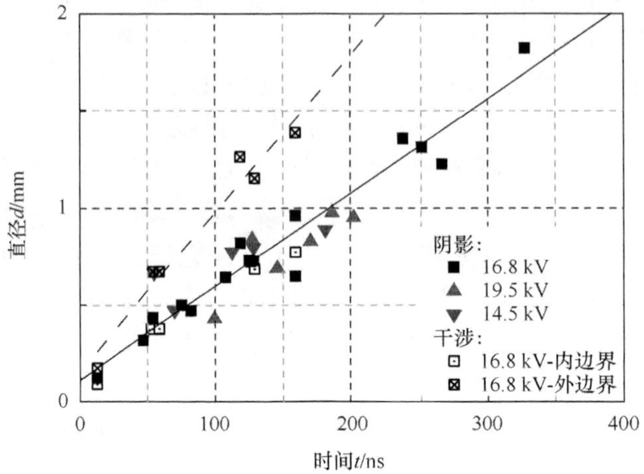

图 3-39　负载直径随时间的变化关系

干涉条纹均向中性粒子方向偏移，采用傅里叶频谱变换的方法从干涉图中提取相位偏移 δ，可定量得中性粒子面密度分布 $\int n_a \mathrm{d}x$。几个时刻的面密度分布如图 3-40(a) 所示，距阳极 2.5mm 处的密度分布如图 3-40(b) 所示，每个时刻取自不同发次的实验结果。从图中可以看出，中心位置处面密度最大约为 $10^{18}\mathrm{cm}^{-2}$ 量级，随着时间的推移负载直径膨胀，密度减小。面密度沿半径方向积分，可得到气化铝原子线密度。直径 15μm 铝丝的初始线密度为 $1.1\times10^{17}\mathrm{cm}^{-1}$，在电压击穿后约 129ns，直径 1mm 的范围内铝原子线密度为 $0.81\times10^{17}\mathrm{cm}^{-1}$，对应于 74% 的初始质量。

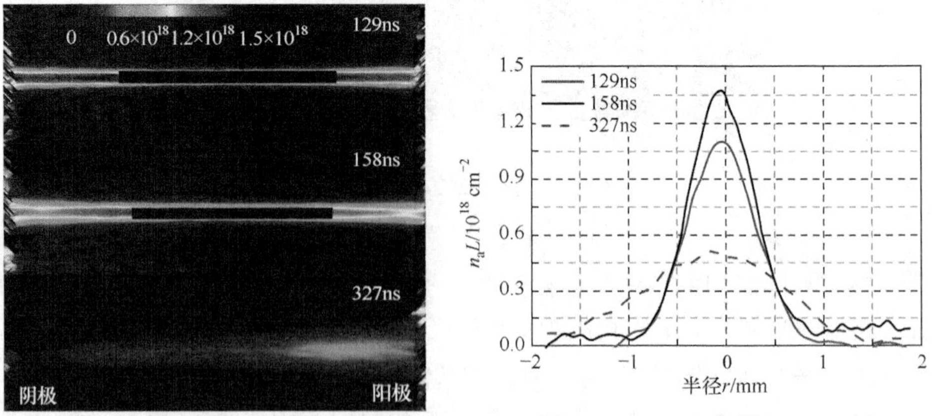

(a) 面密度分布　　(b) 距阳极2.5mm处的密度分布

图 3-40　中性粒子面密度分布

4. 基本完全气化负载

在一些发次的实验中，铝蒸气原子沿轴线分布更均匀，干涉条纹分布于整个负载段，背景处的液滴或团簇并不显著，纹影图像中的气体边界基本接近金属丝的初始位置，如图 3-41 所示。这表明负载实现整体气化。

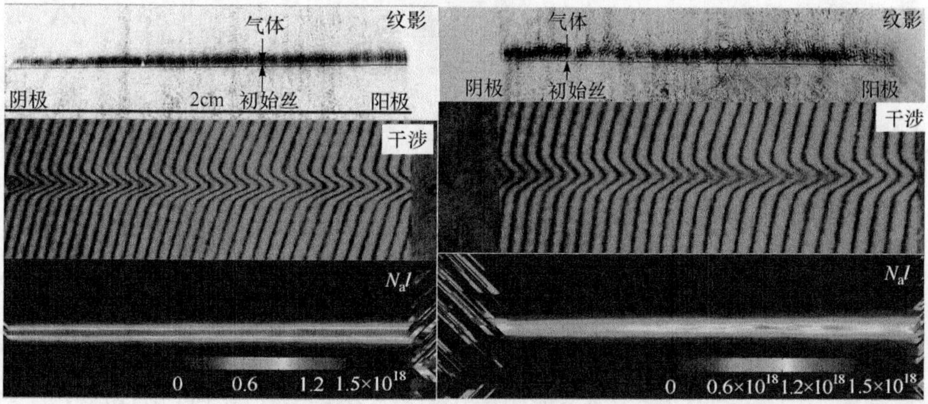

(a) 充电电压14.5kV，电压峰值后127ns　　(b) 充电电压19.5kV，电压峰值后180ns

图 3-41　完全气化铝丝

在轴对称分布的假设下，对图 3-41(a)中的面密度分布进行阿贝尔逆变换，可以得到铝蒸气原子的密度分布，如图 3-42 所示。从图中可以看出，密度分布具有较好的轴向均匀性。在电压击穿后的 127ns，粒子密度在轴线位置达到最大值，约 $1.2\times10^{19}\,\mathrm{cm}^{-3}$，比固体时的粒子密度($6.0\times10^{22}\,\mathrm{cm}^{-3}$)低 3～4 个量级。同样，对面密度进行积分，可得到气化铝原子线密度。计算结果表明，70%的初始质量分布在直径 1mm 的区域内，100%的初始质量分布在直径 2mm 的区域内。

在负极性快脉冲峰值约 1kA，前沿脉冲(90～170A/ns)下，研究了铝单丝的电爆炸特性。直径 15μm、长 2cm 的铝丝，阻性电压峰值为 35～50kV，电压击穿前金属丝电阻率增加至 30～40μΩ · cm。电压峰值时刻，欧姆沉积能量为 1.5～2.5eV/atom，欧姆加热功率下降至峰值 1/2 时的沉积能量为 2.5～4.0eV/atom，接近铝丝完全气化所需的能量。快前沿脉冲可增加金属中的能量沉积速率，提高负载击穿电压，从而提高电压击穿前负载中的欧姆能量沉积。

激光纹影图像可以观察到气体通道和等离子体通道，证实了电压击穿后等离子体通道的存在。根据气体通道和等离子体通道与金属丝初始位置的距离，可以估计冕区等离子体平均电离度约为 0.3。负载在真空中的膨胀为自由膨胀，膨胀速率为千米每秒量级，外部低密度等离子体区的膨胀速率大于中心高密度等离子体区。通常，电极附近区域的能量沉积超过负载中部区域，电极附近负载基本完全

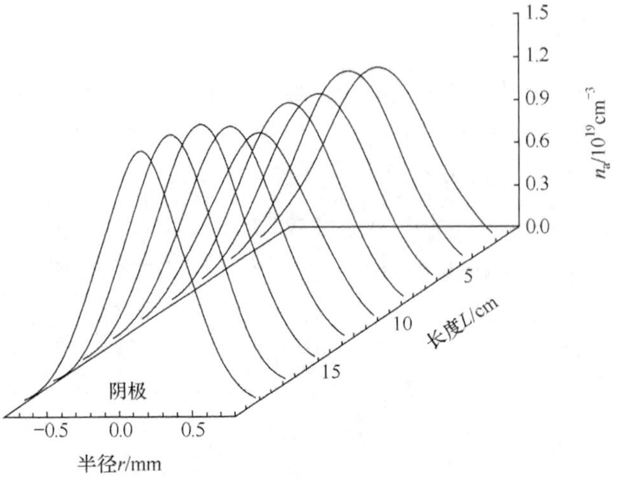

图 3-42　铝蒸气原子密度分布

充电电压 14.5kV,电压峰值后 127ns

气化,而负载中部区域仍存在液态或团簇状颗粒。一些发次的实验中,也获得了轴向均匀且完全气化的铝蒸气。在电压击穿后约 127ns,轴线处原子密度为 $10^{19}cm^{-3}$,70%的初始质量分布在直径 1mm 的区域内,100%的初始质量分布在直径 2mm 的区域内。电爆炸过程与每个负载自身形态密切相关,金属丝表面产生的解吸附气体、金属蒸气和发射电子等的差异,这可能是造成上述差异的原因。

3.3.3　真空中镀膜金属丝电爆炸行为

抑制核冕结构的物理本质是尽可能地提高电压击穿前金属丝中的欧姆能量沉积,若电压击穿前金属丝整体的沉积能量大于其气化所需能量,则可消除核冕结构。在 3.3.2 节已经讨论了快前沿电流抑制铝单丝核冕结构的研究,实验结果表明,核冕抑制的效果与测试的铝单丝性质密切相关,本节将进一步研究铝丝表面的聚酰亚胺镀层对抑制核冕结构的作用,并讨论镀层厚度对电爆炸效果的影响。

另外,对于高 Z 材料,如钨丝,快前沿电流对抑制核冕结构的效果非常有限。这时由于钨丝气化所需能量大,且其电子发射吸收非常显著,因此抑制钨丝核冕结构的研究一直受到重视,消除钨丝核冕结构则更是世界性难题。这里,仍利用图 3-29 中的电流源,研究镀膜钨丝、镀膜铂丝的电爆炸特性,重点关注核冕结构的抑制效果。

1. 镀膜铝丝电爆炸行为

实验测试了 15μm 铝丝,以及 15μm 铝丝镀 2μm 聚酰亚胺和 15μm 铝丝镀

4μm 聚酰亚胺的丝爆行为，主要是为了认识镀层厚度对丝爆行为的影响。

实验所用镀膜铝丝由陕西师范大学采用延流法制备，然而目前未掌握镀层厚度的有效控制方法。普通铝丝和 2μm 镀膜铝丝如图 3-43 所示，从图中可以看出，普通铝丝的轴向性能较好，而镀膜铝丝受到工艺限制，聚酰亚胺膜厚度极不均匀，图中范围内直径为 16. 3～23. 4μm。

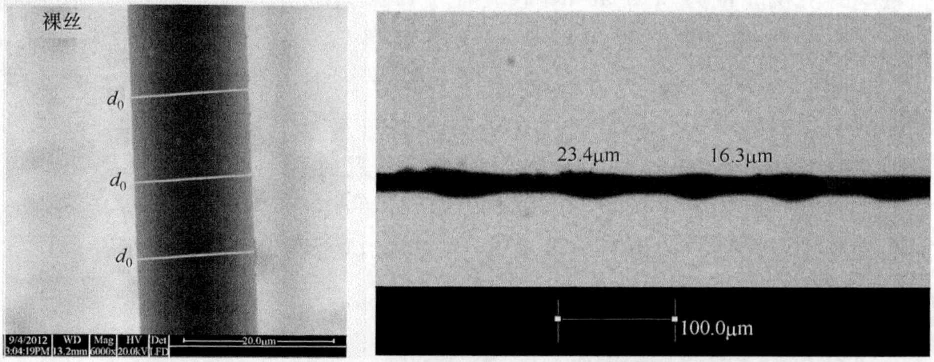

图 3-43　铝丝和镀膜铝丝(标称值 2μm 聚酰亚胺)的放大图

当充电电压 C_p 为 16. 8kV、间隙 S_s 表压为 4atm 时，15μm 铝丝和镀 2μm 聚酰亚胺(PI)铝丝的电流-电压波形如图 3-44 所示。普通丝和镀膜丝的电流电压波形表现出相似的规律，脉冲电流通过欧姆加热在金属丝中沉积能量，随着能量的沉积，金属丝电阻增加，电压随之升高。在 T_0 时刻，负载发生电压击穿，电压迅速下降，电流快速上升，表明已经形成了核冕结构。此后，电流转移至冕区等离子体，负载主体的欧姆加热停止，电流和电压表现为短路振荡的特征。

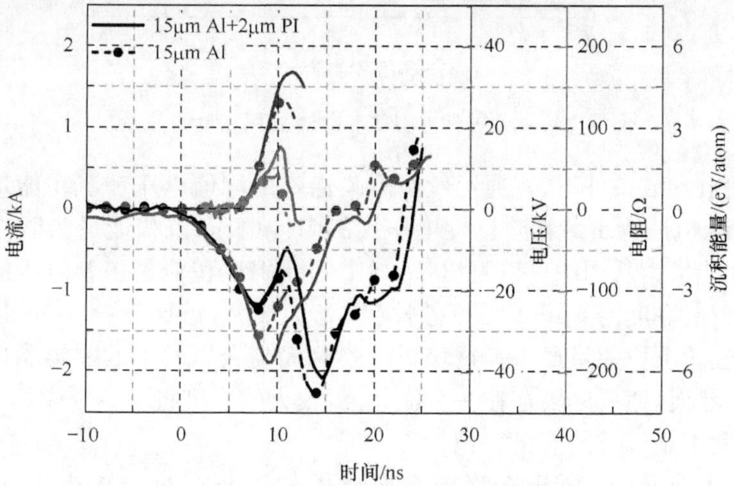

图 3-44　负载典型电流、电压及辐射波形

直径 15μm，长 2cm 铝丝，充电电压 16. 8kV

在电压击穿前的大部分时间内，普通铝丝和镀膜铝丝的电流和电压波形基本保持一致，电流峰值为 1.2kA，前沿约 8ns。然而，镀膜铝丝可维持更长的欧姆加热时间，从而获得更多的欧姆沉积能量。这时负载的电阻更高，对应于更高的负载电压和较小的负载电流。电压击穿时，普通铝丝的电阻值为 36Ω，沉积能量为 4eV/atom，接近铝丝完全气化所需的能量，负载中未气化的部分将发展成为丝核。镀膜铝丝的沉积能量为 5eV/atom，电阻值为 77Ω，超过铝丝完全气化所需的能量。

由电压和电流波形可以得到金属丝电阻率与其欧姆沉积能量的关系，如图 3-45 所示。从图中可以看出，随着能量沉积的增加，电阻率增大，普通丝和镀膜丝遵循基本相同的规律。普通铝丝可达到的电阻率为 50μΩ·cm，而镀膜丝欧姆加热的持续时间更长，可达到的电阻率值更高。此外，图中还给出了 Sarkisov 正极性电流时的实验结果。从图中可以看出，相同沉积能量时，其电阻率更高。一种可能的解释是正极性脉冲可有效抑制电子引起的局部击穿。这与镀膜钨丝的实验结果是一致的。

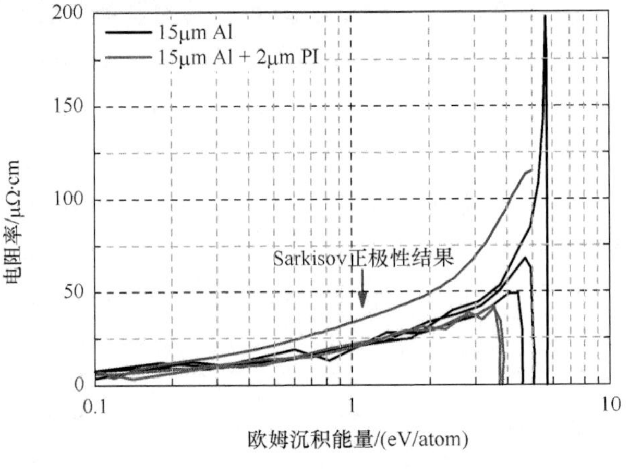

图 3-45　金属丝电阻率与欧姆沉积能量的关系

在上述电参数条件下，普通铝丝和镀膜铝丝的峰值电压和沉积能量的关系如图 3-46 所示，电压为负载扣除感性电压后的阻性电压，沉积能量为阻性电压峰值时刻的沉积能量。从图中可以看出，负载中的欧姆沉积能量随着电压的升高而增加。另外，镀层厚度为 2μm 时的欧姆沉积能量最大，镀层厚度 4μm 时的铝丝次之，普通铝丝的沉积能量最小。这表明镀膜对提高金属丝中的欧姆能量沉积有积极的作用。然而，镀层厚度存在一个优化值，较大的厚度将阻碍金属丝与电极的接触，反而不利于金属丝的能量沉积。

几种充电电压下，电压击穿前金属丝中的沉积能量与充电电压的关系如图 3-47 所示，每个发次的实验均为多次测量的平均值。从图中可以看出，随着充

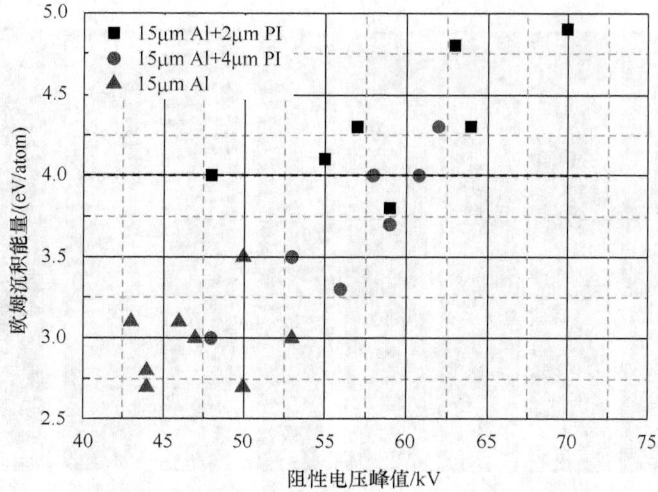

图 3-46　普通铝丝和镀膜铝丝的峰值电压和沉积能量的关系

电电压的增加，欧姆沉积能量也得到有效提高。充电电压越高，对应于电流前沿越快，负载中可获得的欧姆沉积能量越多，这与 3.3.2 节铝丝的实验结果是一致的。

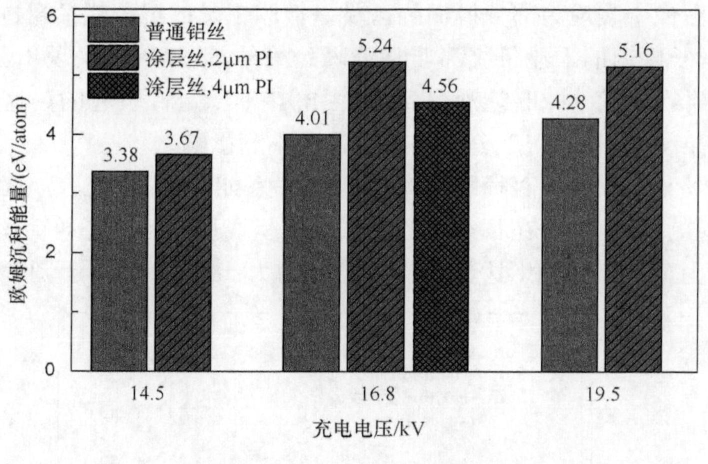

图 3-47　金属丝中的沉积能量与充电电压的关系

利用激光探针，每一发次实验都可以得到一幅阴影、纹影和干涉图像，调整激光触发与设备放电的相对时刻，通过对不同发次图像对比，可以得到等离子体的演化信息。15μm 铝丝和镀 2μm 聚酰亚胺及 15μm 铝丝的激光阴影和干涉图像如图 3-48 所示，其电流电压参数与图 3-44 一致，取电流初始时刻为时间零点。

总体看来，普通铝丝和镀膜铝丝激光探针图像的特征基本一致。随着时间的推移，负载直径逐渐增大，可透过激光的区域逐渐增加。铝蒸气面密度在轴线处最大，密度向边缘逐渐降低。然而，普通铝丝和镀膜铝丝也存在一定的差异。普通铝

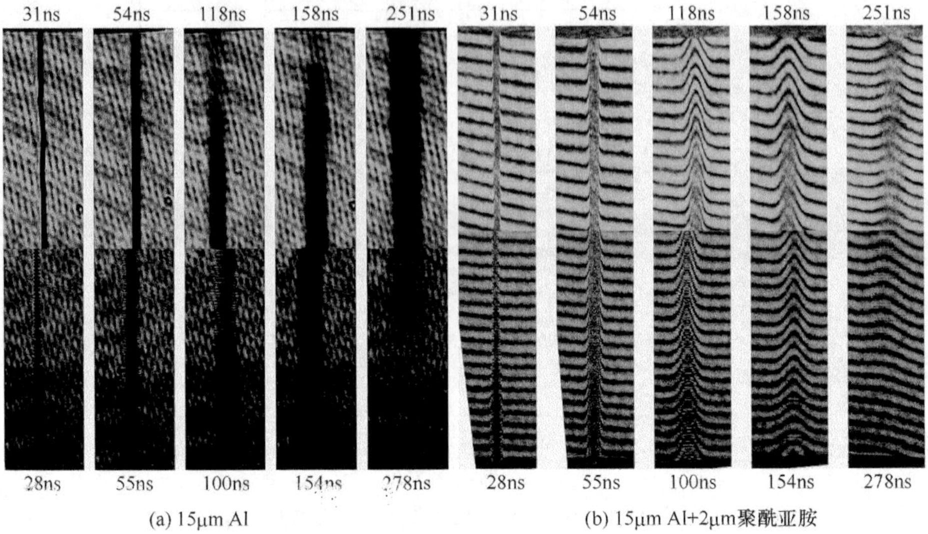

图 3-48　15μm Al 和 15μm Al+2μm 聚酰亚胺的阴影和干涉图像

丝中的欧姆沉积能量接近气化所需能量，部分区域未完全气化而保持稠密的液态，在激光干涉图像中表现为部分模糊的区域。镀膜铝丝的沉积能量超过气化所需能量，在整个丝长度内的干涉条纹都非常清晰。另外，镀膜铝丝表现出分层的结构，这种结果通常在铝丝气化时能观察到，是由电热不稳定性引起的。这种分层结构叠加在干涉条纹上，将对密度分布的辨识造成不利影响。

普通铝丝和镀膜铝丝直径随时间的变化关系如图 3-49 所示。从图中可以看出，随着时间的推移，铝丝在真空中的膨胀基本呈线性关系。普通铝丝干涉边界的膨胀速度约为 7μm/ns，阴影边界的膨胀速度约为 6μm/ns。由于阴影边界取为不

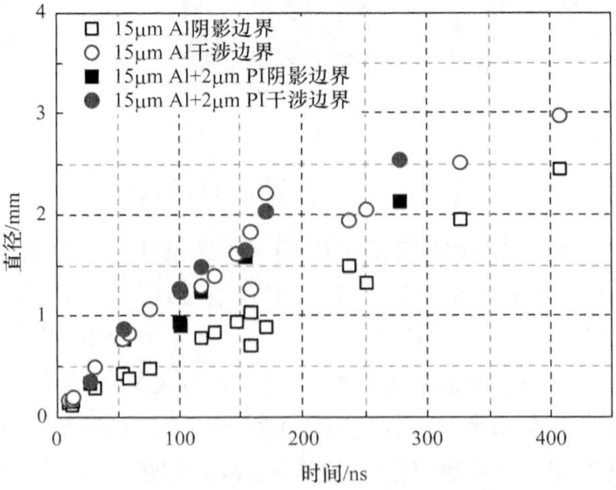

图 3-49　15μm Al 和 15μm Al+2μm 聚酰亚胺的阴影和干涉图像

可通过激光的区域，而干涉边界取为干涉条纹的边界，干涉边界内的区域还包括低密度蒸气区，因此干涉边界的直径将大于阴影边界的直径。

镀膜铝丝的沉积能量大于普通铝丝，其阴影边界的膨胀速度大于普通铝丝，约为 7μm/ns。然而其干涉边界与纹影边界基本一致，与普通铝丝的干涉边界也基本相同，这可能反映了镀层可抑制蒸气的膨胀。

实验中使用的铝丝具有显著的不均匀结构(图 3-43)，这种结构对电爆炸过程的影响也受到关注。15μm 铝丝和镀 2μm 聚酰亚胺的激光阴影、纹影和干涉图像如图 3-50 所示，每个时刻的图像取自不同发次的实验结果。在电爆炸早期，镀层引起的这种非均匀性非常显著。然而，在电爆炸后期，镀层表现为电热不稳定性引起的准周期性调制结构，其特征波长为 0.1mm，轴向均匀，且与镀层初始轴向不均匀性并无显著的联系。

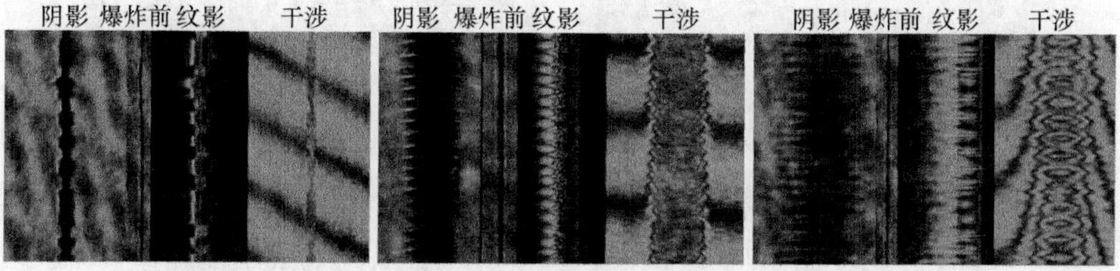

(a) t=13ns (b) t=25ns (c) t=90ns

图 3-50 15μm Al+2μm 聚酰亚胺的阴影、纹影和干涉图像

此外，初步测试了双铝丝的实验研究，如图 3-51 所示，丝间距为 1mm。由图可以看出，普通丝中的沉积能量较小，存在激光不可通过的高密度区域，但是冕区

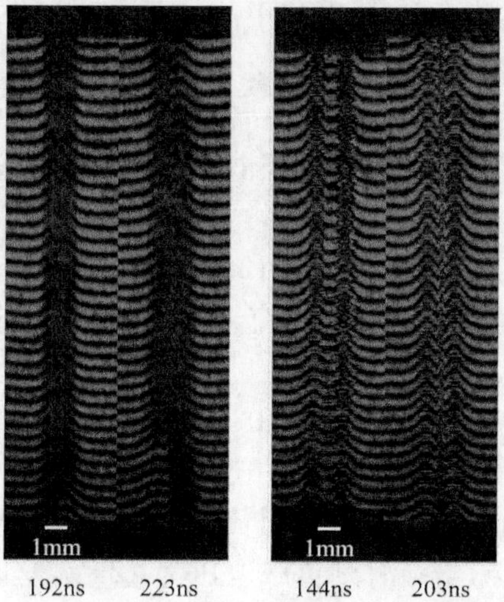

(a) 15μm Al (b) 15μm Al+2μm聚酰亚胺

图 3-51 15μm Al 和 15μm Al+2μm 聚酰亚胺双丝的激光干涉图像

等离子体膨胀较快，两根丝已经快速膨胀融合在一起。镀膜丝的能量沉积已达到气化所需能量，整个区域都可观察到干涉条纹，但负载膨胀速度较小。在 203ns，两个丝的边缘已经开始融合，出现密度较大的区域。

2. 镀膜钨丝电爆炸行为

镀膜钨丝的扫描电镜图像如图 3-52 所示。标称直径 12.5μm，镀 3.5μm 厚聚酰亚胺膜钨丝的实测直径为 19.8μm；标称直径 15μm，镀 2μm 厚聚酰亚胺膜钨丝的实测直径为 18.2μm，均与标称值非常接近。视野区域内，金属丝表面光滑，轴向一致性较好。

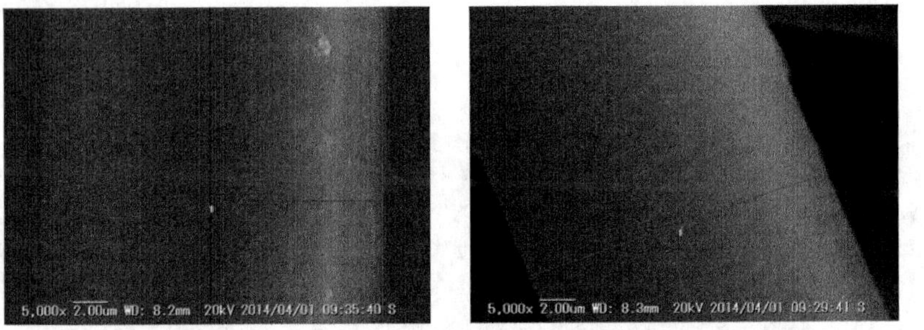

(a) 直径12.5μm，镀3.5μm厚的膜　　(b) 直径15μm，镀2μm厚的膜

图 3-52　直径 12.5μm、镀 3.5μm 厚聚酰亚胺膜钨丝和直径 15μm、镀 2μm 厚聚酰亚胺膜钨丝

真空中 13μm 钨丝的电压电流波形如图 3-53(a)所示。

电流起始后，负载电压随着电流的上升而增加，在电流起始后的 9ns，电流达到峰值 420A。随后电压继续上升，电流下降，对应于钨丝电阻值迅速升高。在电压起始后约 12ns，负载电压达到峰值 21.2kV。电压峰值时刻，钨丝中的欧姆沉积能量为 1.0eV/atom，小于钨丝完全熔化所需的能量约 1.6eV/atom。此后发生电压击穿，电压下降，电流快速上升。电压击穿时，开始观察到等离子体的可见光辐射。

表面镀 3.5μm 聚酰亚胺钨丝(直径 12.5μm)的电流电压和可见光辐射波形如图 3-53(b)所示。电压达到峰值前的电流、电压和可见光辐射波形与上述不镀膜钨丝电压击穿前的行为基本一致，把这一过程称为电爆炸丝的第一阶段。这时，电压为 20.8kV，对应的欧姆沉积能量为 1.0eV。此后，负载电压维持在 20～22kV，而负载电流从 0.1kA 增加至 0.4kA，这一过程类似于空气中金属丝电爆炸的电流暂停过程，只是不断增加的电流可能表明负载中出现了局部击穿。电流暂停持续约 13ns 后，负载整体击穿，击穿时刻负载电压为 22kV，这时负载中平均沉积能量增至 3.8eV/atom。

空气中 13μm 钨丝的电爆炸特性如图 3-53(c)所示。整体看来，电流、电压和辐射波形与上述镀膜钨丝基本一致，第一阶段的电流峰值为 0.32kA，前沿约 40A/ns；第一阶段结束时的欧姆能量沉积为 1eV/atom。与镀膜丝不同的是，电流暂停阶段的负载电流基本维持在 80～110A 的水平，电流幅值较低，且未表现出显著的增长。电流暂停的维持时间为 25ns，随后发生电压击穿。击穿时，负载电压为 28.4keV，平均沉积能量为 4.3eV/atom，高于镀膜钨丝的水平。

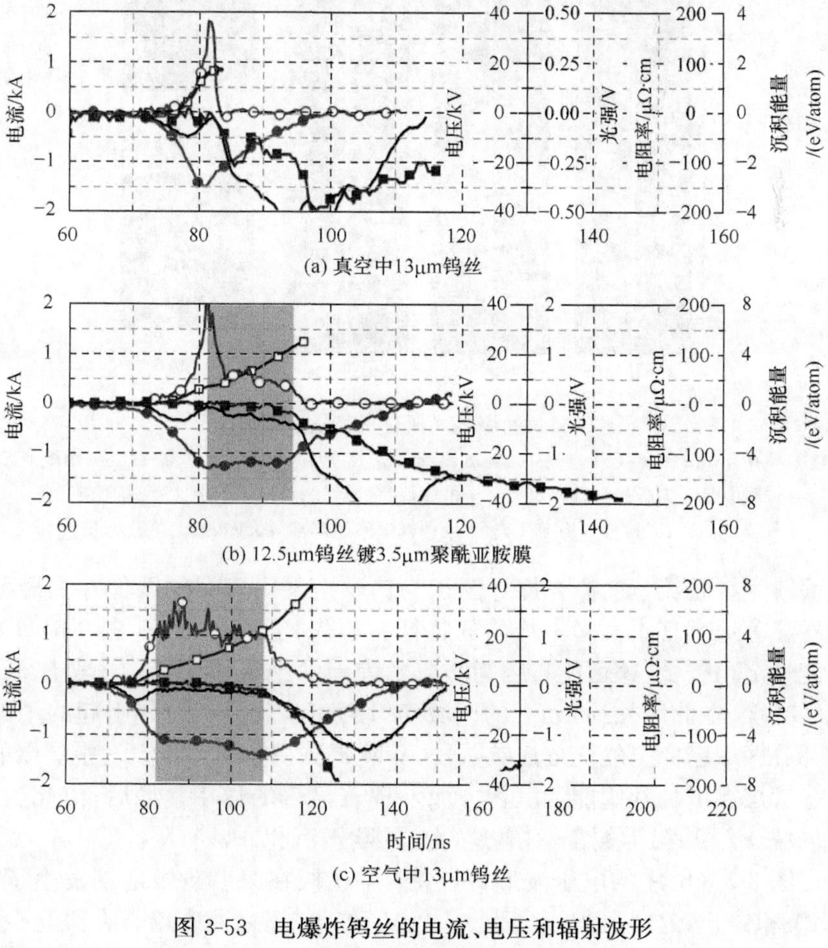

图 3-53　电爆炸钨丝的电流、电压和辐射波形

真空中、空气中钨丝和真空中表面镀绝缘膜钨丝的激光纹影和干涉图像如图 3-54 所示，图中下方标识了激光探针时刻相对于第一个电流峰值间的延时。电流峰值后 239ns，真空中丝核直径为 77μm，金属丝周围出现了较亮的真空电弧，该图像与 Sarkisov 的报道中沉积能量接近固体焓的结果是一致的。空气中，负载表现出非常好的轴向均匀性，通过纹影和干涉图像的对比，可以清晰分辨出金属丝丝核、等离子体和冲击波前沿的位置。电流峰值后 308ns，冲击波波前直径为

840μm，丝核直径为 250μm。与真空环境相比，空气中丝爆可获得较高的欧姆沉积能量，这时等离子体通道位于冲击波前沿和丝核之间。

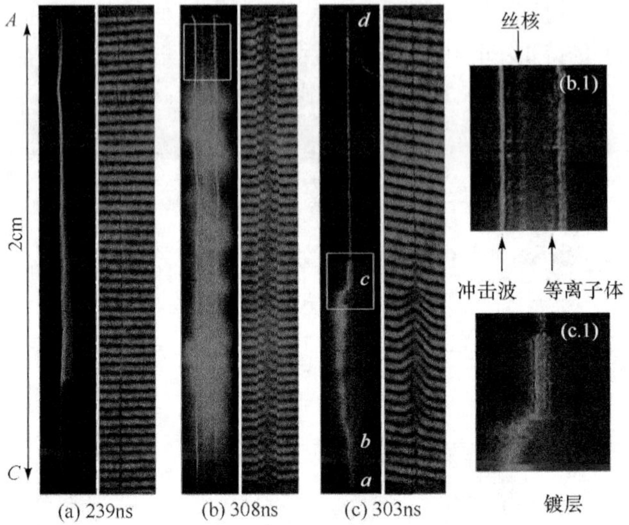

图 3-54　丝爆等离子体的激光探针图像

(a) 真空中 13μm 钨丝；(b) 空气中 13μm 钨丝；(c) 真空中 12.5μm 钨丝镀 3.5μm 聚酰亚胺。
图中时间为激光探针相对第一个电流峰值的时间，A 代表阳极，C 代表阴极。
(b.1)、(c.1)分别为图(b)、(c)中白框区域的局部放大图，放大倍数为 3

表面镀绝缘膜钨丝的激光探针图像与钨丝空气中丝爆的图像存在显著差别，镀膜钨丝显著地表现出轴向不均匀的特征。首先，靠近阴极处[图 3-54(c)*ab* 段]的丝核能量沉积较少，这可能是因为金属丝表面的绝缘镀层影响了金属丝与电极的接触。其次，在此后长约 4mm 的区域(*bc* 段)可观察到钨蒸气引起的干涉条纹，表明这部分区域已完全气化形成钨蒸气，其欧姆沉积能量高于空气中丝爆的结果，表明绝缘镀层在增加欧姆能量沉积方面发挥着显著的作用。最后，由此一直延伸至阳极区域(*cd* 段)又为稠密丝核，这部分的欧姆沉积非常有限。

结合图 3-53(b)中的电压波形可以推断，*cd* 段在第一阶段末期发生了电压击穿，欧姆沉积停止，这时沉积能量为 1～2eV/atom，超过液态焓。在激光探针图像中，丝核出现多处断裂，这与 Sarkisov 的研究结果是一致的。此后，在电流暂停阶段，欧姆能量沉积主要集中在 *bc* 段。从电流-电压波形可知，电流暂停阶段的沉积能量约 2.8eV/atom(3.8～1eV/atom)，若该能量仅沉积在 *bc* 段，则沉积能量约为 10eV/atom，超过钨完全气化所需能量为 8.6eV/atom，因而激光干涉的图像中也得到气化的结果。

实验中测试的另一类镀膜钨丝为 15μm 钨丝镀 2μm 聚酰亚胺，典型电流电压波形和激光探针图像如图 3-55 所示。同样，负载波形可以显著地分为三个阶段，第一阶段结束时，金属丝中的欧姆沉积能量为 1.2eV/atom，负载电压为 25.6kV，开始出现可见光辐射。此后，在“电流暂停”阶段，电流也表现出不断增长的特征。激光探针图像中靠近阴极部分中的欧姆沉积能量较大，而阳极部分能量沉积小，这些特征与上述结果是一致的。

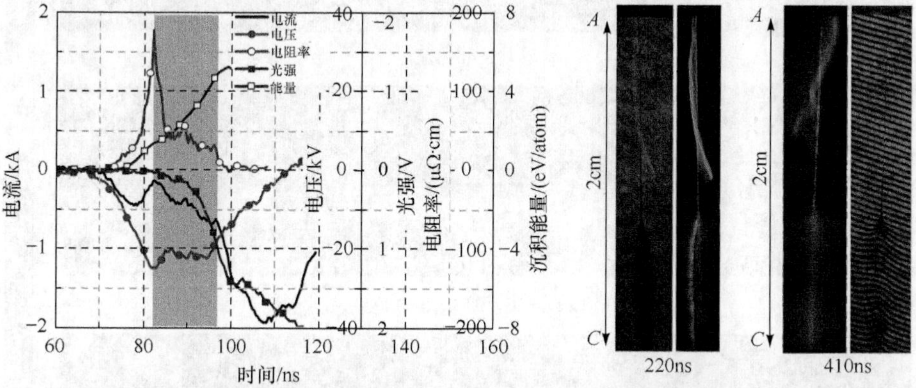

(a) 电流电压和沉积能量波形

(b) 激光阴影图像和纹影图像，相对于电流峰值220ns

图 3-55 真空中 15μm 钨丝镀 2μm 聚酰亚胺

镀膜钨丝的自辐射光谱如图 3-56 所示，其中图(a)～(c)分别为 13μm 钨丝，镀 3.5μm 厚聚酰亚胺膜的 12.5μm 钨丝和镀 2μm 厚聚酰亚胺膜的 15μm 钨丝，摄谱范围均为 391.02～409.18nm，曝光时间为 1μs。普通钨丝得到的谱线是 CⅡ、CⅢ 特征线。镀膜钨丝的辐射谱分为两大部分，与激光探针图像中的轴向不均匀结构相对应。阳极部分的辐射很弱，谱线以 CⅡ、CⅢ 为主，没有观察到钨的特征谱线。该结果与普通钨丝的辐射光谱一致，表明电压击穿过程同样受到表面碳的沾染在其中起主要作用，普通钨丝和镀膜钨丝具有相同的特征。靠近阴极部分的等离子体辐射较强，其光谱为连续谱，一些发次中也可以观察到钨丝的特征谱线，表明该区域钨丝中的能量沉积较大，可显著地产生连续辐射或者线辐射。

根据干涉条纹的偏移量与气体密度的关系，且忽略电子的影响，可以得到钨蒸气区域的面密度分布(气体密度在激光传播方向上的积分)，如图 3-57(a)和(c)所示。图中，提取对三个不同轴向位置处的面密度分区，并进行阿贝尔逆变换就可得到钨蒸气密度分布的信息，如图 3-57(b)和(d)所示。从图中可以看出，蒸气分布在直径 0.2mm 的区域内，且轴线位置处蒸气密度最大约为 $9\times10^{18}\,\text{cm}^{-3}$，是固体时原子密度的万分之一，密度沿着半径方向逐渐减小。图中区域内，不同轴向位置处的密度分布存在一定的差异。

在直径 0.2mm 的区域内，钨原子的线密度为 $5.5\times10^{16}\,\text{cm}^{-1}$，而直径 12.5$\mu$m 钨丝中原子线密度为 $7.7\times10^{16}\,\text{cm}^{-1}$，这表明 70%的初始质量以蒸气的形式存在。

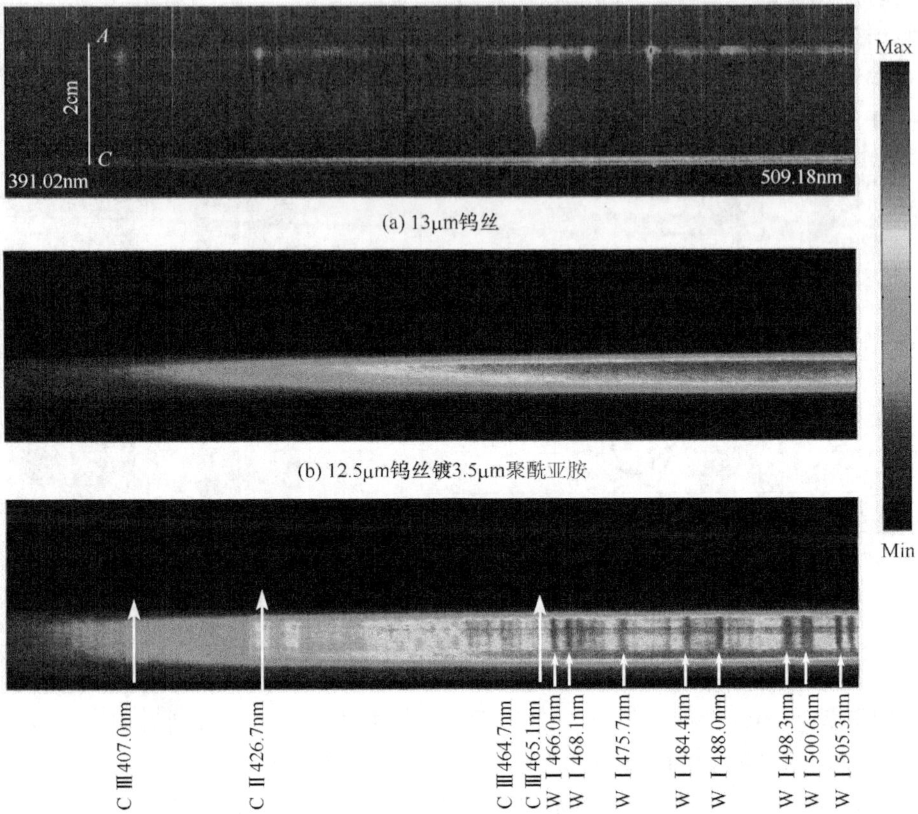

(a) 13μm钨丝

(b) 12.5μm钨丝镀3.5μm聚酰亚胺

(c) 15μm钨丝镀2μm聚酰亚胺

图 3-56　丝爆等离子体的自辐射光谱

气体柱的直径随着时间的延长而增大，相应的峰值密度降低。在电流峰值后的597ns，钨蒸气柱膨胀至直径为 2mm，对应的峰值密度为 $3\times10^{18}\,cm^{-3}$，如图 3-57(c)和(d)所示。

调节电流源充电压和开关间隙气体气压，可以改变输出电流峰值和前沿，两种不同电流前沿时的负载电流、电压和沉积能量的波形如图 3-58(a)所示。当电流前沿为 60 A/ns 时，第一阶段中电流峰值为 0.34kA，第一阶段结束时负载电压为 25.8kV，欧姆能量沉积为 1.3eV；当电流前沿为 170A/ns 时，第一阶段中电流峰值为 0.64kA，第一阶段结束时负载电压为 32.8kV，欧姆能量沉积为 2.4eV。结合图 3-53 中 46A/ns 时，沉积能量为 1.0eV/atom 的实验结果可以看出，电流前沿越快，可达到的电流峰值和电压峰值越高，欧姆沉积能量也越大。在电流暂停阶段，当前沿为 60 A/ns 时，电流暂停的维持时间约为 13ns，同样电流表现出缓慢增加的特征；当前沿为 170A/ns 时，电流在第一阶段后受到很大的干扰，结合电压波形

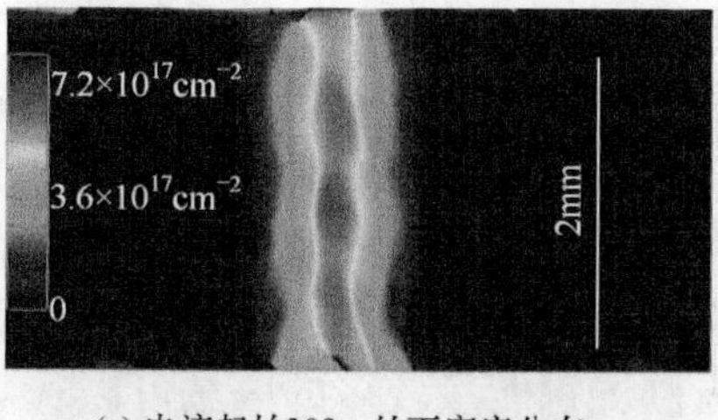

(a) 电流起始303ns的面密度分布

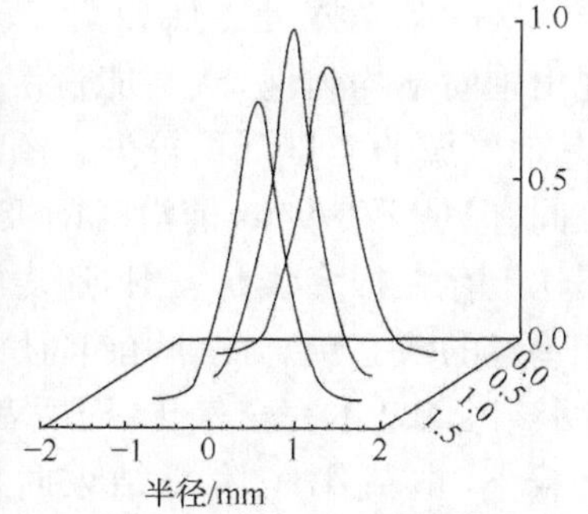

(b) 电流起始后303ns的密度分布

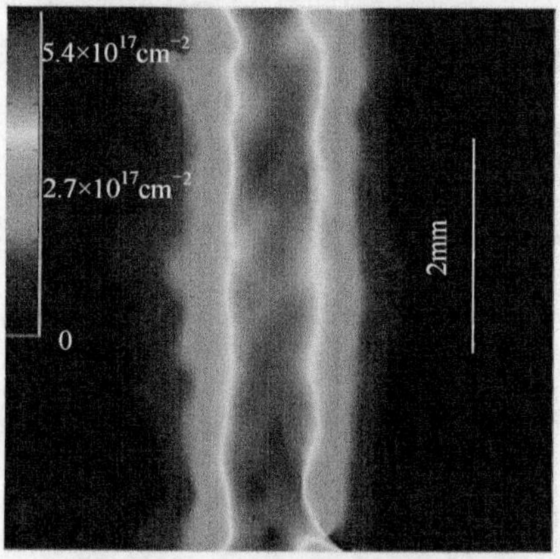

(c) 电流起始后597ns的面密度分布

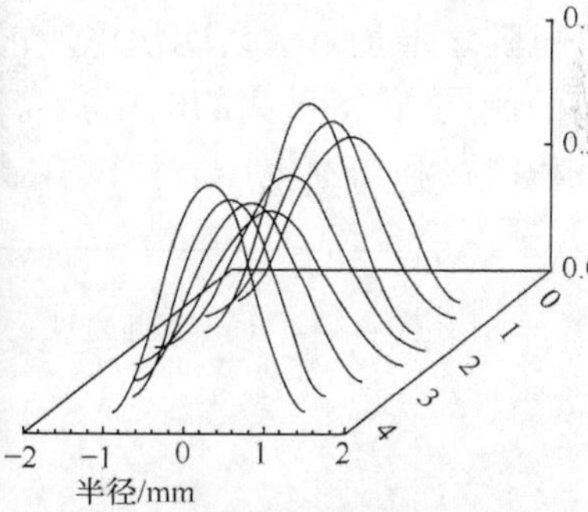

(d) 电流起始后597ns的密度分布

图 3-57　表面镀 3.5μm 厚聚酰亚胺膜的 12.5μm 钨丝气化区域的蒸气密度分布

可以看出，电流暂停，电流暂停时间显著减小，约 3ns，表明负载快速击穿。

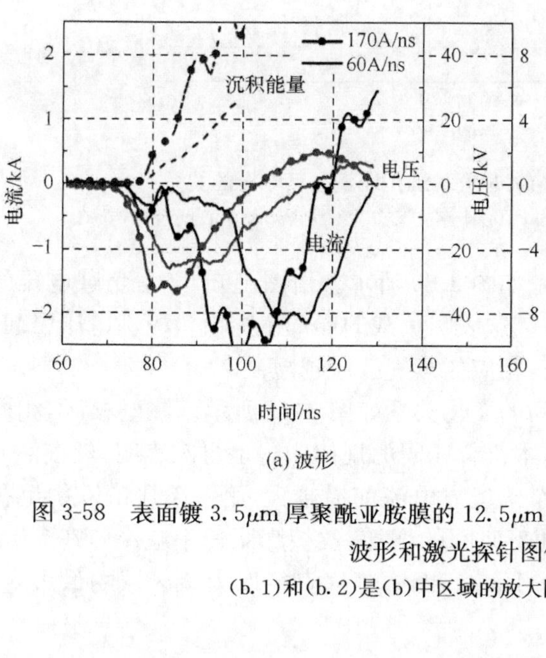

(a) 波形

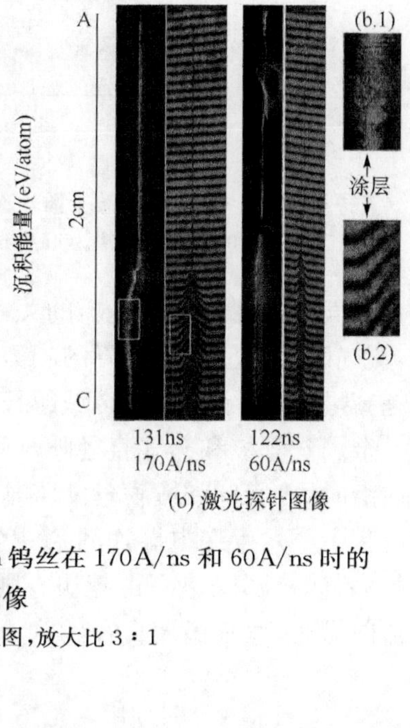

(b) 激光探针图像

图 3-58　表面镀 3.5μm 厚聚酰亚胺膜的 12.5μm 钨丝在 170A/ns 和 60A/ns 时的波形和激光探针图像

(b.1)和(b.2)是(b)中区域的放大图，放大比 3∶1

上述两发次的激光探针图像如图 3-58(b)所示。整体看来,两种电流前沿下负载仍表现出轴向不均匀性,欧姆能量沉积显著集中于靠近阴极一侧长 5～6mm 的区域内,其他区域的能量沉积较少。还需要注意的是,图中两种电流前沿拍摄的时刻基本相同,但是 170A/ns 前沿时阳极侧为均匀柱状结构,而 60A/ns 前沿中阳极侧的金属丝上存在很多线状发射,这表明前者的沉积能量小于固态焓,后者的沉积能量小于钨丝的液态焓。此外,前者阴极侧沉积能量较多的区域可以观察到干涉条纹,表明该区域基本完全气化,而后者丝核直径较小,对应于丝核密度仍较大。

不同负载下,电流第一阶段结束时的欧姆沉积能量和负载电压的关系如图 3-59 所示。从图中可以看出,电流前沿增加,第一阶段结束时的负载电压和欧姆沉积能量也随之增加。这表明快电流前沿有助于加快欧姆加热的速率,使负载中沉积更多的能量,获得更高的电压。需要指出的是,在这个阶段中,镀膜丝和非镀膜丝在沉积能量和击穿电压方面没有显著的差异。

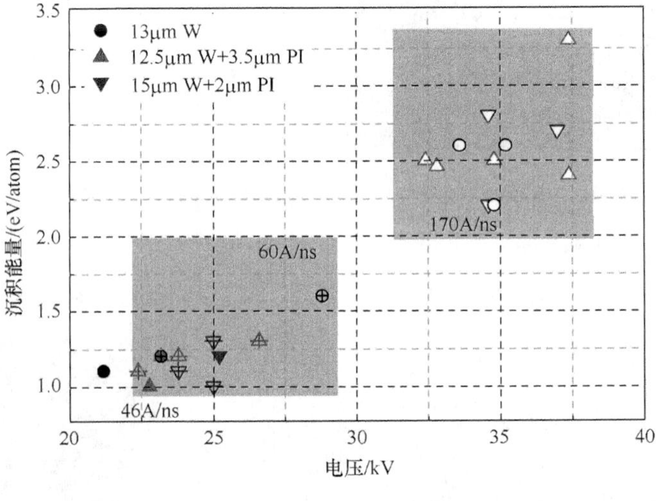

图 3-59　第一阶段结束时负载沉积能量与其电压的关系

实心点的电流上升速率为 46A/ns,中心十字交叉点为 60A/ns,而空心点为 170A/ns

蒸气区长度与负载电压的关系如图 3-60 所示。由图可知,随着负载电压的增加,蒸气区长度呈现出下降的趋势。这表明负载的局部击穿由负极性电压引起,电压越高,发生局域击穿的区域越长,相应的蒸气区域越短。

金属丝丝核和蒸气直径随时间的变化关系如图 3-61 所示。在丝核区,相同电流前沿时,普通丝和镀膜丝膨胀基本符合相同的规律。这也再次表明,丝核区的能量沉积主要发生在电爆炸的第一个阶段。电流前沿越大,第一阶段的欧姆沉积能量越多,丝核膨胀速率也越快。随着时间的增加,丝核膨胀速率减小,170A/ns 的电流前沿时,丝核最大直径约为 0.1mm。图中蒸气直径取为该区域的最大直径,

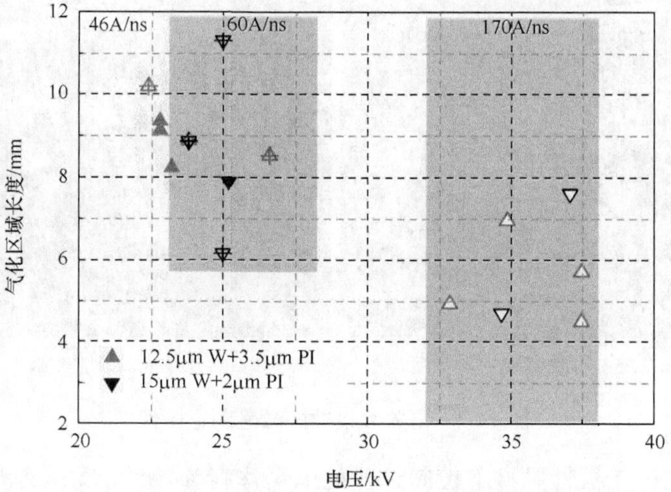

图 3-60 可获得显著欧姆沉积能量的区域长度

实心点的电流上升速率为 46A/ns，中心十字交叉点为 60A/ns，而空心点为 170A/ns

在第一阶段电流峰值后的约 100ns，蒸气直径已经超过 1mm。

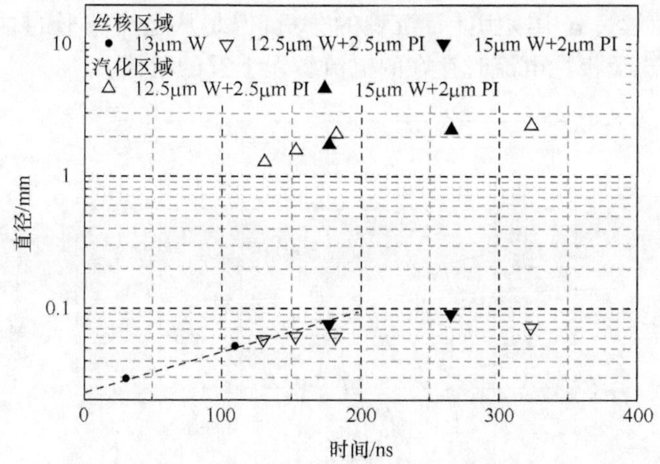

图 3-61 丝核和蒸气直径随时间的变化曲线

在第一阶段结束时发生电压击穿的区域高放大倍数激光阴影图像如图 3-62 所示，空间分辨为 1～2μm。图中还给出电爆炸前初始金属丝的情况，由激光阴影读出的两种镀膜丝的丝直径分别为 21μm(12.5μm 钨丝镀 3.5μm 厚聚酰亚胺)和 19μm(15μm 钨丝镀 2μm 聚酰亚胺)，与金属丝直径的标称值和高放大倍数光学显微镜的测量结果基本一致。激光阴影图像中可以清晰地分辨丝核区，以及其周围的绝缘镀层。这时，绝缘镀层已经与金属丝分离，分布在丝核周围。

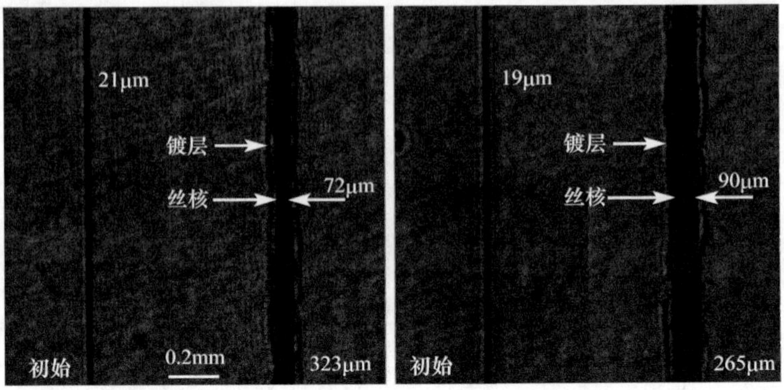

(a) 12.5μm钨丝镀3.5μm厚聚酰亚胺　(b) 15μm钨丝镀2μm聚酰亚胺膜

图 3-62　高放大倍数的激光阴影图像

进一步测试正极性脉冲下镀膜钨丝的电爆炸行为，镀 3.5μm 厚聚酰亚胺膜钨丝(直径 12.5μm)的电流和电压波形如图 3-63 所示。图中也可以分辨出电流特征的三个阶段：在第一个阶段，电流峰值为 0.61kA，前沿约 130A/ns，第一阶段结束时的负载电压为 32.8kV，欧姆沉积能量为 2.4eV/atom。该结果与图 3-58 中 170A/ns 的实验结果基本相当。此后，电流暂停阶段的电流波形出现了很强的干扰，影响了对后续过程中欧姆能量沉积的分析，但是从电流波形的总体趋势上看，其可能并未出现负极性电流时存在的电流缓慢上升的阶段。

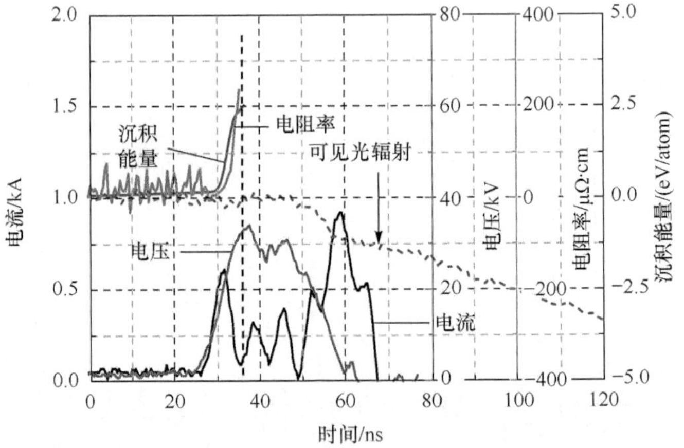

图 3-63　正极性电流时 12.5μm 钨丝镀 3.5μm 厚聚酰亚胺膜

正极性电流时的激光探针图像如图 3-64 所示。由图可见，除了阴阳极附近区域，负载的轴向均匀性得到较大改善，图中稠密丝核和表面绝缘镀层的位置清晰可见，但未观察到上述负极性电流时常出现的局部完全气化且快速膨胀的区域。正极性脉冲时，电场方向由阳极和金属丝指向阴极和回流柱，这种电场方向可能将钨丝发射的电子沿径向束缚在金属丝附近，从而可有效抑制电子束沿电场轴向的加速而发生局部击穿的现象。

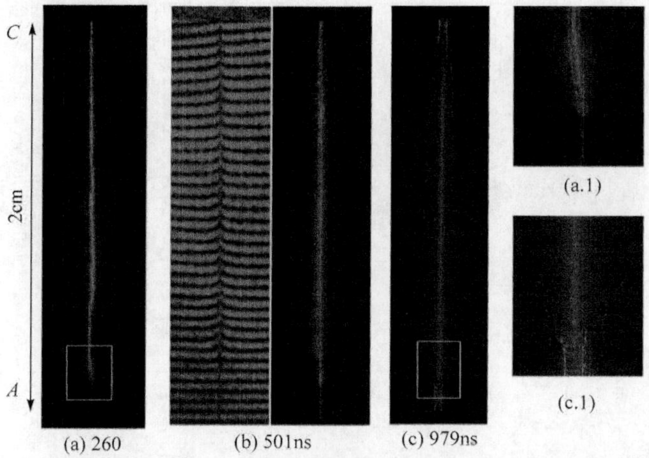

图 3-64　正极性时，镀 3.5μm 厚聚酰亚胺膜钨丝（直径 12.5μm）的激光探针图像

(a) 电流起始后 260ns；(b) 电流起始后 501ns；(c) 电流起始后 979ns；

(a.1) 图(a)中白框的局部放大图；(c.1) 图(c)中白框的局部放大图

3. 镀膜铂丝电爆炸行为

铂是高 Z 元素，与钨相似，铂丝电爆炸也常产生核冕结构。实验中主要测试了两种镀膜丝：15μm 铂丝镀 2μm 聚酰亚胺（polyimide，PI）和 18μm 铂丝镀 2μm 聚酯（polyester，PET）。重点比较镀层材料对电爆炸特性的影响。

普通铂丝和镀膜铂丝在电子显微镜下的图像如图 3-65 所示，普通铂丝直径为 15.6μm，与标称值 15μm 基本吻合，但是其表面为丝状结构。15μm 铂镀 2μm 厚聚酰亚胺丝的直径为 17.2μm，由于有镀层的存在，表面均匀性得到极大的改善。18μm 铂镀 2μm 厚聚酯直径为 22μm，同样表面光滑，但是表面沾染了颗粒，颗粒特征尺寸为微米级。

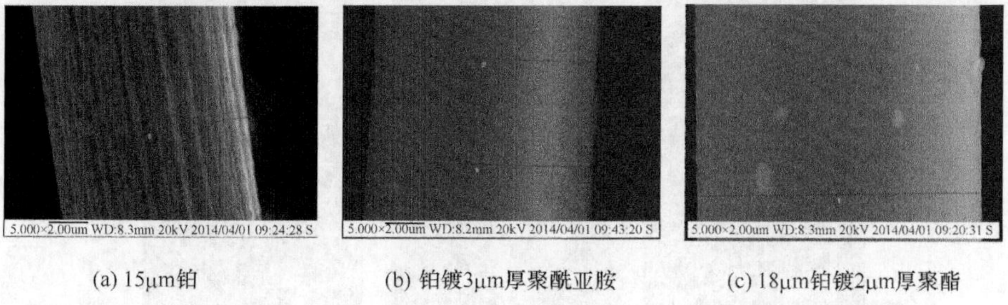

(a) 15μm铂　(b) 铂镀3μm厚聚酰亚胺　(c) 18μm铂镀2μm厚聚酯

图 3-65　15μm 铂、15μm 铂镀 2μm 厚聚酰亚胺和 18μm 铂镀 2μm 厚聚酯

普通铂丝和镀膜铂丝的电流和电压和沉积能量波形如图 3-66 所示。电流和

电压波形表现出与钨丝负载相似的特征。普通铂丝在 22.2kV 时发生击穿，形成核冕结构，对应的沉积能量为 0.9eV/atom。

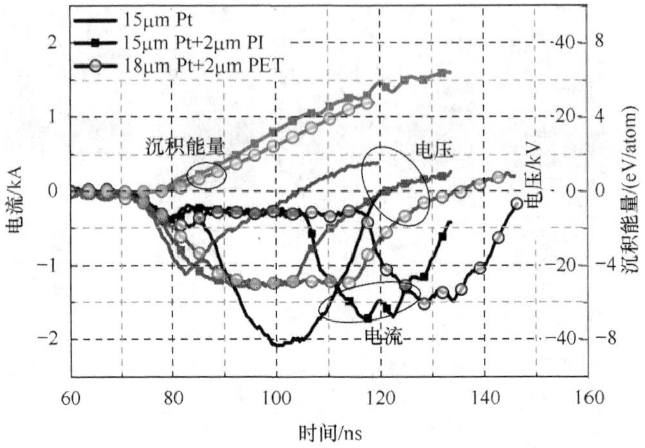

图 3-66　普通铂丝和镀膜铂丝的电流、电压和沉积能量波形

镀膜铂丝的电流-电压波形也可显著地划分为三个阶段，但是与镀膜钨丝不同的是，在"电流暂停"阶段，图中两种镀膜铂丝的电流并没有不断增加，而一直保持在 260A 的水平，负载电压维持在 23.8kV，这表明这些发次中的局部击穿现象并不显著，可以预计它们的激光探针图像将具有较好的轴向均匀性。聚酰亚胺镀层和聚酯镀层的电流和电压波形基本一致，表示未发生击穿时，它们对丝爆过程的影响基本相同。聚酰亚胺镀层负载的电流暂停持续了 20ns，电压击穿时的平均沉积能量为 4.5eV/atom，聚酯镀层的电流暂停持续了 26ns，电压击穿时的平均沉积能量为 4.8eV/atom。

上述发次的激光探针图像如图 3-67 所示。

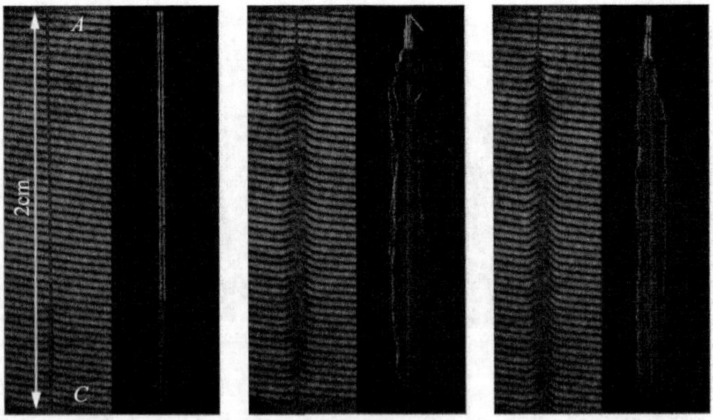

(a) 440ns,15μm Pt　(b) 488ns,15μm Pt+2μm 聚酰亚胺　(c) 460ns,18μm Pt+2μm 聚酯

图 3-67　铂丝的激光探针图像

镀膜铂丝核冕结构仅位于阳极附近，核冕结构的轴向长度远小于镀膜钨丝的水平，其他区域为气化或接近气化的状态，这与电流暂停阶段电流不发生显著增长这一特征相吻合。

由于电热参数的差异，聚酰亚胺膜和聚酯膜丝在阴极接触区域的形态并不相同。几个发次镀膜铂丝的实验结果如图 3-68 所示，其中图(a)为聚酰亚胺的结果，图(b)为聚酯镀层的结果。结合图 3-67 可以发现，聚酰亚胺镀层在阴极接触区域大多表现出不均匀的特征，可能是因为聚酰亚胺的绝缘性能好，严重影响了电极和金属丝之间的导通电流。

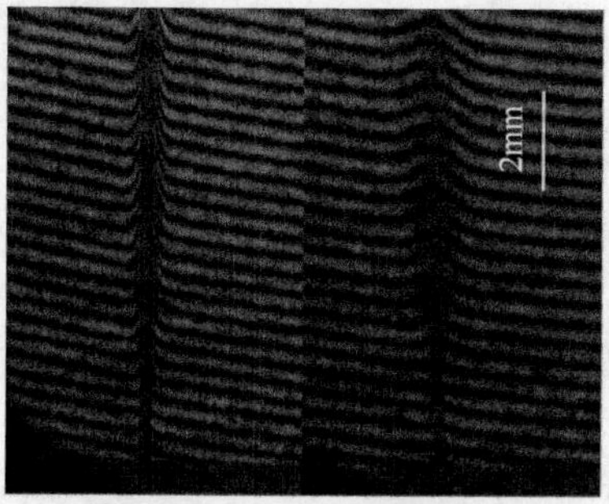

(a) 15μm Pt+2μm聚酰亚胺

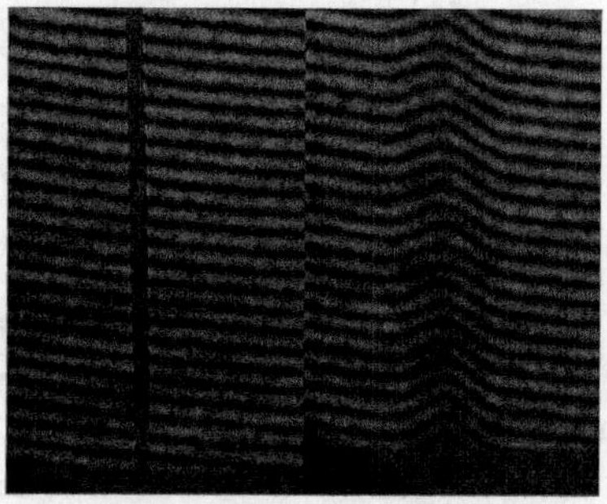

(b) 18μm Pt+2μm聚酯

图 3-68 15μm Pt+2μm 聚酰亚胺和 18μm Pt+2μm 聚酯在阴极附近区域的激光探针图像

3.3.4 空气环境中单丝电爆炸

真空中，电压击穿通道通常发生在电爆炸丝表面，这时欧姆加热过程结束，电爆炸产物呈现出核冕等离子体的结构。在介质环境中(高气压气体、水等)，电爆炸丝表面蒸气的自由膨胀被抑制，击穿时刻推迟，金属丝中的欧姆沉积能量增加，甚至可能达到数倍的金属原子气化能。在一定意义上，上述镀膜金属丝表面的绝缘镀层也可认为是一种环境介质。

然而，环境介质的存在使得电爆炸丝电压击穿的行为变得复杂，电压压击通道可能位于电爆炸丝内部(直接击穿)，也可能出现在金属丝与环境介质的交界面处(分流击穿)。本节将讨论铝丝在空气中的电爆炸行为，并认识到电压击穿通道的位置与脉冲电流参数密切相关。

1. 分流击穿和内部击穿

当充电电压为 13kV 时，电爆炸丝电流、电压和辐射波形如图 3-69 所示，在电流起始后的 12ns，负载电流达到 0.7kA，此后电流下降而负载电流进一步升高，表明这时金属丝的电阻不断增加。在电流起始后的约 27ns，电流下降至零附近，而此时负载电压约为 30kV。这时，金属丝中的欧姆沉积能量为 3eV/原子，对应于 70%的铝原子化焓。此后为电流暂停阶段，电流维持在数十安培的水平。第 101 发中电流暂停的持续时间为 60ns，而第 102 发电流暂停的持续时间为 48ns。此后，负载发生电压击穿，电压下降，电流快速增加，并观察到显著的可见光辐射。第 102 发的可见光辐射强度是第 101 发的 4～5 倍。

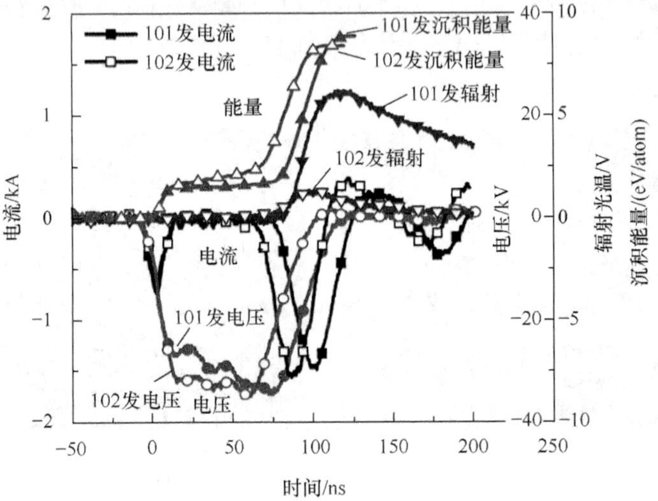

图 3-69　第 101 发和第 102 发负载电流、电压和辐射波形

第 101 发和第 102 发的激光探针图像如图 3-70 所示。第 101 发的激光图像拍摄于电流峰值后的 366ns。这时丝核直径为 0.5mm，冲击波波前位置的直径为 2mm。根据干涉条纹的偏移方向，可以得到丝核区域主要由中性原子构成，电压击穿发生在丝核外，击穿通道的厚度为 130μm，对应为分流击穿模式。在等离子体通道和冲击波波前之间为压缩的空气。线条 1 下半部分图像来自于折射率随半径增加而快速减小的区域，箭头 2 和 4 分别对应于丝核边界和冲击波前沿；线条 1 上半部分来自折射率随半径增加而快速增加的大区域，箭头 3 对应于等离子体通道和压缩空气的边界。

虽然第 101 发和第 102 发的负载电流和电压波形非常相似，但它们的激光探针图像有显著的差异。第 102 发，在电流峰值后的 304ns，冲击波直径为 1.3mm，丝核直径为 0.9mm。与上面第 101 发的结果相比，丝核边界与冲击波的前沿更加接近。根据干涉图像中条纹的偏移方向，丝核主要由中性原子构成，然而相位偏移量在轴线处有一定的减小，这表明电压击穿在这个位置发生，对应于内部击穿模式。虽然如此，纹影图像中不能观察到击穿通道的边界，图中箭头 5 对应的是压缩空气层的内边界。激光阴影图像中可以显著观察到分层结构。

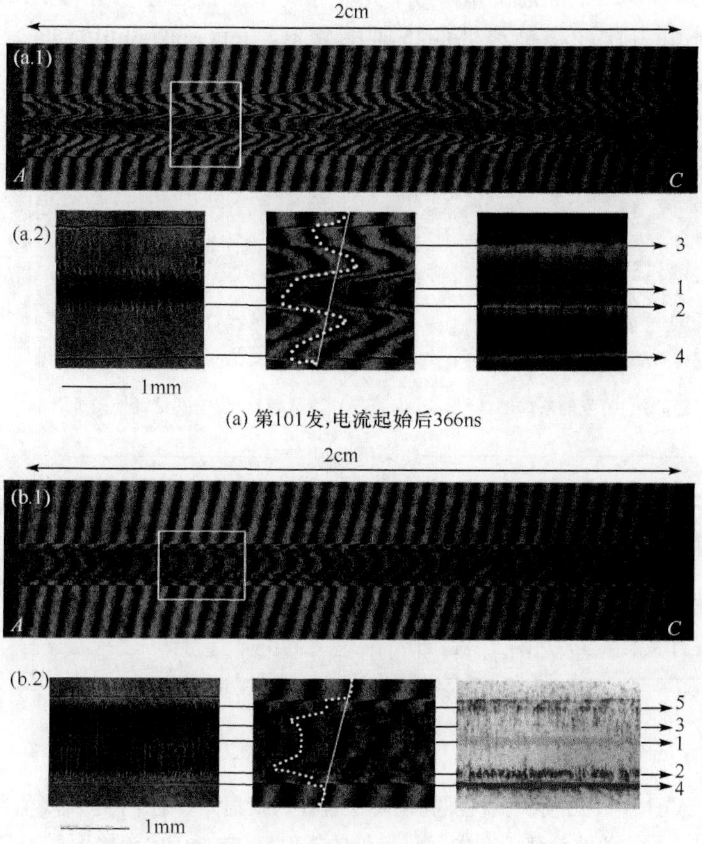

(a) 第101发,电流起始后366ns

(b) 第102发,电流起始后304ns

图 3-70 激光探针图像

1-丝初始位置;2-丝核边界;3-等离子体通道边界;4-冲击波前沿;5-压缩空气边界

电爆炸产物的数密度可以从干涉图像中得到,第 101 发和第 102 发实验中干涉条纹偏移的分布分别如图 3-71(a)和(b)所示,阿贝尔逆变换后得到折射率随半径的变化关系如图 3-71(c)和(d)所示。

分流击穿模式时,如图 3-71(a)和(c)所示,击穿通道位于气化铝丝丝核和压缩空气层之间,假设折射率大于 1 的区域只是由铝原子组成的,铝蒸气的密度在轴线处达到峰值,为 $1.9\times10^{19}\,cm^{-3}$,对应于 0.03%的固体密度;丝核区域中铝原子的数密度为 $4.2\times10^{16}\,cm^{-1}$,对应于 40%的金属丝初始质量。放电通道中电子密度峰值为 $3.9\times10^{18}\,cm^{-3}$,压缩空气中中性粒子数密度的峰值为 $5.4\times10^{19}\,cm^{-3}$。

内部击穿模式时,如图 3-71(b)和(d)所示,击穿通道位于丝核的轴线处且表现出非常好的轴向一致性,折射率略大于 1。丝核边缘处的铝原子数密度为 9.8×

$10^{18}\,cm^{-3}$，对应于 0.02%的固体密度，压缩空气中中性粒子数密度的峰值为 $3.3\times 10^{19}\,cm^{-3}$。不同发次丝核轴线处的折射率并不相同，若假设电离通道只产生第一电离度离子，则轴线处折射率为 1 时对应的平均电离度 $z=n_e/(n_a+n_e)$为 0.35。

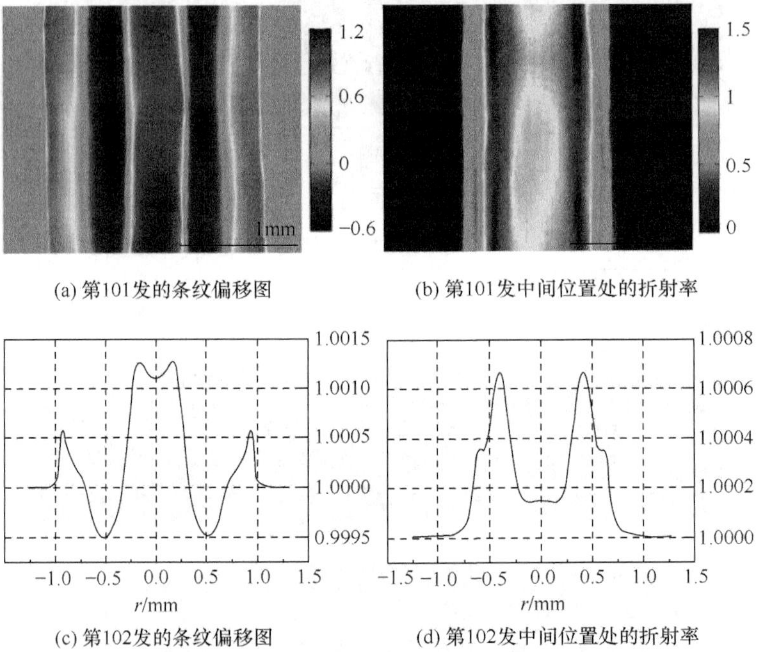

(a) 第101发的条纹偏移图　(b) 第101发中间位置处的折射率
(c) 第102发的条纹偏移图　(d) 第102发中间位置处的折射率

图 3-71　第 101 发的条纹偏移图和中间位置处的折射率，拍摄于电流峰值后 366ns；第 102 发的条纹偏移图和中间位置处的折射率，拍摄于电流峰值后的 304ns

2. 击穿模式随着充电电压的变化

当充电电压为 13 kV 时，分流击穿模式和内部击穿模式是随机出现的，然而，在更高或更低的电压下，击穿模式变得确定了。当充电电压为 15kV 和 17kV 时，电爆炸丝波形和激光探针图像分别如图 3-72 和图 3-73 所示。充电电压越高，电流前沿越大(充电电压为 17kV 时，电流在 8ns 达到 1.2kA；充电电压为 15kV 时，电流在 7ns 达到 1.1kA)，电压击穿前丝核中的欧姆沉积能量(约 6eV/atom)也越大。电压击穿发生在电流下降至零之前，因此观察不到电流暂停现象，这时击穿电压为 45kV。在电流起始后就能观察到可见光辐射，可见光辐射具有两个峰，第一个辐射峰位于电压击穿时刻。激光探针图像和上面的内部击穿模式是一致的。丝核边缘靠近冲击波波前，丝核中心区的条纹偏移量为零或负值，对应更高的电子密度。这时击穿通道边界处折射率随半径的变化足以在激光纹影图像中形成图像(图 3-73 中箭头 3)。

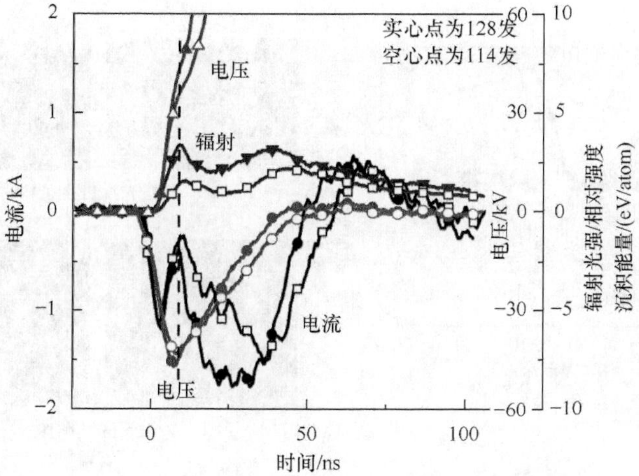

图 3-72　第 114 发(充电电压 14kV)和第 128 发(充电电压 17kV)的电流、电压和辐射波形

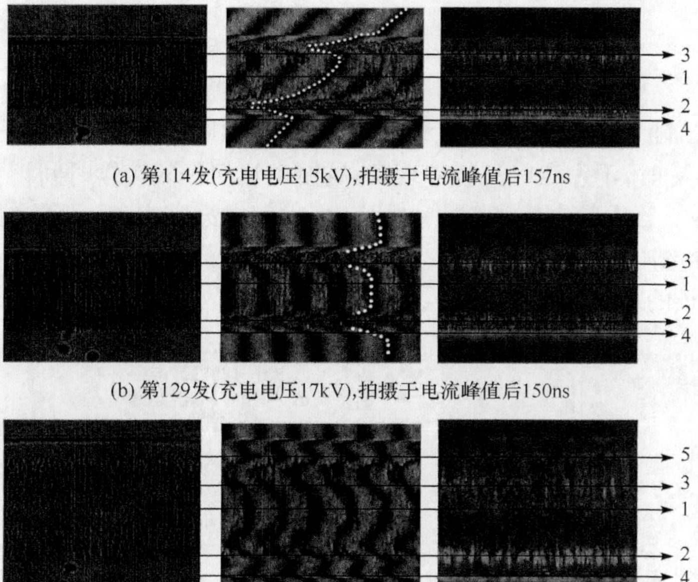

图 3-73　激光探针图像

1-金属丝初始位置;2-丝核边界;3-等离子体通道边界;4-冲击波前沿;5-压缩空气层边界

当充电电压为 11.5kV 时,击穿为分流击穿模式。波形中可以观察到电流暂停和强烈的可见光辐射,激光图像中从轴向向外依次为丝核、等离子体通道、压缩的冲击和冲击波前,如图 3-74 所示。

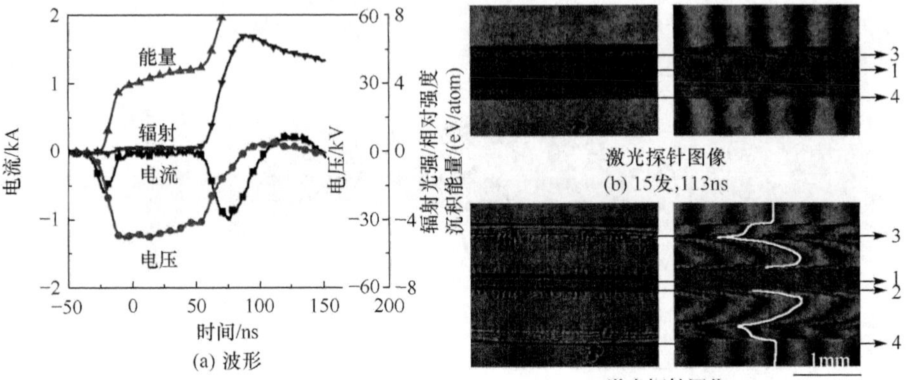

图 3-74　充电电压为 11.5kV 时,波形和激光探针图像

1-金属丝初始位置;2-丝核边界;3-等离子体通道边界;4-冲击波前沿

3. 击穿电压阈值

击穿电压随电流暂停持续时间的变化关系如图 3-75 所示。当充电电压为 15kV 或 17kV 时,不发生电流暂停现象,这时电流暂停的持续时间记为零,击穿电压大于 40kV。当击穿电压为 30～40kV 时,内部击穿模式和分流击穿模式随机出现;而当击穿电压小于 30kV 时,仅观察到分流击穿现象。与内部击穿相比,分流击穿具有更长的电流暂停时间。

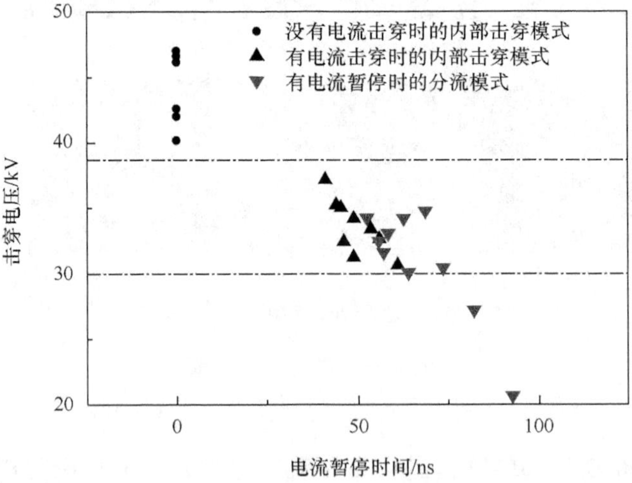

图 3-75　击穿电压和电流暂停时间的关系

冲击波前沿、击穿通道位置和丝核边界的膨胀速率极大地依赖于电压击穿模式，当充电电压为13kV时，内部击穿模式和分流击穿模式随机出现，这时不同模式下特征边界尺寸随时间的演变如图3-76所示，图中数据点取自不同的实验发次。

内部击穿模式中，电流暂停结束前的丝核半径为180μm，假设整个负载质量都位于丝核中，这时丝核中铝原子的平均数密度对应为固体密度的0.2%。这就意味着对于沉积能量为3～4eV/atom，数密度为固体密度0.2%的铝蒸气，击穿电场为15～20kV/cm，该场强低于铝丝核在沉积能量为5～6eV/atom，密度为固体密度时，大于20kV/cm的击穿场强。电压击穿时，丝核边界和冲击波前沿分离，此后冲击波的碰撞可以用Sedov-Taylor模型来描述：r 正比于 $\left(\frac{E}{\rho}\right)^{0.25}(t-t_e)^{0.5}$，其中 E 为冲击波中沉积的能量，ρ 为环境气体密度，t_e 为分离时刻。

分流击穿模式时，丝核附近空气的击穿场强小于20kV/cm，低于干燥空气的理想击穿场强，可能是受到金属丝表面产生的解吸附气体、金属蒸气和电子的影响。冲击波前沿和击穿通道的分离同样发生在电压击穿时刻附近，这时冲击波前沿和丝核的半径与内部击穿模式相当。此后，丝核的膨胀速率远小于内部击穿的结果，而冲击波前的传播速度大于内部击穿的结果，虽然在电流暂停起始时两种模式下丝核中的欧姆沉积能量基本一致。由Sedov-Taylor模型可以估计，分流击穿模式中冲击波能量是内部击穿模式的两倍。这种现象可能是因为电极击穿通道在电压击穿过程中仍接收能量沉积，对于内部击穿模型，这部分沉积能量发生在丝核中，而对于分流击穿模式，这部分能量发生在丝核外的空气层中。负载电压从其峰

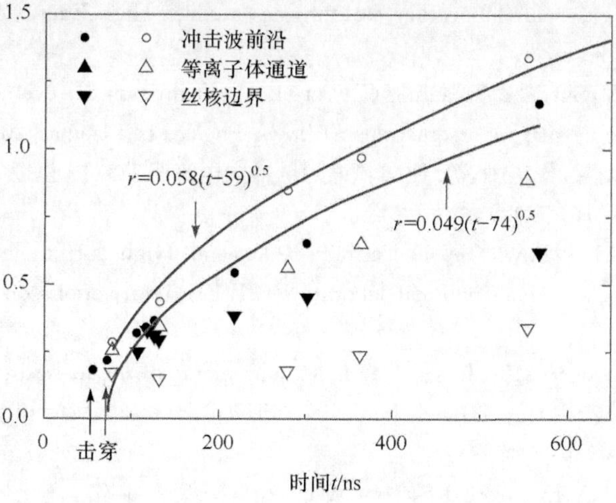

图3-76 不同击穿模式时(充电电压为13kV)，冲击波波前、等离子体通道和丝核的碰撞

实心点为内部击穿模式，空心点为分流击穿模式

值下降至 1/2 峰值时，这段时间内的欧姆沉积能量为 4～5eV/atom，而这部分能量可以更高效地从空气层耦合到冲击波前中。

参 考 文 献

[1] Haines M G. A review of dense Z-pinch. Plasma Physics and Controlled Fusion，2011，9：1-168.

[2] Davis J，Clark R，Blaha M，et al. Atomic physics and non-LTE effects. Laser and Particle Beams，2001，19：557-577.

[3] Deeney C，Douglas M R，Spielman R B，et al. Enhancement of X-ray power from a Z pinch using nested-wire arrays. Physical Review Letters，1998，81(22)：4883-4886.

[4] Ruiz C L，Cooper G W，Slutz S A，et al. Production of thermonuclear neutrons from deuterium-filled capsule implosions driven by Z-pinch dynamic hohlraums. Physical Review Letters，2004，93(1)：015001.

[5] Cuneo M E，Vesey R A，Bennett G R，et al. Progress in symmetric ICF capsule implosions and wire-array Z-pinch source physics for double-pinch-driven hohlraums. Plasma Physics and Controlled Fusion，2006，48(2)：R1-R35.

[6] Coverdale C A，Deeney C，Jones B，et al. Scaling of K-shell emission from Z-pinches：Z to ZR. IEEE Transactions on Plasma Science，2007，35(3)：582-591.

[7] Ciardi A，Lebedev S V，Frank A，et al. Episodic magnetic bubbles and jets：Astrophysical implications from laboratory experiments. Astrophysicl Journal Letters，2009，691：L147-L150.

[8] Suzuki-Vidal F，Lebedev S V，Bland S N，et al. Generation of episodic magnetically driven plasma jets in a radial foil Z-pinch，Physics of Plasmas，2010，17(11)：112708.

[9] Suzuki-Vidal F，Lebedev S V，Krishnan M，et al. Interaction of radiatively cooled plasma jets with neutral gases for laboratory astrophysics studies. High Energy Density Physics，2013，9(1) ：141-147.

[10] Lebedev S V，Suttle L，Swadling G F，et al. The formation of reverse shocks in magnetized high energy density supersonic plasma flows. Physics of Plasmas，2014，21(5)：056305.

[11] 孙凤举，邱爱慈，曾正中，等. 快 Z 箍缩短脉冲大电流驱动源技术的发展. 强激光与粒子束，2006，18(3)：513-520.

[12] Mazarakis M G，Fowler W E，LeChien K L，et al. High current linear transformer driver developmeng as sandia national laboratories. IEEE Transactions on Plasma Science，2010，38(4)：704-713.

[13] Sinars D B，Cuneo M E，Jones B，et al. Measurements of the mass distribution and instability growth for wire-array Z-pinch implosions driven by 14-20 MA. Physics of Plasmas，2005，12：056303.

[14] Liberman M A，De Groot J S，Toor A，et al. 高密度 Z 箍缩等离子体物理学. 孙承纬译. 北京：国防工业出版社，2003：187-270.

[15] Cuneo M E，Waisman E M，Lebedev S V，et al. Characteristics and scaling of tungsten-wire-

array Z-pinch implosion dynamics at 20 MA. Physical Review E, 2005, 71(4): 046406.
[16] Lebedev S V, Beg F N, Bland S N, et al. Effect of discrete wires on the implosion dynamics of wire array Z pinches. Physics of Plasmas, 2001, 8(8): 3734-3747.
[17] Lebedev S V, Beg F N, Bland S N, et al. X-ray backlighting of wire array Z-pinch implosions using X pinch. Review of Scientic Instruments, 2001, 72: 671-673.
[18] Chittenden J, Jennings C. The development of instabilities in wire array Z-pinches. APS Meeting Abstracts, Denver 2007: 6002.
[19] Bott S C, Haas D M, Eshaq Y, et al. Study of the effect of current rise time on the formation of the precursor column in cylindrical wire array Z pinches at 1 MA. Physics of Plasmas, 2009, 16(7): 072701.
[20] Chittenden J P, Lebedev S V, Jennings C A, et al. X-ray generation mechanisms in three-dimensional simulations of wire array Z-pinches. Plasma Physics and Controlled Fusion, 2004, 46: B457-B476.
[21] Gu M F. The flexible atomic code. Canadian Journal of Physics, 2008, 86(5): 675-689.
[22] Zeng J L, Wang Y G, Zhao G, et al. Theoretical simulations of emission spectra of Fe^{7+} and Fe^{8+}. Chinese Physics, 2006, 15(7): 1502-1510.
[23] Peng F, Jiang G, Zhu Z H, et al. Spectrum simulation of Li-like aluminium plasma. Chinese Physical Letters, 2006, 23(12): 3245-3248.
[24] Kallman T R, Palmeri P. Atomic data for X-ray astrophysics. Reviews of Modern Physics, 2007, 79: 79-133.
[25] Ralchenko Y, Kramida A, Reader J, et al. Atomic Spectra Database (version 4). http://www.nist.gov/pml/data/asd.cfm [2015-9-1].
[26] Hansen S B. Development and application of L-shell spectroscopic modeling for plasma diagnostics [Ph D dissertation]. Reno: University of Nevada, 2003.
[27] Bar-Shalom A, Klapisch M, Oreg J. HULLAC, an integrated computer package for atomic processes in plasmas. Journal of Quantitative Spectroscopy & Radiative Transfer, 2001, 71: 169-188.
[28] Safronova U I, Namba C, Murakami I, et al. Electric-dipole, electric-quadrupole, magnetic-dipole, and magnetic-quadrupole transitions in the neon isoelectronic sequence. Physical Review A, 2001, 64(01): 012507.
[29] Cowan R D. The Theory of Atomic Structure Spectra. Berkeley: University of California Press, 1981.
[30] Chittenden J P, Ciardi A, Jennings C A, et al. Structural evolution and formation of high-pressure plasmas in X pinches. Physical Review Letters, 2007, 98: 025003.
[31] Kalantar D H, Hammer D A, Mittal K C, et al. K-shell X-ray yield scaling for aluminum X-pinch plasmas. Journal of Applied Physics, 1993, 73(12): 8134-8138.
[32] Kalantar D H, Hammer D A. The X-pinch as a point source of X rays for backlighting. Review of Scientific Instruments, 1995, 66(1): 779-781.

[33] Pikuz S A, Shelkovenko T A, Romanova V M, et al. High-luminosity monochromatic X-ray backlighting using an incoherent plasma source to study extremely dense plasmas. Review of Scientific Instruments, 1997, 68(1): 740-744.

[34] Shelkovenko T A, Pikuz S A, Mingaleev A R, et al. Studies of plasma formation from exploding wires and multiwire arrays using X-ray backlighting. Review of Scientific Instruments, 1999, 70(1), 667-670.

[35] Sinars D B, Pikuz S A, Shelkovenko T A, et al. Temporal parameters of the X-pinch X-ray source. Review of Scientific Instruments, 2001, 72(7): 2948-2956.

[36] Shelkovenko T A, Pikuz S A, Sinars D B, et al. Time-resolved spectroscopic measurements of～1keV, dense, subnanosecond X-pinch plasma bright spots. Physics of Plasmas, 2002, 9(5): 2165-2172.

[37] Sinars D B, Pikuz S A, Shelkovenko T A, et al. Time-resolved spectroscopy of Al, Ti, and Mo X pinch radiation using an X-ray streak camera. Journal of Quantitative Spectroscopy & Radiative Transfer, 2003, 78: 61-83.

[38] Kantsyrev V L, Fedin D A, Shlyaptseva A S, et al. Energetic electron beam generation and anisotropy of hard X-ray emission from 0. 9 to 1. 0 MA high-Z X pinches. Physics of Plasma, 2003, 10(6), 2519-2526.

[39] Shelkovenko T A, Pikuz S A, Douglass J D, et al. Multiwire X-pinches at 1-MA current on the COBRA pulsed-power generator. IEEE Transactions on Plasma Science, 2006, 34(5): 2336-2341.

[40] Anan'ev S, Baksaev Yu L, Blinov P I, et al. Investiagtions of mega ampere multiwire X pinch. JETP Letters, 2008, 97(7): 364-370.

[41] Sinars D B, McBride R D, Pikuz S A, et al. Investigation of high temperature bright plasma X-ray sources produced in 5 MA X-pinch experiments. Physical Review Letters, 2012, 109(12): 155002.

[42] Beg F N, Krushelnick K, Lichtsteiner P, et al. Table-top X-pinch for X-ray radiography. Applied Physics Letters, 2003, 82(25): 4602-4604.

[43] Wu J, Sun TP, Wu G, et al, Aluminum and tungsten X-pinch experiments on 100kA, 100ns linear transformer driver stage. Physics of Plasmas, 2011, 18(5): 052702.

[44] 张然，朱鑫磊，赵屾，等. 小型 X 箍缩的初步实验研究. 第二届全国脉冲功率会议，西安，2011: 605-609.

[45] Mesyats G A, Shelkovenko T A, Ivanenkov G V, et al. X-pinch source of subnanosecond soft X-ray pulses based on small-size low-inductance current generator. Journal of Experimental and Theoretical Physics, 2010, 111(3): 363-370.

[46] Wu J, Qiu AC, Wu G, et al. X-pinch experiments on 1-MA"QiangGuang-1" facility. IEEE Transaction on Plasma Science, 2010, 38(4): 639-645.

[47] Haas D M, Bott S C, Kim J, et al. Supersonic jet formation and propagation in X-pinches. Astrophysics and Space Science, 2011, 336(1): 33-40.

[48] Beg F N, Ciardi A, Ross I, et al. Jet Formation and current transfer in X-pinches. IEEE Transactions on Plasma Science, 2006, 34(5): 2325-2329.

[49] Mitchell I H, Rossel R A, Saavedra R, et al. Investigation of the plasma jet formation in X-pinch plasmas using laser interferometry. Physics of Plasma, 2000, 7(12): 5140-5147.

[50] Dreicer H. Electron and ion runaway in a fully ionized gas. 2. Physical Review, 1960, 117: 329-342.

[51] Pease R S. Equilibrium characteristics of a pinched gas discharge cooled by bremsstrahlung radiation. Proceedings of the Physical Society of London Section B, 1957, 70(1): 11-23.

[52] Braginskii S I. The behavior ofa completely ionized plasma in a strong magnetic field. Soviet Physics JETP-USSR, 1958, 6(3): 494-501.

[53] Koshelev K N, Pereira N R. Plasma points and radiative collapse in vacuum sparks. Joural of Applied Physics, 1991, 69(10), R24-R44.

[54] 吴坚. 兆安电流下 X 箍缩特性及点投影照相技术研究. 北京：清华大学(博士等位论文)2012.

[55] 孙铁平，乔开来，郭宁，等. 快前沿直线脉冲变压器驱动源模块中开关同步对放电电流的影响. 强激光与粒子束，2010，22(8)：1959-1963.

[56] 吴刚，吴坚，邱爱慈，等. X射线二极管在 2～6keV 能区的灵敏度退化研究. 强激光与粒子束，2010，22(6)：1285-1290.

[57] Bentley C D, Slark G, Gales S G. Investigation into the aging effect of experiment use on X-ray diode photocathodes, and the calibration of p-i-n silicon diodes. Review of Scientific Instruments, 2003, 74(3): 2220-2223.

[58] Ruiz-Camacho J, Beg F N, Dangor A E, et al. Z-pinch discharges in aluminum and tungsten wires. Physics of Plasmas, 1999, 6(6): 2579-2587.

[59] Shelkovenko T A, Pikuz S A, Mingaleev A R, et al. Studies of plasma formation from exploding wires and multiwire arrays using X-ray backlighting, Review of Scientific Instruments, 1999, 70(1): 667-670.

[60] Pikuz S A, Shelkovenko T A, Mingaleev A R, et al. Density measurements in exploding wire-initiated plasmas using tungsten wires. Physics of Plasmas, 1999, 6(11): 4272-4283.

[61] Sinars D B, Shelkovenko T A, Pikuz S A, et al. Exploding aluminum wire expansion rate with 1-4. 5kA per wire. Physics of Plasmas, 2000, 7(5): 1555-1563.

[62] Sinars D B, Hu M, Chandler K M, et al. Experiments measuring the initial energy deposition, expansion rates and morphology of exploding wires with about 1kA/wire. Physics of Plasmas, 2001, 8(1): 216-230.

[63] Chandler K M, Hammer D A, Sinars D B, et al. The relationship between exploding wire expansion rates and wire material properties near the boiling temperature. IEEE Transactions on Plasma Science, 2002, 30(2): 577-587.

[64] Hu M, Kusse B R. Optical observations of plasma formation and wire core expansion of Au, Ag, and Cu wires with 0-1 kA per wire. Physics of Plasmas, 2004, 11(3): 1145-1150.

[65] Sarkisov G S, Struve K W, McDaniel D H. Effect of deposited energy on the structure of an exploding tungsten wire core in a vacuum. Physics of Plasmas, 2005, 12: 052702.

[66] Sarkisov G S, Sasorov P V, Struve K W, et al. Polarity effect for exploding wires in a vacuum. Physical Review E, 2002, 66(4): 046413.

[67] Sarkisov G S, McCrorey D. Imaging of exploding wire phenomena. IEEE Transactions on Plasma Science, 2002, 30(1): 98-99.

[68] Sarkisov G S, Struve K W, McDaniel D H. Effect of current rate on energy deposition into exploding metal wires in vacuum. Physics of Plasmas, 2004, 11(10): 4573-4581.

[69] Rousskikh A G, Oreshkin V I, Zhigalin A, et al. Expansion of the plasma corona from a wire exploded in vacuum. Physics of Plasmas, 2010, 17(3). 033505.

[70] Sarkisov G S, Rosenthal S E, Struve K W. Transformation of a tungsten wire to the plasma state by nanosecond electrical explosion in vacuum. Physical Review E, 2008, 77(5): 056406.

[71] Pikuz S A, Shelkovenko T A, Sinars D B, et al. Multiphase foamlike structure of exploding wire cores. Physical Review Letters, 1999, 83(21): 4313-4316.

[72] Rousskikh A G, Baksht R B, Oreshkin V I, et al. Results of experiment on explosion of W and Al wires in water and vacuum. Dense *Z*-Pinches: 5th International Conference on Dense Z pinches, Albuquerque, 2002: 217-220.

第4章 激光诱导等离子体

4.1 概 述

利用高功率脉冲激光聚焦于致密介质表面产生等离子体，从20世纪60年代到目前已经受到半个多世纪的关注[1-15]。基于激光诱导等离子体的各种技术也在基础研究与工业应用的多个方面发挥着重要作用。利用激光等离子体发射光谱定性和定量分析样品类型和性质，在航天、环境检测、食品安全等诸多领域引起广泛关注，正朝向商业化应用快速发展[16-22]。利用激光诱导等离子体改变介质介电属性，从而触发和控制间隙放电特性，在脉冲功率技术以及电力系统安全方面具有重要价值[23-27]。利用激光烧蚀的薄膜沉积术，在20世纪80年代便成功制备出高温超导薄膜，之后更是在铁电材料、复杂氧化物以及巨磁电阻材料的制备上得到了广泛应用[28-34]。

迄今为止，人们研究了多种不同介质的激光诱导等离子体现象，并对其中的击穿机制进行了不懈的探索[35-37]。然而随着上述技术的发展，人们发现对于激光诱导等离子体的认识还相当有限，难以满足迅速发展的各类应用领域的需求。这一方面源于激光诱导等离子体演化过程本身的复杂性，另一方面又因为其行为特性与多种因素密切相关[38-44]。目前，诱导等离子体的激光脉冲宽度已覆盖毫秒、微秒、纳秒、皮秒甚至飞秒量级，其能量和功率密度也各不相同，由此导致的等离子体属性也各有其特殊性，从而其应用领域也各有区别[45-53]。相对而言，纳秒激光诱导等离子体的应用较为广泛。这主要是因为纳秒激光一方面较易获得比长脉宽周期激光更高的功率密度；另一方面，其建设与维护成本又远低于超短脉宽激光。就等离子体本身而言，纳秒激光诱导等离子体兼具长脉宽和超短脉宽激光诱导等离子体的部分特性，因此其研究更具一般性。不加特殊说明时，下文讨论的诱导等离子体行为均限于使用纳秒激光。

4.2 激光与物质相互作用基础

激光诱导等离子体的诸多应用和发展依赖于对其基本性质的深入理解和行为控制。以大气环境下的纳秒脉冲激光诱导等离子体为例，其典型的演化过程如图4-1所示。其中，入射激光作用期间的激光与物质相互作用，包括激光与靶面相互作用，以及激光与等离子体相互作用，决定了激光诱导等离子体的早期行为，并对其后期的演化特性具有关键性影响。

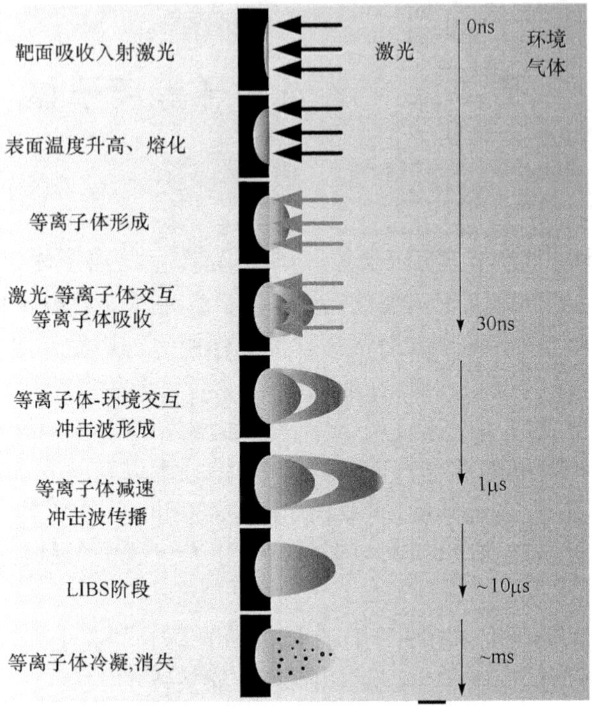

图 4-1　激光诱导等离子体的典型发展过程

激光入射到靶材表面时,一部分激光被反射,一部分激光被靶材吸收。激光的吸收和反射水平主要取决于材料表面的性质。靶面吸收激光能量,温度上升,气化蒸发脱离表面,对靶面造成不可逆的破坏。激光烧蚀进行材料处理和机械加工主要就是利用这一过程。利用激光进行微加工,或制备纳米材料的效率依赖于每束入射激光烧蚀完成后从样品所剥离的材料质量,称为质量烧蚀率。

金属蒸气继续吸收激光能量,其电子从原子核剥离,当电离度高于一定阈值时,形成等离子体。等离子体的出现对激光与靶面的作用会产生重要影响。等离子体密度较高时,会对入射激光具有很强的吸收作用,使后续的激光难以到达金属靶面。等离子体吸收激光使靶面获得的激光能量减少,就像在靶和激光之间架起了一道"墙",称为等离子体的屏蔽效应(plasma shielding)。因此,激光对靶面的烧蚀率并非随激光功率上升而一直提高,而会在某一点达到饱和,其变化本质是非线性的,具体表现为:当利用激光进行金属薄膜穿孔实验时,当激光能量密度较小,随激光能量密度上升,穿透金属膜的激光发次下降,然而当超过某一激光能量密度阈值后,所需的激光发次反而明显升高。等离子体本身具有很高的温度和压力,与靶面之间也存在复杂的能量交互过程。

纳秒激光入射金属靶面时，材料的升温、熔化和气化过程可由热传导方程描述[54]：

$$\frac{\partial T(x,t)}{\partial t}=\frac{\partial}{\partial x}\left[\frac{\kappa}{(C_p\rho)}\frac{\partial T(x,t)}{\partial x}\right]+\frac{\alpha}{C_p\rho}I(x,t) \tag{4-1}$$

式中，T、x 和 t 分别为温度、与靶面的距离、时间；κ、C_p、ρ 和 α 分别为热导率、热容、质量密度和激光吸收系数。方程右端第一项表征热传导过程，第二项表征靶面吸收入射激光的热源项。$I(x,t)$表征入射激光功率密度，它是靶面和时间的函数，符合 Beer-Lambert 定律[55]：

$$I(x,t)=I_0(t)\exp(-\alpha x)[1-R] \tag{4-2}$$

式中，I_0 为入射激光在靶面处的功率密度；R 为表面反射率。金属表面反射率接近于 1，但在激光烧蚀期间可降低到 0.1[56]。

物质被激光聚焦击穿之后，产生的等离子体沿着激光入射时的路径发展，此时的速度在 10km/s 至 100km/s 量级。等离子体对激光能量的吸收过程也往往发生于等离子体膨胀波的前沿，此时等离子体的膨胀主要是靠吸收激光能量来驱动的，称为激光支持吸收波(laser supported absorption wave，LSAW)。随入射激光功率的不同，激光支持吸收波又可以根据入射激光能量大小再分为激光支持燃烧波(laser supported combustion waves，LSCW)和激光支持爆轰波(laser supported detonation waves，LSDW)。激光能量相对较低时，激光能量吸收界面在等离子体前沿，燃烧波以亚声速逆激光传播[57]；当激光能量足够高时，等离子体前端的冲击波前沿吸收了绝大部分激光能量，爆轰波以超声速逆激光传播[58,59]。Raizer 在 1965 年建立了 LSDW 的一维气体动力学模型[8]，而 Su 则在 1976 年建立了 LSCW 的一维定常模型[57]。

入射激光在等离子体中的吸收主要可归因于两者机制：逆轫致辐射(inverse bremsstrahlung，IB)和光电离过程(photo ionization)。逆轫致吸收通常指原子或离子附近的自由电子捕获光子而获得更高的能量，期间自由电子和原子(或离子)保持动量守恒。光电离作用则通常发生于易电离气体混合物[14,60]。入射激光使等离子体电离度和温度不断升高，若等离子体密度达到某一临界值，入射激光将不能透过等离子体到达样品表面。这一临界值 n_c 与激光波长(或频率)相关，可描述为 $n_c=\varepsilon_0 m_e\omega^2/e^2$。其中，$\varepsilon_0$、$m_e$、$e$、$\omega$ 分别为真空介电常数、电子质量、元电荷以及激光入射角频率。事实上，这一公式可以推广到其他波长的电磁波在等离子体中的传播。入射激光作用完成后，等离子体将进一步向空间传播，其参数不断发生变化，并且变化过程与环境气体密切相关。

4.3 激光诱导等离子体动态模型

4.3.1 经典解析模型

1. Sedov-Taylor 点爆炸模型

激光等离子体空间中传播时压缩空气产生冲击波，可通过经典的点爆炸理论予以描述。假定爆炸源位于 $R=0$ 处，其特征半径为 r_0，在 $t=0$ 时刻发生爆炸，并且瞬间释放出能量 E_0。爆炸会在周围气体介质中产生一个球面的冲击波，并且迅速向外传播，波后气体运动为绝热过程。若如下条件满足，则符合点爆炸模型：①冲击波传播尺度远大于 r_0；②冲击波强度 P_0 远大于环境气压。由下文实验可知，激光诱导等离子体产生激波满足上述两个条件，因此可以使用点爆炸模型进行分析计算。

Sedov 和 Taylor 分别使用量纲分析法计算了球面冲击波的运动规律，并结合自模拟理论，得到了点爆炸理论的空间全解，因此称为 Sedov-Taylor 点爆炸理论。此时，球面冲击波运动满足如下关系：

$$R(t)=\varepsilon_0(E/\rho_0)^{1/5}t^{2/5} \tag{4-3}$$

式中，ε_0 为与爆炸相关的积分常数，在空气介质中常温常压条件下接近于 1。对于各种不同结构的冲击波，上述点爆炸理论更为通用的公式为

$$R(t)=\varepsilon_0(E/\rho_0)^{1/(N+2)}t^{2/(N+2)} \tag{4-4}$$

式中，N 为激波空间结构系数。当为理想的平面、柱面和球面时，N 为 1、2、3。

2. Drag force 模型

激光等离子体在空气中运动时，将受到环境空气的黏滞力作用，其速度会不断下降。直到等离子体压力下降到与环境气体压力相当时，等离子体将最终停止，并逐渐消失。

不考虑等离子体自身辐射、复合等能量转化过程，等离子体宏观运动满足如下规律[39]，称为 Drag force 模型(下文简称 Drag model)：

$$v=v_0\exp(-\beta t)=v_0-\beta x \tag{4-5}$$

$$x=x_0[1-\exp(\beta t)] \tag{4-6}$$

式中，v 表示等离子体运动速度；v_0 为初始速度；x 为运动距离；x_0 为停止距离；β 为拖拽系数，加速度 $a=-\beta v$。此外，β 和停止距离 x_0 之间满足 $\beta=v_0/x_0$。

4.3.2 Monte Carlo 方法

激光烧蚀等离子体在空间中膨胀时，微观上每个离子都会与背景气体分子随机发生碰撞，且整体上处于热统计平衡态。每个微观粒子发生一系列交互，同时其

动力学特性也随之发生改变。利用基于完全经典弹性膨胀(fully classical elastic collisions)原理的 Monte Carlo 方法可以实现上述过程的描述[61]。这里以开源 Monte Carlo 软件 SRIM 2012 为例,介绍实现激光烧蚀等离子体与环境气体分子之间相互作用的模拟方法。下面对算法进行简单介绍,其中公式的具体术语意义和物理机制可参见软件手册[62]。

(1) 选择具有确切能量的离子,选择碰撞参数 p:

$$p=\frac{-\ln(1-u)}{\pi LN} \tag{4-7}$$

式中,u 为介于 0 和 1 之间的随机数;L 为自由飞行距离;N 为媒介的数密度。

(2) 使用全局散射积分计算质心散射角 θ。

(3) 计算离子的更新能量,计算反冲原子的能量 E' 以及自由飞行距离 L。

(4) 计算完成自由飞行之后的能量:

$$E=E'-|\mathrm{d}E/\mathrm{d}x|L \tag{4-8}$$

式中,$|\mathrm{d}E/\mathrm{d}x|$ 为制动能力(stopping power)。

(5) 判断注入离子是否达到最小值,即能否够取代晶格原子:

$$E_{\min}=\frac{E_{\mathrm{d}}(M_1+M_2)^2}{4M_1M_2} \tag{4-9}$$

式中,M_1 和 M_2 分别为离子和原子质量。

(6) 注入新离子,重复上述计算;当统计结果足够满意时停止计算。

设定注入激光诱导 Al^+ 等离子体,能量为 0.3eV,环境气体为氮气(50Pa)。计算得到的离子空间分布如图 4-2 所示。

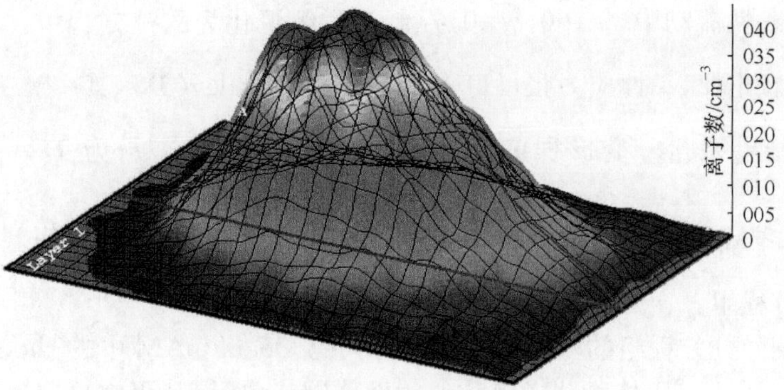

图 4-2　SRIM 计算 Al 离子空间分布的典型结果

4.3.3　可压缩流体模型

激光诱导等离子体的行为在激光作用期间表现十分复杂,涉及靶材料相变、等离子体形成、电离与复合、辐射传输与吸收等多物理场耦合过程,并且等离子体动态特性与入射激光参数、靶材料特性、环境气体类型与压力等条件密切相关。这一过程的研究多以实验探索为主，仿真则以一维数值模型为主[54,55,63-70]。

数值模型中，激光加热靶材料主要考虑正常蒸发、多相沸腾和相爆炸机制，等离子体形成过程采用 Saha-Eggert 方程进行描述，等离子体传播基于质量、动量与能量守恒定律，并考虑激光在等离子体的吸收加热以及等离子体自身的辐射冷却作用。Bogaerts 利用该模型研究了激光参数对激光烧蚀和诱导等离子体的影响[60]。在此基础上，Chen 发展了上述模型并应用于多水材料的激光烧蚀作用研究[71,72]。Tavassoli 等研究考虑激光功率密度上升时，靶材由正常气化向相爆炸转变的过程[64,66]。Autrique 研究了质量移除机理对等离子体形成的影响[73]。

激光脉冲完成后，等离子体向空间快速膨胀，同时压缩背景气体形成激波，并在激波传播过后形成低密度区，该过程适合由黏性可压缩流体数值模型进行描述[74,75]。环境气体中的激光诱导等离子体膨胀运动的控制方程组包括质量守恒方程、动量守恒方程（忽略体积力）、总能量守恒方程，如下所示[76]：

$$\frac{\partial \rho}{\partial t}+\nabla\cdot(\rho\boldsymbol{u})=0$$

$$\frac{\partial \rho\boldsymbol{u}}{\partial t}+\nabla\cdot[\boldsymbol{u}(\rho\boldsymbol{u})]=-\nabla p-\nabla\cdot\overline{\overline{\boldsymbol{\tau}}}$$

$$\frac{\partial \rho E}{\partial t}+\nabla\cdot[\boldsymbol{u}(\rho E)]=-\nabla\cdot[\boldsymbol{u}p]-\nabla\cdot[\boldsymbol{u}\cdot\overline{\overline{\boldsymbol{\tau}}}]-\nabla\cdot\boldsymbol{q} \tag{4-10}$$

式中，ρ 为流体密度；$\boldsymbol{u}$ 为流体速度；p 为流体压力；$\overline{\overline{\boldsymbol{\tau}}}$ 为黏性应力张量；E 为总能量密度，$E=e+\boldsymbol{u}^2/2$（e 为比内能）；$\boldsymbol{q}$ 为热扩散通量，$\boldsymbol{q}=-k\nabla T$（$k$ 为热导率，T 为温度）。在非黏性流动中，$\overline{\overline{\boldsymbol{\tau}}}=0$，$\boldsymbol{q}=0$，控制方程组退化为欧拉方程组。对于黏性流动，根据牛顿定律，黏性应力张量可表示为 $\overline{\overline{\boldsymbol{\tau}}}=-2\mu\mathrm{dev}(\overline{\overline{\boldsymbol{D}}})$，其中 μ 为动态黏性，$\overline{\overline{\boldsymbol{D}}}$ 为变形梯度张量。变形梯度张量取决于流体速度，表示为 $\overline{\overline{\boldsymbol{D}}}\equiv-\frac{1}{2}[\nabla\boldsymbol{u}+(\nabla\boldsymbol{u})^{\mathrm{T}}]$，其偏离分量为 $\mathrm{dev}(\overline{\overline{\boldsymbol{D}}})=\overline{\overline{\boldsymbol{D}}}-\frac{1}{3}\mathrm{tr}(\overline{\overline{\boldsymbol{D}}})\overline{\overline{\boldsymbol{I}}}$。最后，使用理想气体状态方程封闭整个方程组。

上述偏微分方程组的求解可使用开源代码 OpenFOAM 中的 rhoCentralFoam 求解器[77]。采用有限体积法求解均匀六面体网格单元，利用中央迎风方案捕捉可压缩亚音速和超音速流体中的激波边界。连续算子分裂法用于求解动量和能量方程，简单的隐式欧拉方案用于时间微分，全局采用笛卡儿坐标系。利用该模型计算激光诱导黄铜等离子体在空气中传播的结果与激光阴影照相实验对比如图 4-3 所示。插图为 1000ns 时刻的压力场分布数值结果与阴影照相。计算结果表明，等离子体的初始膨胀速度达到约 10km/s 量级，与实验结果一致。

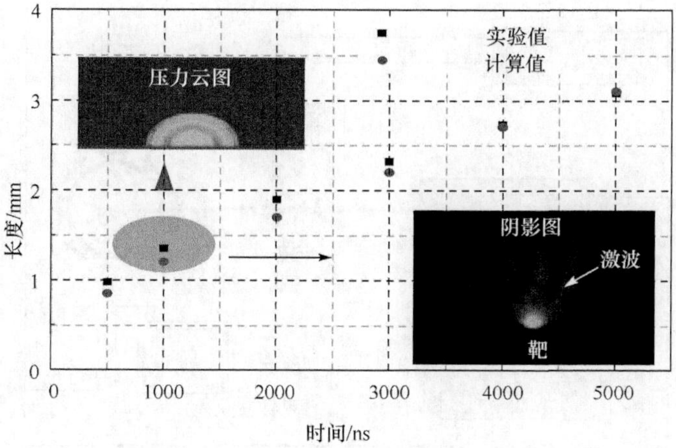

图 4-3　不同时刻下激波前沿位置的数值计算和激光阴影照相结果

4.4　激光诱导等离子体基本实验装置

激光诱导等离子体实验系统一般由激光源、光路系统、实验腔和诊断装置几部分组成。激光源可使用气体激光器、准分子激光器或半导体激光器等，是击穿靶材料产生等离子体的能量源。光路系统一般包括扩束、准直与聚焦装置，也可用高功率光纤，用于将脉冲激光传输于靶材料表面。实验腔为激光诱导等离子体提供所需要的真空或特殊气氛、温度环境。诊断装置则根据具体的研究目标进行选择，可包括电探针、快速照相装置、可见光谱诊断、激光探针诊断等。

研究激光诱导等离子体动态特性使用最为广泛的诊断方法之一是快速照相技术。激光诱导等离子体可在红外波段、可见光波段、紫外波段，甚至是 X 射线波段辐射光子。研究自发光图像有助于直观地描述激光诱导等离子体的时空演化过程，以及等离子体形貌对激光参数、环境因素等的依赖关系。采用的激光诱导等离子体实验与 ICCD 快速照相系统的典型结构如图 4-4 所示。实验采用 1064nm 激光器，脉冲半高宽度约为 15ns。利用分束镜将固定比例的激光能量反射到能量计，以便实时监测每一发实验的实际激光器出光能量。使用高响应度光电管(DEA10A，Thorlab)探测并记录激光输出时刻及其波形。使用焦距为 11cm 的平凸透镜将激光垂直聚焦于靶面。ICCD 相机置于靶面一侧，并垂直于激光入射方向。系统配置了 Nikon UV 镜头和三只近摄镜将等离子体图像聚焦于 ICCD。系统光谱响应范围为 320～900nm，空间分辨率为 22μm。使用 DG535 触发激光器和 ICCD，且 ICCD 触发时刻可调以便获得等离子体的时间分辨图像。

ICCD 探测的等离子体图像时刻可根据示波器记录的激光波形和 ICCD 动作

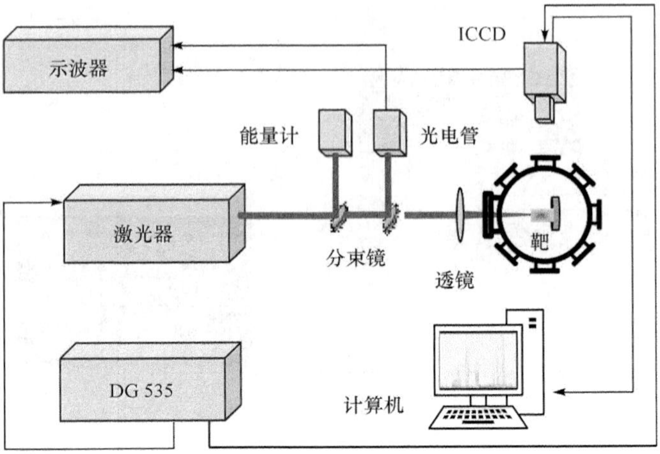

图 4-4　激光诱导等离子体实验及 ICCD 快速照相系统

信号获得，如图 4-5 所示。定义 ICCD 动作信号与激光波形峰值重合处为时间零点，因此对应图 4-5 中 ICCD 记录的等离子体时刻约为 42ns。事实上，图 4-4 快速照相系统中，将 ICCD 替换为可见光光谱仪，即为等离子体光谱测试系统。若光谱仪的成像记录装置为 ICCD(如下文中的光谱测试中均使用配置 ICCD 的光谱仪)，那么光谱测试系统的触发动作信号与上述快速照相系统完全相同。使用分幅相机、条纹相机的等离子体测试系统也与此类似。

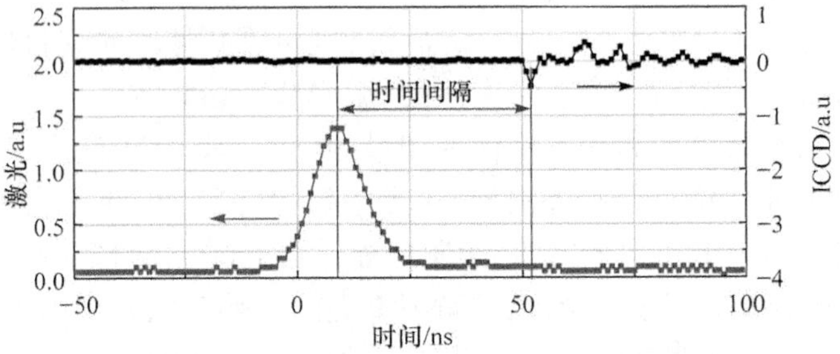

图 4-5　典型的激光信号与 ICCD 动作信号波形

4.5　激光诱导等离子体基本演化特性

4.5.1　激光诱导等离子体早期行为

激光诱导金属铝的等离子体图像如图 4-6 所示。图中每一幅激光等离子体图像均来自一次独立的激光辐照靶面实验，相同实验条件下相同时刻的等离子体图像具有理想的重复性。每幅图像中，等离子体辐射强度均相对最大值做归一化处理，并使用图像处理转为伪彩色。负时刻表示等离子体图像记录于入射激光到达其峰值时刻之前。需要注意的是，此处等离子体图像为 320～950nm 范围内的辐射积分信息，并不能完整反映所有的等离子体辐射信息，等离子体在紫外和红外范围内均可能存在辐射，但超出了本章实验系统的探测能力范围。另外，此处使用激光为 1064nm，不在系统响应范围内，因此激光在环境中的散射对实验探测的影响可忽略。

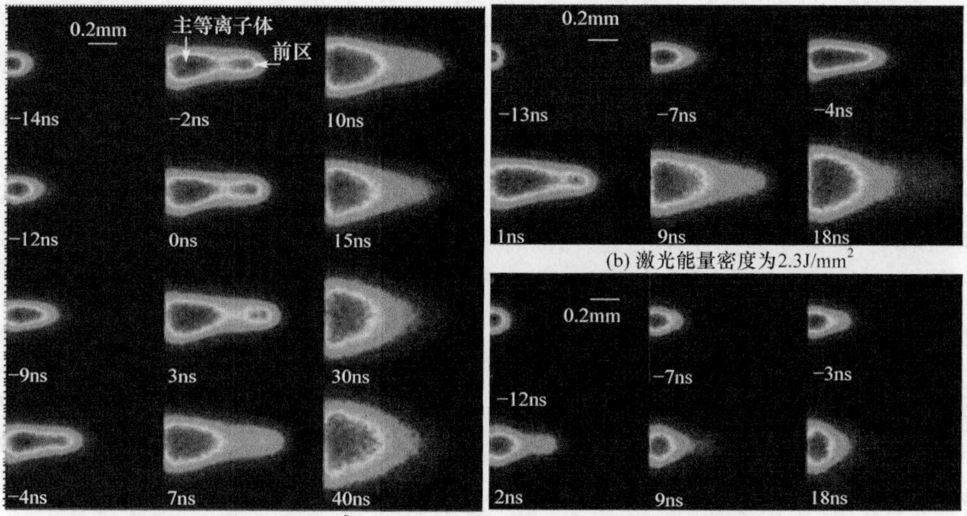

(a) 激光能量密度为1.4J/mm²　(b) 激光能量密度为2.3J/mm²　(c) 激光能量密度为0.43J/mm²

图 4-6　不同能量密度下的激光诱导铝等离子图像

由图 4-6(a)可以看出，几乎在激光一开始到达靶面时，等离子体便立即产生并辐射出可见光。该等离子体由激光直接辐照靶面产生，称为主等离子体(primary plasma)。由图中－14ns 时刻的等离子体图像估算聚焦光斑大小为 0.2mm（辐射强度的半高宽值)；同时，实测入射激光能量为 43.5mJ，因此计算得到激光能量密度为 1.4J/mm^2。由 ICCD 记录结果可知，激光入射开始后的初始等离子体运动以沿着靶面法线方向为主。等离子体纵向长度由－14ns 时刻的 0.23mm 伸展为－4ns 时的 0.61mm，其平均运动速度达到 40km/s。激光峰值时刻前 2ns，快速运动的等离子体前端与主等离子体分离，形成了“分裂”现象。

等离子体分裂现象的形成可以从以下两个方面进行理解：①主等离子体形成后，入射激光逐渐从与靶面作用转移为与等离子体相互作用，等离子体前端与靶面处的主等离子体相比，逐渐吸收更多入射激光获得更大的加速度，从而将主等离子体“甩”在后方形成分裂现象；②等离子体空间传播时也引起激波的空间传播，激波前沿附近的高温高密度特性使得对激光能量的吸收作用增强，在等离子体前端进一步形成了局部的高辐射亮度区，与主等离子体在表观上形成了分裂现象。等离子体分裂现象在已有的文献中常见于中等气压环境下（10～100Pa），而在大气环境中的等离子体分裂现象则极少见报道。

激光作用结束后，等离子体前端的辐射强度迅速衰减，并在激光峰值后约15ns时变得不可见。等离子体前端的消失使得激光的纵向长度略有下降，与此同时，等离子体径向膨胀开始明显，使得等离子体外观发展为锥形。

保持激光聚焦条件不变，改变激光能量，观察不同激光能量密度对等离子体特性的影响。此处通过改变激光器电源装置的振荡电压来改变激光能量的大小。另外，激光能量的大小也可以通过在光路中增加偏振片实现。图4-6(b)和(c)给出了能量密度为2.3J/mm^2 和0.43J/mm^2 时等离子体的时空演化图像。由图可以看到，初始等离子体表现出与上所述过程（1.4J/mm^{2}激光能量密度）相似的发展趋势，同时等离子体内部结构或多或少受到入射激光能量密度的影响。当激光能量更大时，主等离子体的体积也更大，同时分裂现象变得不容易辨识。为更好地了解等离子体膨胀与演化过程，可利用图像元数据提取等离子体波前位置-时间曲线，从而获得相关的定量信息。

激光诱导铝、铜和不锈钢等离子体的长度随时间的演化曲线如图4-7所示。此处等离子体波前位置定义如下：等离子体中轴位置上，自最大辐射强度处开始远离靶面，辐射强度降至10%最大强度处为波前。在激光脉冲早期（<−4ns），等离子体沿着靶面垂直方向线性膨胀。当激光能量密度为1.4J/mm^2 时，该速度为40km/s；激光能量为0.43J/mm^2 时，速度降为20km/s。该速度受靶材料影响较小，而与激光能量密度高度相关。

超音速等离子体膨胀的机理主要包括以下几种机制：快速电离波（fast ionization wave，FIW），激光支持辐射波（laser supported radiation wave，LSRW），以及激光支持爆轰波[37,78]（laser supported detonation wave，LSDW）。此处可利用LSDW的概念讨论上述实验结果。Vorob'ev 给出了估算空气中LSDW速度$v_{\rm LSDW}$的经验表达式，如下所示：

$$v_{\rm LSDW} \approx 8.48(\alpha I/P)^{1/3} \tag{4-11}$$

式中，α 为激光吸收系数；I 为激光功率密度，归一化单位100MW/cm^2；P 为环境气体压力，归一化为1atm。将激光功率密度设为9.3GW/cm^2（对应激光能量密度为1.4J/mm^2），可得到$v_{\rm LSDW}$值为39km/s；当激光功率密度为2.8GW/cm^2（对应激光能量密度为0.43J/mm^2）时，计算得到$v_{\rm LSDW}$为22km/s（激光吸收系数为0.6）。可以看出经验公式估算值与实验测量结果比较一致。

如上所述，激光入射期间等离子体波前的电子密度不断增加，等离子体屏蔽效应逐渐增强，从而等离子体波前吸收大量激光能量引起等离子体分裂现象。然而

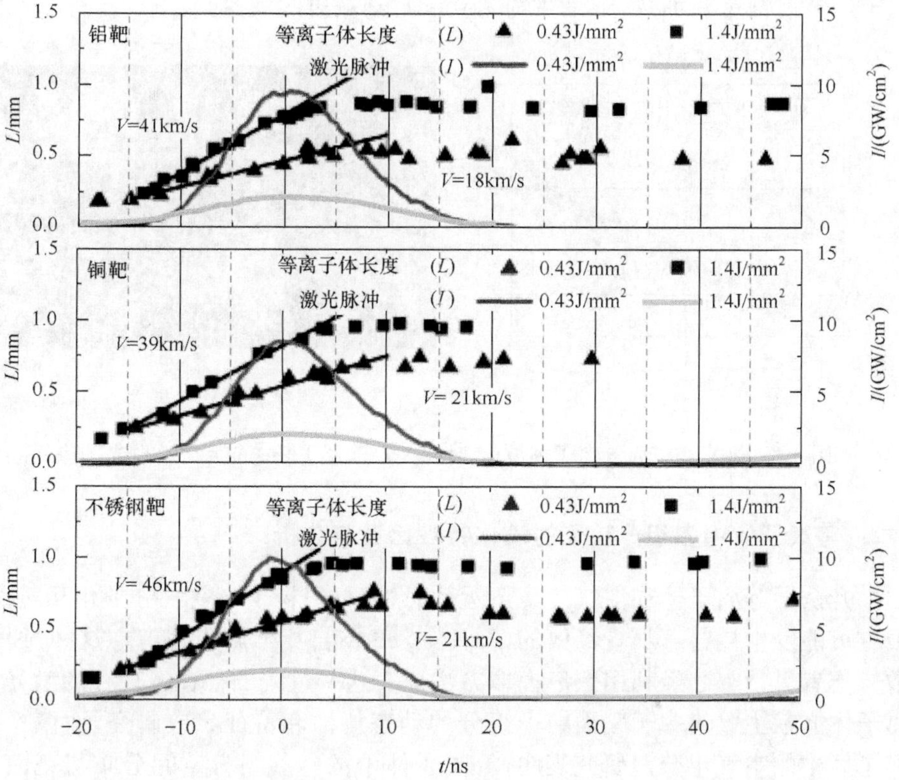

图 4-7 激光诱导铝、铜、和不锈钢等离子体的波前位置-时间关系

到激光脉冲峰值后期，尽管仍有少量激光能量注入，等离子体波前运动几近停止，因此推测激光能量主要被空气中的激波所吸收。激光脉冲结束后，由于不再有能量注入，等离子体波前的温度和密度由于环境气体碰撞以及自发辐射而迅速降低。

激光脉冲结束后，主等离子体在空气中传播距离如图 4-8(a)所示，对应的激光能量密度为 1.4J/mm²。50ns 时刻的等离子体长度约为 1mm，到 1μs 时增加到 1.6mm。该尺寸与不同靶材料的关系仍不明显。将等离子体波前位置与 Sedov 提出的激波模型以及 Geohegan 提出的 Drag 模型比较可知，在早期(＜130ns)等离子体波前位置与激波模型符合较好，而在后期，等离子体受到空气阻力的影响逐渐明显，从而逐渐变得与 Drag 模型符合较好。图 4-8(b)给出了等离子体后期 130ns 时刻前后的 ICCD 照相结果。由图可以看到，等离子体的锥形结构持续到 100ns，然后等离子体波前的尖锐结构逐渐到 130ns 时刻左右时变圆。等离子体波前再次出现分离的局部高辐射强度区，该区恰好位于原来等离子体波前消失的位置，如图 4-6 和图 4-8 中白色箭头所示。因此可以推断环境空气和不可见的等离子体波前共同主导了主等离子体的突然减速过程。同时，随着主等离子体的减速，等离子体波前被重新加热，于是在约 130ns 时刻被再次观察到。

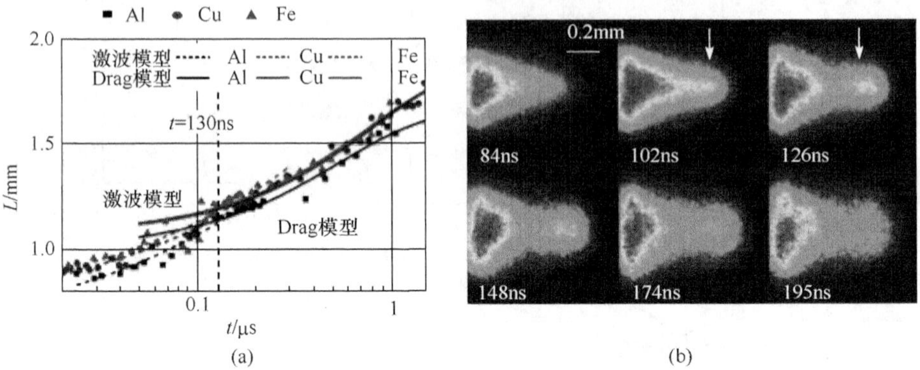

图 4-8　激光结束后等离子体波前-时间关系以及 130ns 前后的自发光图像

4.5.2　等离子体中多组分粒子的演化特性比较与分析

激光诱导等离子体在空气环境下运动时，靶材料粒子与空气分子相互碰撞，两者极有可能发生混合。尽管经典的 Taylor-Sedov 自相似解未曾考虑这一过程，但是数位作者[54,63,79]已经利用数值模拟方法证实这一过程的存在。现存的激光诱导等离子体文献主要集中于靶面粒子组分的动态特性和特征参数研究，而极少关注等离子体中的空气组分。研究表明，等离子体中的空气组分空间分布与靶面组分空间分布具有明显不同。因此，利用空间分辨光谱技术对等离子体中的靶材料组分和空气组分演化进行观察具有重要意义。

1. 空间分辨光谱实验设计

激光诱导等离子体的空间分辨光谱诊断布局示意图，如图 4-9 所示。激光烧蚀靶面产生等离子体(此处使用焦距为 150cm 的平凸透镜进行聚焦)以及激光波形和能量的检测方案如 4.4 节所述，下面着重介绍等离子体的空间分辨光谱诊断方案。使用的 Czerny-Turner 式光谱仪配置三面可选择光栅，使用 UV 镜头将等离体发光聚焦于光谱仪入射狭缝，经由光栅色散后使用 ICCD 相机对光谱结果进行记录。系统的光谱响应度曲线由标准钨卤素灯进行标定。实验中，ICCD 门宽度最早设置为 2ns，到后期逐渐增加到 20ns。MCP 增益设置为 200。每幅光谱图像为 10 次实验数据的叠加。系统同样使用 DG535 触发 ICCD 相机和脉冲激光器，并改变 ICCD 触发延迟以获得光谱结果的时间分辨能力。由于实验系统中激光为平行地面照射靶面，而光谱仪的狭缝为垂直地面方向。为获得等离子体中轴位置处的空间分辨谱信息，本节使用一对平面反射镜，将等离子体图像旋转 90°后再通过 UV 镜头聚焦到光谱仪的狭缝处。此处使用的激光能量为 33mJ，聚焦光斑尺寸为 0.4mm。

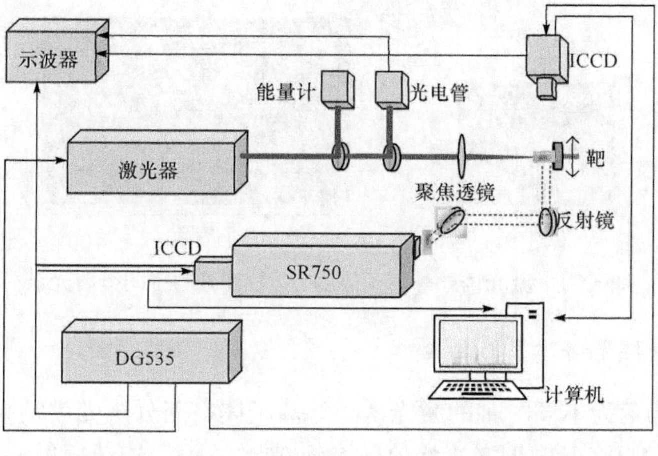

图 4-9　激光诱导等离子体的空间分辨光谱诊断系统布局示意图

实验前，把光谱仪狭缝完全打开，同时将光谱仪的工作模式设置为成像模式，以使诊断系统对靶面激光焦点处进行聚焦，聚焦后的靶图像和靶焦点处刻度尺图像如图 4-10 所示。光谱仪成像模式下可得到被测物体的清晰图像，这是获得准确谱信息的基础。可以想见，聚焦完成后，利用 DG535 控制激光器和 ICCD，能够捕捉不同时刻下的等离子体图像，此时光谱仪的作用仅为图像的传送装置。然而这种工作模式下的空间分辨能力远低于利用 ICCD 直接成像，因此不适于等离子体早期行为及其内部精细结构的研究。

图 4-10　光谱仪成像模式下拍摄的金属靶和刻度尺图像

微调光谱仪位置，使等离子体图像恰好位于光谱仪视场范围的中间位置，逐渐缩小狭缝的宽度，光谱仪视场范围随之变窄，最后只剩下等离子体中轴位置处的部分图像。将光谱仪切换为分光模式(光谱中心波长设置为感兴趣的范围)，便可得到所要测量的光谱信息。为保证实验结果的准确性，光谱仪狭缝的宽度一般不应超过 30μm(本节的光谱仪狭缝设置为 20μm)。图 4-11 给出了典型的空间分辨光谱及其对应的等离子体辐射区间，下文中的光谱结果皆为中轴处 0.2mm 范围内的辐射信息。由 ICCD 图像与空间分辨光谱比较可知，两者轴向长度结果一致，因此可以直接利用空间分辨光谱在不同时刻下的结果来理解等离子的时空演化过程。

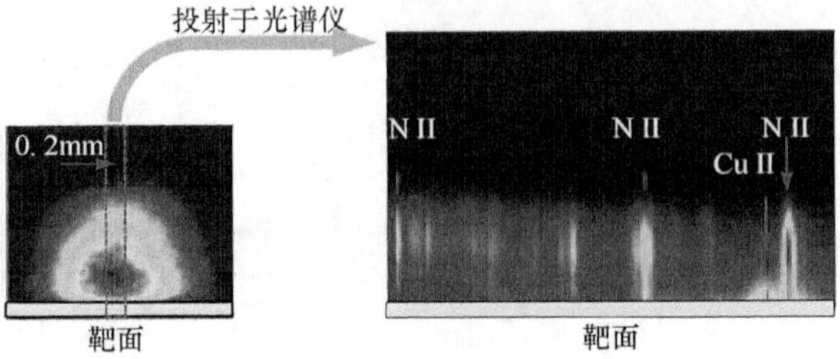

图 4-11　激光诱导等离子体的 ICCD 图像与空间分辨光谱

2. 空间分辨光谱结果与讨论

图 4-12 所示为不同时刻的激光诱导等离子体空间分辨光谱结果，靶材料为黄铜。等离子体演化初期，即激光峰值前 6ns，光谱结果由连续辐射起主导作用。在 34ns，来自电离态空气的四条 N II 特征线，分别为 399. 50nm、444. 7nm、463. 05nm 和 500. 52nm，开始出现。来自靶材料的 Cu、Zn 原子和离子谱线直到 74ns 才开始变得明显。各谱线的空间分布随时间增加而伸展。到 374ns 时，N II 谱线变得不可见，此时的光谱图像由来自靶组分的辐射主导（主要为 Cu、Zn 原子和一价态离子）。

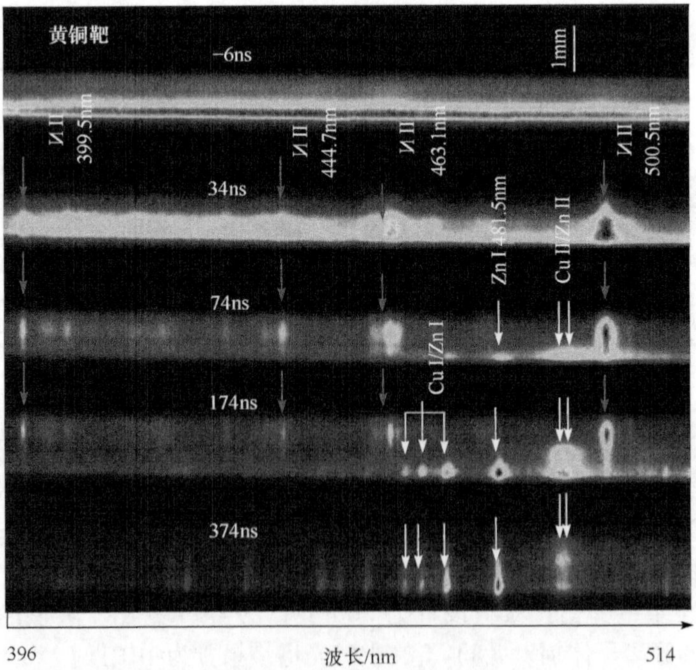

图 4-12　不同时刻下的激光诱导黄铜等离子体的空间分辨光谱

根据空间分辨光谱观察等离子体中各组分的空间分布情况。初期，靶面上方的 N II 空间分布比 Cu、Zn 的分布更广。以 174ns 时刻为例，N II 的最大辐射强度位于距离靶面 1mm 处，而激发态 Cu、Zn 原子距靶面仅为 0.3mm。这为环境空气对激光烧蚀靶面等离子体空间运动的约束效应(confinement effect)提供了光谱学角度的直接证据。同时，Cu、Zn 离子(Cu II 493.17nm；Zn Ⅱ 492.40nm)的空间分布比其激发态原子更远，说明高电离态粒子具有更高的初始膨胀速度。

将黄铜靶更换为铝靶，其他实验条件完全相同，得到空间分辨光谱如图 4-13 所示。激光脉冲作用后数十纳秒，连续辐射不断减弱，特征线光谱开始逐渐起主导作用。N II 谱线的空间分布比靶材料谱线更广，与上述激光烧蚀黄铜靶的实验结果一致。与黄铜靶实验相比，此处实验记录的谱区间范围内的靶特征线相对较少，仅能分辨出一条 Al II (466.3nm)特征线和一条 Al I (396.1nm)特征线。对两组结果进行对比，可以快速而准确地分辨出源自激发态 N 离子的特征谱线。

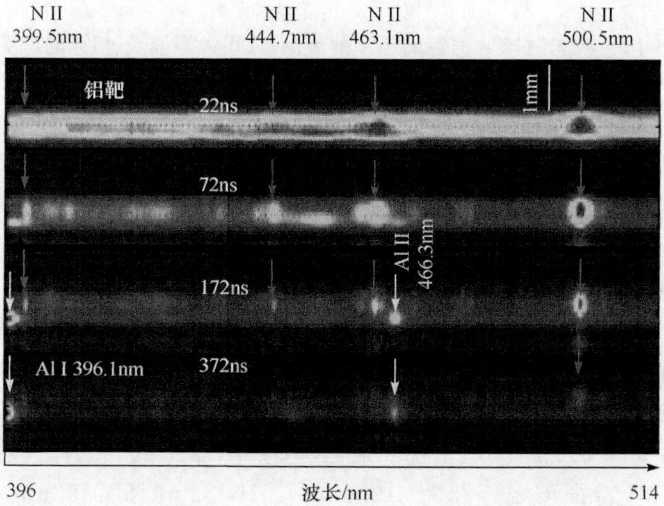

图 4-13　不同时刻下的激光诱导铝等离子体的空间分辨光谱

对于等离子体中的靶材料组分，离子的空间分布比原子分布更广这一现象可利用空间电荷效应(space charge effect)进行理解。通常认为，激光入射到靶面会迅速产生快电子并向空间逃逸，这些快速逃逸的电子于激光作用早期在靶面附近产生了一个局部电场，为靶面附近的离子提供加速度。自然地，离子价态越高，获得的加速度越大。同样，离子获得的初始加速度比原子也更高。随着离子速度的提高，以及等离子体自身维持电中性的能力，快速电子引起的电场也逐渐减弱甚至消失。

由空间分辨光谱提取激发态原子和离子(N II 399.50nm；Zn I 481.50nm；Zn Ⅱ 492.40nm)的辐射波前位置-时间曲线，并利用 Drag 模型进行拟合，再对拟合后的位置时间关系求导数获得其速度-时间曲线,如图 4-14 所示。

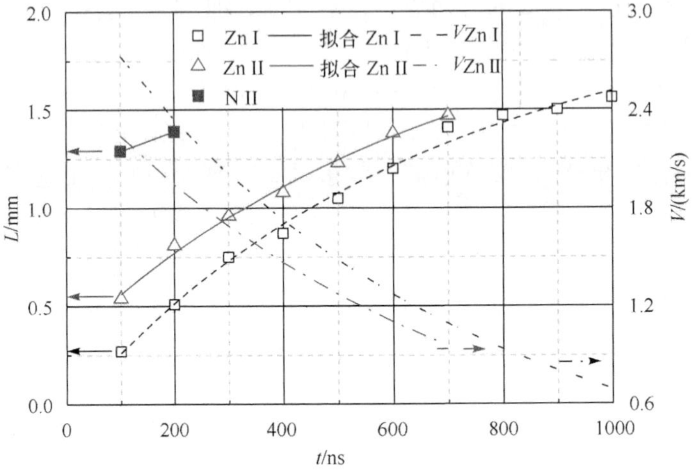

图 4-14　激光诱导黄铜等离子体的波前-时间关系以及速度-时间关系

由图可见,在 200ns 时,N II 的分布远大于 Zn I 和 Zn Ⅱ的分布。整个膨胀过程中,Zn 原子和离子的波前位置与 Drag 模型十分一致。Zn 原子辐射波前位置由 100ns 时刻的 0.26mm 伸展到 1000ns 时刻的 1.60mm,其运动速度也由 100ns 时的 2.74km/s 下降为 1000ns 时的 0.71km/s。运动速度的迅速下降一方面是由于来自空气的黏滞阻力,另一方面也由于等离子体自辐射等过程所引起的能量损失。尽管 Zn 离子相对于原子所获得初速度较大,但是在后期由于离子自身辐射、三体复合等过程所引起的能量损失导致离子速度迅速降低,由图 4-14 可见,离子和原子的波前位置在 100ns 之后逐渐接近。

假定等离子体处于局部热平衡状态,使用玻尔兹曼斜线法计算等离子体温度。此处选择的 Cu I 特征谱线分别为 510.55nm、515.32nm、521.82nm 和 529.29nm。为保证计算的准确度,选择的谱线需满足一定的信噪比,此处选择的计算区域距离靶面 0.6～0.90mm 处,计算时刻为 1000ns。距靶面不同位置处的典型谱线如图 4-15(a)所示,计算所得的等离子体温度如图 4-15(b)所示。

由计算结果可知,尽管等离子体辐射线谱强度随着远离靶面位置而迅速降低,但是对应的 Cu 原子激发温度并不存在明显的变化,为$(6.3\pm0.6)\times10^3$K。考虑到该计算区域相对靠近靶面位置,因此该温度分布趋势可能与熔融态靶面、Knudsen 层、膨胀等离子体以及环境空气的相互作用有关。此外,等离子体约束效应以及辐射冷却过程的相互平衡可能也有利于该恒定温度分布状态的形成。

考虑 Stark 效应对谱线的展宽起主导作用,计算等离子体电子数密度的轴向分布如图 4-16 所示。选择使用 Zn I 谱线(334.50nm)进行推演。观察空间分辨光

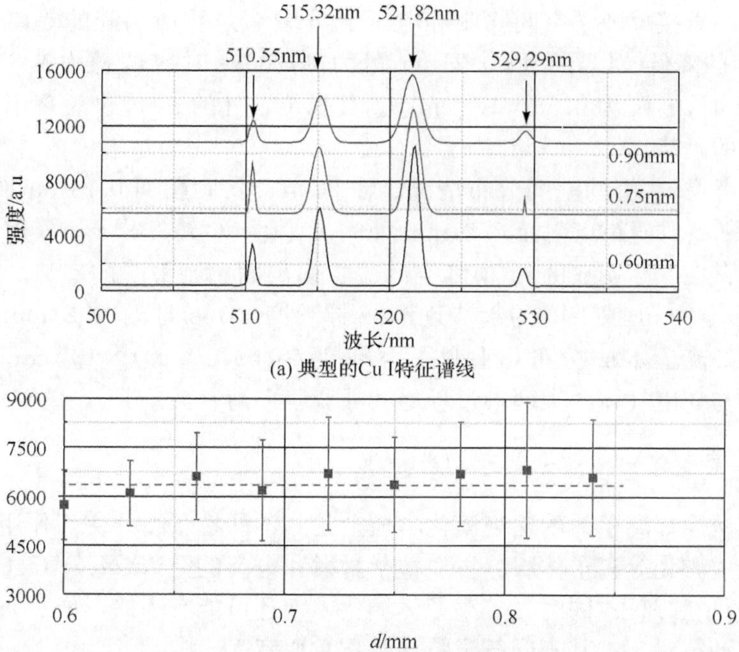

(a) 典型的Cu I特征谱线

(b) 计算的等离子体温度

图 4-15　从空间分辨光谱提取典型 Cu I 特征谱线及计算的等离子体温度

谱结果可知，特征谱线分布在 200ns 时为似三角形，而到 1000ns 时演化为柱形，这一变化可从以下两方面进行解释：①辐射谱线的轴线分布随等离子体的空间膨胀而不断伸展；②激发态 Cu、Zn 离子的谱线宽度随时间而明显变小。激发原子谱线

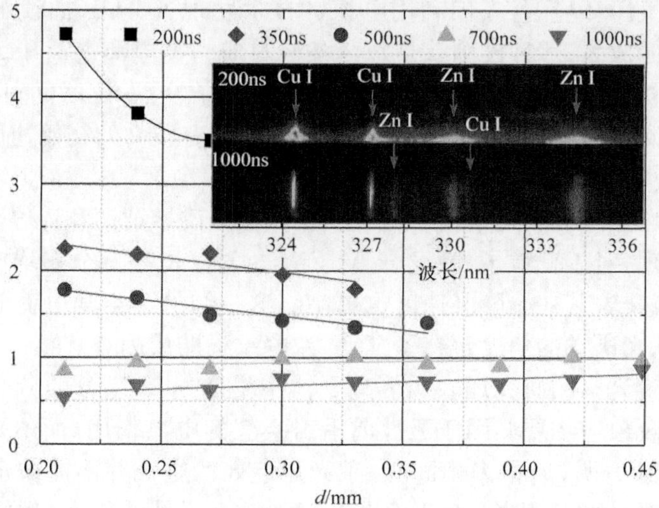

图 4-16　不同时刻的电子数密度轴向分布，内嵌图为计算使用的典型空间分辨光谱

展宽的减小直接反映了空间膨胀和电子-离子复合过程所引起的等离子体中电子数密度 n_e 的降低。以距靶面 0.21mm 处为例，200ns 时的 n_e 值为 $4.8\times10^{16}cm^{-3}$，到 1000ns 时，n_e 降为 $0.55\times10^{16}cm^{-3}$。其他位置处的 n_e 值也表现出相似的随时间而下降的趋势。

下面考虑 n_e 值的空间分布情况。在 200ns 时，距靶面 0.21mm 处的 n_e 值为 $4.8\times10^{16}cm^{-3}$，而距离靶面 0.27mm 处的 n_e 值为 $3.5\times10^{16}cm^{-3}$，这说明在等离子体早期存在一个明显的 n_e 值随空间位置远离而急剧下降的趋势。随着时间的推移，这一空间 n_e 值下降的趋势逐渐减弱，到 1000ns 时刻，0.21mm 至 0.45mm 区域内的等离子体 n_e 分布几乎变得均匀，为 $(0.65\pm0.10)\times10^{16}cm^{-3}$，这与等离子体扩散与环境气体约束两种过程之间的竞争平衡有关。

3. 等离子体中多组分粒子动态特性

激光诱导等离子体的宏观演化本质上是其不同粒子组分交互作用下的综合结果。空气中激光等离子体组分主要包括激发和电离的空气(N、O、C、H 等)原子和离子、靶原子和离子，同时在等离子体演化末期还可能有团簇形成。研究等离子体中的粒子动态对理解其不同行为特性具有重要意义。

通常情况下，可使用电探针技术(朗缪尔探针或法拉第杯)研究特定空间位置处的飞行时间(time of flight，TOF)曲线，并推测等离子体密度情况。然而，这类探测装置不可区分等离子体的不同粒子信息，并且需侵入等离子体内部，对原电场会造成一定扰动，引起不可消除的实验误差。使用空间分辨光谱技术可原位探测等离子体辐射，并同时捕获某一时刻特定等离子体路径上的多种粒子信息。

在各种气压环境下，人们利用电探针技术发现了 TOF 曲线的双峰结构。对于双峰结构的成因，一种推测就是每一条峰对应一类电离态离子。高电离度离子具有较高的初始速度，首先到达探测点形成第一条峰；一定时间过后，低电离度离子再到达探测点形成第二条峰。高电离度离子具有较高的初始速度这一假定则归因于空间电荷效应。

上文利用空间分辨光谱技术研究了空气激光诱导黄铜和铝等离子体的演化特性。研究发现，对于靶粒子，激发态 Al、Zn、Cu 离子的空间分布均广于相应的激发态原子，这意味着其初始膨胀速度也更高。这一结果为空间电荷效应提供了直接的证据，也从光谱学的角度解释了 TOF 双峰结构的成因。

空间分辨光谱的研究还表明等离子体中早期 N II 组分的分布比靶材料组分更广。这一现象应主要归因于激波前沿对空气的电离作用，而不是入射激光的直接电离。实验表明，当移去靶面时，激光焦点处的空气并不能被击穿。Wen 等计算了与上文激光能量相当的实验条件下的激波边界处的压力和温度-时间曲线，如图 4-17 所示[80,81]。

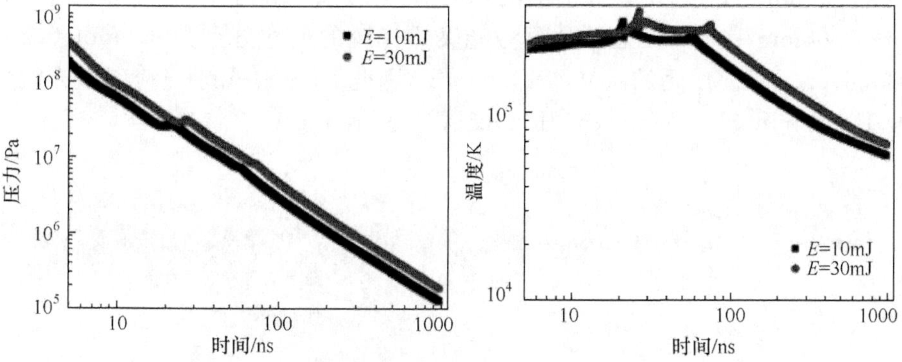

图 4-17 激光诱导黄铜等离子体的激波界面处的压力和温度[80,81]

激波随时间向空间迅速传播，同时其边界处的局部高温高压特性可对经过之处的空气进行电离和激发。这一机制同样可以解释由 ICCD 记录的等离子体发光前沿与由激光探针记录的激波边界在早期(＜400ns)互相重合这一实验现象[75]。同时，Chen 等指出这一激波边界处引起的局部电离有可能为等离子体的流动提供另一加速机制[82]。需要注意的是，边界处压力和温度随时间延长迅速衰减，并最终难以维持空气的电离与激发。这一激波主导空气电离和激发的有效时间节点，目前仍是一个值得继续深入探究的问题。以上述 ICCD 和激光探针实验为例[83]，400ns 可推测为该实验条件下的激波主导空气电离和激发的有效时间节点；可利用该方法推广获得其他实验条件下的激波主导空气电离和激发的有效时间节点。上述结论有助于实际工程应用(如激光点火或痕量气体检测)的实验设置优化，如采用短周期激光脉冲以提高激光-激波的能量转化效率。

4.5.3 激光聚焦光斑对等离子体演化特性的影响

1. 实验设计

激光烧蚀靶面产生等离子体，ICCD 快速成像系统以及空间分辨光谱诊断系统如上文所述。靶材料为黄铜。ICCD 门宽度在前 200ns 设定为 2ns，之后根据等离子体辐射强度的变化逐渐调整增加到 20ns。ICCD 快速照相的空间分辨率为 22μm。下文 ICCD 快速成像结果和 FVB(full vertical binning)工作模式下的光谱结果均来自单发次实验。光谱仪狭缝设置为 10μm，并如 4.5.2 节所述选取等离子体中轴位置处的可见光辐射。下文的轴向空间分辨光谱图像为 10 发次实验数据的叠加值。

靶材料固定于二维位移平台。通过调节靶面与聚焦透镜(焦距标称值为 15cm)之间的距离以获得不同的焦斑大小，如图 4-18 所示。聚焦透镜的焦距实测值约为 163mm。图中 S1～S4 对应的靶面-聚焦透镜距离分别为 156mm、160mm、164mm、168mm；由 ICCD 图像估算激光聚焦光斑的尺寸分别为 0.6mm、0.2mm、0.08mm、0.5mm。使用的激光能量为 33mJ，因此 S1～S4 分别对应的激光能量密度为 0.12J/mm^2、1.1J/mm^2、6.6J/mm^2、0.17J/mm^2。

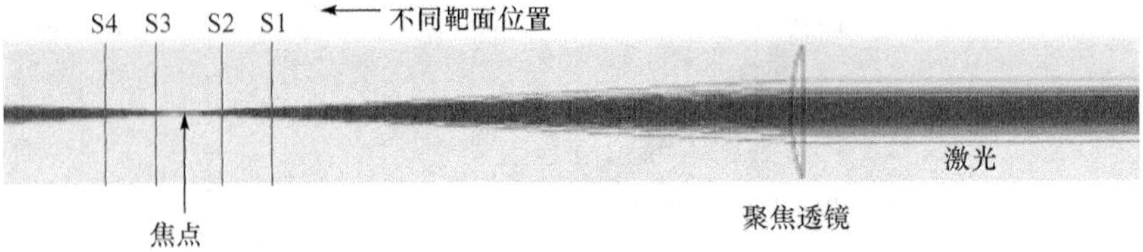

图 4-18　改变聚焦光斑的原理示意图，S1～S4 分别为四种不同的靶面位置

靶面每经过 20 发次实验后平移至新位置，以避免同一位置处的过度烧蚀影响实验的重复性。相同位置处，第 1 发激光和第 20 发激光产生的等离子体图像如图 4-19 所示，可以看出本节条件下的实验具有理想的重复性。

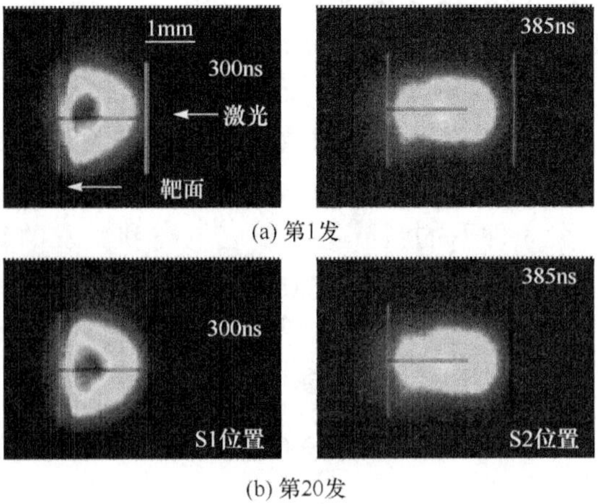

图 4-19　相同靶面位置处的第 1 发激光和第 20 发激光产生的等离子体图像

2. 等离子体空间图像

图 4-20 给出了不同靶面位置时的等离子体图像。靶面位于 S1 处(对应的激光能量密度为 0.12J/mm^2)的激光诱导等离子体图像如图 4-20(a)所示。激光等离子体在激光入射靶面后迅速产生，在激光峰值前 20ns 便可由 ICCD 探测到等离子体发光。等离子体随着时间在径向和轴向上同时膨胀，逐渐发展为半球形结构。该半球形等离子体的结构可简单划分为具有高辐射强度的内核区和相对较暗的外围区。等离子体在前 30ns 内的膨胀相当迅速，其轴向长度由 0.3mm 伸展为

0.9mm，对应的平均速度达到 20km/s。激光脉冲作用结束后，由于受到环境空气的黏滞力作用，等离子体的膨胀变慢；同时，等离子体由于自发辐射以及与空气分子的互相碰撞而损失能量，发光强度也随之降低。当等离子体的压力下降到与环境气体压力相当时，等离子体运动最终停止，并逐渐变为不可见。

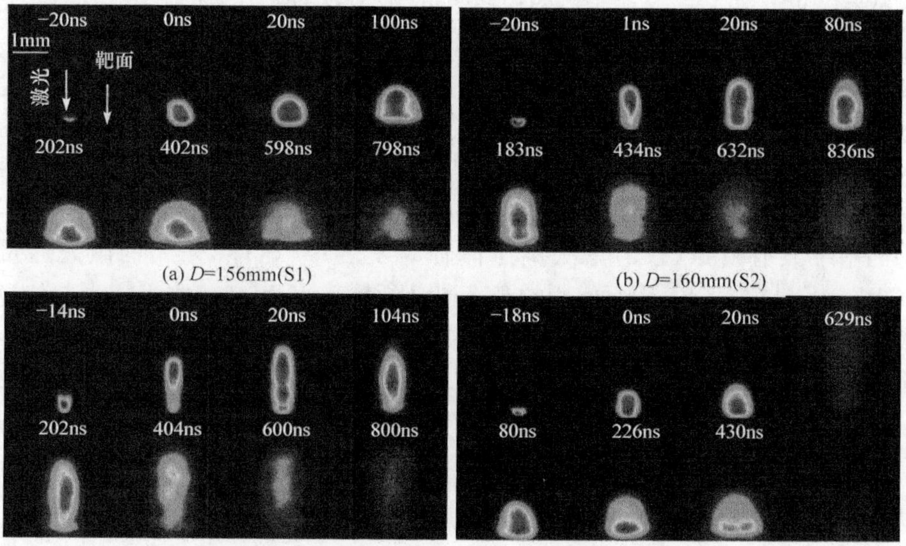

(a) D=156mm(S1)　(b) D=160mm(S2)

(c) D=164mm(S3)　(d) D=168mm(S4)

图 4-20　不同靶面位置时的等离子体图像(靶面与聚焦透镜的距离定义为 D)

靶面移至 S2 处(对应的激光能量密度为 1.1J/mm^2)，更加靠近透镜焦点位置，因此对应的激光光斑更小。此时的激光诱导等离子体图像如图 4-20(b)所示。由图可见，等离子体图像与图 4-20(a)相比发生了明显变化。尽管使用的激光能量相同，S2 情况下的等离子体呈现出柱形分布，而不同于 S1 中的半球形。Gravel 利用激光探针观察到了相似的柱形结构，该实验采用的激光通量为 15GW/cm^2，前 30ns 的轴向膨胀速度约为 45km/s[38]。

相对于 S1 的实验结果，S2 情况下等离子体结构发生改变在很大程度上与增强的等离子体屏蔽效应有关。更大的激光通量(7.3GW/cm^2)能够在激光脉冲作用时间内的早期便产生更多的高能等离子体，该等离子体通过逆韧致吸收和多光子电离过程吸收掉后续的大多数激光能量，产生的粒子同时沿着激光方向(垂直靶面方向)具有更大的速度。观察等离子体图像，在激光峰值时刻附近，约 1ns 时，辐射强度最大的区域位于等离子体前端，而非靶面附近，这进一步证实增强的等离子体屏蔽效应在其中起到重要作用。

Gravel 从激光烧蚀速率(laser ablation rate)的角度提出了激光通量的临界值为 2.5GW/cm^2[38]。当激光通量小于该临界值时，激光烧蚀速率会随着激光通量的增大而增大；一旦激光通量大于该临界值时，激光烧蚀速率便不再有明显的提高。这一现象也极有可能与上文(S2，7.3GW/cm^2)讨论的增强的等离子体屏蔽效应有关。Panchenko 进行了 CO_2 激光器烧蚀 PMMA 靶的实验，观察到了相似的等离子体柱形结构，并提出可能与被入射激光预电离的空气通道有关[83]。

从 S1 和 S2 实验的等离子体图像源数据中提取中轴上的前 100ns 内辐射光强分布，如图 4-21 所示。激光脉冲入射期间，等离子体中轴处辐射强度保持在一个较高的水平，激光峰值后 10ns 开始，辐射强度开始迅速降低。S2 情况下的轴向辐射分布在不同时刻始终比 S1 更广，对应一个更高的等离子体膨胀速度，这与前面的讨论是一致的。S1 情况下的最大辐射强度位于靶面附近，而对于 S2 情况，最大辐射强度则位于等离子体波前位置。Aghaei 进行了激光诱导黄铜等离子体在 He 气中的一维数值模拟(仅考虑等离子体轴向发展)[63]，计算采用的激光通量为 0.7GW/cm^2，与本节 S1 情况使用的激光通量参数 0.8GW/cm^{2}水平相当。计算结果表明，在前 100ns 内等离子体的空间分布与实验定性一致。需要注意的是，本文 S1 情况下的等离子体在前 100ns 内的发展已经表现出明显的二维特征，因此更准确的数值模拟应至少考虑轴向和径向两个维度。

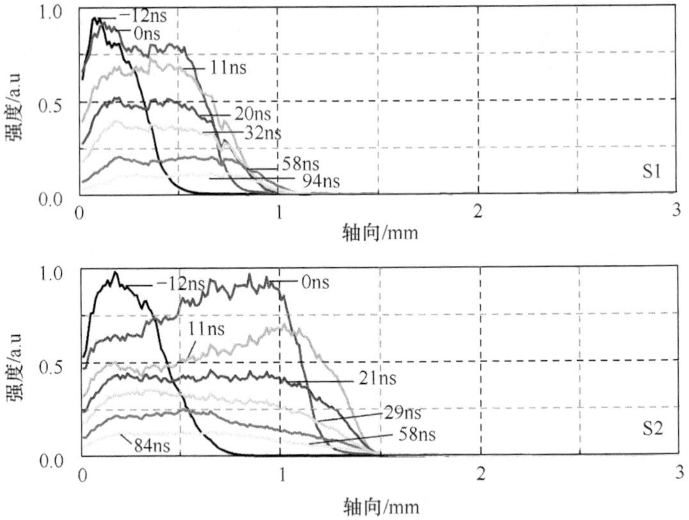

图 4-21　S1 和 S2 情况下的等离子体轴向光强分布

当靶面继续远离聚焦透镜，越过透镜焦点移动至 S3 和 S4 位置时(对应的激光能量密度分别为 6.6J/mm^2 和 0.7J/mm^2)，等离子体图像如图 4-20(c)和(d)所示。图 4-20(c)中，较小的聚焦光斑再次引起柱形等离子体分布，并且在激光峰值时刻，等离子体波前区也不出意料地观察到增强的等离子体屏蔽效应所引起的局部高辐射亮度区。如图 4-20(d)所示，聚焦光斑变大时，等离子体在激光脉冲作用完成后再次发展为半球形。因此可以推断，无论靶面置于聚焦透镜焦点的前方或后方，相同的聚焦光斑会引起相似的等离子体形态。

然而，值得注意的是，当靶面置于透镜焦斑后方时，等离子体有一定概率表现出分离的两部分结构，以 S4 为例，如图 4-20(d)中 629ns 时刻的等离子体图像所示。此时发生了激光“间接”诱导空气击穿，原因如下：①等离子体中的前端发光区距离靶面位置较远，结合等离子体的实际运动速度，假定该处发光来源于主等离子体的空间传播是不切实际的；②聚焦透镜的焦点位置恰好位于该前端发光区的中心处，如图 4-22 所示。利用激光探针得到相似实验条件下的激光探针图[38]，在靶面处和透镜焦点处各自观察到独立的激波，与 ICCD 结果一致。移去金属靶，相同的激光能量条件下并未观察空气的击穿现象，因此上文的空气击穿并非来自激光的直接电离作用。不难想象，激光入射靶面产生的快电子向空间逃逸，对焦点处的空气击穿起到重要的“点燃”作用。

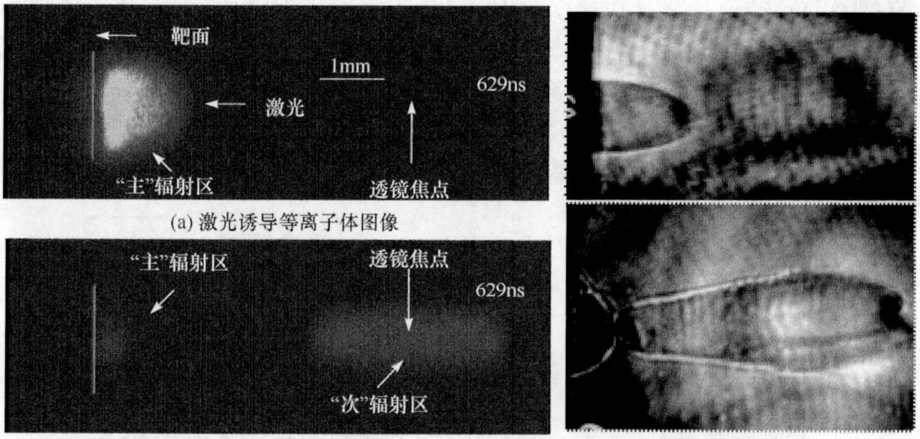

(a) 激光诱导等离子体图像

(b) 激光“间接”击穿空气图像　　(c) 激光阴影成像

图 4-22　激光诱导靶面等离子体和“间接”击穿空气图像

靶面置于透镜焦点后方时，相似实验条件下正常激光烧蚀和空气发生击穿的等离子体图像对比如图 4-23 所示。以 S4 为例，121 实验中，共观察到空气发生击穿八次。空气发生击穿时，靶面处主等离子体的体积和强度均大幅度降低。不难理解，前方的空气等离子体吸收了相当一部分激光能量，使得到达靶面的激光能量大大减少(称为空气等离子体的屏蔽效应)。对比不同发次的空气击穿结果，能够发现等离子体的屏蔽效应也并不完全相同。简言之，金属靶快电子辅助下的激光诱导空气击穿发生具有一定的随机性，其结果对主等离子体的屏蔽效应也不尽相同，该过程在数值模拟和实验方面都值得进一步研究。

利用等离子体图像提取等离子体波前位置随时间的变化曲线，如图 4-24 所

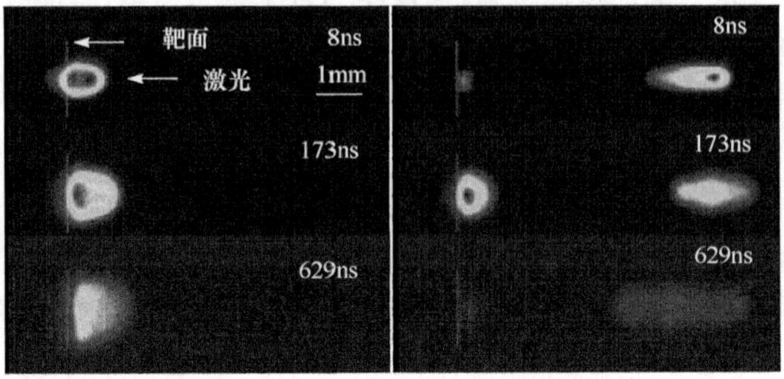

(a) 无击穿　　(b) 发生击穿

图 4-23　S4 情况下空气有无发生击穿的时间序列图对比

示。图 4-24(c)和(d)使用的数据为未发生空气击穿的实验结果，图 4-24(a)和(d)中实线为 Sedov 激波模型公式拟合曲线。激光焦斑较大时，等离子体波前位置与激波模型符合较好；当激光焦斑变小时，在激光脉冲入射结束后，等离子体波前会出现一个短期的(约 80ns)停滞现象，如图 4-24(b)和(c)所示。这一停滞现象已在 4.5.1 节等离子体的早期行为研究中进行讨论，可主要归因于等离子体波前区的能量损失。激光入射作用期间的等离子体维持线性膨胀，焦斑较小时速度为 45～50km/s，焦斑较大时速约为 20km/s。

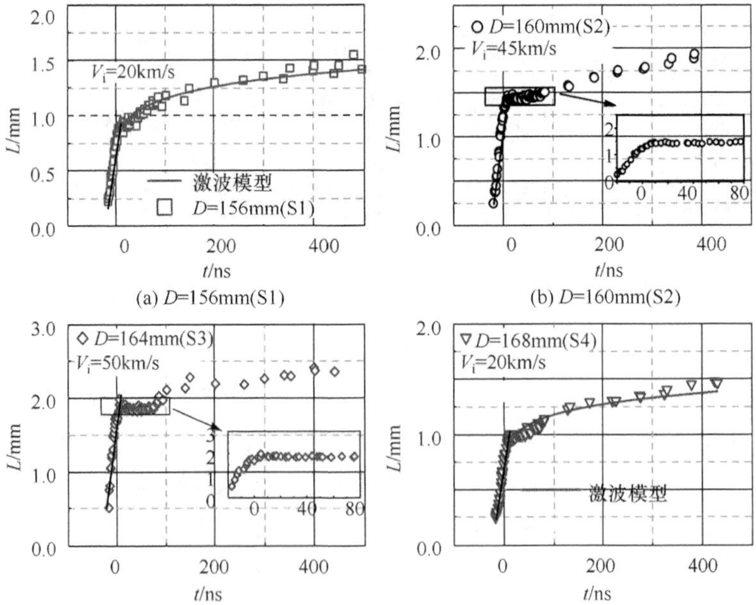

(a) D=156mm(S1)　　(b) D=160mm(S2)

(c) D=164mm(S3)　　(d) D=168mm(S4)

图 4-24　不同焦斑情况下的等离子体波前位置时间关系

3. 等离子体光谱分析

为定量分析焦斑对等离子体参数的影响,对 S1 和 S2 两者情况进行了可见光谱测量。选取的测量范围分别为[507.625nm,522.375nm]和[736.625nm,751.375nm],结果如图 4-25 所示。图中第一行分别为 S1 情况下的 Cu I 和 N I 谱,第二行分别为 S2 情况下的 Cu I 和 N I 谱。两种情况下,N I 的空间分布均比 Cu I 分布更广,揭示环境空气对主等离子体具有重要的约束效应;结合图 4-23 中的等离子体图像,可以推测等离子体内核区辐射由靶组分主导,外围区辐射主要由空气组分贡献。

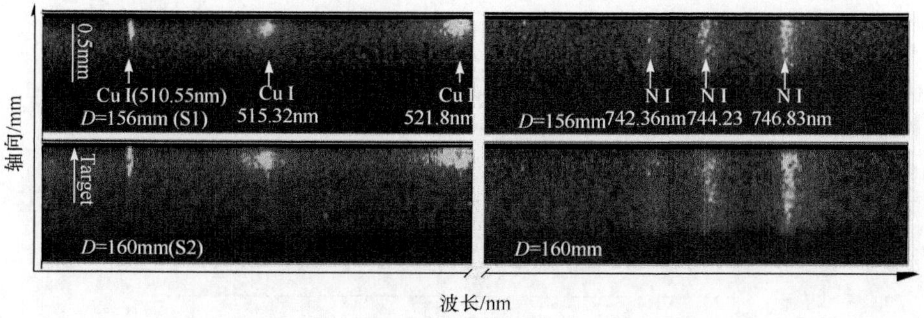

图 4-25 1μs 时 S1 和 S2 情况下的空间分辨光谱

考虑 Stark 效应主导的谱线展宽机制,计算 S1 和 S2 情况下的等离子体电子数密度。计算分别选用三条不同的 Cu I 特征谱线,包括 510.55nm、515.32nm 和 521.82nm。Stark 展宽系数 ω 可以通过查阅 NIST 网站获得。使用的光谱数据由光谱仪工作于 FVB 模式时获得,典型结果如图 4-26 所示。谱线宽度由 1000ns 到 2000ns 时明显下降,直接表明等离子体中的电子数密度也显著降低。然而辐射的谱线强度并未发生明显下降,这与等离子体减速时动能转化为热能、等离子体内部复合过程释放能量,以及等离子体不透明度逐渐降低等机制具有重要关系。

S1 和 S2 情况下的电子数密度 n_e 计算结果如图 4-27 所示。从 500ns 到 2500ns,S2 情况下 n_e 由 $2.5\times10^{16}\text{cm}^{-3}$ 下降到 $0.4\times10^{16}\text{cm}^{-3}$;S1 情况下 n_e 由 $1.8\times10^{16}\text{cm}^{-3}$ 下降到 $0.3\times10^{16}\text{cm}^{-3}$。相同时刻下 S2(激光能量密度为 1.1J/mm²)的电子数密度始终高于 S1(激光能量密度为 0.12J/mm²)。这一现象的原因可能在于较高的能量密度能够在激光入射靶面之初气化和电离更多的靶材料,进而通过更显著的屏蔽效应热化更多的空气粒子;S2 中更高的电子数密度反过来通过逆韧致吸收和多光子电离过程为吸收更多的激光能量提供必要的条件,这一实验现象反映的物理机制也为图 4-20 中 ICCD 捕获的等离子体结构转变提供了理论依据。

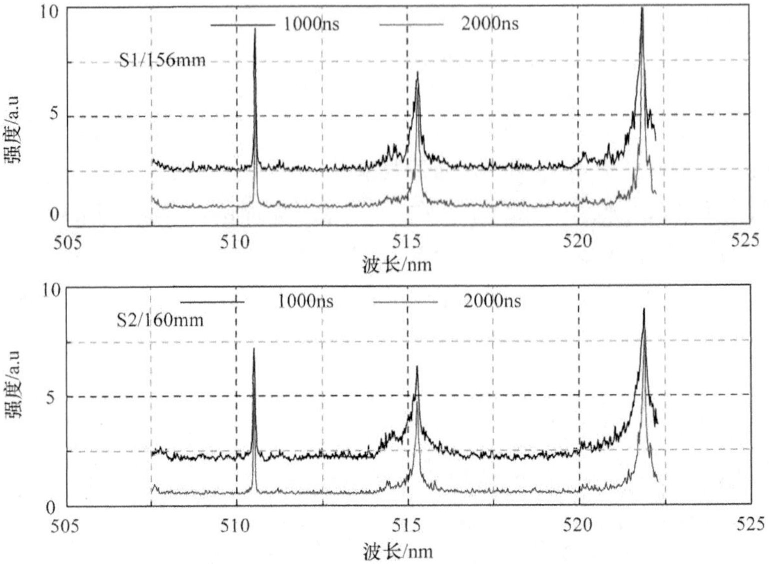

图 4-26　S1 和 S2 情况下的典型 Cu I 谱线

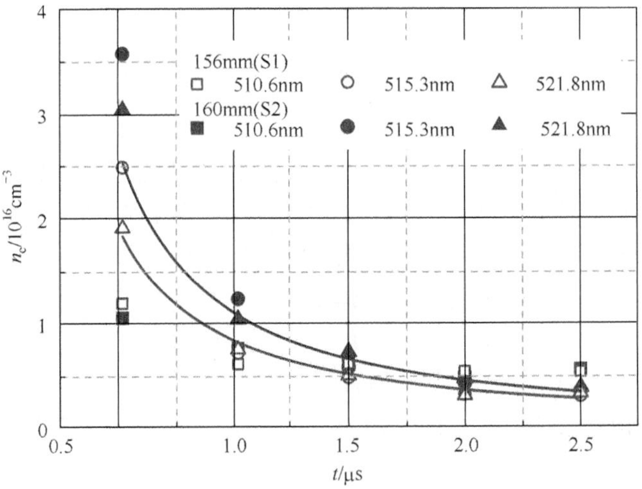

图 4-27　S1 和 S2 情况下的电子数密度

4.5.4　激波特性与数值模拟分析

激光能量密度在 1J/cm^2 量级时，初始等离子体压力可达到百倍的大气压量级。等离子体与环境气体之间存在巨大的压力梯度能够促使等离子体获得很高的传播速度，同时压缩空气产生激波向空间传播。激波的存在会引起空间较大的折射率分布梯度，因此适合采用激光阴影照相法进行研究。

此处使用纳秒激光（波长为 1064nm，脉冲宽度为 15ns）烧蚀靶面产生等离子体，同时利用皮秒激光探针（波长为 532nm，脉冲宽度为 30ps）探测不同时刻的激波。纳秒激光能量约 10mJ，聚焦光斑半径约 0.5mm，对应激光能量密度约 1.2J/cm^2。不同时刻下的激光阴影结果如图 4-28 所示。图中靶面上方可见锐利的半圆形激波边界，其厚度约为数十微米量级。此处实验时尽管使用了多个中性密度滤光片，CCD 相机仍记录到强烈的等离子体自发光。对于此处记录的等离子体自发光图像，一方面可根据其清晰度作为成像系统优劣的判据，另一方面也可根据其发光强度和面积作为入射激光能量大小的定性参考。但与此同时，受等离子体自发光的影响，使得近靶面等离子体区的探针激光湮灭，会导致此处的等离子体密度空间分布信息丢失。若要在激光阴影系统中尽可能消除等离子体自发光的影响，可在 CCD 相机前加置 532nm 窄带滤光片。等离子体产生的激波半径随时间推移而不断变大。从 0.5μs 到 2μs，激波前沿由 0.97mm 增到为 3.08mm，期间平均速度为 844m/s。

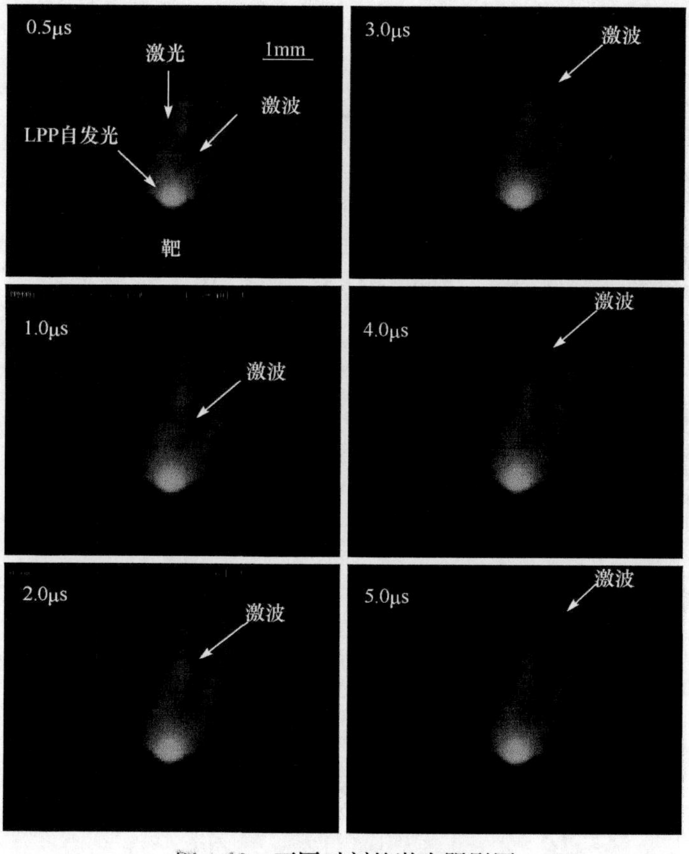

图 4-28　不同时刻的激光阴影图

采用可压缩流体模型研究激光脉冲作用完成后的等离子体空间传播过程。计算模型详见 4.3 节的介绍。控制方程组自变量为 P(压力)、U(速度)、T(温度)，一旦 P、U、T 确定，则密度也唯一确定(此处使用理想气体状态方程)。计算区域为 10mm×10mm 正方形区域，X 轴表征激光入射方向，Y 轴为靶面，激光焦斑位于 Y 轴中心。计算使用 200×200 均匀网格，对应网格尺寸为 50μm。计算区域中背景空气的初始温度设置为 300K，压力为 10^5Pa。初始等离子体温度设置为 5eV，压力为 100atm。等离子体初始半径为 0.05mm，长度为 0.1mm。假定空气和等离子体初始均为静止状态，等离子体由于压力梯度而向空间迅速膨胀。计算结果 P、U、T 分布云图如图 4-29 所示。100ns 时刻，等离子体径向膨胀和轴向膨胀不均匀，边界呈锥形分布；由速度云图分布可知，此时在等离子体轴向前端，以及靠近靶面处两侧存在三处极大值，最大速度达到 6.6km/s。到 1000ns 时，等离子体激波边界不再尖锐，而呈现为较理想的半球形；在等离子体内核区与激波边界之间存在一个不连续的低速度(或零速度)区；特别值得注意的是，压力云图近靶面处出现一个新的激波(下文简称为内激波)。到 2000ns 时，等离子体进一步膨胀，压力云图中所示的内激波也更加明显，相应的速度云图中，在内激波的顶端和近靶面两侧处的也出现三处极大值，约为 0.9km/s。

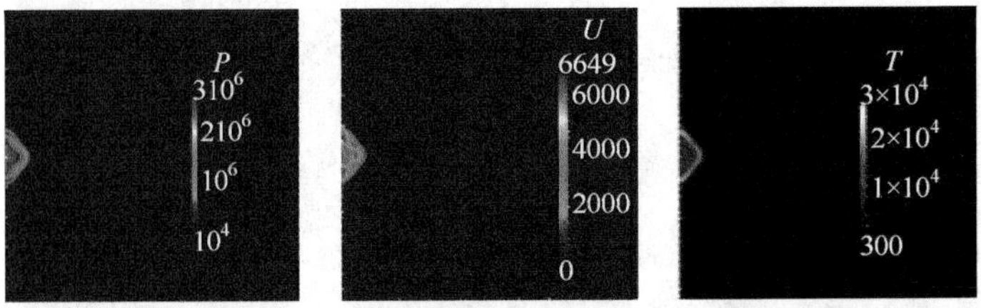

(a) t=100ns

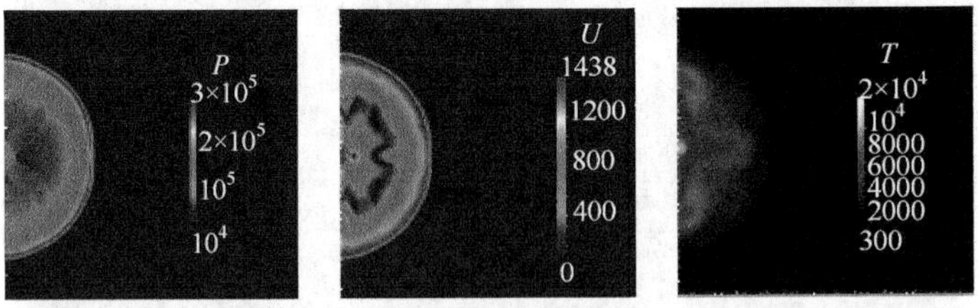

(b) t=1000ns

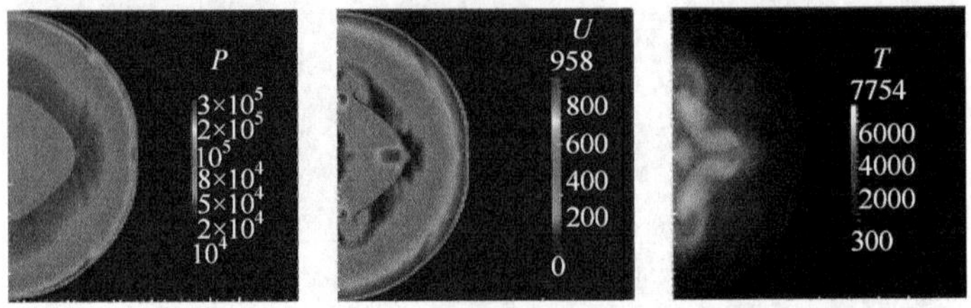

(c) 2000ns

图 4-29　不同时刻下的数值模型计算结果

为更加定量地认识等离子体和激波的时间演化，提取中轴处的等离子体参数 P、U、T、ρ，结果如图 4-30 所示。由图 4-30(a)可知，压力分布在近靶面区一定范围内相对恒定，然后随着与靶面距离的增加而逐渐增大；最后压力增大到某一峰值后急剧下降，此处等离子体-空气边界便揭示了激波的形成。激波随时间推移而迅速远离靶面；同时压力的幅值也不断降低。从 0.5μs 到 5μs，激波前沿由 0.85mm 运动到 3.14mm；同时压力幅值由 4atm 下降为 1.5atm。激波后方的压力也随时间而迅速降低，在 2μs 已低于环境气体的压力。

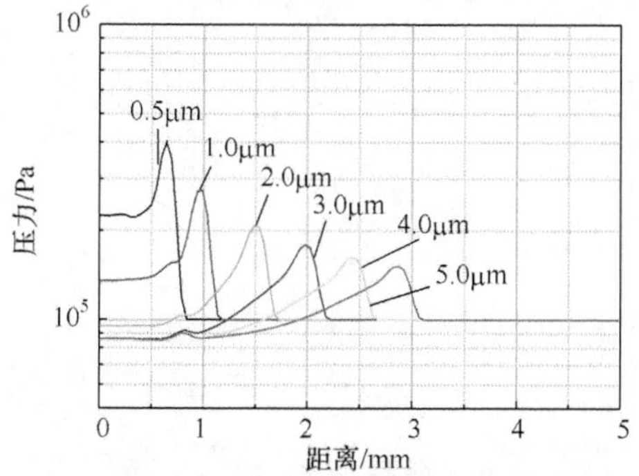

(a) 压力轴向分布

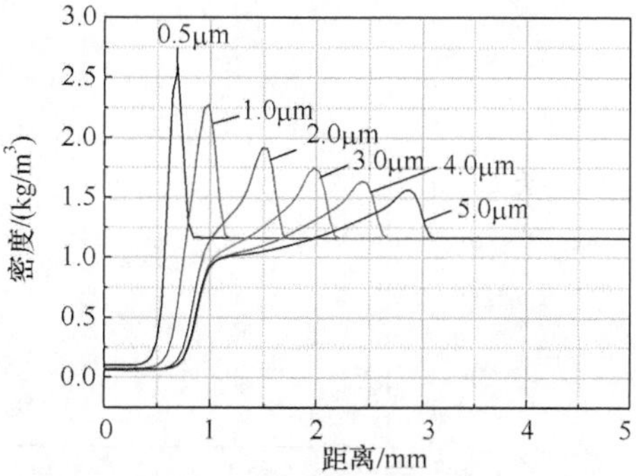

(b) 密度轴向分布

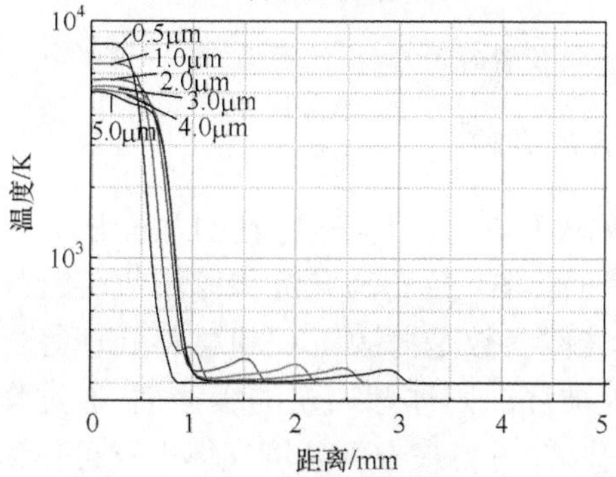

(c) 温度轴向分布

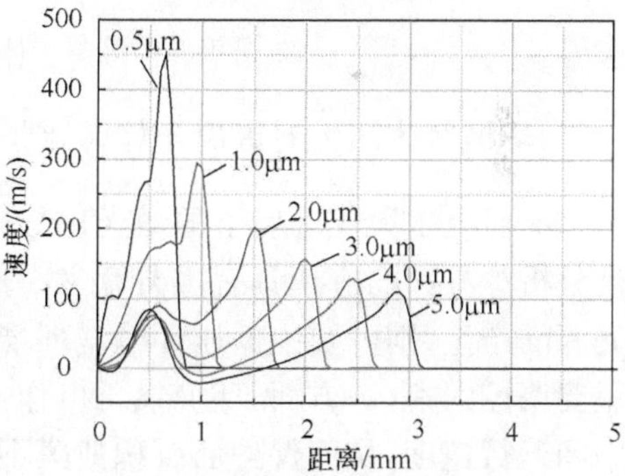

(d) 速度轴向分布

图 4-30　中轴处不同时刻的等离子体参数分布

由图 4-30(b)可知，在靠近靶面处的一定范围(数百微米)内密度极低。随着远离靶面，密度逐渐上升到最大值。然而这一上升趋势在 2μs 时发生明显变化。在 2μs 之前，密度到最大值之间的上升速率几乎为线性；到 2μs 之后，以约 1mm 位置处为界，可将其附近等离子体密度分布分为明显的“快”“慢”上升区。“慢”上升区的形成应主要来自于环境空气的黏滞力作用。

由图 4-30(c)可知，在近靶面处等离子体温度相对恒定。随着远离靶面，温度存在明显的下降趋势，直到靠近激波边界，温度值又得到一定的提高。图 4-30(d)表明，速度最大值位于靠近激波前沿附近。在 2μs 之后，速度轴向分布逐渐表现为双峰结构，这与图 4-29 压力云图结果中观察到的内激波形现象是一致的。

利用激光阴影探测激波位置随时间的变化与数值模拟结果比较如图 4-31 所示。由图可以看到，实验结果与数值模拟结果整体上契合度较高。尽管在早期实验测量结果略高于计算值，但是在 4μs 之后，计算结果已经相当准确。早期的计算结果偏低，与等离子体的初始速度定义为零有关。总体来说，利用二维可压缩流体模型可以很好地帮助对等离子体和激波演化过程的认识。

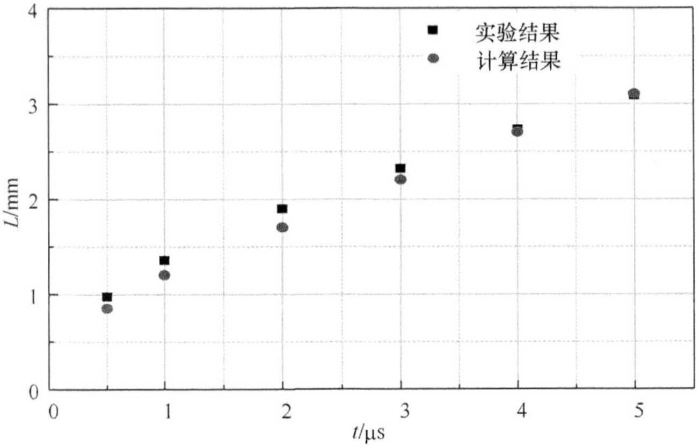

图 4-31 等离子体激波位置时间关系

4.5.5 环境气体压力对等离子体演化特性的影响

上文研究了大气环境下的激光诱导等离子体的演化特性，这对激光诱导击穿光谱分析等方面的应用具有重要意义。然而，对于激光诱导沉积薄膜或极紫外光刻光源的产生，则需要中低压环境。环境气体参数是薄膜沉积和材料处理等过程的重要调控因素，一方面，环境气压可作为被烧蚀固体靶离子的缓冲剂，通过降低其空间运行速度，从而保护已沉积薄膜不被破坏；另一方面环境气体本身可作为补充元素沉积到薄膜中去。对于不同的应用，优化的气体参数首先需要对环境气体的影响进行深入细致的研究。快速照相研究表明，环境气压由真空逐渐增加时，等离子体行为存在剧烈变化。特别在 100Pa 量级的环境气压时，等离子体表现出独特的分裂现象。研究这一分裂现象对优化激光诱导薄膜沉积的质量控制显然具有重要意义。Geohegan 认为等离子体分裂源于等离子体中存在高能量和低能量组分，在适当气体压力环境下形成了弱激波前沿[39,84]。Gurlui 等则发现，当入射激光功率密度较高时（>1GW/cm^2），相爆炸（phase explosion）可引起分裂现象[85,86]。目前，等离子体分裂现象的形成机制尚无明确和统一的结论；同时，针对等离子体分离现象中的离子动态行为研究也少见报道。对于中低气压环境下的激光诱导等离子体行为，综合运用空间分辨光谱、快速照相与激光探针技术，有助于全面掌握其基本演化规律。下面通过两种不同的典型元素，分别讨论环境气体压力对等离子体演化特性的影响。

1. 激光诱导黄铜等离子体

将盘状黄铜靶置于不锈钢真空腔中，真空腔四面和顶盖配置石英窗口，作为引入激光和实验诊断之用。真空腔配置机械泵和分子泵，其中机械泵可使真空腔压力降至 5Pa 左右，分子泵可使腔内压力进一步降低至 10^{-3} Pa 左右。真空腔可承受 10^{-3} Pa 的负压和 5×10^{5} Pa 左右的正压。烧蚀靶面的激光波长为 1064nm，周期为 15ns(FWHM)，能量为 33mJ。使用焦距为 300mm 的平凸透镜将激光聚焦于靶面，获得焦斑大小约为 0.4mm。

使用 ICCD 对等离子体进行快速照相，使用 C-T 式光谱仪获得等离子体中轴处的空间分辨光谱。实验过程中，每经过数十发次激光作用后将靶面平移，避免在同一靶面位置处过度烧蚀造成深坑。ICCD 照相结果和可见光谱结果证实实验结果的重复性比较理想。

1) 等离子体图像

不同气体压力下的等离子体时间序列图像如图 4-32 所示。随时间推移，ICCD门宽由 2ns 逐渐增加至 20ns。当环境气压由 10^{-3} Pa 逐渐增加至 20Pa、100Pa 和 500Pa 时，等离子体演化分别表现出自由膨胀、分裂、削尖和不稳定性等特征。低气压环境下(10^{-3} Pa)，等离子体膨胀运动倾向于沿入射激光方向。通常认为，真空中的等离子体膨胀可概括为激光作用期间的等热膨胀(isothermal expansion)和激光作用结束后的绝热膨胀(adiabatic expansion)。环境气压大于临界值时，环境空气开始对等离子体发挥约束作用，随着压力升高，约束效应更加明显。

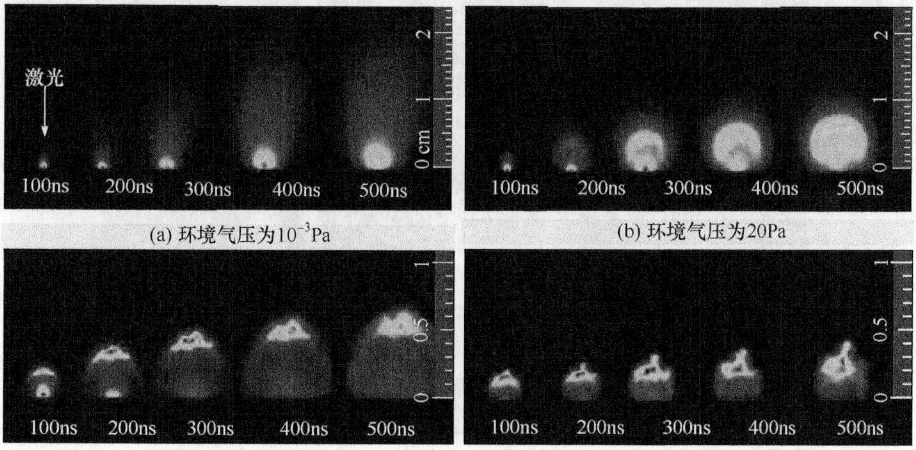

(a) 环境气压为10^{-3}Pa　(b) 环境气压为20Pa

(c) 环境气压为100Pa　(d) 环境气压为500Pa

图 4-32　不同环境气体压力下的等离子体时间序列图像

由图 4-32(a)可见,低气压环境下的等离子体沿激光入射方向快速膨胀。等离子体由靠近处的明亮内核和相对较暗的外围区构成。等离子体辐射强度随时间推移而迅速下降;另外,在空间上,等离子体辐射强度也随着远离靶面而迅速衰减。从 100ns 到 500ns,等离子体最大辐射始终位于靠近靶面处。

当环境气压增大到 20Pa 时,等离子体运动受到空气阻滞,径向长度明显降低,如图 4-32(b)所示。此外可见半球形的等离子体结构形成。在 100～300ns 时,等离子体最大辐射强度位于靶面处,同低气压等离子体行为相似。等离子体前端的辐射强度逐渐增强,到 400ns 时超过靶面处。从 200ns 开始,等离子体在靶面处和前端表现为两个分立的辐射区,称为等离子体分裂(plasma spliting)。Wood 基于多重弹性散射和流体动力学重现了等离子体分裂现象[87],Chen 则认为激波前沿的电离作用加速了该区域的流动[82,88]。

继续增加环境气压至 100Pa,半球形等离子体波前转变为锥形,如图 4-32(c)所示。Harilal 认为烧蚀等离子体粒子在靠近靶面中轴处具有更高的动能[89];Pakhal 也指出等离子体电离度在靶面中轴处最高,并且向两侧迅速下降[90]。随时间推移,等离子体和空气边界处渐显不稳定性,且不稳定性在 500Pa 环境气压下变得更加明显[图 4-32(d)]。

改变能量输出,研究激光能量对各种环境气压下等离子体行为的影响,如图 4-33 所示。为方便进行结果比较,给出了 500ns 时刻的等离子体图像。各种环

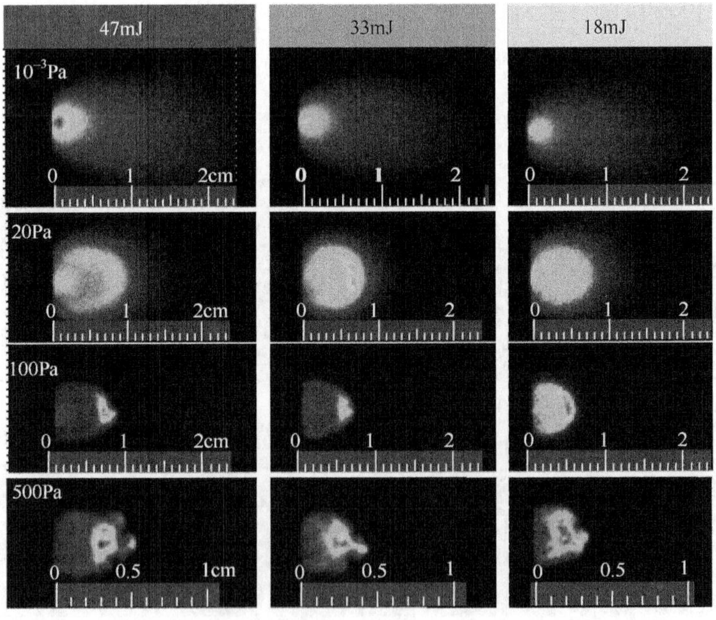

图 4-33　不同激光能量条件下的等离子体图像(t=500ns)

境气压下，更高(47mJ)或更低(18mJ)的激光能量引起了类似图 4-32 所示的等离子体演化。同一时刻，较高的激光能量产生的等离子体体积更大，其寿命也相对较长。

上述结果表明，中低压环境下等离子体受激光能量影响较小。然而 Cirisan 研究了大气环境下的等离子体受激光能量的影响作用，快速照相结果表明，在较高激光能量条件下，等离子体呈现半球形，而能量降低时，等离子体逐渐演变为扁平式结构[91]。

提取等离子体发光前沿的位置-时间关系，如图 4-34 所示。10^{-3} Pa 环境气压下的结果未列出，原因是等离子体在远离靶面时辐射强度迅速衰减导致边界位置

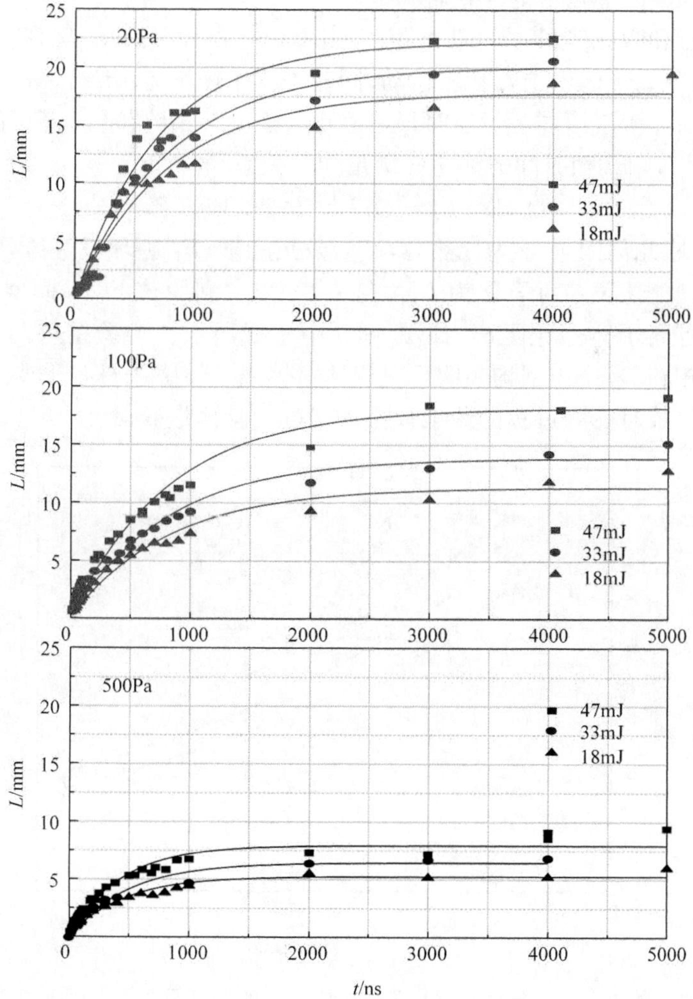

图 4-34　不同环境气压和激光能量下等离子体前沿随时间的演化

的不确定度过大。结果表明，不同气压环境下的等离子体均具有较高的初始膨胀速率，之后等离子体逐渐减速并最终停止。从入射激光能量的角度看，较大的激光能量引起的等离子体初始膨胀速率也较高，对应的停止距离(stopping distance)越大。同时，环境气压对等离子体停止距离的影响作用也非常明显。激光入射能量为 33mJ，环境气压为 20Pa 时，等离子体停止距离为 17.5mm；当环境气压增加到 500Pa 时，停止距离下降为 6.2mm。环境气体对等离子体的运动起重要作用，因此等离子体波前传播关系可由 Drag 模型($L\propto[L_0-\exp(-\beta t)]$，其中 L_0 为停止距离，β 为空气黏滞系数)解释。图 4-34 中实线为利用 Drag 模型对等离子体波前位置的拟合结果。由图可见，实验结果与模型符合度比较理想，因此可利用该模型获得不同气压和激光能量下的停止距离。

不同气压和激光能量下的停止距离如图 4-35 所示。Dyer 等认为，激光脉冲作用完成后，等离子体做绝热膨胀运动，同时等离子体压力不断下降。当等离子体压力下降到与环境气压同一量级时最终静止。定义该最终位置与靶面之间的距离为停止距离 L_s，则其随时间的演化应满足如下关系[92]：

$$L_s=A[(\gamma-1)E]^{1/3\gamma}P_0^{-1/3\gamma}V_i^{\gamma-1/3\gamma}$$

式中，A 为膨胀几何因子；γ 为比热容，E 为激光能量；P_0 为环境气压，V_i 为等离子体初始体积。上述关系可简化为 $L_s\propto(E/P_0)^{1/3\gamma}$。利用该 Dyer 模型计算本节实验参数下的等离子体停止距离，如图 4-35 中实线所示。实验结果与模型比较一致。快速照相和 Dyer 模型均表明环境气体对等离子体膨胀具有重要的约束效应，具体的气体参数对膨胀过程的约束权重可通过实验测量获得。

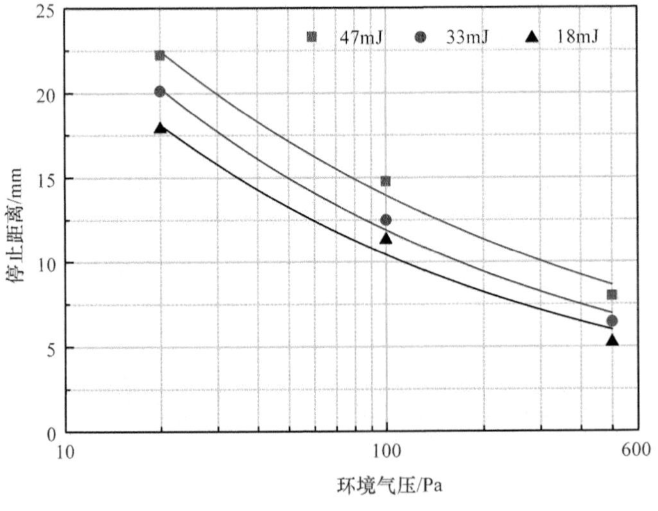

图 4-35　不同环境气压和激光能量下的等离子体停止距离

2）等离子体光谱

不同环境气压下的等离子体光谱如图 4-36 所示，拍摄时刻分别为 100ns 和 300ns，门宽为 20ns。使用 149grooves/mm 光栅（闪耀波长为 500nm），谱区间为 [400nm，560nm]。

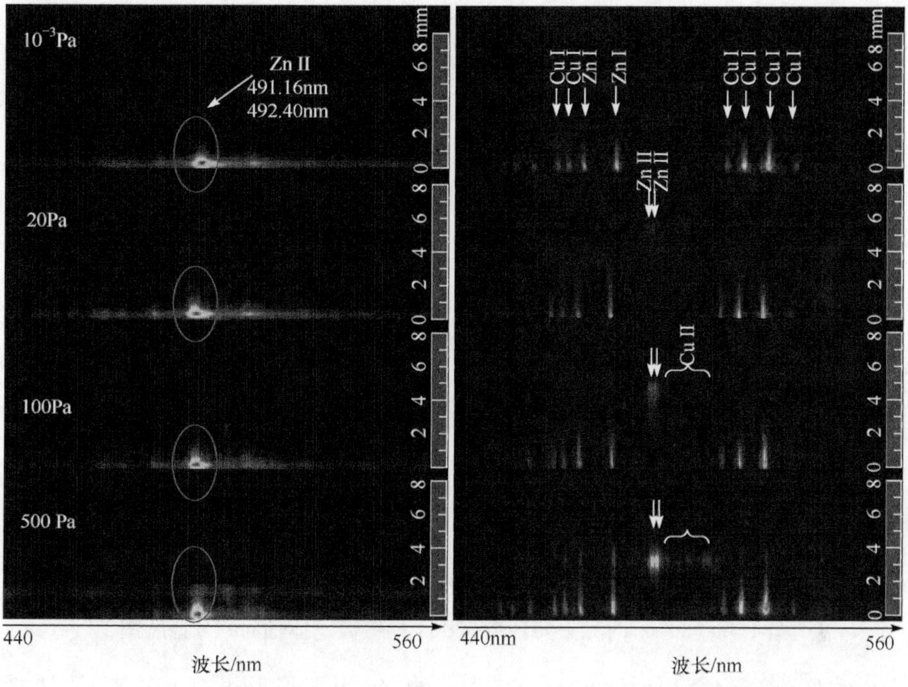

(a) 100ns　(b) 300ns

图 4-36　100ns 和 300ns 时刻，不同环境气压下的等离子体空间分辨光谱结果

在早期（如 100ns 时），不同气压条件下的空间分辨光谱结果相似，在近靶面区域以连续辐射以及 Zn Ⅱ（中心波长为 491.6nm，492.40nm）辐射为主。到 300ns 时，可见光谱图像可分辨出激发态 Cu、Zn 原子和离子特征线。等离子辐射光谱演化趋势可归纳如下：等离子体辐射的轴向分布长度随环境气压的上升而下降，这与快速照相结果是一致的；激发离子的辐射强度，如 Zn Ⅱ（491.6nm，492.40nm），随环境气压上升而得到增强；辐射光谱的前端主要由激发态离子贡献，而近靶面处的辐射主要源自激发态原子。类似地，Namba 也发现了气体环境对等离子体辐射光谱的增强作用[93]。比较 100ns 时刻和 300ns 时刻下的 Zn I 和 Zn Ⅱ 的空间分布光谱结果，可以推断 Zn Ⅱ 具有更高的动能，因此在相同时间内传播距离更远。Zn Ⅱ 动能高于 Zn I 可由空间电荷效应进行理解。

当环境气压极低时（10^{-3} Pa），不能够在晚期的空间分辨光谱结果（图 4-36 右列）中观察到激发态 Cu、Zn 离子特征谱线。然而轴向积分空间分辨辐射光谱（每幅图均已经相对于其最大值做归一化处理)，得到谱线图如图 4-37 所示，可以证实在 300ns 时刻靶离子仍然存在。轴向积分的谱线图有助于识别等离子体中的不同组分。由图 4-37 可以清楚地观察到 Zn Ⅱ在高气压环境下的辐射增强。

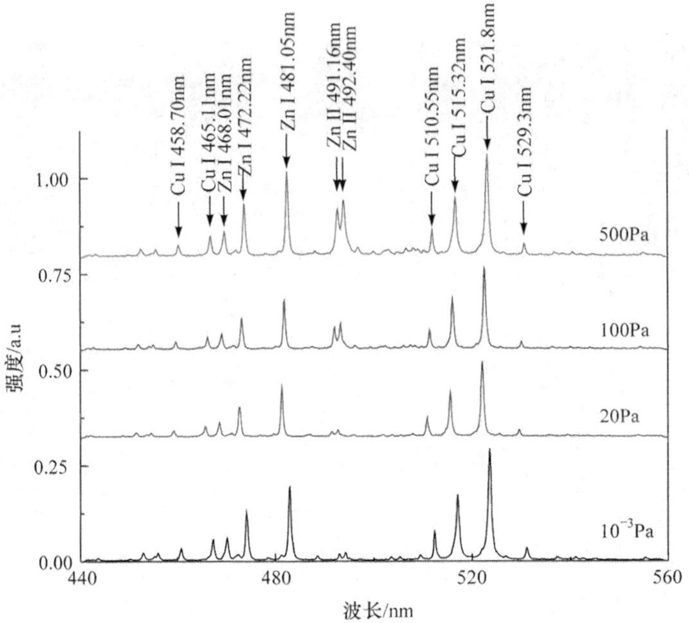

图 4-37　300ns 时刻不同环境气压下的等离子体轴向积分谱线图

为便于了解环境气压极低时(10^{-3} Pa)的 Zn Ⅱ演化过程，列出其不同时刻的空间分辨光谱结果及其轴向积分谱线，如图 4-38 所示。从 0ns 到 250ns，辐射光谱

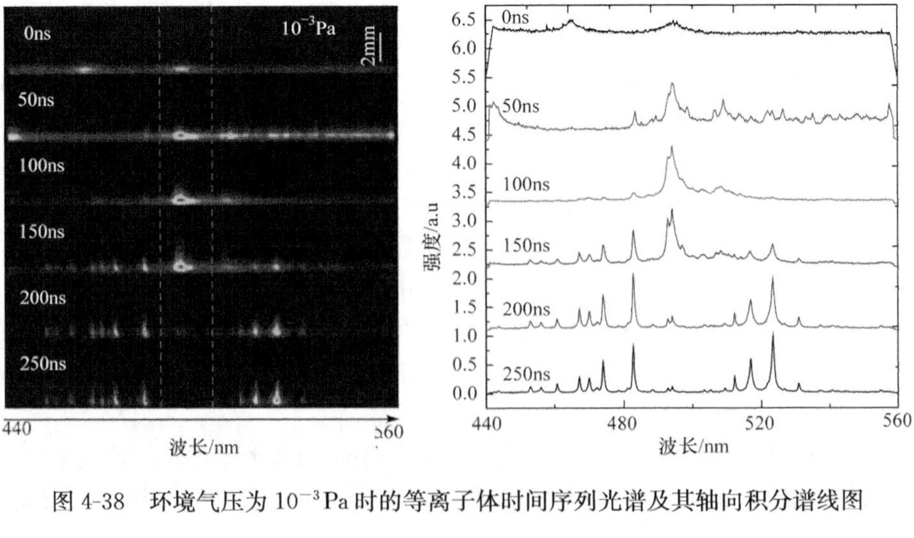

图 4-38　环境气压为 10^{-3} Pa 时的等离子体时间序列光谱及其轴向积分谱线图

分别经历了连续谱主导、离子线主导和原子线主导三个阶段。Zn Ⅱ辐射强度随时间而迅速衰减，到后期 200ns 和 250ns 时仅能在轴向积分谱线图中分辨。

为便于了解等离子体辐射的空间变化，提取 300ns 时刻距靶面 0～5.25mm 范围内的谱线，如图 4-39 所示。环境气压为 10^{-3}Pa 时，所有谱线的辐射强度均随距离增加而下降，但不能分辨出 Zn Ⅱ谱线。环境气压为 20Pa 时，Zn Ⅱ(491.6nm，492.40nm)谱线在 5.25mm 处出现。这两条谱线随着环境气压的上升(100Pa 和 500Pa)而变得更加明显。同时，受环境气体的约束效应影响，等离子体最大辐射强度位置变得更靠近靶面。例如，环境气压为 20Pa 时 Zn Ⅱ最大辐射强度距离靶面在 5mm 之外，而当气压增加到 500Pa 时，Zn Ⅱ最大辐射强度距离靶面不到 4mm。另外值得注意的是，在靠近靶面的 2mm 区域内，等离子体辐射谱在不同环境气压下的空间变化十分相似。

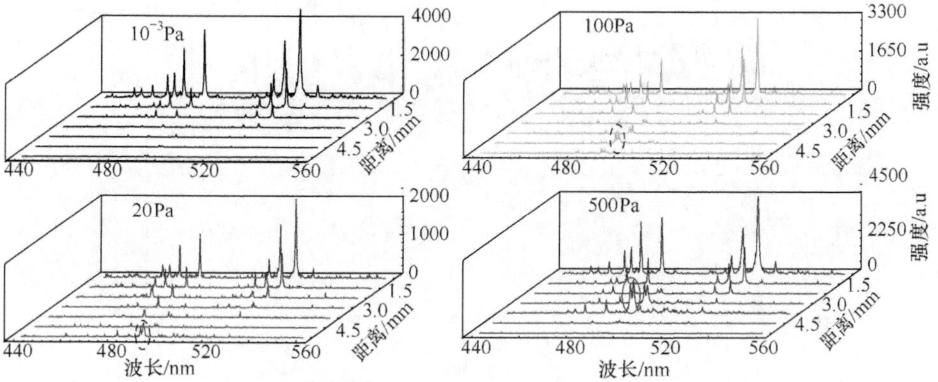

图 4-39　不同环境气压下的等离子体谱线的空间分布(t=300ns)

3) 等离子体关键参数

假定等离子体处于局部热平衡态，利用玻尔兹曼斜线法计算等离子体激发温度。计算使用的谱线源于激发态 Cu Ⅰ，包括 465.2nm、510.6nm、515.3nm、521.8nm 和 529.3nm，相关参数取自参考文献[94]和[95]。典型玻尔兹曼斜线结果如图 4-40(a)所示，斜线斜率为 -1.25×10^{-4}，对应的激发温度约为 5000K。

计算 300ns 时距靶面 0～1.35mm 范围内的温度，结果如图 4-40(b)所示。这一近靶面区域内的温度分布差异不大，不同环境气压下均为 $(6\pm1)\times10^3$K 左右。这一结果可能与靶面克努森(Knudsen)层、等离子体辐射与复合等不同过程相互作用下的平衡有关。需要说明的是，尽管计算结果显示 300ns 时近靶面 0～1.35mm 区域内的温度分布比较均匀，但是激光诱导等离子体本身的演化是一个非常迅速的非线性过程，在早期其温度的空间分布可能随距离而呈现巨大的差异。

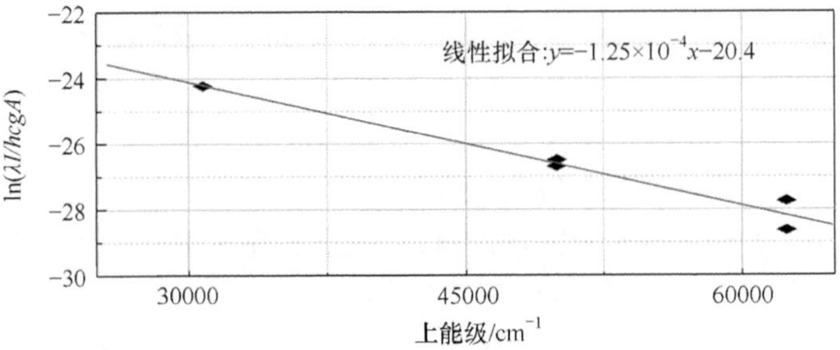

(a) 典型的玻尔兹曼斜线图

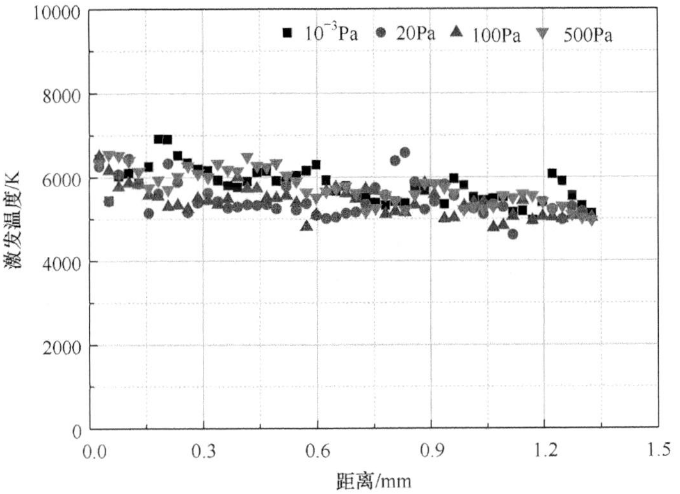

(b) 等离子体温度

图 4-40　典型的玻尔兹曼斜线图和计算得到的等离子体温度空间分布(t=300ns)

基于 Stark 展宽机制计算等离子体电子数密度。此处使用 1200grooves/mm(闪耀波长为 500nm)光栅。典型空间分辨光谱如图 4-41 内插图所示。为保证计算准确度,将等离子体近靶面区和前端分别进行计算。针对近靶面区(<2mm)使用 Cu Ⅰ特征线(515.32nm)计算密度的空间分布(空间分辨率为 30μm);对等离子体前端使用 Zn Ⅱ特征线(491.16nm)计算密度的局部平均值(首先将前端的谱结果进行轴向积分),计算结果如图 4-41 所示。在近靶面区域,不同环境气压下的电子数密度空间分布无明显不同,均随着距离而迅速降低,电子数密度从 0mm 处的 $2\times10^{16}\text{cm}^{-3}$下降为 2mm 处的 $0.2\times10^{16}\text{cm}^{-3}$。等离子体前端位置随环境气压上升而移向靶面,同时其密度相应增加。

利用 McWhirter 判据考察等离子是否满足局部热平衡条件:

$$n_e \geqslant 1.4\times 10^{14} T_e^{1/2}(\Delta E_{mn})^3\,\mathrm{cm}^{-3}$$

式中，T_e 为电子温度，为 ΔE_{mn} 能级差(单位为 eV)。以特征线 491.16nm 为例，$\Delta E_{mn}=2.5\mathrm{eV}$。使用 $T_e=0.52\mathrm{eV}$，计算得到电子数密度下限为 $0.16\times 10^{16}\,\mathrm{cm}^{-3}$。由图 4-41 计算结果可知，上述实验条件下的激光诱导等离子体满足 McWhirter 判据。

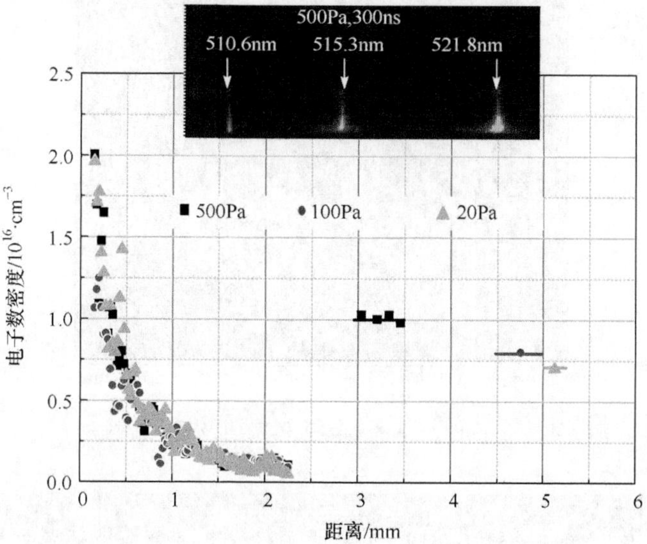

图 4-41 等离子体电子数密度的空间分布(t=300ns)

2. 激光诱导铝等离子体

实验系统、ICCD 快速照相和可见光谱系统与上文相似，靶材料更换为金属铝；烧蚀激光波长为 1064nm，周期为 15ns(FWHM)，能量为 35mJ；使用焦距为 300mm 的平凸透镜，焦斑大小约为 0.28mm。ICCD 门宽为延迟时间的 1/10，可见光谱结果每种情况累积十次。此外，使用 532nm、30ps 激光构建阴影照相系统，捕捉等离子体在环境气体中产生的激波。

1) 快速照相与光谱分析

环境气压为 50Pa 时，不同时刻下的激光诱导铝等离子体快速照相及其空间分辨光谱([391nm，509nm])结果如图 4-42 所示。100ns 时，更宽范围内([351nm，709nm])的空间分辨光谱如图 4-43 所示，其中主要特征线根据 NIST 数据库进行辨别(表 4-1)。

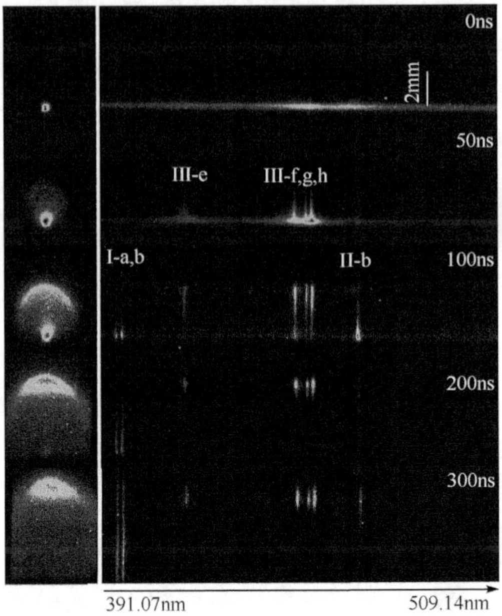

图 4-42 不同时刻下的等离子体图像及其空间分辨光谱

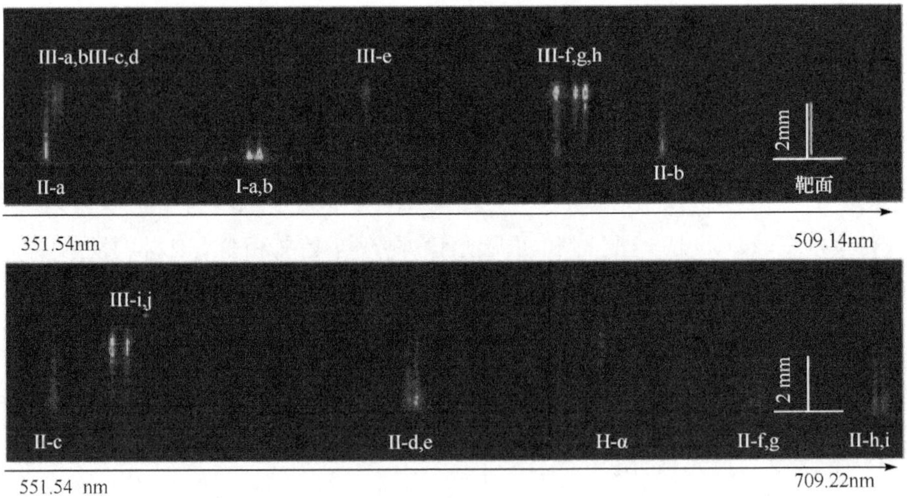

图 4-43 100ns 时的等离子体空间分辨光谱

表 4-1　Al I～Al III 特征线参数

粒子	线谱/nm	上能级	下能级	$A/10^8 s^{-1}$
Al I-a	394.401	$3s^2 4s\ ^2S_{1/2}$	$3s^2 3p\ ^2P^\circ_{1/2}$	0.49
Al I-b	396.152	$3s^2 4s\ ^2S_{1/2}$	$3s^2 3p\ ^2P^\circ_{3/2}$	0.98
Al II-a	358.7	3s4f	3s3d	
Al II-b	466.306	$3s4p\ ^1P^\circ_1$	$3p^2\ ^1D_2$	0.53
Al II-c	559.330	$3s4d\ ^1D_2$	$3s4p\ ^1P^\circ_1$	1.1
Al II-d	623.175	$3s4d\ ^3D_2$	$3s4p\ ^3P^\circ_1$	0.84
Al II-e	624.336	$3s4d\ ^3D_3$	$3s4p\ ^3P^\circ_2$	1.1
Al II-f	682.348	$3s5s\ ^3S_1$	$3s4p\ ^3P^\circ_1$	0.34
Al II-g	683.714	$3s5s\ ^3S_1$	$3s4p\ ^3P^\circ_2$	0.57
Al II-h	704.206	$3s4p\ ^3P^\circ_2$	$3s4s\ ^3S_1$	0.59
Al II-i	705.660	$3s4p\ ^3P^\circ_1$	$3s4s\ ^3S_1$	0.58
H-α	656.277	$3p\ ^2P^\circ_{1/2}$	$2s\ ^2S_{1/2}$	0.44
N II-a	399.500	$2s^2 2p3p\ ^1D_2$	$2s^2 2p3s\ ^1P^\circ_1$	1.2
N II-b	444.703	$2s^2 2p3d\ ^1D^\circ_2$	$2s^2 2p3p\ ^1P_1$	1.1
N II-c	463.054	$2s^2 2p3p\ ^3P_2$	$2s^2 2p3s\ 3P^\circ_{1/2}$	0.75
N II-d	500.515	$2s^2 2p3d\ ^3F^\circ_4$	$2s^2 2p3p\ ^3D_3$	1.1
Al III-a	360.163	$2p^6 4p\ ^2P^\circ_{3/2}$	$2p^6 3d\ ^2D_{5/2}$	1.3
Al III-b	361.236	$2p^6 4p\ ^2P^\circ_{1/2}$	$2p^6 3d\ ^2D_{3/2}$	1.5
Al III-c	370.211	$2p^6 5s\ ^2S_{1/2}$	$2p^6 4p\ ^2P^\circ_{1/2}$	1.1
Al III-d	371.312	$2p^6 5s\ ^2S_{1/2}$	$2p^6 4p\ ^2P^\circ_{3/2}$	2.3
Al III-e	414.992	$2p^6 5f\ ^2F^\circ_{7/2}$	$2p^6 4d\ ^2D_{5/2}$	2.2
	415.017	$2p^6 5f\ ^2F^\circ_{5/2}$	$2p^6 4d\ ^2D_{3/2}$	2.0
Al III-f	447.989	$2p^6 5g\ ^2G_{7/2}$	$2p^6 4f\ ^2F^\circ_{5/2}$	
	447.997	$2p^6 5g\ ^2G_{9/2}$	$2p^6 4f\ ^2F^\circ_{7/2}$	
Al III-g	451.256	$2p^6 4d\ ^2D_{3/2}$	$2p^6 4p\ ^2P^\circ_{1/2}$	2.2
Al III-h	452.919	$2p^6 4d\ ^2D_{3/2}$	$2p^6 4p\ ^2P^\circ_{3/2}$	2.5
Al III-i	569.660	$2p^6 4p\ ^2P^\circ_{3/2}$	$2p^6 4s\ ^2S_{1/2}$	0.88
Al III-j	572.273	$2p^6 4p\ ^2P^\circ_{1/2}$	$2p^6 4s\ ^2S_{1/2}$	0.87

注：数据源自 NIST 数据库(http://physics.nist.gov/PhysRefData/ASD/linesform.html)。

值得注意的是，图 4-43 空间分辨光谱中可分辨出 Hα 特征线(656.3nm)，这源于具有自然湿度的空气中所含有的水蒸气[96]。不同价态的特征线空间分布不同，但相同价态的离子或原子特征线具有相似的空间分布。图 4-42 中[391nm,

509nm]范围的辐射谱分布具有整个可见光谱(图 4-43)的一般性，因此下文的讨论将围绕[391nm，509nm]范围的辐射谱展开。

激光脉冲作用期间，以轫致辐射和复合辐射引起的连续谱为主，同时在 Al III 位置处辐射强度较高。激光脉冲作用 50ns 后，可观察到球形等离子体波前，同时等离子体波前辐射以及靶面处的强辐射区由 Al III 特征线主导。等离子体波前的辐射强度在 100ns 时变得更强，构成了快速运动组分，同时靶面附近形成了慢运动组分。快运动组分的辐射源自激发态 Al III，而慢运动组分的辐射源自激发态Al I 和 Al II。推测近靶面处的 Al I 和 Al II 源自 50ns 时刻观察到的 Al III 粒子的复合。随时间推移，快运动组分变得更亮更厚，同时慢运动组分变得更暗。Al III 特征线在等离子体前端变得更加集中，而 Al I 和 Al II 从靶面到等离子体前端均有分布。到 300ns 时，Al I 特征线轴向分布已经略超过 Al III 的轴向分布。

Al III 特征线从 50ns 到 100ns 时的辐射增强，可借助核物理中“阻止本领”(stopping power)的概念进行理解。阻止本领指每运动单位长度所引起的能量损失。在能量降为零之前的一定范围内，阻止本领通常会逐渐增加直到达到某一最大值，称为布拉格尖峰(Bragg peak)。推测 100ns 时的等离子体波前可能对应于 50ns 时的 Al III 离子的布拉格尖峰的位置。此处离子的动能集中转化为热能，因此引起辐射的增强。阻止本领随离子的电离度而增强，这可以在一定程度上解释后期 Al I 和 Al II 的轴向分布比 Al III 更远。如果膨胀的 Al I 在 Al III 波前更远处滞止，则会在等离子体的快运动组分中再度发生分裂现象。Harilal 在 1.3Torr* 环境气压中观察到上述快组分中的分裂现象[97]。

不同环境气压下的等离子体图像和空间分辨光谱如图 4-44 所示，拍摄时刻为 100ns。低气压时(5×10^{-3}Pa)，最强辐射区位于靶面附近，并且辐射强度随距离而迅速衰减。光谱图像中可清晰分辨出 Al II 和 Al III 特征线，并且 Al III 的轴向分布比 Al II 更远。随着环境气体压力的增加，等离子体波前运动所受的约束作用也更强，同时不稳定性逐渐显现。等离子体波前区域内源于电离空气的 N II 和 Al III 复合所致的连续辐射也变得更强。当气压增加到 1600Pa 时，等离子体被限制在靶面 0.5mm 以内的区域，同时等离子体分裂现象已经消失。

提取 50Pa 和 500Pa 环境气压下的 Al I～Al III 波前位置随时间的演化，如图 4-45 所示。50Pa 环境气压下，Al III 波前在前 100ns 内的初始运动速度为 46km/s，对应动能为 300eV。Al III 最后滞止距离为 6mm，其位置-时间变化关系与 Drag 模型比较一致。Al I 和 Al II 初始速度远低于 Al III，但是波前位置存在一个跳变，这可能是因为快运动组分中的 Al III 经过复合过程衰减为 Al I 和 Al II。环境气压为 500Pa 时，Al I～Al III 的波前位置由于受到更强的约束效应而比

* 1Torr$=1.33322\times10^2$Pa。

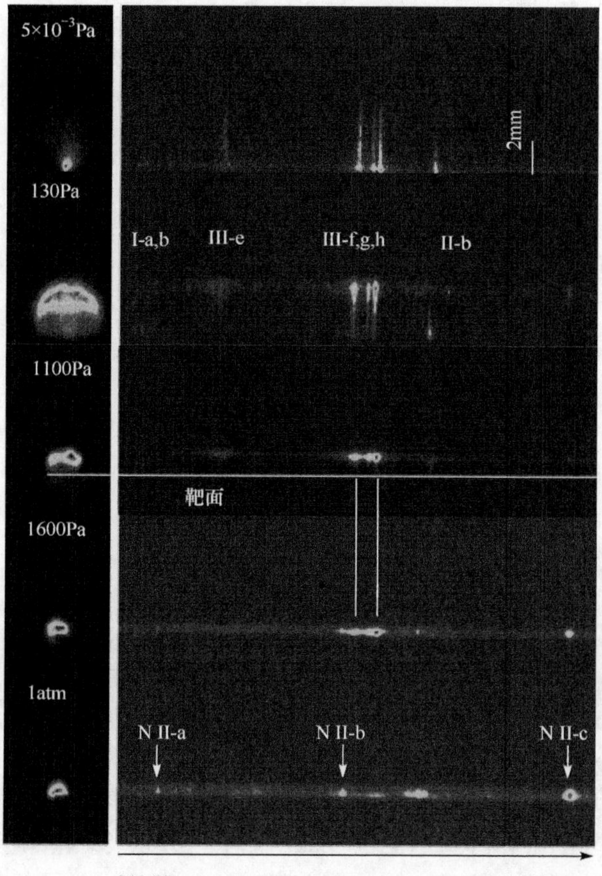

图 4-44　不同环境气压下的等离子体图像和光谱(t=100ns)

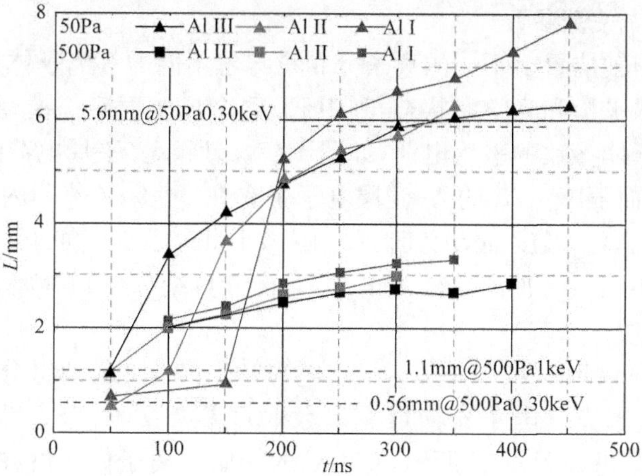

图 4-45　50Pa 和 500Pa 环境气压下的 Al I～Al III 波前位置-时间关系

同时刻下 50Pa 的位置更近，同时 Al II 出现的时刻也更早。利用 Monte Carlo 程序 SRIM 计算 50Pa 和 500Pa 环境气压下的 Al II 离子的停止距离，如图 4-44 中虚线所示。由图可见，环境气压 50Pa 时，计算结果与实验测量结果比较一致。然而当环境气压为 500Pa 时，计算结果远小于实验测量结果，这可能与气压更高时 Al 离子具有相当复杂的速度分布有关[97]。

2）等离子体分裂与空气激波

当环境气压增加时，空气激波可能逐渐变得明显，同时等离子体分裂现象逐渐消失。1100Pa 气压下，恰好能同时观察到等离子体分裂和空气激波，如图 4-46 所示。激波为半球形，同时边界处存在不稳定性。图中白色箭头指示激波的前沿位置，与等离子体图像对比可以发现，激波前沿恰好位于等离子体的快运动组分和慢运动组分之间。然而在 1atm 环境空气气压下，等离子体图像的发光前沿与激波前沿位置在前 400ns 内一致[75]。此处实验观察到的激波与等离子体发光之间的对应关系目前尚无合理解释，也无相关报道，一种推测是空气激波的形成以等离子体中的慢组分为主要诱导机制。

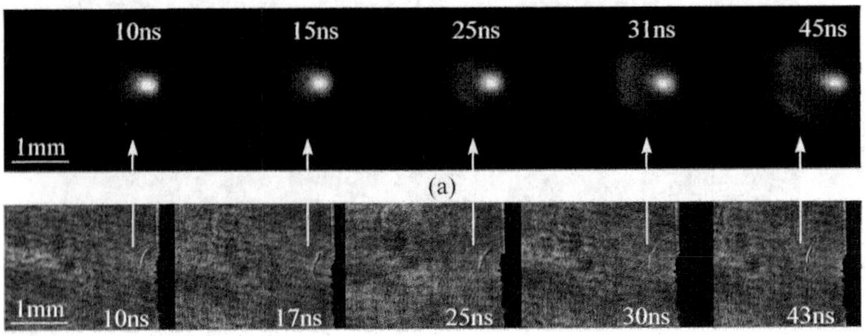

图 4-46　1100Pa 环境气压下的等离子体图像和激光阴影照相结果

3）等离子体关键参数

等离子体中轴位置上不同的离子分布意味着不同的等离子体参数。假定等离子体处于局部热平衡和光学薄状态，利用 FLYCHK 辐射碰撞模型计算 Al 等离子体在不同等离子体参数的平均电荷，如图 4-47(a)所示。平局电荷随温度上升而上升，随密度上升而下降。Al 的 M 壳层电子主要在 3～6eV 范围内电离，之后 L 壳层电子被集中电离。温度为 2eV 时，Al Ⅰ～Al Ⅺ离子丰度如 4-47(b)所示。等离子体光谱图像表明，Al Ⅲ离子较为丰富，对比计算结果可知等离子体波前温度为 2～3eV。

利用 Al Ⅲ-h 特征线(452.919nm)计算等离子体快运动组分的电子数密度。计算基于 Stark 展宽。电子碰撞展宽参数取自参考文献[98]，为 0.112nm(T=2000K)。计算结果如图 4-48 所示，靶面处的初始等离子体密度在 $10^{16}\mathrm{cm}^{-3}$ 量级。

环境气压较高时，等离子体波前传播速度较慢，其电子数密度随时间的衰减也较慢。不同时刻下，受环境气体作用，等离子体电子数密度在等离子体波前某一位置处达到最大值。计算结果中唯一例外的情况是 50Pa 环境气压时的 50ns 时刻，此时的电子数密度分布受环境气体影响较小。

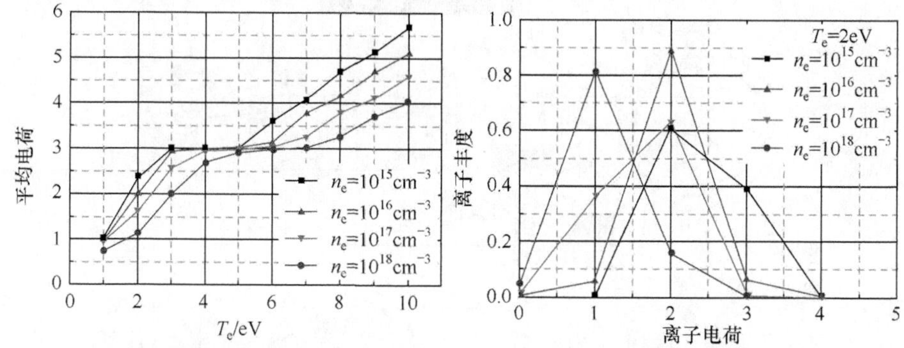

(a) 平均电荷数随温度升高的变化关系　　(b) 2eV时不同离子的丰度值

图 4-47　不同等离子体参数下的平均电荷和离子丰度

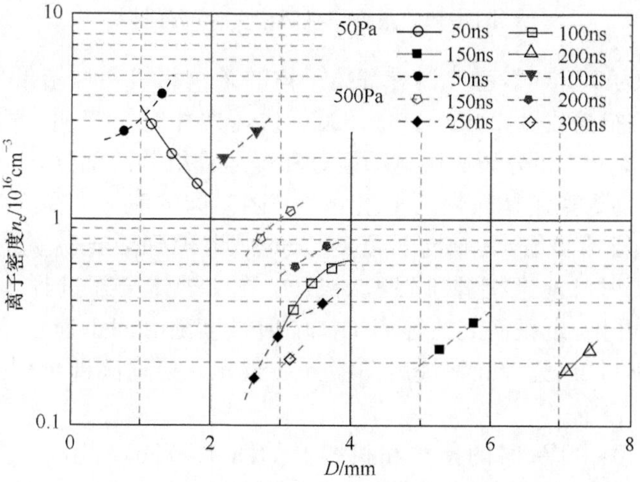

图 4-48　不同时刻的等离子体电子数密度分布

3. 连续时间分辨的激光诱导等离子体动态

条纹成像技术可将入射光的时间轴信息通过扫描单元转化为一维空间轴信息，因此不依赖于等离子体的重复性假设，可在一次实验过程中同时获取等离子体的时间和空间演化信息。使用条纹相机研究激光诱导等离子体演化过程的实验布局示意图如图 4-49 所示。实验触发与同步过程由设置 DG535 完成。使用金属铝为靶材料，激光能量为 130mJ，聚焦透镜焦距为 300mm，激光焦斑大小为 0.3mm，对应的激光能量密度为 1.8J/mm^2。条纹相机的狭缝平行于等离子体中轴处，狭缝宽度为 10μm。

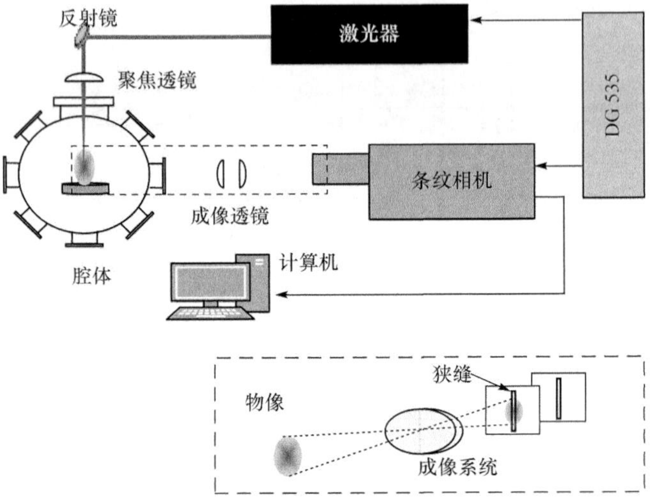

图 4-49　条纹相机照相实验示意图

环境气压为 50Pa 时，激光诱导等离子体的条纹相机图像结果如图 4-50(a)所示，条纹相机扫描速度为 10ns/mm。ICCD 快速照相结果表明，气压范围在 10～1000Pa 时，等离子体会分裂成快运动组分和慢运动组分两部分。由条纹相机成像可以清晰地识别等离子体快慢两种组分及其随时间的演化。在前 30ns，靶面附近可以观察到强烈的辐射，其轴向长度约 1mm。考虑到激光脉宽的 FWHM 值为 15ns，此时的辐射可能直接源于强烈的激光-等离子体交互过程。激光作用完成后，从约 40ns 开始，近靶面处的等离子体辐射强度随时间迅速衰减。慢组分的波前到 70ns 后不再可见。同时，快运动组分在激光入射期间即可识别，并一直持续到整个扫程的完结。

环境气压为 400Pa 时的条纹相机图像如图 4-50(b)所示，扫描速度为 25ns/mm。等离子体组分的运动过程整体来看与图 4-50(a)相似，但快组分具有一定的厚度，约 1mm。100ns 时，环境气压为 50Pa 和 400Pa 下的等离子波前分别为 6mm 和 5mm，速度均为 10km/s 量级。两种气压环境下的等离子体波前运动均能与 Drag 模型有较好的符合，与上文中 ICCD 的研究结果一致。

当环境气压增大到 1atm 时，条纹相机图像如图 4-50(c)所示，扫描速度为 25ns/mm。与中低气压环境下的结果完全不同，等离子体出现三个独立的辐射区。近靶面辐射区的轴向长度约 1mm，最远的辐射区位于距离靶面 5～6mm 处。近靶面辐射区的出现时刻较早，而另外两处辐射区出现较晚，约在激光峰值时刻开始。根据上文研究结果，可以推测近靶面辐射区来自激光烧蚀靶面产生的等离子体，而其他两处辐射区源于激光诱导空气击穿。条纹相机结果表明，近靶面区的早期辐射随时间逐渐增加，到激光峰值左右时刻达到最大值；此外，激光诱导空气击穿的位置时刻具有一定的不确定性，这与二维空间快速照相的研究结果是一致的。

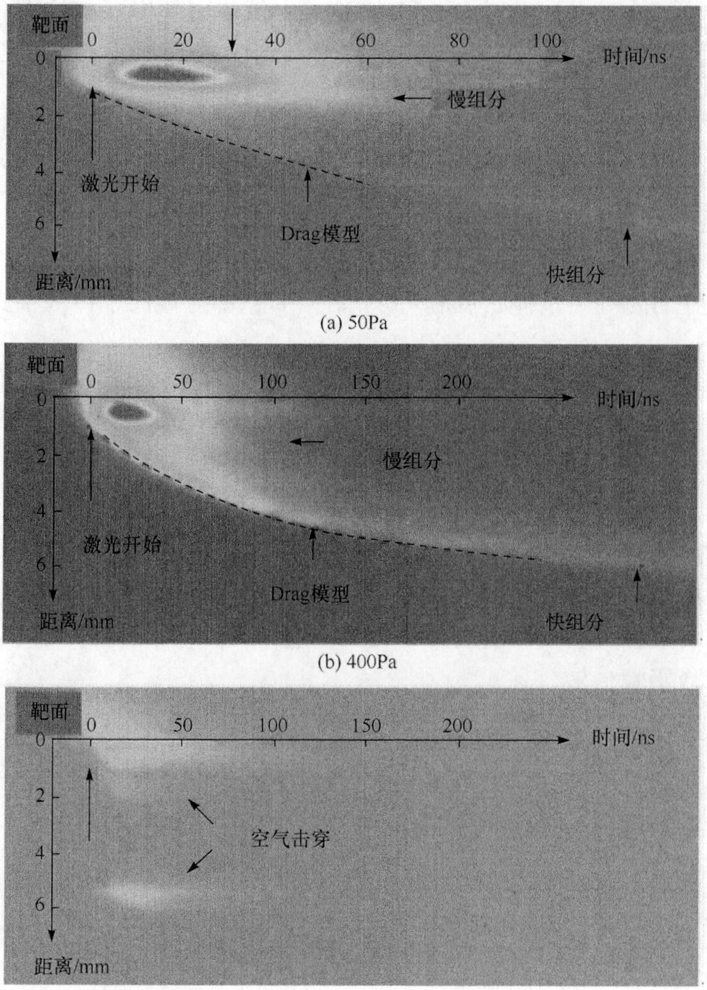

(a) 50Pa

(b) 400Pa

(c) 1atm

图 4-50　不同环境气压下的条纹图像

4．等离子体不稳定性

在真空中或极低气压环境下（<1Pa），等离子体向空间传播时几乎不会受到

环境气体分子的碰撞作用，从而表现为自由膨胀。当环境气压逐渐升高时，气体分子密度逐渐增加，等离子体与环境气体之间也逐渐由非碰撞模式转变为碰撞模式，此时等离子体粒子不再能够自由穿过环境气体。快速运动的粒子组分受到环境气体阻滞而减速热化，与近靶面区慢粒子组分共同表现为等离子体分裂现象。当环境气压继续增加，并与等离子体之间形成较大的密度梯度时，会在运动的等离子体和静止的环境气体交界处出现不稳定性，这可由流体力学中基本的瑞利-泰勒不稳定性现象进行解释。下面计算瑞利-泰勒不稳定性出现所对应的临界环境气体密度。

对于瑞利-泰勒不稳定性，两种流体界面处的扰动将随时间呈指数型增长，正比于 $e^{\eta t}$，此处：

$$\eta^2 = ka\frac{\rho_p - \rho_b}{\rho_p + \rho_b} \tag{4-12}$$

式中，ρ_p、ρ_b 分别为等离子体密度和环境气体密度；a 为等离子体波前速度；k 为扰动波数。

当 η^2 为正时（$\rho_p > \rho_b$），等离子体边界处稳定，反之不稳定。在等离子体中最大加速区域不稳定性开始增长时，由动量守恒方程可得[97]

$$\frac{\mathrm{d}}{\mathrm{d}t}\left[\left(M_0 + \frac{4}{3}\pi R^3 \rho_b\right)v\right] = 0 \tag{4-13}$$

式中，M_0 为激光等离子体质量；R 为距靶面的距离。参阅文献，相似实验条件下，激光烧蚀等离子体质量 M_0 为 0.17μg 量级。同时，由图 4-50 可知，R 约为 15mm，因此计算得到临界环境气体密度为 $1.2\times10^{6}\,\mathrm{g/cm^3}$，对应气体压力约为 100Pa，可以较好地解释实验结果。

4.6 双束激光诱导碰撞型等离子体

4.6.1 真空中等离子体碰撞

等离子体的碰撞现象存在于多种场景，包括天体物理、激光惯性约束聚变黑腔、X 射线激光实验以及脉冲激光薄膜沉积或辐射谱光源的优化设计等。加拿大约克大学 Gregory、英国帝国理工大学 Smith 等利用碰撞型的激光诱导等离子体深入研究了星云间或超新星爆发等天体物理中的射流与激波演化现象[99,100]。加拿大 Irissou 等利用正交的碰撞型等离子体成功制备出无碎粒薄膜，大大改善了产品质量[101]。大阪大学 Nishimura 利用弧形碳靶产生碰撞型等离子体，发现在等离子体滞止区的演化后期形成了大分子碳[102]。都柏林大学 Cummins 利用激光诱导碰撞型等离体产生应用于极紫外光刻的 13.5nm 光源，成功地将能量转换率提高到 3.6%左右[103]。

为获得碰撞的等离子体，可采用多种不同的激光束与靶材组合，目前研究较多的构型主要包括双激光束/平面靶、双激光束/直角靶（或 V 形靶）、分裂光束/平面靶、分裂光束/直角靶、双激光束/曲面靶等。基本结构示意图如图 4-51 所示。

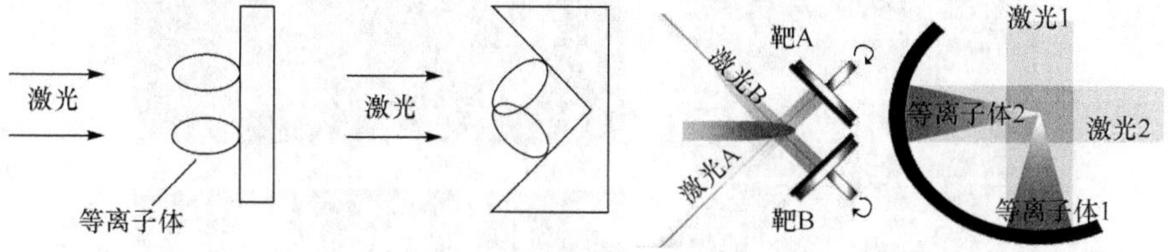

图 4-51　常见的激光束与靶组合结构示意图

两束等离子体相向运动时，根据等离子体的空间尺度与粒子平均自由程之间的相对大小关系，可能会出现两种截然不同的现象：等离子体互相穿过，或者碰撞滞止、反弹。此处将等离子体空间梯度的标尺长度（scale length of the plasma gradients）L_{plasma}定义为$|n_i/\nabla n_i|$，其中，n_i 为局部离子密度。由式(4-14)计算离子-离子平均自由程：

$$\lambda_{ii}=m_i^2 v_{12}^4/4\pi e^4 Z^4 n_i \ln\Lambda_{12} \tag{4-14}$$

式中，e 为电子电荷；m_i 为离子质量；v_{12} 为相对运动速度；Z 为等离子体平均电离度；$\ln\Lambda_{12}$为库仑对数。当 $\lambda_{ii}\ll L_{\mathrm{plasma}}$ 时，两等离子体交界处发生剧烈的碰撞滞止，而引发显著的等离子体温升以及形成激波；当 $\lambda_{ii}\gg L_{\mathrm{plasma}}$ 时，等离子体之间则会发生简单的穿透现象，其相互作用很小甚至可以忽略。当 λ_{ii} 与 L_{plasma} 大小相当时，等离子体行为更为复杂，兼具上述两种特征，伴随着电磁场和库仑碰撞过程的耦合作用。数值仿真的研究结果表明，在经历了初期有限范围内的等离子体穿透后，会出现“软滞止”现象[104]。

典型的滞止和穿透型等离子体碰撞现象可参见图 4-52。英国帝国理工大学 George Swadling 研究了 36 根钨丝和铝丝的 Z 箍缩过程，如图 4-52(a)所示，发现对于钨丝，不存在碰撞激波的形成，而对于铝丝，则有多次斜碰撞激波产生[105]。Swadling 根据实验获得的等离子体参数，分别估算得到钨等离子体的平均自由程为 5mm，而铝等离子体的平均自由程仅为 0.03mm。因此源自不同丝剥离的钨等离子体相遇时互相渗透，未形成碰撞型激波，而铝等离子体则相反。普渡大学 Shboul 等利用双束激光作用于半球形靶材料，发现了相似的实验现象，如图 4-52(b)所示[106]。笔者利用光楔扰动激光，产生双束激光烧蚀不同材料平板，发现由于等离子体碰撞而产生了激波（或射流）的现象，如图 4-53 所示。实验表明，对于相同能量的入射激光，低 Z 材料的诱导等离子体的离子密度会大于高 Z 材料，同时低 Z 材料的原子质量又小于高 Z 材料，因此根据上述离子-离子平均自由程的计算公式可知，低 Z 材料相较于高 Z 材料会更容易发生等离子体碰撞滞止现象。

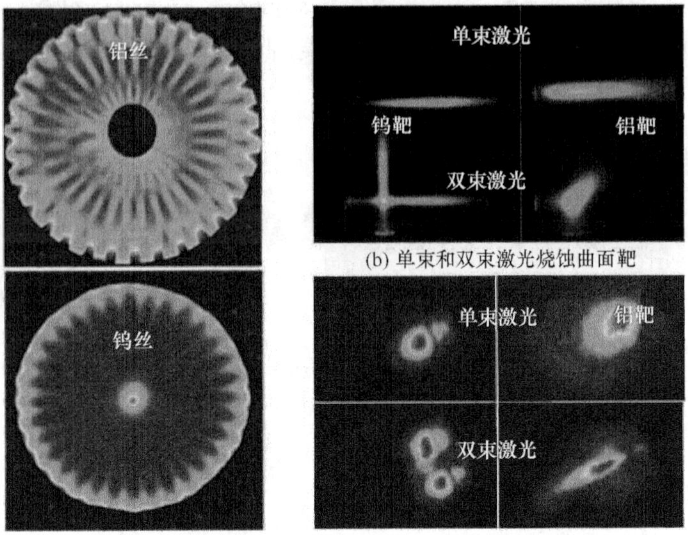

(a) 钨丝阵和铝丝阵Z箍缩　　(b) 单束和双束激光烧蚀曲面靶　　(c) 单束和双束激光烧蚀平面靶

图 4-52　几种不同类型的碰撞等离子体

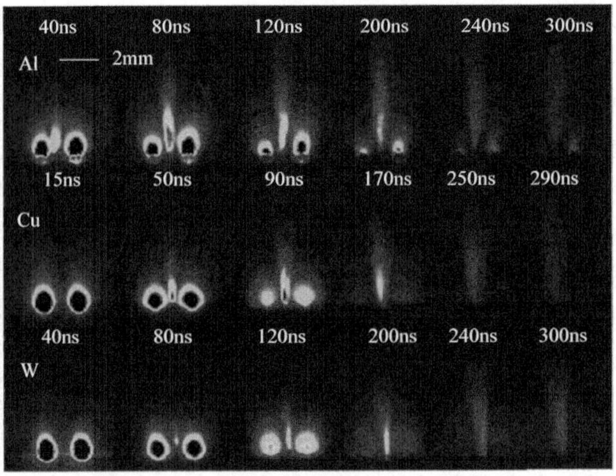

图 4-53　真空中不同靶材料的碰撞等离子体

激光波长、持续时间等参数会对诱导等离子体的初始状态带来一定影响，而等离子体的初始状态又决定了后期碰撞过程中的主导机制。以分裂激光/平面靶构型为例，都柏林城市大学的 Kavanagh 基于时空分辨的快速照相与可见光谱技术分别研究了三种不同激光参数下的碰撞型等离子体动态过程，金属靶选用 Ca 元素[107]。光路示意图如图 4-54 所示，两焦斑间距 D 由如下关系决定：

$$D=f\gamma(n-1) \tag{4-15}$$

式中，f 为聚焦透镜的焦距；γ 为光楔斜角；n 为聚焦透镜的折射率。

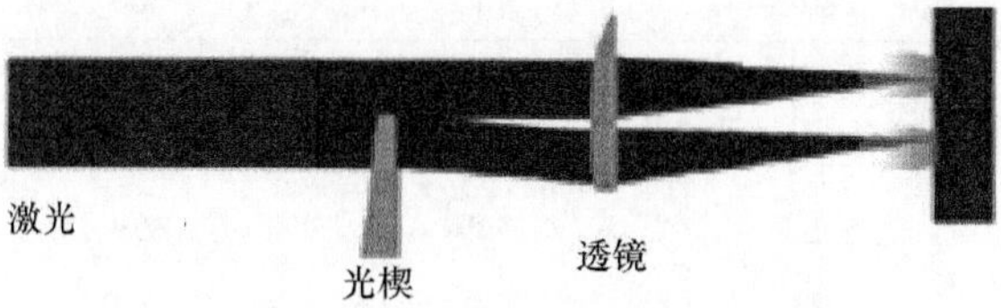

图 4-54　光楔分裂激光光路示意图

使用的三种激光参数分别包括：①波长为 355nm，脉宽 6ns，焦斑功率密度约为$3\times10^{10}W/cm^2$；②波长为 1064nm，脉宽为 6ns，焦斑功率密度约为 $4\times10^{11}W/cm^2$；③波长为 1064nm，脉宽为 16ns，焦斑功率密度约为 $5\times10^{10}W/cm^2$。结果表明，使用 355nm、6ns 激光时的碰撞滞止程度最低，此时对应的平均电子数密度约为 $4\times10^{17}cm^{-3}$；而使用 1064nm，16ns 激光时的碰撞滞止程度最高，平均电子数密度约为$5\times10^{18}cm^{-3}$。有趣的是，三种情况下，滞止区亮度最高时刻的电子激发温度基本相同(约为 0.75eV)。也就是说，滞止区等离子体的温度对初始等离子体的辐照条件依赖性并不是很强；相反地，两激光焦斑的间隔距离，也即种子等离子体碰撞时的相对速度会对滞止区的温度有明显影响。为便于理解滞止区等离子体行为，引入碰撞参数(ζ)的概念，即空间梯度的标尺长度 L_{plasma} 与离子平均自由程 λ_{ii} 之比。此处可将激光焦斑间距 D 近似等于 L_{plasma}。于是有

$$\zeta=D\ /\ \lambda_{ii} \tag{4-16}$$

因此，对于同一激光焦斑间距的情况，碰撞参数与离子平均自由程负相关。不难想见，当焦斑间距较小而等离子体密度较高时，两组等离子体在碰撞前沿界面将会经历强烈的减速过程，而形成较为明显的滞止层。代入等离子体温度 0.75eV，密度 $10^{18}cm^{-3}$，可以估算碰撞参数在 10^4 量级。相反，在普渡大学 Harilal 的激光诱导 Mg 碰撞型等离子体实验中，其温度约为 30eV，估算相应的碰撞参数不大于 10，因此其等离子体交互区穿透过程更为强烈[108]。

激光能量会对形成的初始等离子体参数带来明显影响。表 4-2 所示为不同入射激光能量条件下的等离子体碰撞参数。所用实验装置布局如图 4-4 所示，并采用光楔分裂激光烧蚀平面金属靶。等离子体膨胀速度由 ICCD 快速照相结果估算，等离子体密度根据可见光谱分析获得。结果表明，入射激光能量在 280～540mJ 范围内时，随着入射激光能量的提高，金属靶等离子体的粒子密度以及空间膨胀速度均随之上升。就等离子体碰撞参数而言，粒子密度与膨胀速度的贡献为竞争关系。整体来看，随着激光能量上升，不同金属靶的等离子体碰撞参数均有不同程度的降低。此外，铝等离子体的碰撞参数始终大于铜等离子体和钨等离子体，原因可见上文分析。

表 4-2　不同入射激光能量时的等离子体碰撞参数(ξ)

激光能量/mJ	280	400	500	540
Al-v_0/(10^6cm/s)	3.89	4.32	4.75	4.80
Al-n_0/10^{19}cm^{-3}	90.6	107	140	167
Al-ξ	**833**	**649**	**579**	**664**
Cu-v_0/(10^6cm/s)	2.28	2.88	3.00	3.05
Cu-n_0/10^{19}cm^{-3}	3.29	3.51	3.49	3.78
Cu-ξ	**90.3**	**37.8**	**31.9**	**32.4**
W-v_0/(10^6cm/s)	1.29	1.63	1.72	1.82
W-n_0/(10^{19}cm/s)	66.4	68.3	78.1	84.3
W-ξ	**211**	**86.3**	**79.2**	**68.8**

4.6.2　低气压中等离子体相互作用

等离子体在低气压中膨胀过程与在真空环境中不同。由于少量环境气体的存在,等离子体在膨胀过程中会受到一定的阻挠。如上文所述,低气压中会出现等离子体分裂现象。这种现象被认为是克努森层在低气压中膨胀所导致的。具有高温高密的等离子体在低气压环境中快速压缩稀薄的环境气体,形成明亮的边界,这部分称为快组分;还有一部分等离子体存在于烧蚀靶附近,称为慢组分。由于快慢组分膨胀的速度不同,他们之间会形成明显的暗区,称为分裂现象。

等离子体在真空中碰撞能形成明显的射流现象,而由于少量环境气体的存在,等离子体在低气压中的碰撞将会很不一样。首先,对于碰撞等离子中的每一个个体,会出现明显的分裂现象。其次,等离子体在碰撞过程中会出现明显的反射激波,这是等离子体在碰撞面反射的结果。图 4-55 给出了平板靶产生的两等离子体在低气压环境中碰撞的图像。两等离子体的焦点相距 2m,每一束激光能量 140mJ。从图中可以清晰地观察到分裂现象和反射激波。

实验中拍摄的典型等离子在低气压中碰撞图像如图 4-56(a)所示。实验的环境气体为空气,气压 200Pa。每一束激光能量约为 140mJ。等离子体焦点同样相距 2mm。从图中可以看出,在膨胀的初期,等离子体并未发生碰撞,只出现了分裂现象。这可能是等离子初期在垂直方向膨胀速度较平行方向大的缘故。在碰撞的中期,激波反射现象较为明显。而到了碰撞后期,反射的激波和慢组分消散,只存在分界较为明显的两快组分。表 4-3 给出了铜元素和氮元素的典型光谱。从光谱分析可知,在碰撞的早期碰撞区域以一价铜离子为主,且该铜离子主要存在于靶附近。而在碰撞的后期,铜原子的发射光谱增强,且一价铜原子主要存在于快组分附近。

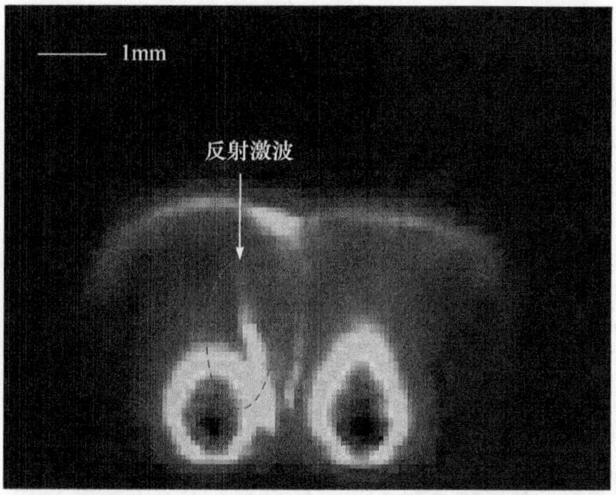

图 4-55　等离子体在低气压环境中碰撞

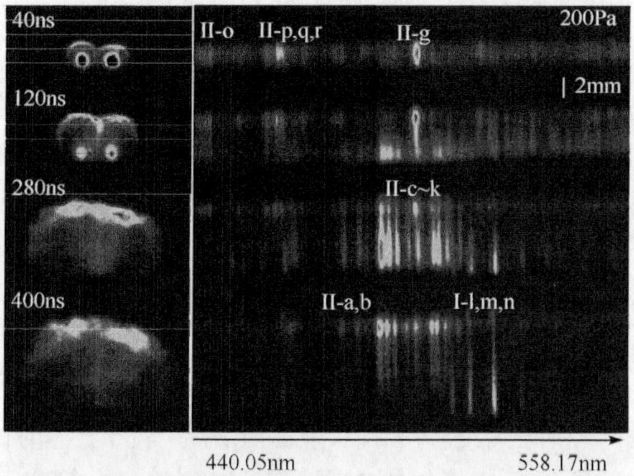

(a)

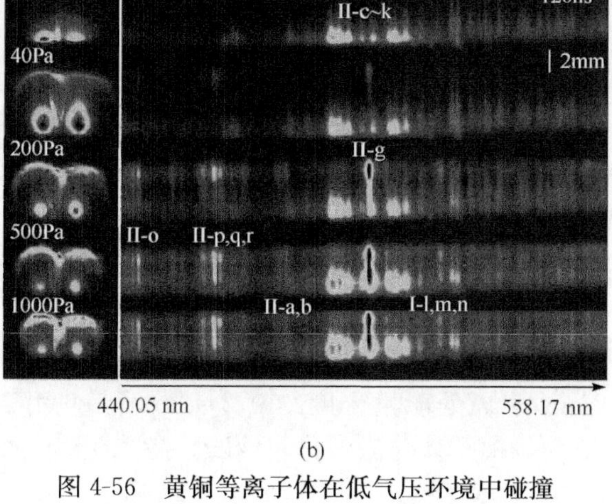

(b)

图 4-56　黄铜等离子体在低气压环境中碰撞

表 4-3 铜元素和氮元素典型的光谱

离子	波长/nm	离子	波长/nm
Cu II-a	481.294	Cu II-j	508.827
Cu II-b	485.499	Cu II-k	512.448
Cu II-c	490.973	Cu Ⅰ-l	510.550
Cu II-d	493.170	Cu I-m	515.323
Cu II-e	495.372	Cu Ⅰ-n	521.820
Cu II-f	498.551	N II-o	444.703
Cu II-g	500.680	N II-p	460.148
Cu II-h	505.179	N II-q	463.054
Cu II-i	506.546	N II-r	464.308

对于不同气压下，等离子体碰撞的情况有所不同。图 4-56(b)给出了等离子体在 5Pa、40Pa、200Pa、500Pa 和 1000Pa 环境气体下的碰撞情况。当在较低气压(5Pa)下时，等离子体碰撞特性更趋近于真空中的碰撞，有明显的等离子体射流出现。而当气压继续上升时，射流现象消失，出现了明显的激波反射现象。当气压升至 500Pa 后，等离子体碰撞速度明显降低，在 120ns 时刻，激波还未有明显的反射，物质几乎全部被压缩在碰撞平面。在光谱中，碰撞平面处观察到很强的一价铜离子辐射，且气压越高，铜离子越靠近靶面。

4.6.3 空气中等离子体激波相互作用

上文介绍了真空和低气压环境中双束激光诱导等离子体时的相互作用与演化过程，而当上述过程发生在空气氛围时，情况则更为复杂，等离子体快速膨胀产生的激波会优先于等离子体相互作用，从而导致后期一系列不同于真空中等离子体碰撞的现象。对于空气中双束激光产生的激波相互碰撞，目前的研究还非常少。

中国科学院物理研究所利用阴影成像研究了激光约束烧蚀(即在金属靶面上方置一透明玻璃，激光透过玻璃到达靶面，会在金属靶和玻璃表面烧蚀形成等离子体与冲击波)过程中所产生的两个相向运动的冲击波演化过程，发现碰撞后的冲击波会作用于烧蚀靶等离子体，促进烧蚀物质的横向(平行于靶面)扩散[109]。下面介绍利用光楔分裂激光烧蚀金属靶方法产生双等离子体发生侧向碰撞的实验研究结果[110]。

实验中，双束主脉冲激光参数为波长 1064nm，半高宽周期 15ns，能量均为 7.5mJ，焦点间距 2mm，焦斑处能量密度约 0.24J/mm^2。使用金属铝平面靶。利用 30ps、532nm 激光对等离子体与激波进行诊断。激光阴影、纹影、干涉的技术原理与实验方法可参靠第 2 章介绍。

根据激光纹影照相结果[图 4-57(a)]，激光入射期间及激光入射结束的短时期内，等离子体呈锥形，初始膨胀速度达到 2×10^6cm/s。两束等离子体形成的激波在 100ns 左右可以分辨，并在初始时刻呈现为柱形，随后逐渐向半球形发展。两激波前沿在 565ns 左右时刻，在激光焦点的中间平面处发生碰撞。碰撞的激波前沿运动方向发生反转，但运动速度几乎保持不变。反向运动的激波前沿部分在后期逐渐变得不可见，这一方面是因为此处的空气含量稀薄难以维系激波传播；另一方面是因为等离子体中的电子部分抵消了激波中的气体对探针激光的折射作用。观察激光阴影照相结果[图 4-57(b)]，激波前沿动态过程与纹影结果一致；此外，阴影照相结果中可以看到激波前沿后方存在一个“内激波”界面。这一界面在早期比较靠近激波前沿的位置，而由于两者存在传播速度的差异，在后期距激波前沿越来越远。根据 ICCD 进行可见光照相以及激光探针成像结果的对比分析，这一界面很可能是金属蒸气与激波区压缩空气层之间的分界面。根据纹影与阴影照相获得的激波前沿传播过程，由 Taylor-Sedov 自相似解理论，可以得到初始等离子体的输入能量约为 1.85mJ，即激光的能量转换效率约为 25%。

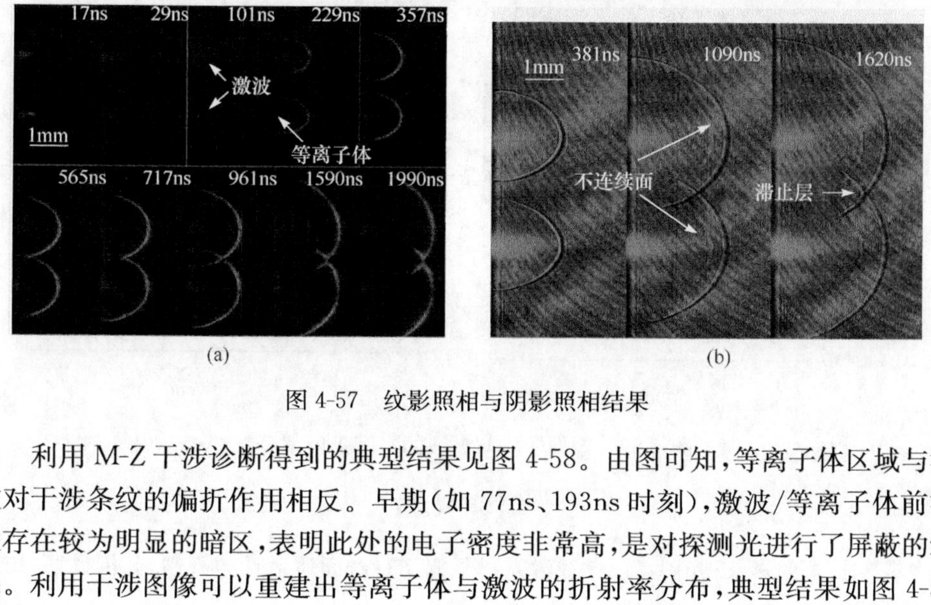

图 4-57　纹影照相与阴影照相结果

利用 M-Z 干涉诊断得到的典型结果见图 4-58。由图可知，等离子体区域与激波对干涉条纹的偏折作用相反。早期(如 77ns、193ns 时刻)，激波/等离子体前沿处存在较为明显的暗区，表明此处的电子密度非常高，是对探测光进行了屏蔽的结果。利用干涉图像可以重建出等离子体与激波的折射率分布，典型结果如图 4-59 所示。在激波碰撞区，前沿发生反向运动之前，折射率显著增大，表明中性气体分子在此集聚，称为“迟滞层”。随着激波的不断膨胀，迟滞层空间位置也不断上移远离靶面。激波反向运动后，两束等离子体很快在迟滞层相遇，但由于此时等离子体密度不够高，仅发生软滞止。为进一步得到定量的数密度信息，采用如下近似：折射率小于 1.0003(背景空气的折射率)，认为电子主导贡献折射率，而忽略中性分子作用；折射率大于 1.0003，认为中性气体主导贡献折射率，而忽略电子的影响。

基于上述假设，得到典型的等离子体电子数密度约为 $5\times10^{18}\,\mathrm{cm}^{-3}$（对应折射率为 0.998），激波气体分子密度为 $4.3\times10^{20}\,\mathrm{cm}^{-3}$（对应折射率为 1.005）

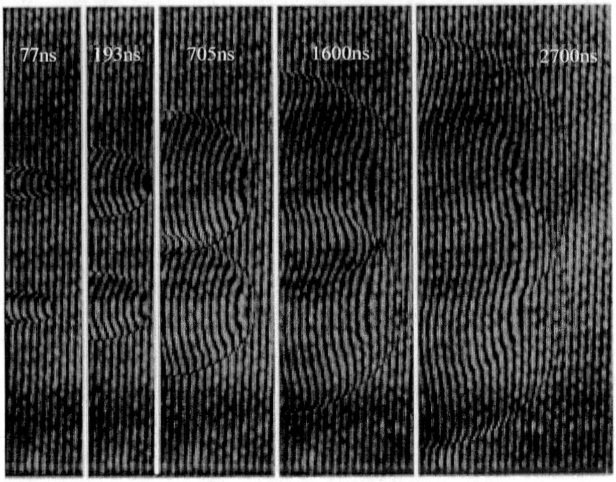

图 4-58　M-Z 干涉结果

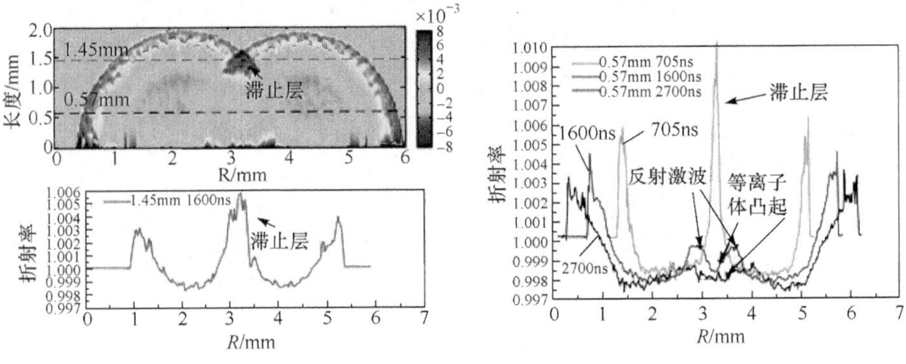

图 4-59　等离子体与激波的空间折射率分布

参 考 文 献

[1] 郑兰荪，黄荣彬，王光国，等. 脉冲激光离子源飞行时间质谱计的研制. 分析仪器，1990，(2)：12.

[2] 陶亚岚，刘志刚，夏云飞，等. 运用基质辅助激光解吸电离飞行时间质谱技术建立鼻咽癌特异血清多肽谱诊断模型. 中华肿瘤杂志，2011，33(3)：188.

[3] 蔡耘. 基质辅助激光解吸附飞行时间质谱(MALDI-TOF-MS)在生物工程产品质量控制中的应用. 中国生物工程杂志，1996，16(4)：23.

[4] 李世雄，白忠臣，陈德良，等. 激光诱导等离子体加工石英微通道的实验与理论研究. 激光与光电子学进展，2013，(11)：136.

[5] 李世雄，白忠臣，黄政，等. 激光诱导等离子体加工石英微通道机理研究. 物理学报，2012，61(11)：115201.

[6] 张勇，贾云海，陈吉文，等. 激光烧蚀-电感耦合等离子体质谱技术在材料表面微区分析领域的应用进展. 光谱学与光谱分析，2014，34(8)：2238.

[7] 孙兰香，于海斌，丛智博，等. 激光诱导击穿光谱技术结合神经网络定量分析钢中的 Mn 和 Si. 光学学报，2010，30(9)：2757.

[8] Raĭzer Y P. Heating of a gas by a powerful light pulse waves. Soviet Physics JETP, 1965, 21: 1009.

[9] Zeldovich Y B. Physics of Shock Waves and High-Temperature Hydrodynamic Phenomena (VOL1). London: Academic Press Inc, 1966.

[10] Zeldovich Y B. Physics of Shock Waves and High-temperature Hydrodynamic Phenomena (VOL2). London: Academic Press Inc, 1967.

[11] Bobin J L, Durand Y A, Langer P P, et al. Shock-wave generation in rarefied gases by laser impact on beryllium targets. Journal of Applied Physics, 1968, 3: 4184-4189.

[12] Woodworth J R, Hargis P J, Pitchford L C, et al. Laser triggering of a 500-kV gas-filled switch-a parametric study. Journal of Applied Physics, 1984, 56: 1382-1386.

[13] Grun J, Stamper J, Manka C, et al. Instability of Taylor-Sedov blast waves propagating through a uniform gas. Physical Review Letters, 1991, 66: 2738-2741.

[14] Bogaerts A, Chen Z Y, Gijbels R, et al. Laser ablation for analytical sampling: what can we learn from modeling? Spectrochimica Acta Part B-Atomic Spectroscopy, 2003, 58: 1867-1893.

[15] Campos D, Harilal S S, Hassanein A. Laser wavelength effects on ionic and atomic emission from tin plasmas. Applied Physics Letters, 2010, 96: 151501-151501-3.

[16] Ciucci A, Corsi M, Palleschi V, et al. New procedure for quantitative elemental analysis by laser-induced plasma spectroscopy. Applied Spectroscopy, 1999, 53: 960-964.

[17] Whitehouse A I, Young J, Botheroyd I M, et al. Remote material analysis of nuclear power station steam generator tubes by laser-induced breakdown spectroscopy. Spectrochimica Acta Part B-Atomic Spectroscopy, 2001, 56: 821-830.

[18] Radziemski L J. From LASER to LIBS, the path of technology development. Spectrochimica Acta Part B-Atomic Spectroscopy, 2002, 57: 1109-1113.

[19] Hahn D W, Omenetto N. Laser-Induced breakdown spectroscopy (LIBS), Part I: Review of basic diagnostics and plasma-particle interactions: Still-challenging issues within the analytical plasma community. Applied Spectroscopy, 2010, 6: 335a-366a.

[20] Yuan T B, Wang Z, Lui S L, et al. Coal property analysis using laser-induced breakdown spectroscopy. Journal of Analytical Atomic Spectrometry, 2013, 28: 1045-1053.

[21] 崔执凤，张先燚，姚关心，等. 铅黄铜合金中痕量元素定量分析的激光诱导击穿谱研究. 物理学报，2006，55：4506-4513.

[22] 张旭，姚明印，刘木华. 激光诱导击穿光谱结合偏最小二乘法定量分析脐橙中 Cd 含量. 物

理学报,2013,62:44211-044211.

[23] Koopman D W, Saum K A. Formation and guiding of high-velocity electrical streamers by laser-induced ionization. Journal of Applied Physics, 1973, 44: 5328-5336.

[24] Pitchford L C, Ouadoudi N, Boeuf J P, et al. Triggered breakdown in low-pressure hollow-cathode (pseudospark) discharges. Journal of Applied Physics, 1995, 78: 77-89.

[25] Woodworth J R, Chalenski D, Sarkisov G S, et al. 170-kV laser-triggered water switch experiments. IEEE Transactions on Plasma Science, 2005, 33: 2051-2059.

[26] Petrova T B, Ladouceur H D, BaronavskiA P. Numerical modeling of the electrical breakdown and discharge properties of laser-generated plasma channels. Physical Review E, 2007, 76: 066405.

[27] Forestier B, Houard A, Revel I, et al. Triggering, guiding and deviation of long air spark discharges with femtosecond laser filament. Aip Advances, 2012, 2: 212.

[28] Dijkkamp D, Venkatesan T, Wu X D, et al. Preparation of Y - Ba - Cu oxide superconductor thin films using pulsed laser evaporation from high Tc bulk material. Applied Physics Letters, 1987, 51: 619-621.

[29] Eryu O, Murakami K, Masuda K, et al. Dynamics of laser-ablated particles from high-Tc superconductor Yba_2Cu_3Oy. Applied Physics Letters, 1989, 54: 2716-2718.

[30] Voevodin A A, Capano M A, Safriet A J, et al. Combined magnetron sputtering and pulsed laser deposition of carbides and diamond-like carbon films. Applied Physics Letters, 1996, 69: 188-190.

[31] Kim H, Horwitz J S, Qadri S B, et al. Epitaxial growth of Al-doped ZnO thin films grown by pulsed laser deposition. Thin Solid Films, 2002, 420: 107-111.

[32] Cristescu R, Kocourek T, Moldovan A, et al. Laser deposition of cryoglobulin blood proteins thin films by matrix assisted pulsed laser evaporation. Applied Surface Science, 2006, 252: 4652-4655.

[33] Lafane S, Kerdja T, Abdelli-Messaci S, et al. Laser-induced plasma study by fast imaging for $Sm_{1-x}Nd_{(x)}NiO_3$ thin film deposition. Applied Physics A-Materials Science & Processing, 2010, 98: 375-383.

[34] Wang H, Wang W, Yang W, et al. Growth evolution of AlN films on silicon (111) substrates by pulsed laser deposition. Journal of Applied Physics, 2015, 117: 185303.

[35] Barthelemy O, Margot J, Laville S, et al. Investigation of the state of local thermodynamic equilibrium of a laser-produced aluminum plasma. Applied Spectroscopy, 2005, 59: 529-536.

[36] Song K H, Xu X. Mechanisms of absorption in pulsed excimer laser-induced plasma. Applied Physics a-Materials Science & Processing, 1997, 65: 477-485.

[37] Ilyin A A, Nagorny I G, Bukin O A. Supersonic regimes of plasma expansion during optical breakdown in air. Applied Physics Letters, 2010, 96: 26.

[38] Gravel J F Y, Boudreau D. Study by focused shadowgraphy of the effect of laser irradiance on laser-induced plasma formation and ablation rate in various gases. Spectrochim Acta B,

2009,64:56-66.

[39] Geohegan D B. Fast intensified-ccd photography of $Yba_2Cu_3O_7$-X Laser Ablation in Vacuum and Ambient Oxygen. Applied Physics Letters,1992,60:2732-2734.

[40] Zhou Y, Wu B X, Forsman A. Time-resolved observation of the plasma induced by laser metal ablation in air at atmospheric pressure. Journal of Applied Physics, 2010, 108:093504.

[41] Janmohamed R, Redman G, Tsui Y Y. Space charge effects in faraday cup ion detectors. IEEE Transactions on Plasma Science,2006,34:455-459.

[42] Bulgakova N M, Bulgakov A V, Bobrenok O F, Double layer effects in laser-ablation plasma plumes. Physical Review E,2000,62:5624-5635.

[43] Hairapetian G, Stenzel R L. Particle dynamics and current-free double-layers in an expanding, collisionless, 2-electron-population plasma. Physics of Fluids B-Plasma Physics,1991, 3:899-914.

[44] Green T S. Space charge effects in plasma particle analyzers. Plasma Physics,1970,12:877.

[45] Ganeev R A, Boltaev G S, Tugushev R I, et al. Third harmonic generation in plasma plumes using picosecond and femtosecond laser pulses. Journal of Optics,2010,12:055202.

[46] Woolsey N C, Howe J, Chambers D M, et al. Electric field measurements in picosecond laser-produced plasma via X-ray spectroscopy. High Energy Density Physics, 2007, 3: 292-296.

[47] Okano Y, Oguri K, Nishikawa T, et al. Soft X-ray imaging system for picosecond time-resolved absorption spectroscopy using a femtosecond-laser-plasma source. Review of Scientific Instruments,2006,77:046105-046105-3.

[48] Okano Y, Hironaka Y, Nakamura K G, et al. Time-resolved electron shadowgraphy for 300 ps laser ablation of a copper film. Applied Physics Letters,2003,83:1536-1538.

[49] Fajardo M, Audebert P, Yashiro H, et al. Experimental and numerical study of the ionization dynamics of a nanosecond laser-produced aluminum plasma with picosecond resolution. Journal of Quantitative Spectroscopy & Radiative Transfer,2001,71:317-329.

[50] Shaheen M E, Gagnon J E, Fryer B J. Femtosecond laser ablation of brass in air and liquid media. Journal of Applied Physics,2013,113:296.

[51] Alves S, Oliveira V, Vilar R. Femtosecond laser ablation of dentin. Journal of Physics D-Applied Physics,2012,45:245401.

[52] Xu H L, Bernhardt J, Mathieu P, et al. Understanding the advantage of remote femtosecond laser-induced breakdown spectroscopy of metallic targets. Journal of Applied Physics,2007, 101:033124-033124-6.

[53] Chichkov B N, Momma C, Nolte S, et al. Femtosecond, picosecond and nanosecond laser ablation of solids. Applied Physics A-Materials Science & Processing,1996,63:109-115.

[54] Chen Z Y, Bogaerts A. Laser ablation of Cu and plume expansion into 1 atm ambient gas. Journal of Applied Physics,2005,97:2162.

[55] Marla D, Bhandarkar U V, Joshi S S. Critical assessment of the issues in the modeling of ablation and plasma expansion processes in the pulsed laser deposition of metals. Journal of Applied Physics, 2011, 109: 021101-021101-15.

[56] Walters C T, Clauer A H. Transient reflectivity behavior of pure aluminum at 10. 6 μm. Applied Physics Letters, 1978, 33: 713-715.

[57] Su F Y, Boni A A. Nonlinear model of laser supported deflagration waves. Physics of Fluids (1958-1988), 1976, 19: 960-966.

[58] Jumper E J. Implications of applying a global energy balance to laser - supported and chemical detonation waves. Physics of Fluids (1958-1988), 1984, 27: 2361-2364.

[59] Chang J J, Warner B E. Laser-plasma interaction during visible-laser ablation of methods. Applied Physics Letters, 1996, 69: 473-475.

[60] Bogaerts A, Chen Z Y. Effect of laser parameters on laser ablation and laser-induced plasma formation: A numerical modeling investigation. Spectrochimica Acta Part B-Atomic Spectroscopy, 2005, 60: 1280-1307.

[61] Vaziri M R R, Hajiesmaeilbaigi F, Maleki M H. Microscopic description of the thermalization process during pulsed laser deposition of aluminium in the presence of argon background gas. Journal of Physics D-Applied Physics, 2010, 43: 425205.

[62] Ziegler J F. Stopping of energetic light ions in elemental matter. Journal of Applied Physics, 1999, 85: 1249-1272.

[63] Aghaei M, Mehrabian S, Tavassoli S H. Simulation of nanosecond pulsed laser ablation of copper samples: A focus on laser induced plasma radiation. Journal of Applied Physics, 2008, 104: 053303.

[64] Gragossian A, Tavassoli S H, Shokri B. Laser ablation of aluminum from normal evaporation to phase explosion. Journal of Applied Physics, 2009, 105: 103304.

[65] Mehrabian S, Aghaei M, Tavassoli S H. Effect of background gas pressure and laser pulse intensity on laser induced plasma radiation of copper samples. Physics of Plasmas, 2010, 17: 378-1212.

[66] Rezaei F, Tavassoli S H. Developing the model of laser ablation by considering the interplay between emission and expansion of aluminum plasma. Physics of Plasmas, 2013, 20(101): 13301-264106.

[67] Callies G, Schittenhelm H, Berger P, et al. Modeling of the expansion of laser-evaporated matter in argon, helium and nitrogen and the condensation of clusters. Applied Surface Science, 1998, 127: 134-141.

[68] Clair G, L'Hermite D. 1D modelling of nanosecond laser ablation of copper samples in argon at P=1 atm with a wavelength of 532nm. Journal of Applied Physics, 2011, 110: 083307-083307-10.

[69] Autrique D, Gornushkin I, Alexiades V, et al. Revisiting the interplay between ablation, collisional, and radiative processes during ns-laser ablation. Applied Physics Letters, 2013,

103:3-851.

[70] Giovannini A Z, Abhari R S. Three-dimensional extreme ultraviolet emission from a droplet-based laser-produced plasma. Journal of Applied Physics, 2013, 114: 033303-8.

[71] Chen Z Y, Bogaerts A, Vertes A. Phase explosion in atmospheric pressure infrared laser ablation from water-rich targets. Applied Physics Letters, 2006, 89: 041503-041503-3.

[72] Chen Z Y, Vertes A. Early plume expansion in atmospheric pressure midinfrared laser ablation of water-rich targets. Physical Review E, 2008, 77: 036316.

[73] Autrique D, Clair G, L'Hermite D, et al. The role of mass removal mechanisms in the onset of ns-laser induced plasma formation. Journal of Applied Physics, 2013, 114: 184.

[74] Miloshevsky A, Harilal S S, Miloshevsky G, et al. Dynamics of plasma expansion and shockwave formation in femtosecond laser-ablated aluminum plumes in argon gas at atmospheric pressures. Physics of Plasmas (1994-present), 2014, 21: 043111.

[75] Harilal S S, Miloshevsky G V, Diwakar P K, et al. Experimental and computational study of complex shockwave dynamics in laser ablation plumes in argon atmosphere. Physics Plasmas, 2012, 19: 083504.

[76] Greenshields C J, Weller H G, Gasparini L, et al. Implementation of semi-discrete, non-staggered central schemes in a colocated, polyhedral, finite volume framework, for high-speed viscous flows. International Journal for Numerical Methods in Fluids, 2010, 63: 1-21.

[77] OPENFOAM, The Open Source CFD toolbox, user guide, version 2. 1, 2012. http://www.openfoam.org[2013-4-15].

[78] Ilyin A A, Bukin O A, Bulanov A V. Regimes of laser plasma expansion at optical breakdown in the normal atmosphere. Technical Physics, 2008, 53: 693-696.

[79] Itina T E, Hermann J, Delaporte P, et al. Laser-generated plasma plume expansion: Combined continuous-microscopic modeling. Physical Review E, 2002, 66: 066406.

[80] Wen S B, Mao X L, Greif R, et al. Expansion of the laser ablation vapor plume into a background gas. I. Analysis. Journal of Applied Physics, 2007, 101: 023114.

[81] Wen S B, Mao X L, Greif R, et al. Laser ablation induced vapor plume expansion into a background gas. II. Experimental analysis. Journal of Applied Physics, 2007, 101: 023115.

[82] Chen K R, Leboeuf J N, Wood R F, et al. Accelerated Expansion of Laser-Ablated Materials near a Solid Surface. Physical Review Letters, 1995, 75: 4706-4709.

[83] Panchenko A N, Shulepov M A, Tel'minov A E, et al. Pulsed IR laser ablation of organic polymers in air: shielding effects and plasma pipe formation. Journal of Physics D-Applied Physics, 2011, 44: 385201.

[84] Geohegan D B. Imaging and blackbody emission-spectra of particulates generated in the Krf-laser ablation of Bn and $Yba_2Cu_3O_7$-X. Applied Physics Letters, 1993, 62: 1463-1465.

[85] Gurlui S, Sanduloviciu M, Mihesan C, et al. Periodic phenomena in laser-ablation plasma plumes: A self-organization scenario. Plasma 2005, 2006, 812: 279-282.

[86] Gurlui S, Agop M, Nica P, et al. Experimental and theoretical investigations of a laser-pro-

duced aluminum plasma. Physical Review E,2008,78:026405.

[87] Wood R F,Chen K R,Leboeuf J N,et al. Dynamics of Plume Propagation and Splitting during Pulsed-Laser Ablation. Physical Review Letters,1997,79:1571-1574.

[88] Chen K R,King T C,Hes J H,et al. Theory and numerical modeling of the accelerated expansion of laser-ablated materials near a solid surface. Physical Review B, 1999, 60: 8373-8382.

[89] Harilal S S,Bindhu C V,Tillack M S,et al. Plume splitting and sharpening in laser-produced aluminium plasma. Journal of Physics D-Applied Physics,2002,35:2935-2938.

[90] Pakhal H R,Lucht R P,Laurendeau N M. Spectral measurements of incipient plasma temperature and electron number density during laser ablation of aluminum in air. Applied Physics B-Lasers and Optics,2008,90:15-27.

[91] Cirisan M,Jouvard J M,Lavisse L,et al. Laser plasma plume structure and dynamics in the ambient air:The early stage of expansion. Journal of Applied Physics,2011,109:103301.

[92] Dyer P E,Issa A,Key P H. Dynamics of excimer laser ablation of superconductors in an oxygen environment. Applied Physics Letters,1990,57:186-188.

[93] Namba S,Nozu R,Takiyama K,et al. Spectroscopic study of ablation and recombination processes in a laser-produced ZnO plasma. Journal of Applied Physics,2006,99:073302.

[94] Shaikh N M,Hafeez S,Kalyar M A,et al. Spectroscopic characterization of laser ablation brass plasma. Journal of Applied Physics,2008,104:103-108.

[95] Sansonetti J E,Martin W C. Handbook of basic atomic spectroscopic data. Journal of Physical and Chemical Reference Data,2005,34:1559-2259.

[96] El Sherbini A M,El Sherbini T M,Hegazy H,et al. Evaluation of self-absorption coefficients of aluminum emission lines in laser-induced breakdown spectroscopy measurements. Spectrochimica Acta Part B-Atomic Spectroscopy,2005,60:1573-1579.

[97] Harilal S S,Bindhu C V,Tillack M S,et al. Internal structure and expansion dynamics of laser ablation plumes into ambient gases. Journal of Applied Physics,2003,93:2380-2388.

[98] Yeates P,Kennedy E T. Spectroscopic,imaging,and probe diagnostics of laser plasma plumes expanding between confining surfaces. Journal of Applied Physics,2010,108:093306.

[99] Gregory C D,Howe J,Loupias B,et al. Astrophysical jet experiments with colliding laser-produced plasmas. Astrophysical Journal,2008,676:420-426.

[100] Smith R A,Lazarus J,Hohenberger M,et al. High resolution imaging of colliding blast waves in cluster media. Plasma Physics and Controlled Fusion,2007,49:B117-B124.

[101] Irissou E,Vidal F,Johnston T,et al. Influence of an inert background gas on bimetallic cross-beam pulsed laser deposition. Journal of Applied Physics,2006,99:034904-034904-14.

[102] Nishimura K,Shibata R,Yabuuchi T,et al. Laser scattered images observed from carbon plasma stagnation and following molecular formation. Applied Physics Letters,2014,104:244105-244105-3.

[103] Cummins T,Gorman C,Dunne P,et al. Colliding laser-produced plasmas as targets for la-

ser-generated extreme ultraviolet sources. Applied Physics Letters, 2014, 105: 044101-044101-4.

[104] Rambo P W, Denavit J. Interpenetration and ion separation in colliding plasmas. Physics of Plasmas, 1994, 1: 4050-4060.

[105] Swadling G. An experimental investigation of the azimuthal structures formed during the ablation phase of wire array z-pinches. London: Imperial College London, 2011.

[106] Al-Shboul K F, Harilal S S, Hassan S M, et al. Interpenetration and stagnation in colliding laser plasmas. Physics of Plasmas (1994-present), 2014, 21: 013502.

[107] Luna H, Kavanagh K D, Costello J T. Study of a colliding laser-produced plasma by analysis of time-and space-resolved image spectra. Journal of Applied Physics, 2007, 101(3): 033302-033302-6.

[108] Harilal S S, Bindhu C V, Shevelko V P, et al. XUV diagnostics of colliding laser-produced magnesium plasmas. Journal of Physics B-Atomic Molecular and Optical Physics, 2001, 34: 3717-3726.

[109] Zhang Y, Zheng Z Y, Li Y T, et al. Collision process of two shockwaves. Acta Physica Sinica, 2007, 56: 5931-5936.

[110] Yang Z, Wei W, Han J, et al. Experimental study of the behavior of two laser produced plasmas in air. Physics of Plasmas, 2015, 22: 073511.

第 5 章　毛细管放电等离子体

5.1　概　　述

毛细管放电等离子体以其高密度（$>10^{25}\,m^{-3}$）、高出口速度（$>10^4\,m/s$），高热流通量（可达 GW/m^2 级，时长百微秒左右）、较高温度（1～5eV）等特点，广泛应用于电热化学炮、材料表面处理、纳米材料制备、激光波导、等离子体加速器以及等离子体推进器等领域[1-4]。毛细管放电等离子体可通过大容量高功率脉冲电源向等离子体发生器中的与两电极相连的金属细丝放电或者电极间的自击穿，以形成的初始电弧通过烧蚀毛细管中的器壁产气材料（如聚乙烯 PE、聚四氟乙烯 PTFE、聚甲醛 POM、尼龙 NYLON66 等）、石墨或氘化锂等而产生。因此，毛细管的放电过程是研究毛细管放电等离子体特性及其应用的关键所在。

毛细管的放电过程属于烧蚀控制型放电，即放电过程通过等离子体对毛细管器壁材料的不断烧蚀来维持。烧蚀作用对外围等离子体进行冷却，以限制毛细管中等离子体的形态；而烧蚀产物进入等离子体以补充自喷口处随射流流失的质量。在通常的电热化学炮中，毛细管通常由高分子材料制成，其长度通常在厘米量级，而半径通常为几毫米。在应用中毛细管的一端封闭，另一端敞开以喷射等离子体射流。典型的放电脉宽在百微秒到毫秒数量级，而放电电流则在几千安至几十千安。

由上可见，烧蚀现象是毛细管放电等离子体发生器中最为重要的物理现象，是研究毛细管放电等离子体的基础。同样，等离子体对材料的烧蚀现象也是等离子体研究领域的一个重要的研究方向，烧蚀现象广泛存在于受控热核聚变、等离子体推进器、激光加工以及开关设备等研究领域中。国际学术界很早便开始了对等离子体烧蚀问题的研究，关于等离子体对材料的烧蚀模型的研究由来已久，早在 20 世纪初，朗缪尔基于等离子体动理论提出了自己的烧蚀模型，该模型假设烧蚀产物粒子速度遵从麦克斯韦分布，并可自由扩散至环境之中。该模型广泛应用于激光与金属材料相互作用和脉冲等离子体推进器的研究之中，然而该模型忽略了非真空环境下背景压强的影响，在气压放电场合，由于存在大量的烧蚀产物粒子在与背景粒子碰撞后回流到烧蚀材料表面，朗缪尔烧蚀模型会显著高估烧蚀质量[5,6]。因此，Anisimov 在进一步的研究中，提出了一种考虑了背景压强影响下克努森层的处理方法，该方法假设烧蚀产物为单原子蒸气。随后 Knight 与 Cercignani 分别独立地对该处理方法进行了扩展，进一步考虑了多原子分子效应所引起的内部自由度的影响[7]。Keidar 则将等离子体与烧蚀材料之间细化为克努森层与非平衡流体层,并采用 Anisimov 处理克努森层的方法并与非平衡流体层中的守恒方程相耦合,提出了动力学烧蚀模型,动力学烧蚀模型是等离子体温度、器壁温度和等离子体数密度的函数,该模型基于单粒子蒸气假设,会低估烧蚀率达 25%[8]。随后 Zaghloul 在 Keidar 提出的动力学烧蚀模型的基础之上进一步考虑了多粒子效应,考虑了内部自由度的影响,并考虑了背景温度对等离子体参数的影响,对动力学烧蚀模型进行了扩展,但由于没有考虑背景压强的影响,烧蚀率随压强变化较大[9]。

此外,一种基于物理经验的烧蚀模型也广泛应用于毛细管放电模型中,该模型假设烧蚀现象主要由等离子体的辐射作用产生,认为辐射能量的一部分作用于烧蚀材料,从而产生烧蚀产物。而辐射能与烧蚀产物的数量关系则通过烧蚀焓联系起来。实际使用中,辐射能的比例与烧蚀焓多通过对实验结果进行拟合来选取。此类烧蚀模型由于计算简单,并通过实验结果拟合,广泛应用于开关设备中[10,11]。

在明确了毛细管放电等离子体发生器内部的烧蚀模型后,人们开始着手建立毛细管放电模型。早期的工作通常将毛细管内部区域划分为电弧等离子体区域与烧蚀蒸气区域,再在两个区域中分别求解质量、动量与能量守恒方程,并通过在交界面处考虑质量、动量与能量的交换来将两个区域的结果耦合起来。而近年来的一些工作通常将毛细管内部区域作为一个整体区域,并考虑等离子体与毛细管壁之间的质量、动量与能量的交换过程。Pekker 同时计算并验证了在毛细管放电等离子体模型中应用局部热力学平衡,层流模型,忽略磁压等假设的可行性[12]。Winfrey 则进一步考虑了理想等离子体和非理想等离子体的影响[13]。国内学者大多基于后一种处理方法,建立了零维或一维的数学模型,并取得了与实验较为一致的结果。

由于动力学烧蚀模型与 MHD 方程相互耦合,求解困难,大多数毛细管放电模型都利用经验烧蚀模型来处理等离子体对毛细管壁的烧蚀问题,因而不能很好地模拟瞬态放电情况。同时上述数学模型多为一维,认为等离子体的参数在径向上均匀分布,然而根据 Niemeyer 的实验结果,毛细管内等离子体的径向分布并不均匀,而这种不均匀性会进一步影响等离子体射流发展形态[14]。此外,在一维模型中假定在烧蚀现象发生时,来自毛细管壁的质量、动量与能量流会瞬间进入等离子体并均匀分布在径向上,因此无法描述径向方向上的参数输运。

电热化学炮是毛细管放电等离子体的一个重要应用,其被视为新概念身管武器家族中可以最早应用于实战的武器,有效地解决了传统火炮点火延迟与工作稳定性的问题,同时,随着低敏感高能量密度发射药的发展,传统点火方式往往不能应对其低易损性,等离子体点火技术恰好为该型发射药提供了有利的点火思路。然而,虽然电热化学炮的技术优势已为人们所熟知,但是人们对其中一些关键机理的研究尚不透彻，认识不足，阻碍电热化学炮的工程化与武器化进程。而其中极为关键的两大技术问题，则是等离子体发生器的放电特性与等离子体的行为控制，以及等离子体与发射药，特别是新型低敏感高能量密度发射药的相互作用机理。因此，在对毛细管放电等离子体特性研究的同时，需要关注等离子体与发射药的相互作用过程。

然而针对等离子体对发射药的增强点火机理，研究存在分歧。美国的研究表明辐射起着十分显著的作用，更指出其份额占到传递总能流的30%以上。这与主要承担英国电热化学炮研究工作的BAE系统(BAE System)公司与QinetiQ公司的研究结果是相互矛盾的：QinetiQ公司的研究人员指出，等离子体对发射药的增强点火作用主要取决于熔丝爆炸后产生的高温金属蒸气在药床表面产生的能量沉积作用；BAE系统公司的最新研究发现，两种仅透明度存在差异(其他特性诸如点火阈值、燃速、含能等几乎相同)的发射药的点火效果几乎完全一致。由此说明，辐射在等离子体对发射药的增强点火过程中所起的作用几乎可以忽略不计[15,16]。

而在等离子体对发射药的点火化学动力学模型方面的研究明显不足，激光与发射药的相互作用的研究相对深入，国内外不同学者针对硝胺发射药XM39、单质RDX、HMX和GAP以及RDX-TAGzT伪发射药等发射药，将传热学模型与化学动力学理论相结合，建立了复杂的化学动力学燃烧模型。然而，与激光点火相比，等离子体点火较为复杂，且不恒定地输入热流通量和大量的物质交换过程制约着等离子体与发射药相互作用的理论研究。

因此，在本章将以等离子体烧蚀毛细管器壁材料的数学模型为基础，介绍毛细管放电仿真技术，在了解毛细管放电等离子体的特性之后，以其电热化学炮的应用背景介绍等离子体同发射药的相互作用机理。最后，围绕毛细管放电等离子体的特性，在5.5节，将介绍毛细管放电等离子体在其他领域的应用展望。

5.2　等离子体烧蚀毛细管器壁材料的数学模型

5.2.1　不同烧蚀模型的机理与表达形式

在毛细管放电过程中，管壁材料在等离子体作用下的烧蚀特性将对等离子体射流的特性产生重要影响。放电过程中，器壁烧蚀维持的放电阶段占整个放电过程的70%～90%，并且作为等离子体射流的主要生成机制，因而在很大程度上影响毛细管放电及等离子体射流的特性。因此，对管壁烧蚀过程的研究，特别是对其数学模型的建立，将有助于对毛细管放电机理的理解分析以及理论模型的建立。因此研究首先针对等离子体对毛细管壁的烧蚀过程开展，立足于探索毛细管放电中等离子体与管壁材料的相互作用机理。

目前广泛使用的烧蚀模型包括烧蚀焓假设的模型、朗缪尔假设的模型以及动力学模型。其中，基于烧蚀焓假设的模型假定烧蚀现象主要由等离子体的辐射作用所引起，并且需要一个重要的参数：烧蚀焓。烧蚀焓代表产生单位质量烧蚀产物所需要的能量。该模型认为用于烧蚀管壁材料的能量为等离子体辐射能的一部分，而利用烧蚀焓便可以根据用于烧蚀的能量求解出烧蚀率(烧蚀产物的质量通量)。而为了确定用于烧蚀的辐射能，还需要定义一个无量纲的透射系数，表示用于烧蚀的辐射能占等离子体总辐射能的比例。该模型的表达式如(5-1)所示：

$$\Gamma=\frac{f_{\mathrm{trans}}\cdot Q_{\mathrm{rad}}}{\Delta H} \tag{5-1}$$

式中，Γ 为烧蚀率，$\mathrm{kg/(m^2\cdot s)}$；f_{trans} 为透射系数；Q_{rad} 为等离子体辐射能，$\mathrm{W/m^2}$；ΔH 为烧蚀焓，J/kg。

烧蚀焓是这一类模型最典型的特征，并作为其中最为重要的参数来将用于烧蚀的能量与产生的烧蚀率联系起来。因此下文将这一类模型简称为烧蚀焓假设的模型。烧蚀焓实际上是对烧蚀全过程中包括加热、相变等诸多物理过程的简化处理，理论上烧蚀焓可以用式(5-2)表示，其含义为将烧蚀材料从初始温度加热到熔点，而后进一步加热到蒸气温度的全过程所需要的焓值。在实际使用中，这一参数通常根据实验进行测定：

$$\Delta H=\frac{\rho_{\mathrm{l}}L_{\mathrm{V}}+\rho_{\mathrm{s}}L_{\mathrm{L}}+\rho_{\mathrm{l}}C_{\mathrm{pl}}(T_{\mathrm{V}}-T_{\mathrm{L}})+\rho_{\mathrm{s}}C_{\mathrm{ps}}(T_{\mathrm{L}}-T_{\mathrm{init}})}{\rho_{\mathrm{s}}} \tag{5-2}$$

式中，ρ_{l} 为烧蚀材料熔液的密度，$\mathrm{kg/m^3}$；L_{V} 为蒸发潜热，J/kg；ρ_{s} 为烧蚀材料固体的密度，$\mathrm{kg/m^3}$；L_{L} 为熔化潜热，J/kg；C_{pl} 为烧蚀材料熔液的比定压热容，J/(kg · K)；T_{V} 为烧蚀蒸气温度，K；T_{L} 为烧蚀材料的熔点，K；C_{ps} 为烧蚀材料固体的比定压热容，J/(kg · K)；T_{init} 为烧蚀材料的初始温度，K。

模型中的透射系数通常根据经验或通过对烧蚀质量的实验结果进行拟合来选取，但是也有对这一系数进行理论分析的。例如，Zhang 曾针对 SF_6 气吹式断路器中 PTFE 喷口内的烧蚀过程，提出了一种根据电弧电流与喷口半径来推算透射系数的方法，但是理论推算的方法还仅局限在一些特定的应用场合中[17]。

总体来说，烧蚀焓假设的模型简便直观，因而广泛应用于开关设备与电热化学炮中烧蚀过程的研究，但也正因其对物理过程的高度简化，在烧蚀的微观机理上无法说清，而且模型中的参数 f_{trans} 与 ΔH 针对同一材料在不同的计算场合中可能并不一致，甚至会出现较大的差异，这都对该模型的使用造成了一定的不便。

与烧蚀焓假设模型不同，朗缪尔假设的烧蚀模型需要根据被烧蚀材料的表面温度来计算烧蚀率。除用于激光烧蚀过程之外，该模型还曾应用于脉冲等离子推进器，对其中的烧蚀过程进行模拟研究。该模型的表达式如式(5-3)所示：

$$\Gamma = P_v \sqrt{\frac{m}{2\pi k T_0}} \tag{5-3}$$

式中，P_v 为烧蚀材料的饱和蒸气压，Pa；m 为烧蚀产物的平均粒子质量，kg；k 为玻尔兹曼常量，J/K；T_0 为烧蚀材料表面温度，K。

该模型假设在烧蚀蒸气层中粒子速度满足麦克斯韦分布，其中半数粒子进入等离子体，而另一半则反向沉积到烧蚀材料表面。设烧蚀蒸气的质量密度为 ρ_v，则将有 $\rho_v/2$ 的烧蚀产物进入等离子体。另外，设 $\bar{v}$ 是蒸气层中粒子的热运动平均速率，则在烧蚀材料表面的外法线方向上速度的平均分量为 $\bar{v}/2$，由此可以计算出物质的净烧蚀率为 $\Gamma=\rho_v\bar{v}/4$。又由于 $\rho_v=mn_0$，其中 n_0 是蒸气层中粒子的数密度，并且 $\bar{v}=[8kT_0/(\pi m)]^{0.5}$，$P_v=n_0kT_0$，则可获得式(5-3)中的表达形式。

朗缪尔假设的模型不依赖于特定条件下确定的透射系数与烧蚀焓，物理机理较为清晰。然而，这一模型忽略了背景压强对烧蚀过程的影响，因而多用于真空中所发生的烧蚀现象。但是很多烧蚀过程发生的环境并不是真空，为了考虑背景压强的影响，Keidar 提出了动力学烧蚀模型，并在该模型中考虑存在背景压强的情况下等离子体与烧蚀材料间烧蚀产物粒子的流出与回流过程。

在动力学烧蚀模型中，位于等离子体与烧蚀材料之间的过渡层被细化为一个临近材料表面的，厚度仅为几个自由程的非平衡动力学层(克努森层)，与一个碰撞占优的、电子温度与重粒子温度存在差异的非平衡流体层。在克努森层中烧蚀产物粒子既可向外流出进入非平衡流体层，也可以向内返回壁面，而在克努森层的外侧则存在净流出的烧蚀产物质量流。非平衡流体层以外为准中性的等离子体，其中所有粒子(电子、离子与中性粒子)的温度趋于一致，处于平衡态。过渡层中的层间边界以代号表示，其中 0 边界对应烧蚀材料的表面，1 边界对应克努森层与非平衡流体层间的边界，2 边界对应非平衡流体层与准中性等离子体间的外边界。过渡层的结构如图 5-1 所示。其中，T、n 与 V 分别代表温度、数密度与粒子的宏观运动速率；其下标 0、1、2 分别表示对应于图中 0、1、2 边界处的值。x 为垂直于烧蚀材料表面的空间坐标，方向指向等离子体。

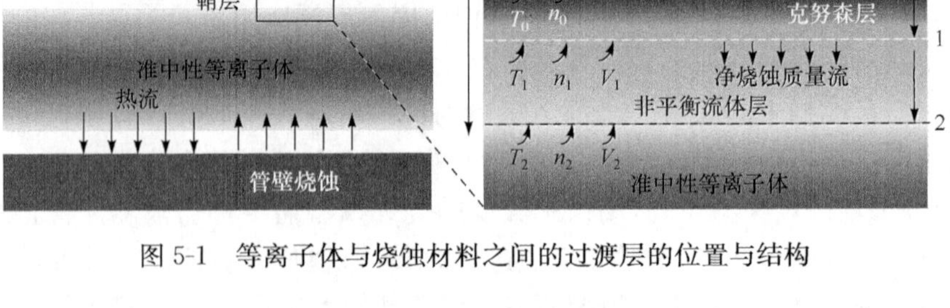

图 5-1　等离子体与烧蚀材料之间的过渡层的位置与结构

Anisimov 曾经提出一种处理克努森层中粒子分布函数的方法，该方法最初用于研究激光对金属靶面的烧蚀过程。Keidar 在动力学烧蚀模型采用了 Anisimov 的处理方法，并将其应用在等离子体对高分子材料的烧蚀过程中。该处理方法假设克努森层中的粒子速度分布函数可以由层两侧速度分布函数的加权和来表示，即

$$f(x,\boldsymbol{V})=\xi(x)f_0(\boldsymbol{V})+[1-\xi(x)]f_1(\boldsymbol{V}) \tag{5-4}$$

式中，f 为烧蚀产物粒子的速度分布函数；$\boldsymbol{V}$ 为烧蚀产物粒子的宏观运动速度矢量，m/s；ξ 为分布函数的权重函数。

式(5-4)中的权重函数 $\xi(x)$ 满足在 0 边界处 $\xi=1$，在 1 边界处 $\xi=0$。速度矢量 $\boldsymbol{V}=(V_x,V_y,V_z)$。由于假设粒子已达到平动平衡态，故 1 边界上的粒子速度分布函数 $f_1(\boldsymbol{V})$ 是一个以 V_1 为偏移的麦克斯韦速度分布：

$$f_1(\boldsymbol{V})=n_1\left(\frac{m}{2\pi kT_1}\right)^{3/2}\exp\left(-m\frac{(V_x-V_1)^2+V_y^2+V_z^2}{2kT_1}\right) \tag{5-5}$$

而克努森层中相变界面(假定烧蚀产物先以液态形式出现，而后变为蒸气，相界面存在于克努森层中)上粒子的速度分布函数 $f_0(\boldsymbol{V})$ 可由式(5-6)给出：

$$f_0(\boldsymbol{V})=\begin{cases}n_0\left(\dfrac{m}{2\pi kT_0}\right)^{3/2}\exp\left(-\dfrac{m\boldsymbol{V}^2}{2kT_0}\right), & (V_x\geqslant 0)\\ \beta f_1(\boldsymbol{V}), & (V_x<0)\end{cases} \tag{5-6}$$

式中，β 为克努森层中回流粒子比例的比例系数。

式(5-6)中的第一项对应于将进入等离子体中的粒子速度分布，并假设其与蒸发前的液态相相平衡。第二项对应于相界面上返回到材料表面的粒子速度分布，并假定其正比于 $f_1(\boldsymbol{V})$。

应用质量、动量和能量的守恒方程[速度分布函数 $f(x,\boldsymbol{V})$ 在整个速度空间的各阶矩均为常数，且分别对应于质量流、动量流与能量流]可以根据 0 边界处的粒子参数计算出 1 边界处的参数值。速度分布函数的各阶矩如下所示：

$$\int_{-\infty}^{\infty}V_x f(x,\boldsymbol{V})\mathrm{d}\boldsymbol{V}=\text{质量流} \tag{5-7}$$

$$\int_{-\infty}^{\infty}V_x^2 f(x,\boldsymbol{V})\mathrm{d}\boldsymbol{V}=\text{动量流} \tag{5-8}$$

$$\int_{-\infty}^{\infty}V_x\boldsymbol{V}^2 f(x,\boldsymbol{V})\mathrm{d}\boldsymbol{V}=\text{能量流} \tag{5-9}$$

应用 Mott-Smith 方法可以求解上述积分，并获得克努森层中的质量守恒方程(5-10)，动量守恒方程(5-11)与能量守恒方程(5-12)：

$$\frac{n_0}{2\sqrt{\pi}d_0}=n_1V_1+\beta\frac{n_1}{2\sqrt{\pi}d_1}\left[\exp(-\alpha^2)-\alpha\sqrt{\pi}\operatorname{erfc}(\alpha)\right] \tag{5-10}$$

$$\frac{n_0}{4d_0}=\frac{n_1}{2d_1}\left\{(1+2\alpha^2)-\beta\left[(0.5+\alpha^2)\right]\mathrm{erfc}(\alpha)-\frac{\alpha\exp(-\alpha^2)}{\sqrt{\pi}}\right\} \tag{5-11}$$

$$\frac{n_0}{(\pi d_0)^{1.5}}=\frac{\alpha n_1}{\pi(d_1)^{1.5}}\left\{(\alpha^2+2.5)-\frac{\beta}{2}\left[(\alpha^2+2.5)\mathrm{erfc}(\alpha)-(2+\alpha^2)\frac{\exp(-\alpha^2)}{\alpha\sqrt{\pi}}\right]\right\} \tag{5-12}$$

式中，$d_0=m/(2kT_0)$；$\alpha=V_1/(2kT_1/m)^{0.5}$；erfc($\alpha$)为关于 α 的误差函数；$d_1=m/(2kT_1)$。

在非平衡流体层中，重粒子满足质量守恒与动量守恒：

$$n_1V_1=n_2V_2 \tag{5-13}$$

$$n_1kT_1+mn_1V_1^2=n_2kT_2+mn_2V_2^2 \tag{5-14}$$

将式(5-13)和式(5-14)整合，消去 V_2，可以得式(5-15)：

$$\alpha^2=\frac{n_2T_2/2T_1-n_1/2}{n_1(1-n_1/n_2)} \tag{5-15}$$

若要获得封闭可求解的方程组，还需要确定烧蚀材料表面的平衡态粒子数密度 n_0 与温度 T_0 之间的关系，于是引入气体状态方程：

$$P_{\mathrm{v}}=n_0kT_0 \tag{5-16}$$

其中饱和蒸气压 P_{v} 的值与材料属性有关，可以根据不同材料的经验公式获得。至此，便获得了一套求解烧蚀产物蒸气层中重粒子参数的封闭方程组，包括式(5-10)～式(5-12)、式(5-15)与式(5-16)，其中共有 n_0、n_1、T_1、V_1 与 β 五个未知量，该方程组存在实根的条件是等离子体压强小于等于烧蚀材料的饱和蒸气压。至此，如果给定烧蚀材料表面温度 T_0、等离子体温度 T_2 以及等离子体数密度 n_2 便可以求解出这五个未知量，并进一步根据式(5.2.17)求解出烧蚀材料的烧蚀率。

$$\Gamma=mn_1V_1 \tag{5-17}$$

动力学烧蚀模型基于动理论，物理机理清晰，且需要同时根据等离子体温度、等离子体数密度与烧蚀材料表面温度三个参数来确定烧蚀率，综合考虑烧蚀材料自身与等离子体两方面因素对烧蚀过程的影响，考虑更为全面。

5.2.2　不同烧蚀模型计算结果的对比分析

为了研究各个烧蚀模型的特点，基于电热化学炮一个典型放电过程中的等离子体参数[18]，利用三种模型分别计算这一过程中的烧蚀数据。研究中所使用的等离子体参数包括等离子体温度 T_2、数密度 n_2 与烧蚀材料表面温度 T_0，参数值如图 5-2 所示。

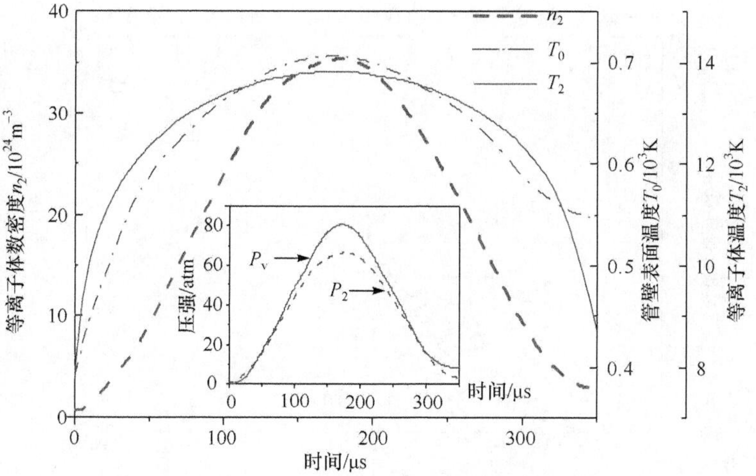

图 5-2　典型的输入等离子体参数

图中参数对应的毛细管材料为聚乙烯(PE)，长度为 26mm，内孔直径 3.5mm，实验中测得的毛细管烧蚀质量为 25mg。图 5-3 与图 5-4 给出了利用三种烧蚀模型，以图 5-2 中数据为输入参数计算得到烧蚀率与累积烧蚀质量结果。

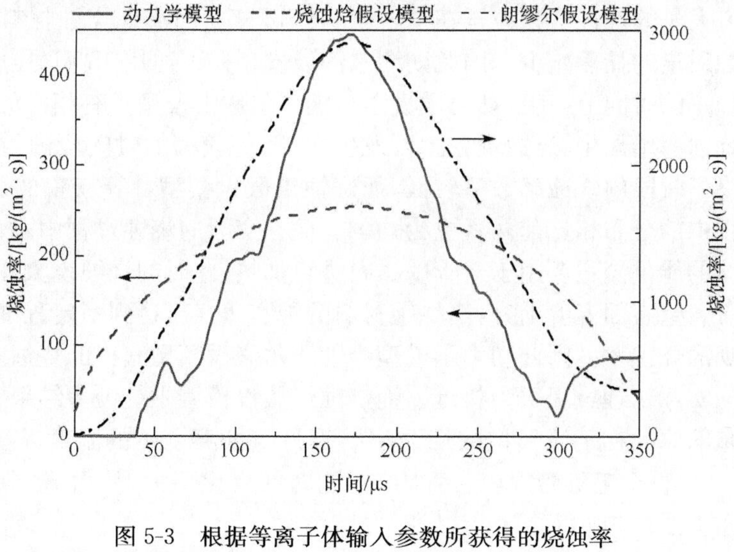

图 5-3　根据等离子体输入参数所获得的烧蚀率

由图中结果可见，在烧蚀数据的数值上，烧蚀焓假设模型与动力学模型计算结果的数量级基本相当，而朗缪尔假设模型的结果则要高出一个数量级。由于实验中测得的烧蚀质量结果为 25mg，则由图 5-4 中的结果可知，烧蚀焓假设模型与动力学模型计算得到的总烧蚀质量与实验结果相符，而朗缪尔假设的模型则会明显

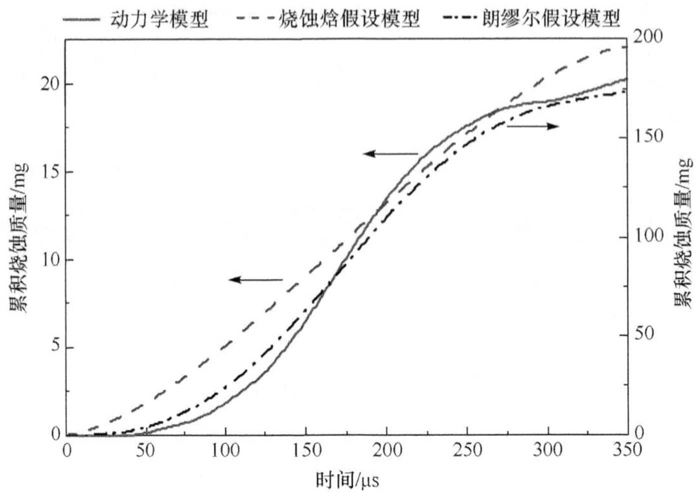

图 5-4　根据等离子体输入参数所获得累积烧蚀质量

高估烧蚀质量。造成这一现象的原因在于朗缪尔假设的模型忽略了非真空环境下背景压强影响，因此烧蚀产物粒子可以无阻碍地进入等离子体。而在实际的毛细管放电过程中，等离子体内部压强可达几十个大气压（图 5-2），在如此高的背景压强下将会有大量的烧蚀产物粒子在与背景粒子碰撞后回流到烧蚀材料表面，从而造成净烧蚀质量的显著减少。因此朗缪尔假设模型并不适用于高气压放电场合。

在烧蚀率的时间分布上，动力学模型与朗缪尔假设模型具有相同的分布形态。在两者的烧蚀率结果中，烧蚀现象主要发生在 T_0 值较高的时间段内，在放电过程的起始与终了时段内烧蚀率数值较低，而烧蚀焓假设模型计算获得的烧蚀率在整个放电过程中的分布相比前两者更为均匀。而在实际的烧蚀过程中，放电初期，来自等离子体的能量流主要用于对管壁材料进行加热，此时的烧蚀现象几乎不存在。而只有随着管壁表面温度上升，当烧蚀材料的饱和蒸气压达到一定程度时，才会产生较为可观的烧蚀率。因此动力学模型与朗缪尔假设模型获得的烧蚀率结果在时间分布上与实际物理过程更为接近。而烧蚀焓假设模型中烧蚀率结果在时间分布上均匀分布的原因在于该模型的烧蚀率结果只与等离子体的温度 T_2 相关，且与 T_2^4 成正比。在整个毛细管放电过程中 T_2 随时间变化不大，从而造成烧蚀率结果在时间分布上的均匀性。

尽管在烧蚀数据的时间分布上与实际物理过程存在差异，但烧蚀焓假设模型计算获得的总烧蚀质量却与实验结果十分接近。这是由于烧蚀焓数据通常基于实验结果经验确定，而当前模型中所使用的透射系数也是前人在类似放电条件下根据总烧蚀质量的实验结果拟合得到的，因而在这一参数的计算上可以取得与实验较好的一致性。另外值得一提的是相比动力学模型，烧蚀焓假设模型的计算更为简便，无需迭代求解非线性方程组，因而在应用于等离子体建模时将具有更高的编程与计算效率。但是由于该模型计算的烧蚀率在时间分布上与实际物理机制存在差异，因而并不适用于对瞬态过程的描述。

三种烧蚀模型中，动力学烧蚀模型不论在烧蚀率的时间分布还是在总烧蚀质量的结果上均与实际物理过程存在很高的一致性。同时该模型中无需引入对放电条件高度敏感的经验参数(如透射系数)。此外该模型微观物理机理较为明确，并考虑了较全面的相关因素，烧蚀率既取决于烧蚀材料表面的参数，又取决于准中性等离子体的参数。因此相比其他两种模型在求解精度上具有很大优势。

5.2.3　利用动力学模型获得的典型烧蚀材料的烧蚀数据

鉴于动力学模型具有物理机制清晰、求解精度高的特点，有必要对其求解获得的烧蚀数据进行进一步的分析，以探索其在参数空间的分布规律。由于聚乙烯(PE)与聚四氟乙烯(PTFE)是电热化学炮等离子体发生器中常用的管壁材料，下面将这两种材料的烧蚀数据进行计算分析，以探究动力学烧蚀模型的特点。

动力学模型中需要使用烧蚀材料的饱和蒸气压，PE 与 PTFE 的饱和蒸气压可由经验公式(5-18)[19]与式(5-19)[8]确定：

$$P_{\text{v-PE}}=10^5\exp\left[T_{\text{C1}}\cdot\left(\frac{1}{T_{\text{C2}}}-\frac{1}{T_0}\right)\right] \tag{5-18}$$

$$P_{\text{v-PTFE}}=P_{\text{C}}\exp(-T_{\text{C}}/T_0) \tag{5-19}$$

式中，T_{C1}为 PE 的第一特征温度，5565.22K；T_{C2}为 PE 的第二特征温度，453K；P_{C}为 PTFE 的特征压强，1.84×10^{20} Pa；T_{C} 为 PTFE 的特征温度，20815K。

计算获得电热化学炮中典型等离子体温度($T_2=20000$K)情况下的 PE 与 PTFE 的烧蚀率在 n_2-T_0 空间的分布如图 5-5 所示。相同参数条件下 PTFE 的烧蚀率数据明显高于 PE，例如，当表面温度高于 680K 时，PTFE 的烧蚀率约为 PE 的四倍。再由图 5-6 中两种材料的烧蚀粒子通量($n_1\cdot V_1$)的结果可见，相同参数条件下两种材料的烧蚀粒子通量几乎相等，由此可推知造成相同参数条件下 PTFE烧蚀质量高于 PE 的主要原因在于 PTFE 等离子体的平均粒子质量远高于 PE。假设两种材料在等离子体中完全分解，由于 PE 与 PTFE 的化学组成分别为$(C_2H_4)_n$与$(C_2F_4)_n$，则他们的平均粒子质量 m_{PE} 与 m_{PTFE} 可分别由式(5-20)与式(5-21)确定：

$$m_{\text{PE}}=m_0M_{\text{PE}}=m_0(2M_{\text{C}}+4M_{\text{H}})/6 \tag{5-20}$$

$$m_{\text{PTFE}}=m_0M_{\text{PTFE}}=m_0(2M_{\text{C}}+4M_{\text{F}})/6 \tag{5-21}$$

式中，m_0 为碳 12 原子质量的 1/12，1.67×10^{-27}/kg；M 为相对原子质量。

由于M_{PTFE}约为 17，而M_{PE}则在 4.7 以下，前者几乎为后者的四倍。由此验证了此前的推测。

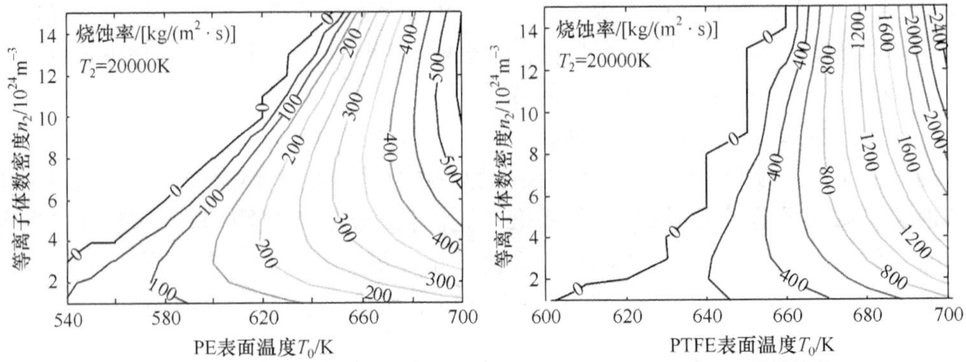

(a) PE的烧蚀率　　(b) PTFE的烧蚀率

图 5-5　PE 与 PTFE 的烧蚀率在 n_2-T_0 空间的分布(T_2=20000K)

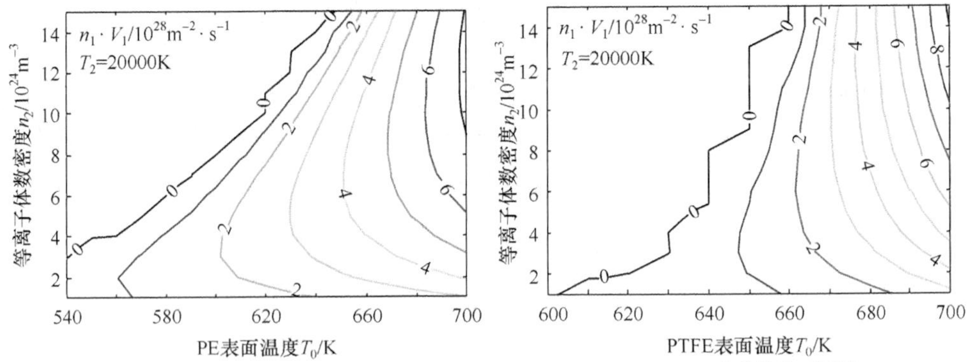

(a) PE的烧蚀粒子通量　　(b) PTFE的烧蚀粒子通量

图 5-6　PE 与 PTFE 的烧蚀粒子通量($n_1 \cdot V_1$)在 n_2-T_0 空间的分布(T_2=20000K)

图 5-5 与图 5-6 中 0 等值线左侧的空白区域意味着在当前参数范围内没有烧蚀现象的发生,动力学方程组无实根。比较两种材料烧蚀率分布区域可见,PE 的烧蚀率存在区间比 PTFE 更广。在图示的 T_2 与 n_2 范围内,PTFE 的烧蚀率仅在 T_0 高于 600K 的情况下存在,而对于 PE,当 T_0 低于 540K 时,烧蚀现象仍然存在。这一现象的原因在于当 T_0 小于 600K 时,相同条件下 PE 的饱和蒸气压要高出 PTFE 一个或数个数量级,如图 5-7 所示。而在低温区饱和蒸气压数值较低,当其低于等离子体的压强时,烧蚀现象便无法发生。因此当烧蚀材料表面温度较低时,例如,在较冷的放电环境中或者弱的放电条件下,PE 将具有更高的烧蚀率与烧蚀粒子通量。

图 5-8 给出了 $n_2=10^{24}\,\mathrm{m}^{-3}$ 情况下 T_2 与 T_0 对 PE 与 PTFE 烧蚀率的影响。其中可见,对于两种材料,烧蚀率均随着 T_0 的增加而升高,而随着 T_2 的增加而降低。同时,烧蚀率与 T_2 基本呈线性关系,而随着 T_0 的降低,对应不同 T_0 的烧蚀率曲线间距依次增大,这一特性在 PTFE 的数据中体现得更为明显。这说明烧蚀

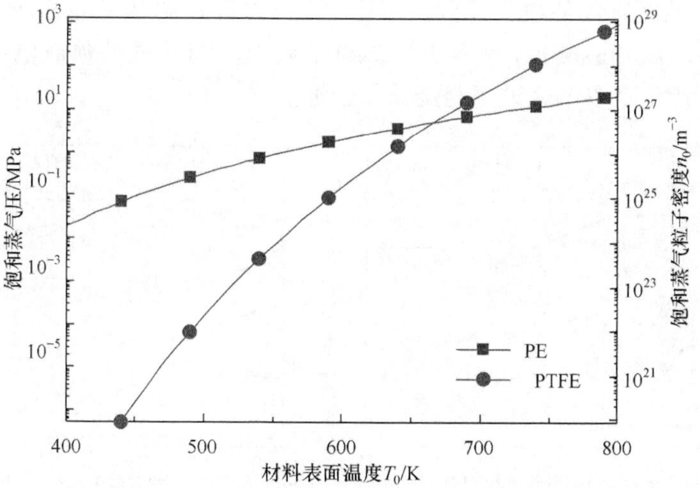

图 5-7　PE 与 PTFE 的饱和蒸气压与饱和蒸气粒子密度

率与 T_0 呈现非线性关系。由于烧蚀率产生的机制主要依赖于材料饱和蒸气压 P_v 与等离子体压强 P_2 两者间的关系，烧蚀现象仅发生在 $P_v > P_2$ 的情况下，且数值随着两者差值的增大而增加。而 P_v 与 T_0 呈指数正相关关系，而 P_2 与 T_2 呈线性正相关关系，由此便形成了图中的曲线分布。

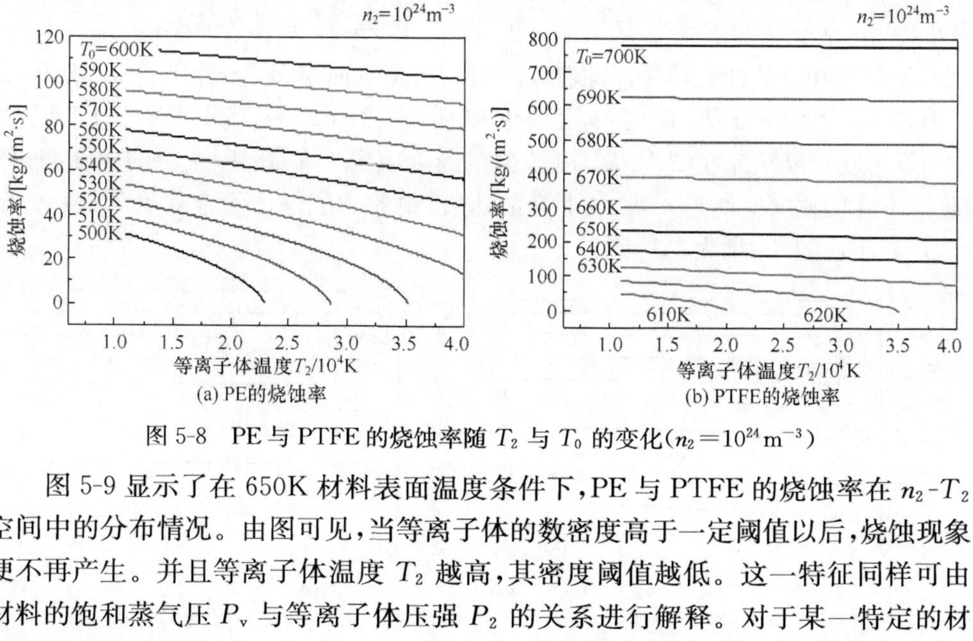

图 5-8　PE 与 PTFE 的烧蚀率随 T_2 与 T_0 的变化($n_2 = 10^{24}\,\mathrm{m}^{-3}$)

图 5-9 显示了在 650K 材料表面温度条件下，PE 与 PTFE 的烧蚀率在 n_2-T_2 空间中的分布情况。由图可见，当等离子体的数密度高于一定阈值以后，烧蚀现象便不再产生。并且等离子体温度 T_2 越高，其密度阈值越低。这一特征同样可由材料的饱和蒸气压 P_v 与等离子体压强 P_2 的关系进行解释。对于某一特定的材料表面温度，P_v 固定。同时由于 P_2 仅由 T_2 与 n_2 决定，若固定 T_2 则会存在一个等离子体密度阈值，使得当 n_2 高于这一阈值时 $P_2 > P_v$，造成烧蚀过程终止。而 T_2

值越高,对应的密度阈值也就越低。对比 PE 与 PTFE 的结果可见,PTFE 的密度阈值高于 PE,由此可推知在具有更高等离子体温度与压强的强放电条件下,PTFE 将比 PE 产生更多的烧蚀率与烧蚀粒子通量。

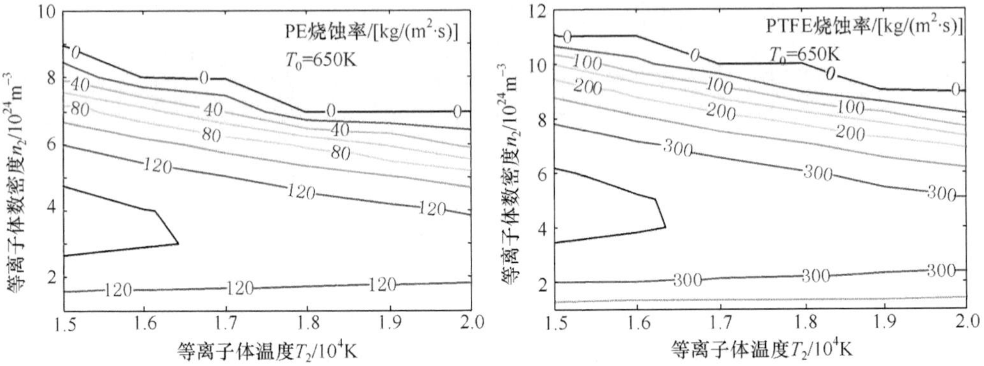

(a) PE的烧蚀率　　(b) PTFE的烧蚀率

图 5-9　PE 与 PTFE 的烧蚀率在 n_2-T_2 空间的分布(T_0=650K)

由于烧蚀率数值由 n_1 与 V_1 的乘积所决定,因此有必要对这两个参数的分布规律分别进行讨论,以进一步探究烧蚀率在参数空间的分布规律。在 $n_2=10^{24}\,\mathrm{m}^{-3}$ 情况下,蒸气层粒子数密度 n_1 与蒸气层粒子速度 V_1 随 T_2 与 T_0 的变化情况分别如图 5-10 与图 5-11 所示。从两图可见,随着 T_2 与 T_0 两参数的变化,n_1 与 V_1 呈现几乎完全相反的变化趋势。随着 T_2 上升,n_1上升而 V_1下降;而随着 T_0 上升,n_1 上升而 V_1 下降(当 T_0 超过一定阈值以后,对于 PE 为 550K,对于 PTFE 为 640K)。进一步分析可知,V_1 随 T_2 下降的速度应快于 n_1 随 T_2 上升的速度;而 V_1 随 T_0下降的速度应慢于 n_1随 T_2上升的速度,由此才能保证两者乘积(烧蚀率)随着 T_2减小而随 T_0 增大的趋势。

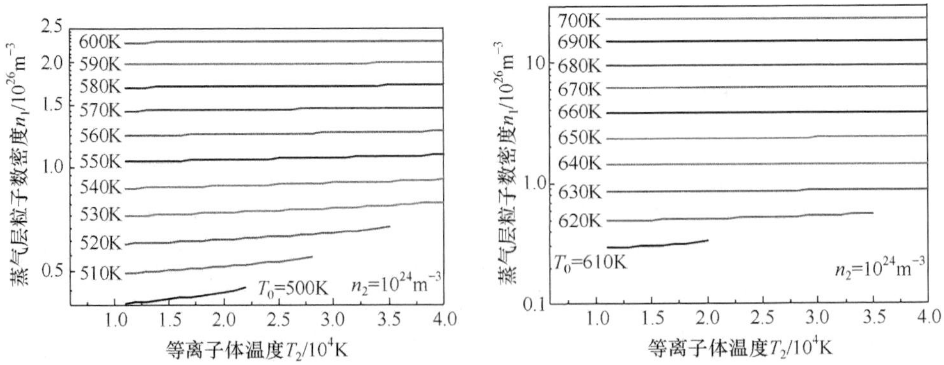

(a) PE的蒸气层粒子密度　　(b) PTFE的蒸气层粒子密度

图 5-10　PE 与 PTFE 的蒸气层粒子密度随 T_2 与 T_0 的变化($n_2=10^{24}\,\mathrm{m}^{-3}$)

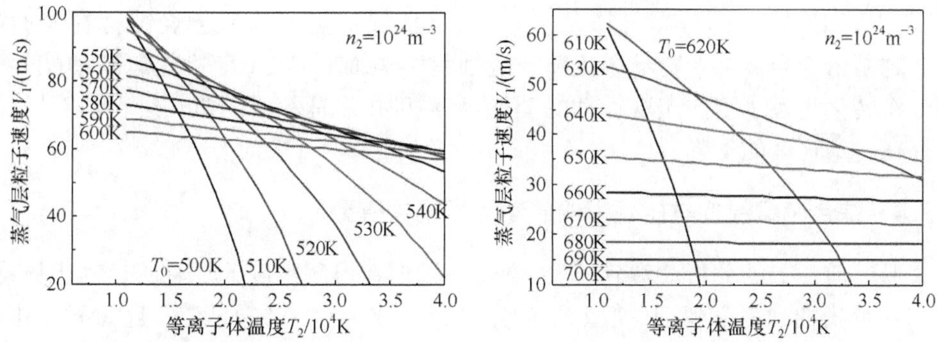

(a) PE的蒸气层粒子速度　　(b) PTFE的蒸气层粒子速度

图 5-11　PE 与 PTFE 的蒸气层粒子速度随 T_2 与 T_0 的变化($n_2=10^{24}\,\mathrm{m^{-3}}$)

对比 PE 与 PTFE 的结果可见，两种材料的蒸气层密度随 T_2 的变化趋势基本类似，而在随 T_0 的变化趋势上存在差异。PE 的蒸气层粒子密度 n_1 随 T_0 增长缓慢，在 T_0 自 500K(对应图中 n_2 情况下产生烧蚀的临界值)增加 100K 之后，n_1 仅增加为原来的五倍，而 PTFE 的 n_1 则在 T_0 自临界值增加约 100K 之后提升了三个数量级。值得一提的是 n_1 与 n_0 数值接近，且低于 n_0，因为来自烧蚀表面的粒子中将会有一部分回流至烧蚀材料表面。正是由于 PTFE 的 n_1 随 T_0 的迅速增长，才使得在较高的 T_0 值范围内(如≥650K)，PTFE 可以比 PE 承受更高的等离子体压强，具有更高的密度阈值。

而在蒸气层粒子速度的分布特性上，总体上 PE 具有比 PTFE 更高的 V_1 值，这刚好弥补了较高 T_0 范围内 PE 比 PTFE 更低的 n_1 值，从而使得两种材料的烧蚀粒子通量在典型的参数区间(如图 5-6 所示的参数范围)内基本相当。

除了上文讨论过的粒子密度与速度，蒸气层中还有另一个重要参数，温度 T_1。图 5-12 显示了在 $n_2=10^{24}\,\mathrm{m^{-3}}$ 情况下，蒸气层温度 T_1 随 T_2 与 T_0 的变化趋势。

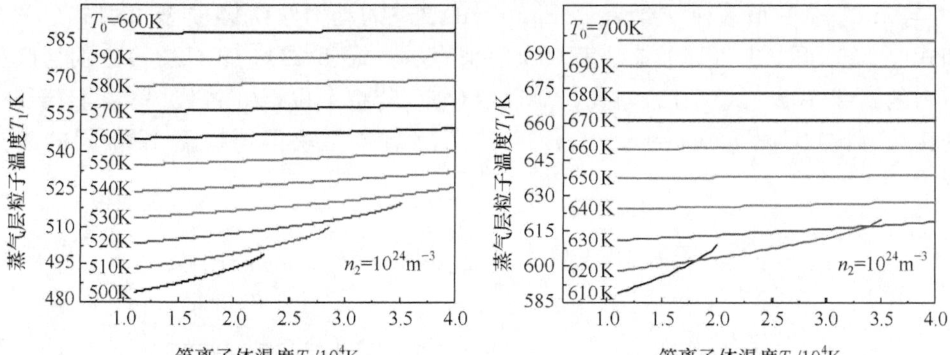

(a) PE的蒸气层温度　　(b) PTFE的蒸气层温度

图 5-12　PE 与 PTFE 蒸气层温度随 T_2 与 T_0 的变化($n_2=10^{24}\,\mathrm{m^{-3}}$)

PE 与 PTFE 的 T_1 值分布规律基本相同，且蒸气层温度均低于烧蚀材料表面温度。这是由于当烧蚀产物粒子流离开烧蚀材料表面时，粒子随机热运动动能的一部分将转化为粒子定向宏观运动的动能，而温度仅表征粒子随机热运动动能，从而会存在一定程度的下降。

5.2.4　综合考虑温度与压强影响的动力学烧蚀模型

通过前几节的分析注意到，动力学烧蚀模型在求解精度上具有明显的优势，而 Keidar 提出的动力学模型(模型 K)假定烧蚀产物为单一粒子蒸气，且等离子体物性参数(主要是重粒子的平均质量)在过渡层中各边界面上为常数[8]。而实际情况中烧蚀产物为多粒子蒸气，这就需要在能量守恒方程(5-12)中进一步考虑分子内部自由度的影响；此外，各界面处的等离子体的状态不同，物性参数理应有所差异。因此有必要对该模型进行修正，Zaghloul 在 Keidar 模型的基础上进一步考虑蒸气分子内部自由度对能量守恒方程的影响以及各边界处温度对等离子体物性参数的影响，提出了改进的动力学烧蚀模型(模型 Z)，并将其应用于 FLiBe(Li_2BeF_4)的烧蚀现象研究[9]。尽管 Zaghloul 近来在物理机制上更为完备，但是近来在对电热化学炮中毛细管放电等离子体烧蚀现象的研究中仍多采用 Keidar 的烧蚀模型。因此有必要对改进烧蚀模型的计算精度与结果特点进行分析。另外，Zaghloul 的模型中只考虑了温度对等离子体参数的影响，然而实际的等离子体物性参数还在很大程度上取决于所在位置的压强。因此在模型 Z 的基础上，提出了综合考虑温度与压强影响的烧蚀模型(模型 L)[20]，并对比研究了模型 K、模型 Z 和模型 L 在烧蚀率计算结果方面的差异。

在 Zaghloul 的烧蚀模型中，由于考虑内部自由度的影响，便引入了新的等离子体参数，克努森层与非平衡流体层间的比热容比 γ。此外，由于平均粒子质量是过渡层不同边界位置处温度的函数，因此不同边界处的平均粒子质量分别由 m_0、m_1 与 m_2 三个数值表示。最终经 Zaghloul 改进的动力学烧蚀模型可由式(5-22)和式(5-23)，再加上气体状态方程(5-16)来表示。式(5-22)～式(5-25)分别与模型 K 中的式(5-10)～式(5-12)与式(5-15)相对应，若将 γ 以 5/3 替代(单粒子蒸气中的比热容比)，再假定 $m_0=m_1=m_2=m$，则模型 Z 可获得与模型 K 相同的表达形式。

$$\frac{m_0 n_0}{2\sqrt{\pi d_0}}=m_1 n_1 V_1+\beta\frac{m_1 n_1}{2\sqrt{\pi d_1}}\left[\exp(-\alpha^2)-\alpha\sqrt{\pi}\operatorname{erfc}(\alpha)\right] \tag{5-22}$$

$$\frac{m_0 n_0}{4d_0}=\frac{m_1 n_1}{2d_1}\left\{(1+2\alpha^2)-\beta\left[(0.5+\alpha^2)\operatorname{erfc}(\alpha)-\frac{\alpha\exp(-\alpha^2)}{\sqrt{\pi}}\right]\right\} \tag{5-23}$$

$$\frac{m_0 n_0}{(\pi d_0)^{1.5}} \cdot \frac{(\gamma+1)}{4(\gamma-1)} \cdot \frac{\pi d_1^{1.5}}{m_1 n_1}$$
$$=\alpha\left(\alpha^2+\frac{\gamma}{\gamma-1}\right)-\frac{\beta}{2}\left[\alpha\left(\alpha^2+\frac{\gamma}{\gamma-1}\right)\mathrm{erfc}(\alpha)-\left(\alpha^2+\frac{\gamma+1}{2(\gamma-1)}\right)\frac{\exp(-\alpha^2)}{\sqrt{\pi}}\right] \tag{5-24}$$

$$\alpha^2=\frac{1}{2}\frac{\left(\frac{n_2 T_2}{n_1 T_1}-1\right)}{\left(1-\frac{m_1 n_1}{m_2 n_2}\right)} \tag{5-25}$$

式中，$d_0=m_0/(2kT_0)$；$d_1=m_1/(2kT_1)$；$\alpha=V_1/(2kT_1/m_1)^{0.5}$。

本节所提出的综合考虑温度与压强影响的动力学烧蚀模型与模型 Z 具有相同的表达形式，区别仅在于本节中比热容比与平均粒子质量同时是边界层不同位置处温度与压强的函数。本节所使用的比热容比与平均粒子质量的数据如图 5-13 与图 5-14 所示。这些数据采用基于局部化学平衡假设的最小吉布斯自由能方法计算获得。由于在高气压情况下带电粒子间的静电作用将会变得十分显著，因此计算中利用 Debye-Hückel 修正考虑这一作用机制。由图中的结果可见，两种材料的比热容比与平均粒子质量均同时是温度与压强的函数。下面的计算过程将基于这些参数来探讨考虑多粒子效应，温度与压强对烧蚀率数值产生的影响。

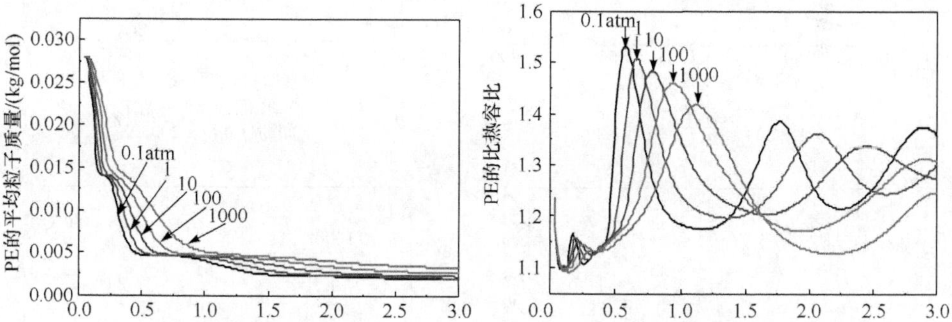

(a) 聚乙烯(PE)的平均粒子质量　　(b) 聚乙烯(PE)的比热容比

图 5-13　聚乙烯(PE)的比热容比与平均粒子质量随温度及压强的变化趋势

图 5-15 显示了利用 Keidar 的烧蚀模型与本节提出的综合考虑温度与压强影响的烧蚀模型计算获得的 PE 的烧蚀率结果。为了详细对比两模型的结果差异，图中给出了整个求解域各边界上烧蚀率的等值线分布。而为了明确图中显示的边界位置，每幅图的角上以字母标出，且这些字母标号与随后图 5-16 和图 5-17 中求解域各顶点上的标号相对应。

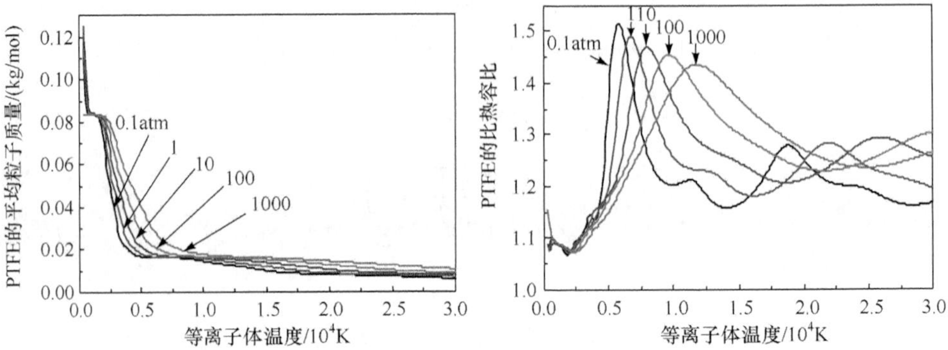

(a) 聚四氟乙烯(PTFE)的平均粒子质量　　(b) 聚四氟乙烯(PTFE)的比热容比

图 5-14　聚四氟乙烯(PTFE)的比热容比与平均粒子质量随温度及压强的变化趋势

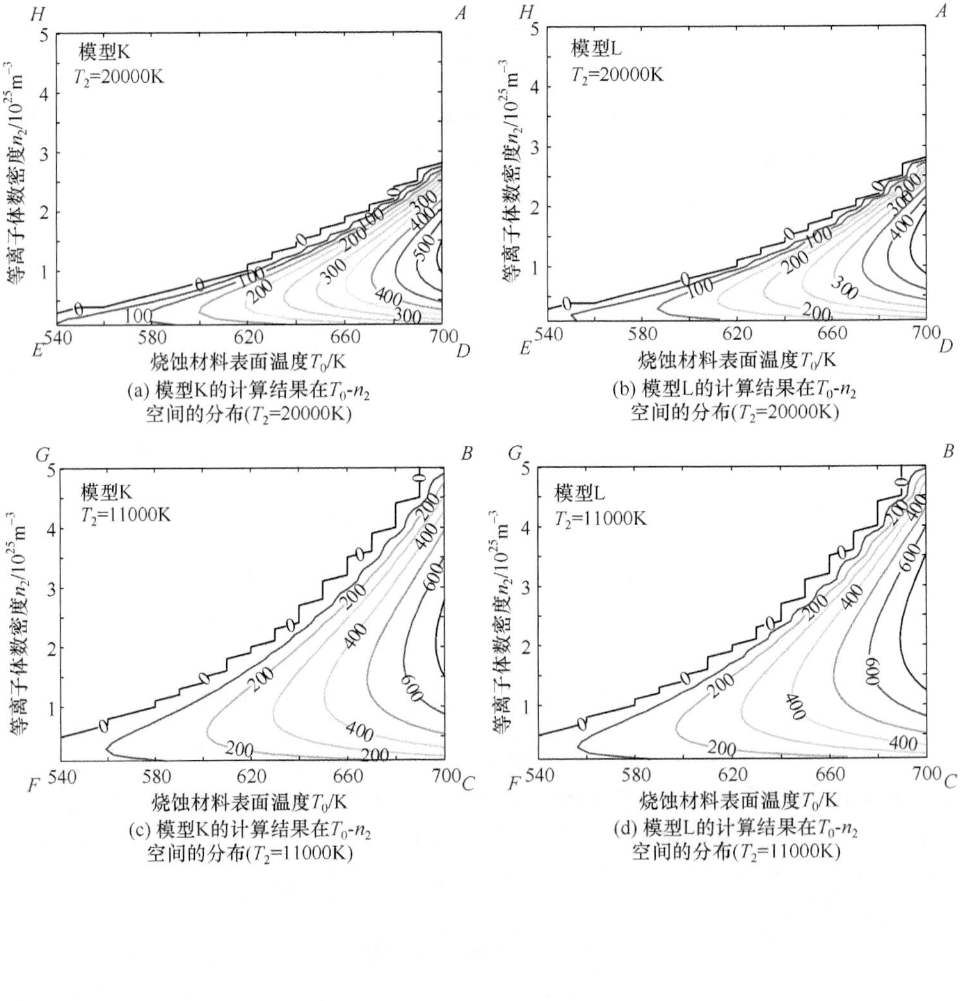

(a) 模型K的计算结果在T_0-n_2空间的分布(T_2=20000K)

(b) 模型L的计算结果在T_0-n_2空间的分布(T_2=20000K)

(c) 模型K的计算结果在T_0-n_2空间的分布(T_2=11000K)

(d) 模型L的计算结果在T_0-n_2空间的分布(T_2=11000K)

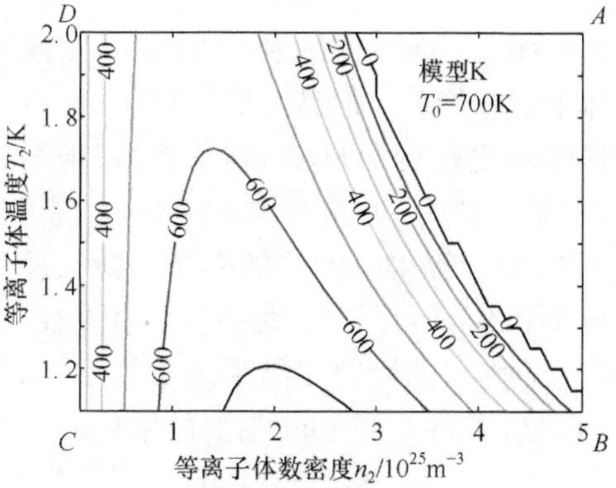

(e) 模型K的计算结果在n_2-T_2空间的分布(T_0=700K)

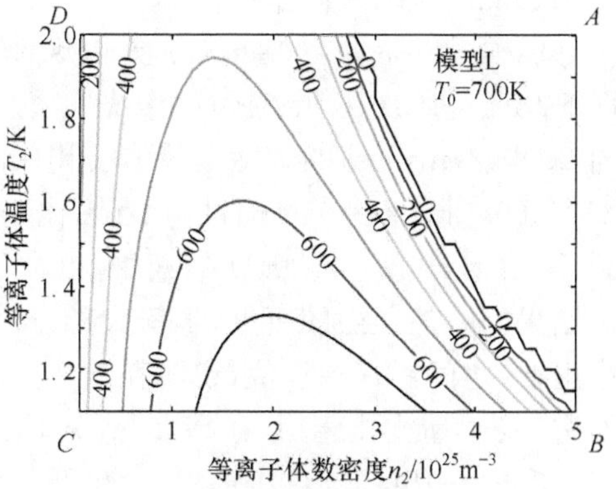

(f) 模型L的计算结果在n_2-T_2空间的分布(T_0=700K)

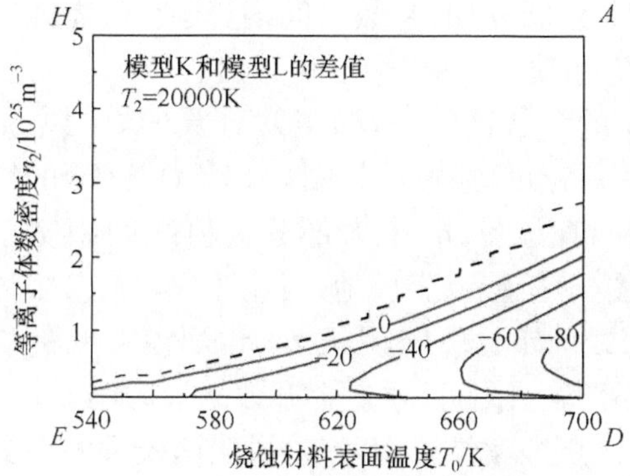

(g) T_0-n_2平面内模型L与模型K获得的烧蚀率差值(T_2=20000K)

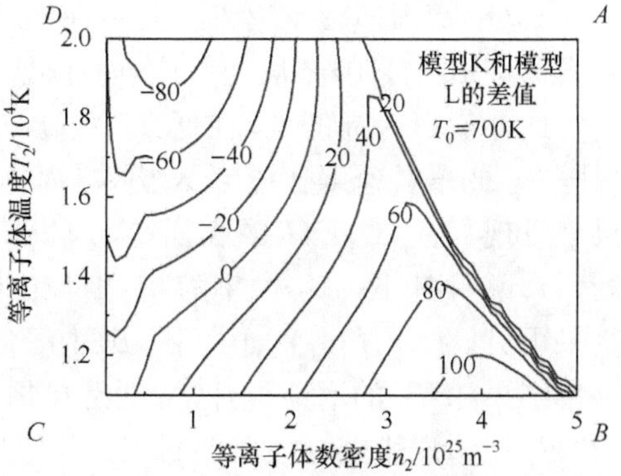

(h) n_2-T_2平面内模型L与模型K获得的烧蚀率差值(T_0=700K)

图 5-15　模型 K 与模型 L 计算获得的 PE 的烧蚀率结果对比

图 5-16 给出了利用模型 K 与模型 L 分别计算的 PTFE 的烧蚀率在 T_0-n_2-T_2 参数空间的分布情况。为了讨论压强对烧蚀率计算结果的影响，分别在 1.4MPa 与 136.2MPa 两种压强情况下计算了 PE 的烧蚀率在参数空间内的分布结果。这两个压强值分别对应当前参数（T_0：540～700K，n_2：10^{24}～10^{25}m^{-3}，T_2：11000～40000K）空间中等离子体压强与饱和蒸气压中的最低值与最高值。

对比模型 K 与模型 L 的计算结果，可以发现总体上本节的模型在较低的 T_2 值或者较高的 n_2 值情况下会获得比模型 K 更高的烧蚀率数据；而在较高的 T_2 值或者较低的 n_2 值情况下会获得比模型 K 更低的烧蚀率数据。例如，对比图 5-15(a)与(b)的结果（对应较高的 T_2 值）可以发现，图(b)中烧蚀率的等值线相比图(a)更靠近 AD 边，说明在高 T_2 条件下模型 L 获得的烧蚀率结果比模型 K 更低。相反地，对比图 5-15(c)与(d)的结果（对应较低的 T_2 值）可以发现，图(c)中烧蚀率的各条等值线相比图(d)的等值线更靠近 AD 边，说明在较低的 T_2 条件下模型 L 计算得到的烧蚀率结果高于模型 K。

两模型结果差异随 n_2 的变化规律则不那么明显，仔细观察仍可以发现在图 5-15(a)与(b)中，虽然图(b)中烧蚀率总体上低于图(a)，但是对应 100kg/(m² · s)与 200kg/(m² · s)的烧蚀率等值线相比图(a)却更贴近 AH 边(对应高 n_2 值)，说明在高 n_2 区域(b)的烧蚀率结果比(a)更高。为了更清晰地展现这一规律，图 5-15(g)给出了 $ADEH$ 平面中，由本节中模型计算得到的烧蚀率结果减去模型 K 结果的差值。由图可见，尽管大部分区域为负值，但在 0 等值线与上边缘线(图中虚线)之间仍存在正值，说明在这一区域中模型 L 的烧蚀率结果高于模型 K，从而进一步印证了模型 L 在高 n_2 情况下烧蚀率结果高于 Keidar 结果的结论。

在图 5-15(e)与(f)中，高 T_2 且低 n_2 的参数区间内，模型 L 的烧蚀率结果低于模型 K，而在低 T_2 且高 n_2 的参数区间内则高于模型 K 的结果。这一规律可由图 5-15(h)清晰地展示出来。其中在高 T_2 且低 n_2 的参数区间内，模型 L 烧蚀率减去模型 K 结果的差值为负值，而在低 T_2 且高 n_2 的参数区为正值。

此外值得一提的是，在低 T_2 且高 n_2 的参数区间内，模型 L 计算的烧蚀率结果随 T_0 的增长速度比模型 K 更快，而这一特点可通过比较图 5-15 (a)与(b)的结果来发现。在 $ADEH$ 平面内(对应高 T_2 值)，图(b)中大部分等值线间距宽于图(a)，说明图(b)中烧蚀率随 T_0 增长比图(a)缓慢。相反地，对比图(c)与(d)中的结果可见，在 $BCFG$ 平面内，图(d)中等值线间距比图(c)中更窄，说明模型 L 的烧蚀率结果随 T_0 的增速提升，特别是在临界 T_0 值附近，这一提升效果最为明显。

相似的规律也可在图 5-16 中 PTFE 的烧蚀率结果中发现，说明两模型的差异与具体的计算材料无关。

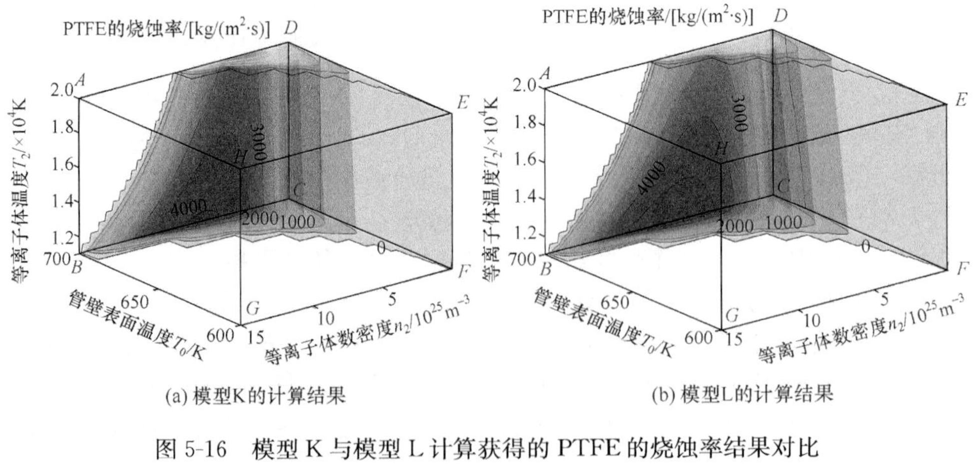

图 5-16　模型 K 与模型 L 计算获得的 PTFE 的烧蚀率结果对比

图5-17显示了利用模型Z分别在1.4atm与136.2atm压强情况下计算获得的PE烧蚀率分布。由图可见,压强值对烧蚀率结果具有重要影响,表明在烧蚀率计算过程中考虑压强影响的重要性。

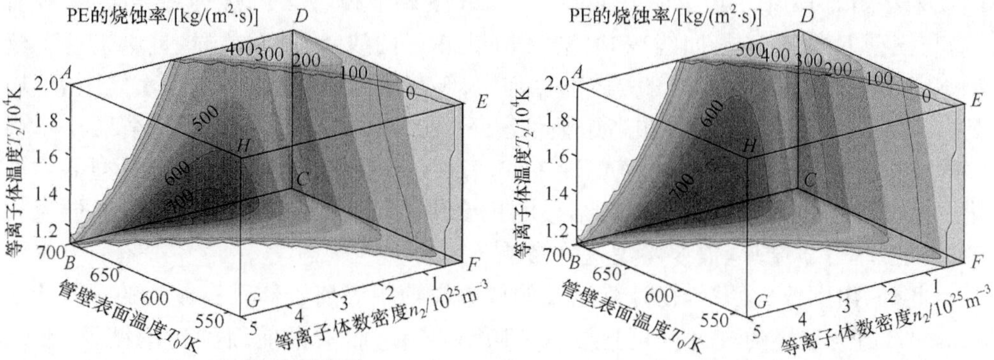

(a) 1.4atm压强下的数据

(b) 136.2atm压强下的数据

图5-17 模型Z在不同压强下计算获得的PE烧蚀率在 T_0-n_2-T_2 参数空间内的分布

为了探索不同烧蚀模型在实际放电过程中的结果特点,利用图5-2中典型放电过程中的等离子体参数,采用模型K(不考虑温度与压强对等离子体参数的影响)、特定压强下的模型Z(只考虑温度对等离子体参数的影响)与模型L(综合考虑温度与压强对等离子体参数的影响)对放电过程中的烧蚀数据进行了计算,计算获得的烧蚀率随时间变化曲线如所图5-18所示。

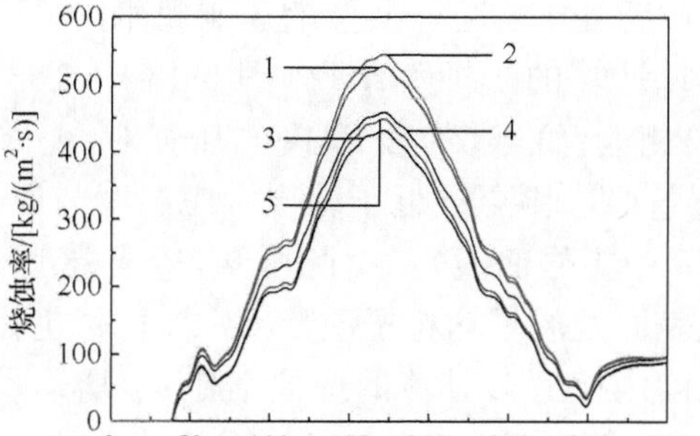

图5-18 考虑不同因素影响的不同模型在整个放电过程中计算的烧蚀率结果

1. 模型L,综合考虑温度和压强的影响;2. 模型L,仅考虑对 m_0 的影响,只考虑温度和压强对 m_0 的影响;3. 模型L,仅考虑对 m_0 的影响,只考虑温度和压强对 m_0 的影响;4. 模型Z,固定压强0.7atm,只考虑温度影响;5. 模型K,不考虑温度或压强的影响

由图可见,各模型计算结果在放电的起始阶段与终止阶段十分相似,但是在放电中期却存在较大差异。总体上,模型L的计算结果高于模型K。对于如图5-2

所示的等离子体参数，在典型放电周期中等离子体压强在 0.7atm 与 80.7atm 之间。因此分别计算了模型 Z 在两种压强情况下的烧蚀率结果。值得一提的是，在 80.7atm 情况下模型 Z 的计算结果与模型 L 几乎完全重合，为了保持画面清晰，该曲线未在图 5-18 中予以显示。而在 0.7atm 条件下模型 Z 的烧蚀率结果（4 号曲线）与模型 K 结果（5 号曲线）和模型 L 结果（1 号曲线）均存在差异，且更接近于模型 K。由图 5-2 可知，在大部分放电过程中，等离子体压强 P_2 与饱和蒸气压 P_v 均处在 10atm 数量级上，因此在高压强情况下（80.7atm）模型 Z 的计算结果与模型 L 的结果十分接近，而在低压强情况下（0.7atm）模型 Z 的结果更接近模型 K。这进一步验证了压强对烧蚀率计算结果的重要影响，而为了获得与实际情况更为一致的烧蚀率计算结果，需要考虑这一影响。

此外，由图 5-2 可见，在计算涉及的放电周期中等离子体具有较低的 T_2（低于 14000K）值与较高的 n_2 值（可达 $3.5\times10^{25}\,m^{-3}$）。而根据前面的讨论结果，在低 T_2 高 n_2 的参数区间内模型 L 会获得比模型 K 更高的烧蚀率数据，并提高烧蚀率随 T_0 的增长速度。因此不难理解，在放电过程的绝大部分时间中，模型 L 会获得比模型 K 更高的烧蚀率结果。

进一步考虑烧蚀产物不同参数对烧蚀率计算结果的影响。当仅考虑温度与压强对比热容比 γ 的影响时（即只考虑内部自由度的影响时），利用模型 L 计算的烧蚀率结果与模型 K 的结果几乎重合（为保持画面清晰，曲线未显示）。由此可知，造成模型 L 与模型 K 结果差异的主要因素并不是 γ，而应是烧蚀产物的平均粒子质量。

进一步分析不同位置处平均粒子质量的影响规律，当只考虑温度与压强对 m_2 的影响时，利用模型 L 计算的烧蚀率结果（图 5-18 中 3 号曲线）与模型 K 结果（图 5-18 中 5 号曲线）相近；而当仅考虑温度与压强对 m_0 的影响时，模型 L 的计算结果（图 5-18 中 2 号曲线）则更接近于综合考虑温度与压强对 m_0、m_2 与 γ 三参数影响的结果（图 5-18 中 1 号曲线）。由此可知，造成模型 L 与模型 K 结果差异的主要因素在于烧蚀表面处的平均粒子质量 m_0。而 m_0 也是造成前文所讨论的在低 T_2 高 n_2 的参数区间内模型 L 计算的烧蚀率随 T_0 增速提高的原因。在模型 L 中 m_0 为 T_0 的函数，而模型 K 中 m_0 为与 T_0 无关的常数，而 m_0 又对烧蚀率的计算结果具有重要影响，因此不难理解模型 L 中烧蚀率结果随 T_0 的增速提升效果。

图 5-19 进一步证实了上述讨论的现象。图 5-19(a)中，在低 T_2 高 n_2 的参数区间中，相比模型 K，模型 L 计算获得的烧蚀率随 T_0 的增长更快。相反地，如图 5-19(b)所示，在高 T_2 低 n_2 的参数区间内，模型 L 计算所得的烧蚀率随 T_0 增长较模型 K 缓慢。

图 5-20 显示了放电过程中烧蚀表面处平均粒子质量 m_0 与准中性等离子体平均粒子密度 m_2。图中数据给出了两者对模型 K 所使用的，假设烧蚀产物完全分

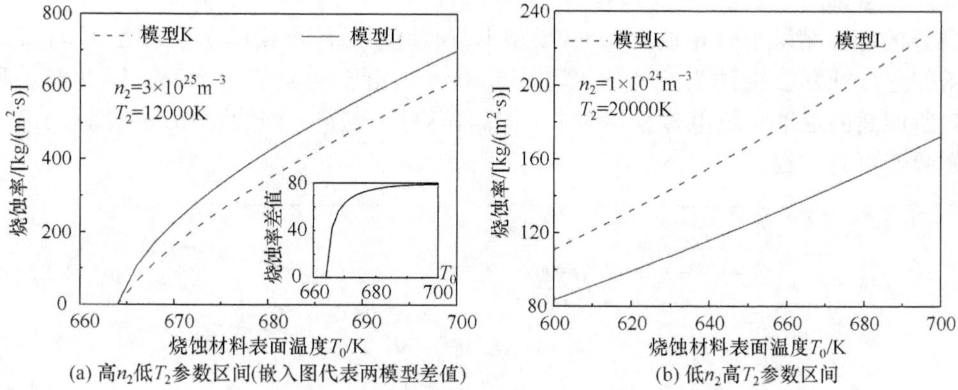

图 5-19　模型 K 与模型 L 在不同 n_2 与 T_2 区间的烧蚀率结果

解条件下的平均粒子质量 m 的比值。由图可见，整个放电过程中 m_2 与 m 数值相似，而 m_0 与 m 差异较大，约为 m 的六倍。这一结果的原因在于放电过程中，烧蚀表面处温度 T_0 通常较低，难以满足烧蚀产物完全分解的条件。而在准中性等离子体中，高温则使得烧蚀产物完全分解成为可能。

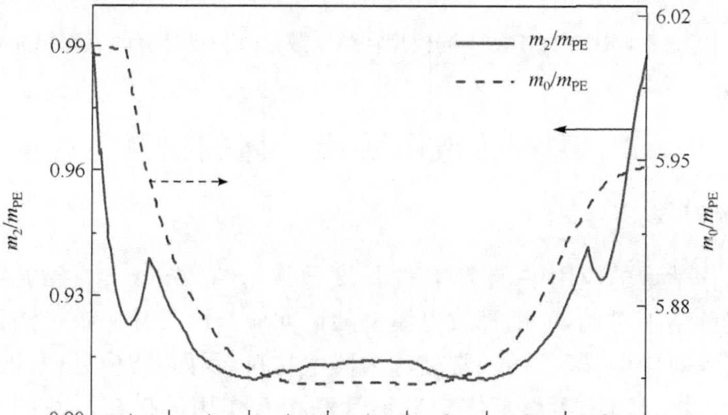

图 5-20　放电周期中 m_0 与 m_2 对 m_{PE} 的比值

综合上面的分析可以得出以下结论：烧蚀表面较低的温度 T_0 使得在该区域中烧蚀产物只能部分分解，从而导致较高的平均粒子质量 m_0，且为模型 L 与模型 K 在烧蚀率计算结果上差异的主要原因。同时可知，压强对烧蚀率计算结果将产生至关重要的作用，因此在计算过程中，需要将压强的影响机制考虑在内。

图 5-21 显示了利用模型 K、模型 L 与 0.7atm 及 80.7atm 两种压强条件下模型 Z 计算所得的累积烧蚀质量的结果。与烧蚀率结果的趋势相同，模型 L 的累积

烧蚀质量也高于模型 K 与 0.7atm 压强条件下的模型 Z，而与 80.7atm 条件下模型 Z 的计算结果十分相近。此外，模型 L、0.7atm 条件下模型 Z 与模型 K 计算所得的总烧蚀率分别约为 25mg、22mg 与 20mg。由于实验值为 25mg，因此对于研究所涉及的毛细管放电过程，模型 L 与高压强（80.7atm）下模型 Z 的计算结果与实验值更为一致。

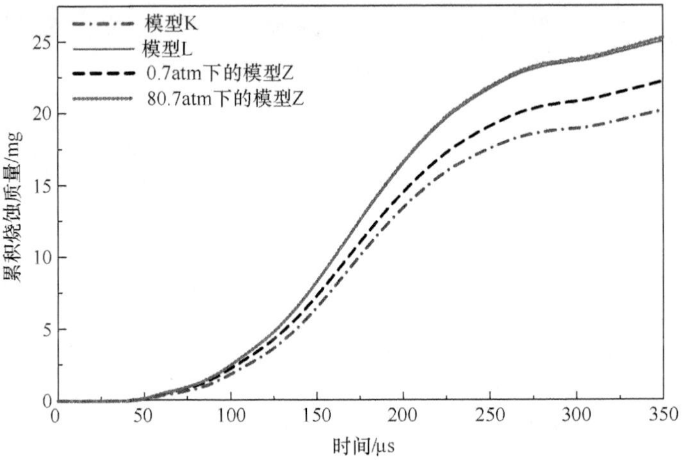

图 5-21　考虑不同因素影响的不同模型在整个放电过程中计算的累积烧蚀质量结果

5.3　毛细管放电等离子体的仿真分析

5.3.1　控制方程

在电热化学炮的应用中，毛细管的长度通常为约 26mm，内径约 3mm，因此为了方便与实验结果对比，毛细管放电模型的尺寸应与该尺寸一致。同样地，在电热化学炮的实际应用中，聚乙烯通常被选为器壁材料，因而，在模型中，器壁材料也同样为聚乙烯。综合考虑等离子体与毛细管壁相互作用的模型示意图如图 5-22 所

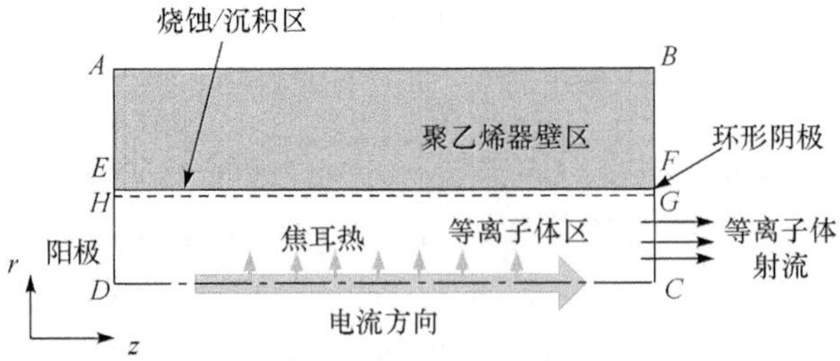

图 5-22　二维毛细管放电模型示意图

示。主要把模型分成两个区域，聚乙烯器壁区和等离子体区。等离子体区又可分为烧蚀/沉积区和非烧蚀沉积区，这两个区域中控制方程的源项有显著区别，如表 5-1 所示。

表 5-1　控制方程中的源项

控制方程类型	S_Φ	
	烧蚀/沉积区	非烧蚀/沉积区
质量守恒方程	Γ	0
动量守恒方程	0	0
能量守恒方程	$\frac{1}{\sigma}\lvert \boldsymbol{j}\rvert^2-S_R+q\Gamma$	$\frac{1}{\sigma}\lvert \boldsymbol{j}\rvert^2-S_R$

在等离子体区中，CD 为对称轴，DE 为阳极，被设置为绝热壁，其上电流密度分布为抛物线型。CF 为毛细管的喷口，模型中设定 CF 的出口速度为本地声速。此外实际发生器结构中 CF 外存在一环状阴极，实际的放电通道在阳极 DE 与 CF 外环绕的环形电极上的某一点之间建立。本节的模型中将这一结构进行了简化，将 AD 设置为零电位，并假定放电通道在阳极 BC 与喷口 AD 之间建立。

仿真模型中遵循以下假设[21]：

(1) 毛细管内的等离子体满足局部热平衡(LTE)条件。

(2) 等离子体为层流。

(3) 磁压相对于气动压强可以忽略不计。

(4) 根据浓度方程计算过烧蚀产物与毛细管中空气的混合过程，但在迭代初期管内等离子体中的 PE 组分便基本趋于 100%，故毛细管内等离子体组分为 100%的 PE 等离子体。

控制方程如式(5-26)～式(5-29)所示，建立这样的二维瞬态模型，其意义在于第一可以很好地得到毛细管出口等离子体参数的径向分布情况，第二可以观察等离子体各项参数随时间的变化过程：

$$\frac{\partial\rho}{\partial t}+\nabla\cdot(\rho\boldsymbol{v})=S_\Phi \tag{5-26}$$

$$\frac{\partial(\rho\boldsymbol{v})}{\partial t}+\nabla\cdot(\rho\boldsymbol{v}\boldsymbol{v})=-\nabla p+\nabla\cdot(\overline{\overline{\boldsymbol{\tau}}})+S_\Phi \tag{5-27}$$

$$\frac{\partial(\rho E)}{\partial t}+\nabla\cdot(\rho\boldsymbol{v}E)=-p\,\nabla\cdot\boldsymbol{v}+\nabla\cdot(k_t\,\nabla T)+\nabla\cdot(\overline{\overline{\boldsymbol{\tau}}}\cdot\boldsymbol{v})+S_\Phi \tag{5-28}$$

$$\nabla\cdot(\sigma\,\nabla\phi)=0 \tag{5-29}$$

式中，ρ 为等离子体密度，kg/m^3；$\boldsymbol{v}$ 为等离子体宏观速度，m/s；T 为等离子体温度，K；$E=C_\text{p}T_2+0.5v_2^2$，等离子体比内能，J · kg；ϕ 为电位，V；σ 为等离子体电导率，

S/m；k_t 为热导率，W/(m·K)；$\overline{\overline{\boldsymbol{\tau}}}$ 为黏性力张量，N/m²；S_Φ 为源项。

表5-1中，Γ 为器壁烧蚀率/沉积率，kg/(m³·s)；$\boldsymbol{j}$ 为电流密度，A/m²；而 S_R 和 q 分别是辐射耗散和烧蚀(或沉积)质量流所携带的焓值，在下文将着重介绍。辐射耗散通过灰体辐射模型[式(5-30)]获得。

$$S_R = f_{trans}\sigma_{SB}T^4 S_c/V_c \tag{5-30}$$

式中，σ_{SB}为斯特藩-玻尔兹曼常数，W/(m²·K⁴)；f_{tran}为灰度系数；S_c 为网格单元的表面积，m²；V_c 为网格单元的体积，m³。

在毛细管放电条件下灰度系数 f_{gray}的典型值为0.1～0.3[22]。

5.3.2　等离子体与毛细管器壁相互作用的处理方法

由前所述，在能量守恒方程的源项中，q 是烧蚀或者沉积质量流所携带的焓值。对于烧蚀产物，q 可由式(5-31)确定：

$$q = C_{p\text{-vapor}}T_{vapor} + 0.5v_{flux}^2 \tag{5-31}$$

式中，T_{vapor}为蒸气层的温度，K；$C_{p\text{-vapor}}$为蒸气层的比热容，J/(kg·K)。

v_{flux}是烧蚀(或沉积)产物进入(或流出)等离子体的速度，可定义为 $\dot{\Gamma}/\rho$，其中 $\dot{\Gamma}$ 是烧蚀或沉积的质量通量。

在聚乙烯器壁毛细管放电过程中，T_{vapor}的典型值可选取为3500K[22]。而对于沉积产物，q 可由式(5-32)确定：

$$q = C_p T_2 + 0.5v_{flux}^2 \tag{5-32}$$

5.3.3　烧蚀/沉积质量流的确定方法

在典型的烧蚀控制型毛细管放电过程中烧蚀过程占据主导，烧蚀率的数值会远高于沉积率。但对沉积过程的考虑可以为等离子体与管壁之间的质量、动量与能量交换引入一种自主调节机制。随着烧蚀质量流进入等离子体，会引起等离子体边界处压强的上升。而如果这一上升过程持续进行，等离子体的压强终究会在大于管壁材料的饱和蒸气压($P_2 > P_v$)，一旦满足这一条件，动力学烧蚀模型的方程组不存在实数解，可以认为烧蚀过程停止了。如果不考虑沉积过程，则等离子体与管壁之间的交换过程也会随之终止，且一直维持在这一状态；如果考虑沉积过程，当 $P_2 > P_v$ 时会产生自等离子体向管壁的质量回流，这会导致等离子体边界处压强下降，从而当压强下降至 P_v 以下时烧蚀过程会重新产生。如此便引入了等离子体与管壁材料之间相互作用的自主调节机制。

在PE等离子体沉积过程中，在临近管壁的单元中只有碳粒子会发生沉积，而氢粒子则会重新回到等离子体中。当碳粒子完全沉积时，沉积率可由式(5-33)确定。

$$\dot{\Gamma}=-m_2\sqrt{\frac{kT_2}{m_2}}n_C \tag{5-33}$$

式中，n_C 为碳粒子的数密度，m^{-3}。

对于管壁材料 PE，$n_C=1/3n_2$。然而直接使用式(5-33)可能会导致计算过程难于收敛。因为当等离子体的压强 P_2 小于 P_v，但是十分接近 P_v 时，烧蚀率计算结果趋于 0，而根据式(5-33)所确定的沉积速率的结果却可能会很高，由此造成烧蚀控制区域与沉积控制区域分界面上($P_2=P_v$)的不连续性。为了避免这种不连续性，在实际计算中对式(5-33)进行了修正，利用式(5-34)来获得沉积率结果：

$$\dot{\Gamma}=\begin{cases}-(\log_{\varepsilon}P_2/P_v)m_2\sqrt{\dfrac{kT_2}{m_2}}n_C, & \delta\leqslant x\\ m_2\sqrt{\dfrac{kT_2}{m_2}}n_C, & \delta>x\end{cases} \tag{5-34}$$

式中，ε 为压强倍数阈值。

如此，当 $P_2=P_v$ 时沉积率趋近于 0，而随着 P_2 的进一步上升，沉积率呈指数增长，直到 P_2 达到 P_v 的 ε 倍以上时($P_2\geqslant\varepsilon\cdot P_v$)，认为碳粒子完全沉积，此时沉积率可按照式(5-33)进行计算。ε 值的选取仿真结果的影响通过在 2kA 注入电流情况下选取不同修正系数时沿毛细管轴线方向上烧蚀率/沉积率的分布进行考察。由图 5-23 可见，在毛细管的左部区域为沉积控制区，而右部区域则为烧蚀控制区。在烧蚀控制区中，烧蚀速率沿轴线向出口方向呈递增趋势。总体上沉积率的数值要远小于烧蚀率。而对应式(5-34)中不同的压强倍数阈值 ε，沉积速率的最大值约为 6kg/($m^2\cdot s$)。对比采用不同 ε 值所获得的计算结果可以发现，采用不同 ε 所造成的沉积率的数值差异相比烧蚀率几百 kg/($m^2\cdot s$)的数值几乎可以忽略不计。由此可知，在一定范围内选取不同的 ε 值不会对计算结果造成太大的影响，其作用仅在于改善烧蚀控制区与沉积控制区界面上的烧蚀/沉积率的连续性，并提高方程的收敛性。

为了获得烧蚀率与沉积率，需要知道等离子体的温度 T_2、数密度 n_2 与管壁表面温度 T_0。其中 T_2 可通过求解控制方程来获得，n_2 可在求解控制方程的基础上进一步通过状态方程来获得，而 T_0 则选取为 650K，这一数值为当前放电条件下的典型值。

最后需要指出的是，上面所讨论的烧蚀率 $\dot{\Gamma}$ 的单位为 kg/($m^2\cdot s$)，与表 5-1 中的源项 Γ 的单位不同，后者为 kg/($m^3\cdot s$)。因此需要临近毛细管壁处的网格单元的表面积 S_c 与体积 V_c，利用式(5-35)来进行单位转换。

$$\Gamma=\dot{\Gamma}\cdot S_c/V_c \tag{5-35}$$

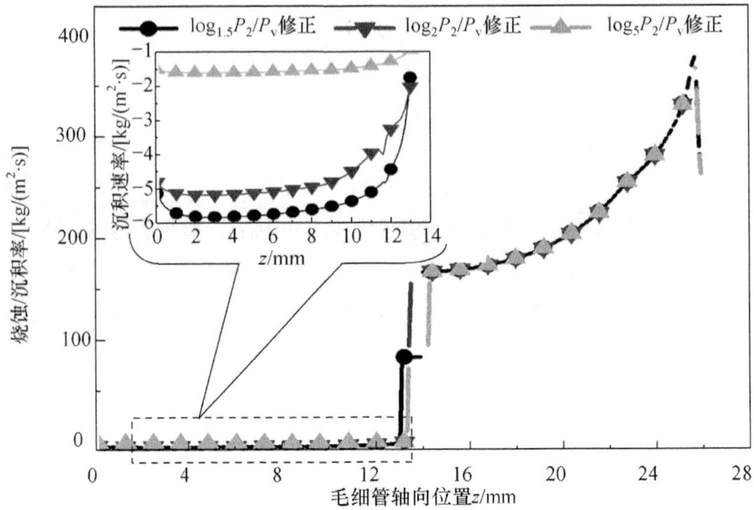

图 5-23　不同修正系数下毛细管中沿轴向的烧蚀/沉积率分布

5.3.4　仿真结果及分析

在考察毛细管的放电特性时，选用三种输入电流波形，一个正弦参考电流，两个实验波形，如图 5-24 所示。正弦参考电流由于其对称性，通常用于毛细管放电过程的仿真中，因此，本节中未加特别说明，仿真结果皆为以正弦参考电流为输入电流的结果。

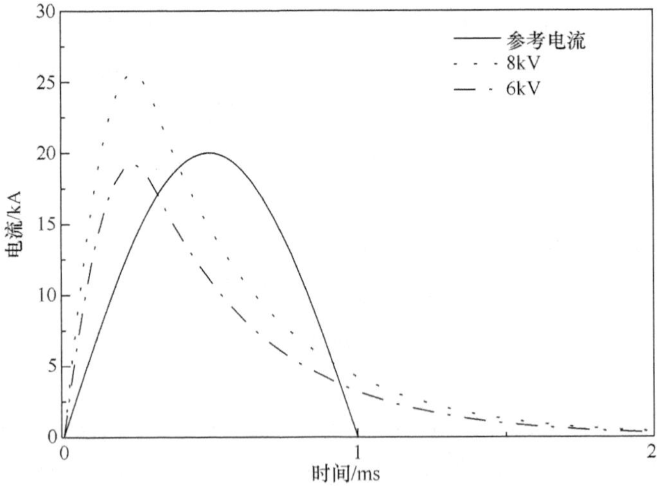

图 5-24　仿真输入电流波形

等离子体温度的径向不均匀度沿着毛细管放电等离子体发生器的轴向，从内往外越来越不均匀，如图 5-25 所示。在发生器的出口，中心温度总大于边缘温度，两者的差值在 $t=100\mu s$、$250\mu s$、$500\mu s$、$750\mu s$ 和 $900\mu s$ 时分别为 3279.6K、8423.5K、9171K、9056.6K 和 7543.3K；同时，随着时间的延长，径向温度分布波形从准正弦波变成了平顶波。也可以发现，$t=750\mu s$ 时的温度远大于 $t=250\mu s$ 时的温度，这意味着，在毛细管放电过程中，温度变化滞后于电流变化。但是，相比于发生器的出口，发生器的内部的温度径向分布则相对均匀，中心温度与边缘温度的差值均不超过 2000K。

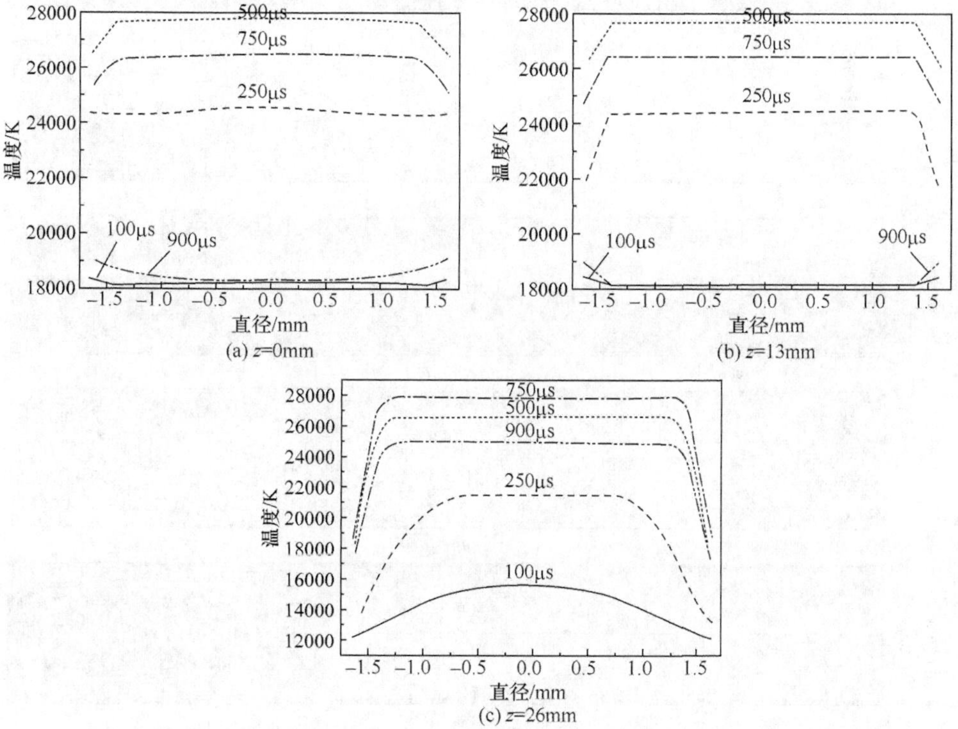

图 5-25　毛细管内部径向温度分布

通过等离子体参数云图随时间的变化，可以更为清晰地捕捉毛细管内部的放电过程。图 5-26～图 5-28 分别是毛细管中等离子体温度、压强和密度云图随时间的变化情况。由图可以发现，温度和密度的径向分布较为不均匀，而压强的径向分布较为均匀。在毛细管右部区域中，高温区集中在等离子体的中心柱区（温度集中区），而靠近管壁的等离子体边界区的温度则较低，从而总成了温度沿径向较陡的温度梯度，而在左部区域中温度的分布相对均匀。同样地，可以发现在毛细管的右部区域，高密度区主要集中在靠近管壁的区域（密度集中区），而等离子体中心柱区的密度却相对较小。这一分布趋势随着时间的增大发生了一定变化，可以清楚地看到毛细管放电过程可以分为三个阶段：从 100μs 到 250μs，在毛细管右部区域，密度在 PE 表面集中，随着电流的变大，密度集中区域缩小；从 250μs 到 750μs，没有显著的密度集中区域；而 750μs 之后，密度分布又与第一阶段相似。

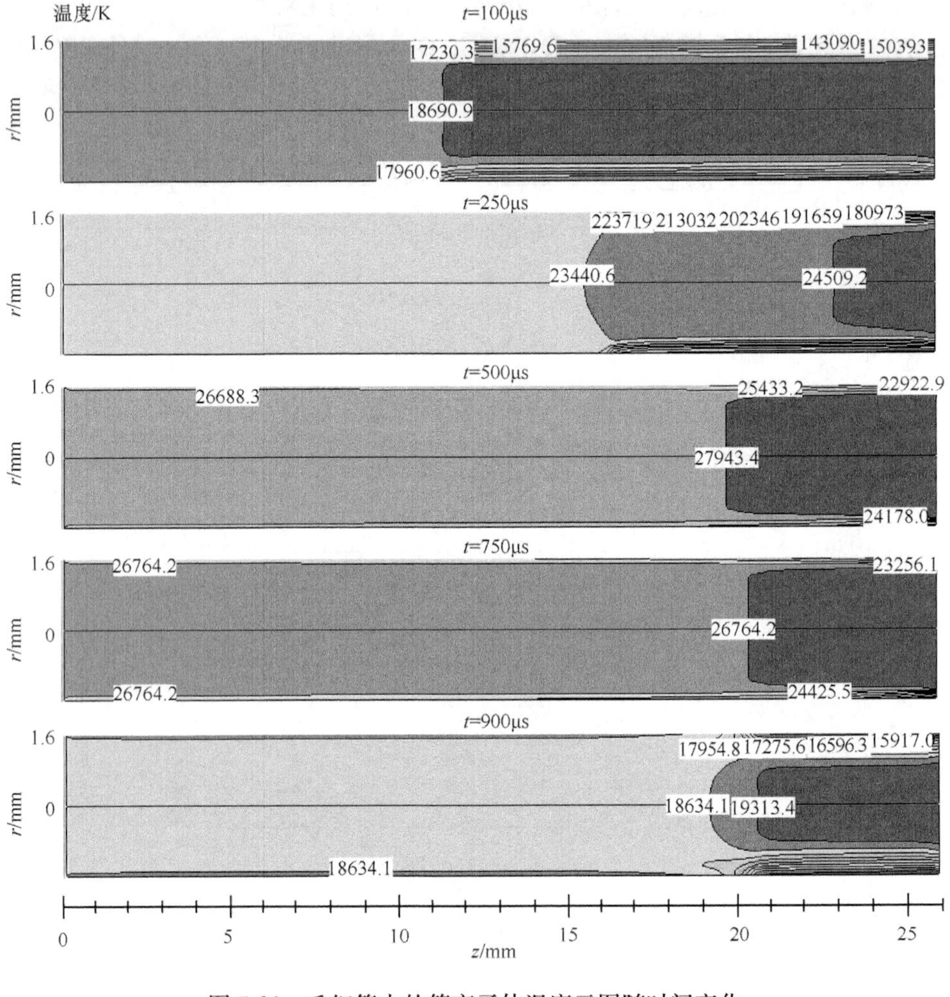

图 5-26　毛细管中的等离子体温度云图随时间变化

在毛细管右部区域，靠近管壁位置的低温区由大量进入的烧蚀产物所造成。进入的烧蚀产物具有蒸气层温度(3500K)，而这一温度远低于等离子体的温度，因此会对等离子体产生冷却作用，降低管壁附近等离子体的温度。温度的降低会进一步引起这一区域中电导率的降低，因此靠近管壁位置的电流密度将远小于等离子体的中心柱区。在焦耳加热项的作用下，等离子体中心柱区的温升效果会比靠

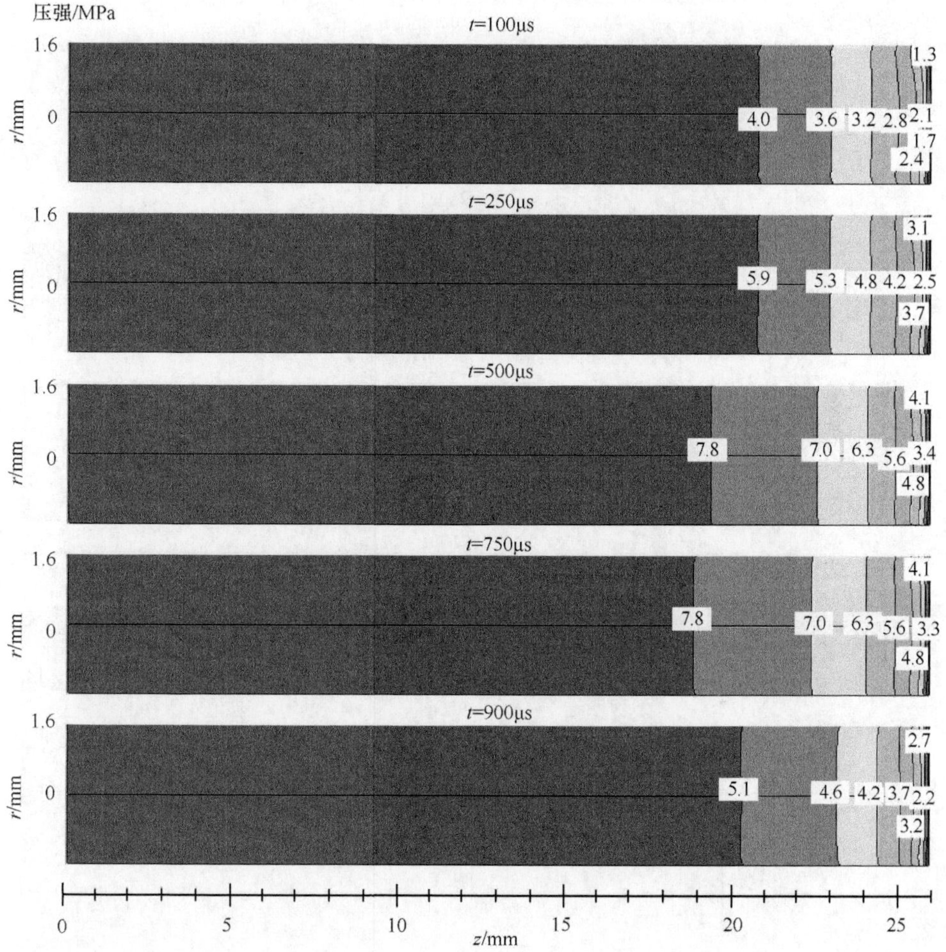

图 5-27　毛细管中的等离子体压强云图随时间变化

近管壁的区域更为显著,由此形成了温度集中区。在左部区域中,由于沉积作用导致等离子体中心柱区的扩散,电流密度在径向呈均匀分布,这会进一步引起左部区域中温度的均匀分布。同时,毛细管各截面上电流密度的积分值均相等,左侧区域的电流密度会低于右侧中心柱区的电流密度,由此造成毛细管中的峰值温度出现在右部区域的中心柱区。

烧蚀产物的大量涌入同时也造成了密度集中区。而密度集中区密度值随注入电流非单调变化的原因在于烧蚀速率随电流的非单调变化。在喷口附近密度的迅速下降则是由等离子体射流的高速喷出所导致的。

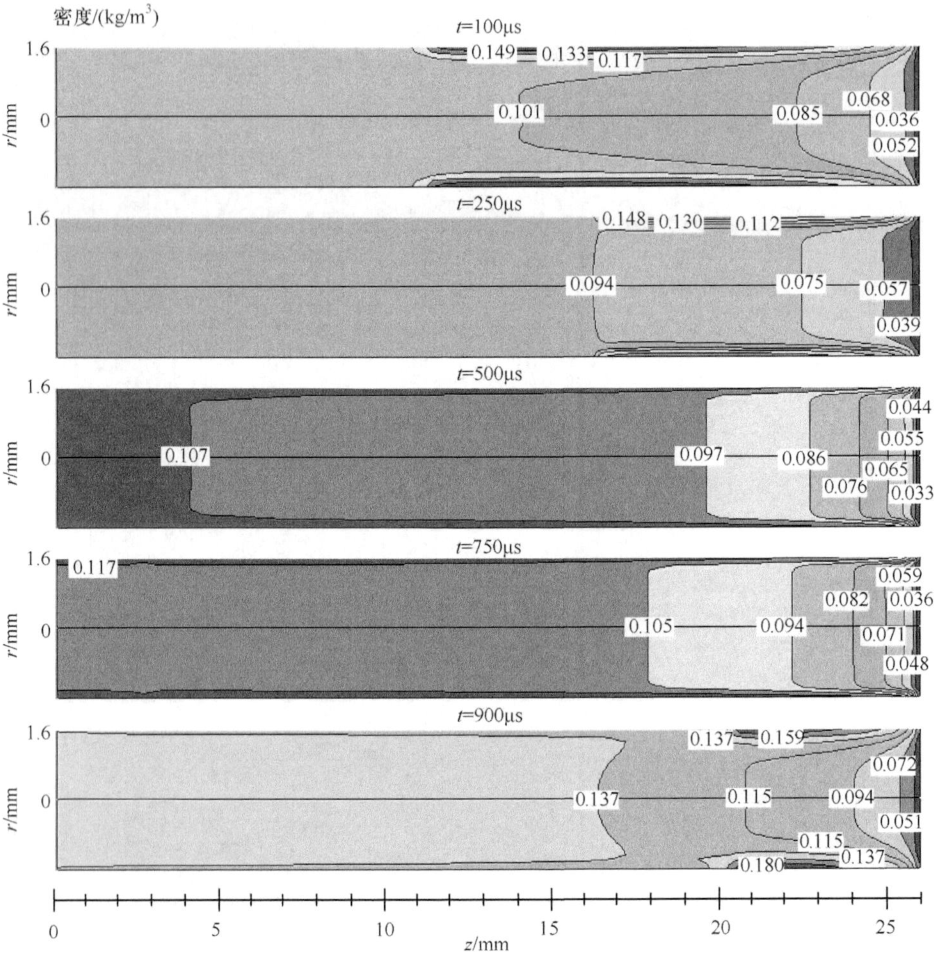

图 5-28 毛细管中的等离子体密度云图随时间变化

进一步分析，从动力学烧蚀模型中可以知道，烧蚀率随着器壁表面温度的升高而增大，随着等离子体温度的减小而减小，因此，随着电流的增大，器壁表面温度和等离子体温度都在变大，因此烧蚀率的大小取决于器壁表面温度升高速度与等离子体温度增加速度的竞争结果，当器壁表面温度到达其峰值并保持稳定时，随着等离子体温度的升高，烧蚀率降低。

5.4 毛细管放电等离子体在电热化学发射中的应用

5.4.1 等离子体射流与发射药相互作用的数学模型

由电热化学发射技术的发展趋势与关键问题可以看出，等离子体点火机理已成为电热化学发射技术中的核心问题，而在发射药起燃前阶段等离子体与发射药的相互作用过程对点火性能具有重要影响，因为这一过程影响发射药点火燃烧的许多重要参数，包括发射药表面温度以及发射药周围环境中气相发射药的含量。

在发射药起燃前的阶段，烧蚀与传热是等离子体与发射药间相互作用的主要机制[23]。在这一过程中，来自等离子体的能量流到达发射药的表面，一部分用于烧蚀表面发射药，使其中的化学键发生断裂形成烧蚀产物，另一部分则会进一步流入发射药内部导致其温度升高。由此便在发射药的表面形成能量平衡，如图 5-29 所示。而描述这一过程的数学模型如式(5-36)所示，式(5-37)则给出了发射药两端面的边界条件。

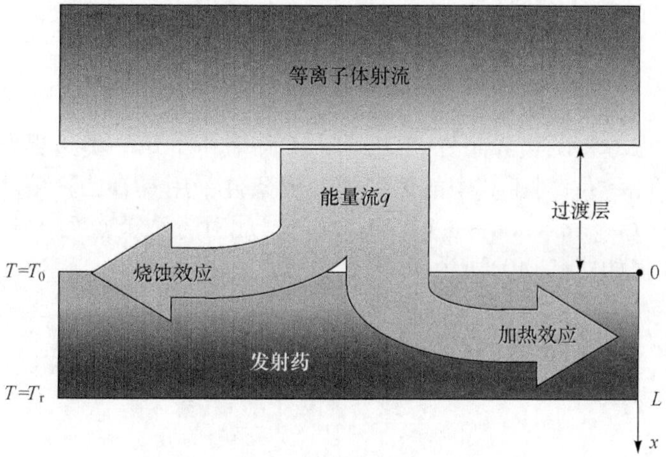

图 5-29 等离子体与发射药作用示意图

$$\frac{\partial T(x,t)}{\partial t} = \frac{\lambda}{C_p\rho} \cdot \frac{\partial^2 T(x,t)}{\partial x^2} \tag{5-36}$$

$$\begin{aligned} \frac{\partial T(0,t)}{\partial t} &= -\frac{1}{\lambda}(q - \Delta H\Gamma) \\ T(L,t) &= T_r \end{aligned} \tag{5-37}$$

式中，q 为来自等离子体的能量流，W/m^2；T_r 为环境温度，300K；L 为计算区域内发射药厚度，m。

典型的等离子体与发射药的作用过程在毫秒量级，而在如此短的时间内发射药中由于加热作用而产生温度变化的厚度仅在 10μm 数量级，其他大部分的发射药温度均维持在环境温度 T_r，故虽然发射药的实际厚度可能在厘米量级，为了节省计算时间实际只需要计算百微米范围内的发射药温度变化，即 L 的取值仅需在百微米量级即可。

计算中采用具有二阶精度的中心差分格式对式(5-36)进行空间离散，离散方式如图 5-30 所示，其中第 i 个空间点的温度以 T_i 表示。而 δx_i 为点 i 与点 $i-1$ 之间的间距，δx_{i+1} 为点 $i+1$ 与点 i 之间的间距。令 δt 为时间步长，并采用全隐的时间离散格式，则可将式(5-36)离散为

$$-r_i^j \delta x_{i+1} T_{i-1}^{j+1} + [1 + r_i^j(\delta x_i + \delta x_{i+1})] T_i^{j+1} - r_i^j \delta x_i T_{i+1}^{j+1} = T_i^j \tag{5-38}$$

式中，上标 j 代表第 j 个时间层的数值；i 代表第 i 个空间节点的参数，并且

$$r_i^j = \frac{2\alpha_{t-i}\delta t_j}{\delta x_{i+1}\delta x_i(\delta x_i + \delta x_{i+1})} \tag{5-39}$$

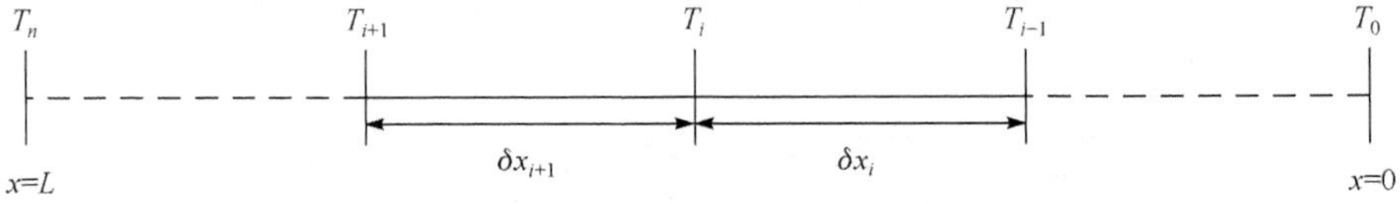

图 5-30　空间离散方法示意

进一步考虑方程的边界条件式(5-37)，对于其中的第一类边界条件 $T(L,t)=T_r$，可转化为 $T_n=T_r$；对于其中的第二类边界条件采用具有二阶精度的虚拟点法，可转化为 $T_0=T_1+(q-\Delta H\cdot\Gamma)\cdot\delta x_1/\lambda_0$。据此对各个节点列出离散方程，可得最终的离散方程如式(5-40)所示：

$$\begin{bmatrix} 1 & -1 & & & \\ -r_1^j\delta x_2 & [1+r_1^j(\delta x_1+\delta x_2)] & -r_1^j\delta x_1 & & \\ & & \ddots & & \\ & & -r_{n-1}^j\delta x_n & [1+r_{n-1}^j(\delta x_{n-1}+\delta x_n)] & -r_{n-1}^j\delta x_{n-1} \\ & & & 0 & 1 \end{bmatrix} \begin{bmatrix} T_0^{j+1} \\ T_1^{j+1} \\ \vdots \\ T_{n-1}^{j+1} \\ T_n^{j+1} \end{bmatrix} = \begin{bmatrix} \dfrac{(q-\Delta H\Gamma)\cdot\delta x_1}{\lambda_1} \\ T_1^j \\ \vdots \\ T_{n-1}^j \\ T_r \end{bmatrix} \tag{5-40}$$

Γ 可由 5.2 节讨论的动力学烧蚀模型进行求解，求解过程中需要等离子体射流的温度、数密度与发射药表面温度。在当前的工作中，发射药表面温度通过求解

式(5-36)来获得;等离子体温度被假定为大气压下电弧等离子体的典型温度,15000K;发射药样品非常靠近弧柱等离子体,因此假设靠近发射药表面处的等离子体完全电离,因此便可以通过测量放电过程中发射药表面的等离子体压强,并利用气体状态方程 $p=nkT$ 来求解出等离子体的数密度。

在等离子体与发射药的相互作用过程中,由于等离子体对发射药持续的烧蚀作用,发射药的表面会向发射药内部逐步侵蚀,使得原来位于内部的发射药被暴露出来而成为发射药的新表面,其温度也成为新的表面温度。在动力学烧蚀模型中,表面温度对烧蚀率具有至关重要的影响,而又由式(5-37)可知,烧蚀率决定用于烧蚀的能量流,以及整个发射药区域的温度分布,因此应该对这一过程予以处理,以考虑其对实际物理过程的影响。

在一维的等离子体与发射药相互作用模型中,待求解的发射药区域可以沿 x 方向被离散成 N 个发射药薄层。因此,可利用图 5-30 中所示的方法对发射药表面的侵蚀过程进行处理。图中的 T_i^j 表示第 j 个时间步长内计算域中第 i 层发射药所在位置的温度值,0 号下标对应着发射药表面处的温度值。在开始计算第 j 个时间步长时,需要利用式(5-41),根据当前以烧蚀质量 m^j 与此前已被烧蚀掉的发射药层数,估算出上一时间步中新被烧蚀掉的发射药层数 n^j。然后将这 n^j(从 0 层至 n^j-1 层)层发射药自计算域中移除,使得第 n^i 层发射药成为发射药的表面。根据上面的讨论可知,为提高计算速度,通常的计算区域仅有百微米厚度,因此为了避免因考虑表面侵蚀造成发射药消耗尽的问题,需要在计算区域的另一端(发射药的背面)补足相应的层数,并将新补进的发射药温度设为室温 T_{r}。

$$n^j = \text{integer}\left(\frac{m^j - \sum\limits_{j'-1}^{j-1} n^{j'} m_1}{m_1}\right) \tag{5-41}$$

式中,m_1 为单层发射药的质量,kg。

此外,在计算中还考虑了发射药表面在烧蚀作用下的侵蚀过程,即发射药的表面会随着烧蚀作用的进行而逐渐发展。处理方法如图 5-31 所示。

计算问题本身具有高梯度、强瞬态性的特点,因此求解过程中的时间步长与空间步长需要谨慎选取,以避免在求解过程中造成数值解的振荡。在当前的求解过程中,采用了 1nm 的空间步长与 1μs 的时间步长。

5.4.2　不同发射药与等离子体的作用特点

在不同发射药与等离子体的作用过程中,首先关注发射药起燃前阶段,实验在敞开的空气环境中开展,因而发射药不会进入自持燃烧状态,从而使得烧蚀与传热成为等离子体与发射药相互作用过程中的主要机制,与所建立的数学模型中的物理机制相对应。实验装置如图 5-32 所示,其中一段螺旋熔丝被置于两电极中间,

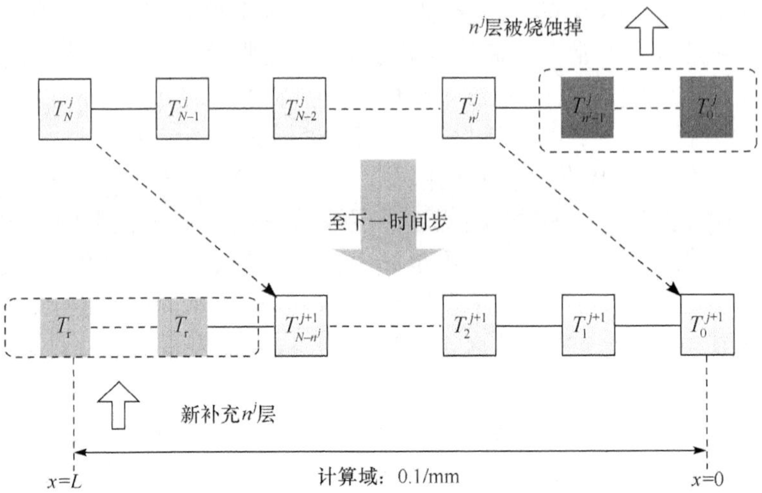

图 5-31　烧蚀表面侵蚀过程处理方法

两电极连接脉冲功率电源[24]。发射药样品被放置在熔丝的正下方并与熔丝十分接近。在考察等离子体的辐射特性对发射药的作用情况时，通常将全波段透光的石英玻璃放置在熔丝与发射药之间。实验电源采用电容储能型脉冲功率源。其中电容器组采用六台 125μF 自愈式高压脉冲电容器并联而成，总电容 750μF。电容器额定电压 18kV，电容器组最多可承受电流 122kA。电源中采用的整形电感为 40μH，额定电流 75kA，额定电压 18kV。实验中电压、电流分别采用 Tektronix® P6015A 型高压探头与罗氏线圈测量，而发射药表面压强采用 Kistler® 6121 型压强传感器来进行测量，该传感器频响 1MHz，测压范围 0～25MPa。

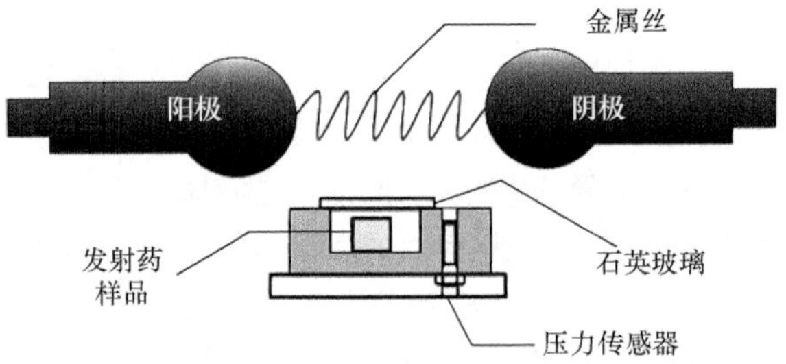

图 5-32　开放环境下的球隙放电装置

放电时间通过实验中通过测量的电压与电流波形来获得。5kV 和 7kV 两种充电电压下典型的放电电流、电压如图 5-33 所示，电压波形尾端的陡降清晰地指示出放电过程的终止，而提升充电电压可以造成放电时间的延长。对于 5kV 与 7kV 两种充电电压，放电时间分别为 4.3ms 与 5.5ms。

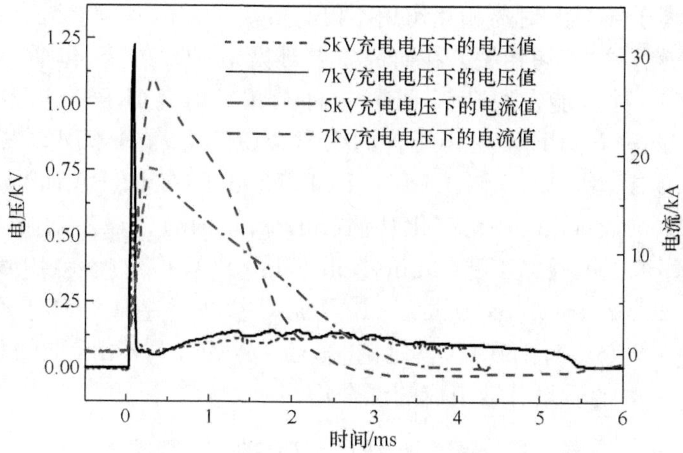

图 5-33　不同充电电压下球隙放电的电参数结果

发射药表面处等离子体的数密度与放电过程中发射药表面的压强相关，发射药表面压强如图 5-34 所示。压强曲线在放电初期的尖峰对应熔丝的电爆炸，这一过程持续的时间很短，大约占整个放电时间的 5%。在电爆炸过程之后是相对稳定放电阶段。在这一阶段中，电压曲线相对平稳，而压强曲线仍存在较大的波动。压强曲线波动的原因在于气流在等离子体与发射药样品之间来回反射，因此不难理解当提高充电电压之后，由于加剧了电爆炸的效果与放电强度，气流的反射效应会得到强化，从而造成了压强曲线更为剧烈的波动。根据压强数据推算出来的等离子体密度也显示在图 5-34 中，其将作为等离子体与发射药作用模型的输入条件，对作用过程产生影响。

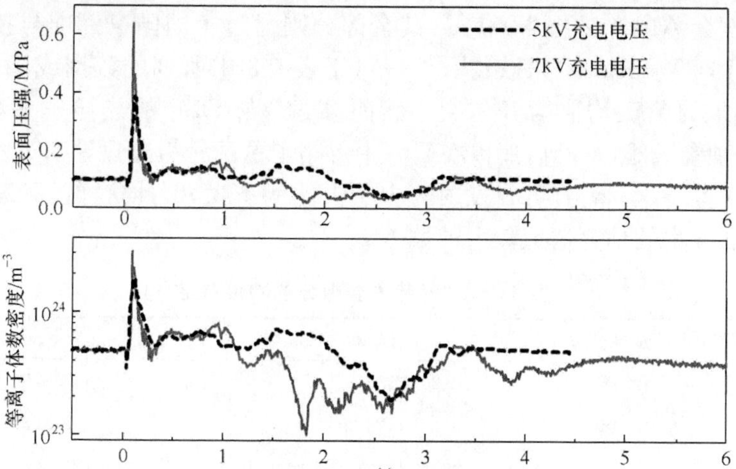

图 5-34　不同充电电压下球隙放电发射药表面的压强结果

然而,等离子体与发射药相互作用不仅与等离子体的各项参数有关,更与发射药的类型和物性参数密切相关。在研究中共涉及五种发射药,包括一种传统双基发射药(SF3),一种含能发射药(GR5),一种硝胺发射药(RP5),以及两种 ETPE 发射药。其中两种 ETPE 发射药所含的黑索金(RDX)含量不同。发射药的具体成分如表 5-2 所示,其中 NC、NG、DNT、DBP、NGu、DIANP、BAMO 与 AMMO 分别指代硝化棉(nitrocellulose)、硝化甘油(nitroglycerin)、2,4-二硝甲苯(2,4-dinitrotoluene)、邻苯二甲酸二丁酯(dibutyl phthalate)、3,3′-双(叠氮甲基) 氧杂环丁烷(3,3′-bis(azidomethyl) oxetane)与 3-叠氮甲基-3-甲基氧杂环丁烷(3-azidomethyl-3-methyloxetane),硝基胍,叠氮硝胺,而 BAMO/AMMO 指的是 BAMO 与 AMMO 按各 50%的质量分数组成的混合物。

表 5-2 研究中涉及的发射药名称与主要成分

发射药名称	主要成分
SF3	56%NC,26.5%NG,9.0%DNT,4.5%DBP,4%其他添加剂
GR5	45%NC,20%NG,25%RDX,5%DNT,5%其他添加剂
RP5	39%NC,20%NG,25%RDX,7%NGu,7%DIANP,2%其他添加剂
ETPE1	80%RDX,20%BAMO/AMMO
ETPE2	75%RDX,25%BAMO/AMMO

为了求解等离子体与发射药的作用模型,需要发射药的物性参数。然而通常具体发射药的物性参数难以找到,而其具体组分的参数则相对容易获得。因此在本节中,发射药的参数通过对其组分物性参数进行质量平均来获得。主要发射药组分的密度、比定压热容与热导率列于表 5-3 中。部分参数通过文献(主要是美国航空航天学会 AIAA 的报告)获得,其余部分则通过美国国家标准与技术学会的数据库(NIST WebBook)来获得[25-29]。对于表 5-3 中所列的数据或函数,未经特殊说明,温度的单位均取为开尔文。然而,DNT 与 DBP 的热导率参数以及 DIANP 的各项参数难以找到,所以在研究中忽略了这两种组分热导率对发射药热导率的影响。鉴于这三者在各自发射药中所占比例不大,因此这样的处理方式不会对发射药热导率的估算造成较大的偏差。

表 5-3 发射药主要组分的物性参数

组分名称	ρ/(kg/m^3)	C_p/[J/(kg·K)]	λ/[W/(m·K)]
RDX	1820	$20.347+3.528T$	0.2784
NG	1600	1247.4	0.2637
NC	1650	* $1250.3+3.214T+4.316\times10^{-3}T^2+7.116\times10^{-4}T^3-9.535\times10^{-6}T^4$	* $0.304+9.389\times10^{-4}T-1.974\times10^{-5}T^2$

续表

组分名称	$\rho/(kg/m^3)$	$C_p/[J/(kg\cdot K)]$	$\lambda/[W/(m\cdot K)]$
DNT	1520	1400.1	—
DBP	1050	1713.7	—
NGu	1770	129.3	0.2092
BAMO/AMMO	1260	$4201.34-6.279T$	$0.460-7.618\times10^{-4}T$

* 温度单位为℃

与获得发射药物性参数的方法一样，每种发射药的饱和蒸气压与烧蚀焓数据也通过对其各组分蒸气压与烧蚀焓的质量平均来获得。发射药主要组分的蒸气压数据列于表 5-4 中。其中大多数蒸气压的表达式基于克劳修斯-克拉佩龙关系(Clausius-Clapeyron relation)或安托尼方程(Antoine equation)，通过对实验数据的拟合来得到。

表 5-4　发射药主要组分的蒸气压

组分名称	饱和蒸气压 P_v/Pa	烧蚀焓 ΔH/(J/kg)
RDX	$P_v=\exp\left(37.5986-\dfrac{15648.3}{T}\right)$	6.5627×10^5
NG	$P_v=\exp\left(32.9496-\dfrac{10715.4}{T}\right)$	3.7787×10^5
NGu	$P_v=10^{11.10-\frac{7452}{T}}$	1.3721×10^6
DNT	$P_v=10^{8.66486-\frac{1695.68}{T-131.199}}$	5.4686×10^5
DBP	$P_v=10^{9.30568-\frac{12083.175}{T-131.7}}$	3.2169×10^5
BAMO/AMMO	通过 EPISUITE41 软件计算	5.0349×10^5

在发射药的众多组分中，NC 既没有固定的分子结构也没有确定的饱和蒸气压，因此其对发射药饱和蒸气压的影响被忽略；而 BAMO/AMMO 饱和蒸气压的实验数据难以找到，因此在本节中采用了修正的格雷恩方法(modified Grain method)，该方法适用于对固态物质的饱和蒸气压进行估算。计算方法如式(5-42)～式(5-44)所示。

$$\ln P_1=\frac{K_F\ln(RT_b)}{\Delta Z}\left[1-\frac{(3-2T_\rho)^{m_b}}{T_\rho}-2m_b(3-2T_\rho)^{m_b-1}\ln T_\rho\right] \tag{5-42}$$

$$\ln\Delta P_s=0.6\ln(RT_m)\left[1-\frac{(3-2T_{\rho m})^{m_m}}{T_{\rho m}}-2m_m(3-2T_{\rho m})^{m_m-1}\ln T_{\rho m}\right] \tag{5-43}$$

$$\ln P_s=\ln P_1+\ln\Delta P_s \tag{5-44}$$

式中，P_1 为液态物质的饱和蒸气压，Pa；ΔP_s 为固态物质与液态物质饱和蒸气压的差值，Pa；T_b 为材料沸点，K；T_m 为材料熔点，K；K_F 为结构因子；R 为气体常数，82.057cm³ · atm/(mol · K)；ΔZ 为压缩因子，0.97；$T_\rho = T/T_b$；$m_b = 0.4133 - 0.2575T_\rho$；$M_b = 3 - 2T_b$；$T_{\rho m} = T/T_m$；$m_m = 0.4133 - 0.2575T_{\rho m}$；$M_m = 3 - 2T_{\rho m}$。

T_b 与 T_m 可通过美国环保局开发的估算程序接口(EPI)的 MPBPWIN 模块来进行估算。对于 BAMO 与 AMMO，K_F 分别取值为 1.0543 与 1.0600。

其中部分发射药的饱和蒸气压随表面温度的变化如图 5-35 所示，由图可见，SF3 与 GR5 的饱和蒸气压数值较为接近，且 SF3 的饱和蒸气压比 GR5 稍高。而 ETPE 发射药的饱和蒸气压与 SF3 和 GR5 差异较大，且含有较高 RDX 含量的 ETPE 发射药在较低的温度范围内(515K 以下)具有较低的饱和蒸气压，而在较高的温度范围内(515K 以上)则具有较高的饱和蒸气压。

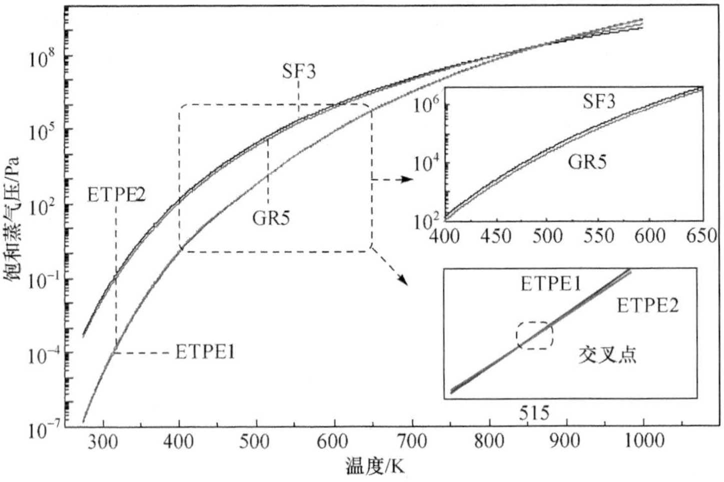

图 5-35　发射药的饱和蒸气压对比

同样在图 5-32 的开放式点火实验中还通过测量发射药样品在实验前后的质量获得了图 5-35 中各发射药样品的烧蚀质量。不同充电电压下不同发射药的烧蚀质量结果列于表 5-5 中。

表 5-5　不同充电电压下不同发射药的烧蚀质量

发射药名称	发射药样品的烧蚀质量/mg	
	5kV 充电电压下	7kV 充电电压下
SF3	4.02	6.60
GR5	3.20	6.12
ETPE1	3.82	5.75
ETPE2	3.45	6.10

注意到 5.4.1 小节中的模型是一个一维热传导问题的逆问题，因此必须利用表 5-5 的烧蚀质量结果来反求等离子体的平均能量流 q。介绍两种求解方法，第一，在确定能流时，首先要估计出能流 q 的大概范围。例如，在 1.0×10^8 到 5.0×10^8 之间。然后将能流从低到高，以一定间隔依次输入到一维热传导模型中，作为其边界条件。例如，以 5.0×10^7 为间隔，依次输入 $q_1=1.0\times10^8$，$q_2=1.5\times10^8$，$q_3=2.0\times10^8$，…，$q_{10}=5.0\times10^8$。在开始计算时，认为烧蚀率 Γ 为 0，故输入的能流可唯一确定一维热传导模型的边界条件，方程可解。求解方程获得时间步长内的发射药表面温度 T_0，可输入到烧蚀模型中，结合等离子体的温度 T_2 与密度 n_2 计算本时间步长内的烧蚀率 Γ。这一结果可输入到边界条件中，结合之前输入的能流信息确定下一个时间步长内的边界条件，从而在新的时间步长内对一维热传导方程进行求解。此过程持续进行，直到计算完整个放电周期。计算后获得整个放电周期中器壁内温度分布及烧蚀率的轨迹，对烧蚀结果进行积分可获得烧蚀质量。将该输入能流情况下的烧蚀质量与实验测得值进行对比，如果小于实验值，则调高输入能流重复上述步骤进行计算，直到计算获得的烧蚀质量高于或等于实验值。此时停止计算，并利用此前各轮计算中获得的 q 值与烧蚀质量的关系通过插值计算出等离子体的平均能量流，具体的计算流程如图 5-36 所示。

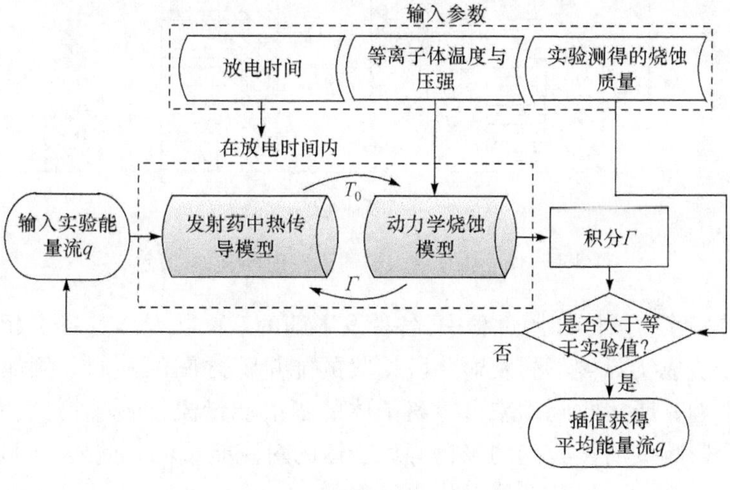

图 5-36 平均能量流确定方法流程图

第二种确定方法的求解算法如下[30]：

(1) 假定一个实验输入能流 q^*，代入热传导模型正向求解获得发射药表面温度 $T_0^{(n)}$。

(2) 将 n 时刻的发射药表面温度 $T_0^{(n)}$ 代入动力学烧蚀模型获得 $n+1$ 时刻的烧蚀率 $\Gamma^{(n+1)}$；将 $n+1$ 时刻的烧蚀率 $\Gamma^{(n+1)}$ 代入热传导模型，求得 $n+2$ 时刻的发

射药表面温度 $T_0^{(n+2)}$，如此相互递推代入求解所有时间步长。

(3) 将烧蚀率对放电时间进行积分获得总烧蚀量 m，通过与实际烧蚀量 $m_{\exp}$ 进行比较得到烧蚀量误差值 $\Delta m = m - m_{\exp}$，从而获得输入能流修正量 $q' = \alpha\Delta m$，其中 α 为收敛因子。

(4) 设定新的实验输入能流 $q^* + q'$，重复(1)～(4)过程直到 Δm 收敛。

上述两种方法，方法一需要谨慎地选取 q 的初值，方法二则需要合理地确定收敛因子，两种方法各有利弊。利用上述方法根据各种发射药实验结果所确定的等离子体能量流结果如图 5-37 所示。由图可见，在相同的充电电压条件下利用不同发射药计算获得的来自等离子体的能量流数值存在差异。这种差异的原因主要在于以下两点：

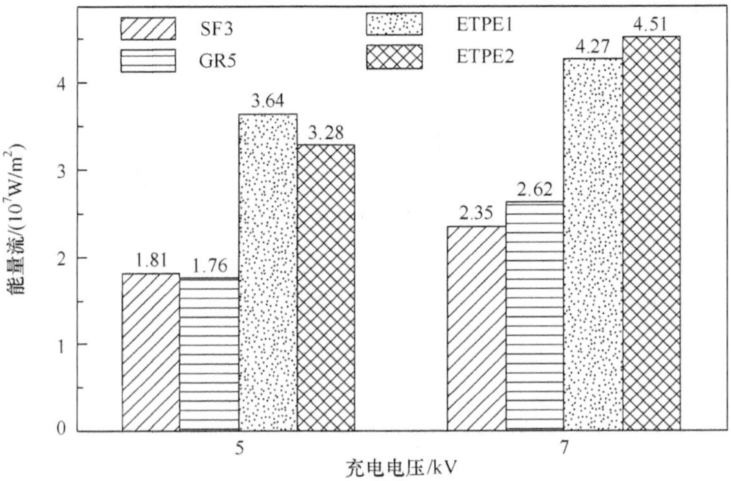

图 5-37 计算获得的注入发射药表面能流

(1) 在与等离子体作用过程中，各种发射药的表面状况本身各不相同，而这种不同进一步造成实际被不同发射药所接收的能量流之间的不同。例如，发射药表面温度会影响其所接收到的来自等离子体的辐射能量流；而发射药表面鞘层的不同状况则会影响其所接收到的来自等离子体的对流能量流。此外，不同的发射药-火焰距离也会影响发射药的能量传递机制。

(2) 在测量发射药烧蚀质量的过程中可能会引入一定的误差。在与等离子体相互作用之后，部分已被烧蚀的发射药会附着、沉积到发射药的表面，造成对烧蚀质量的低估。这也会对能量流的计算产生影响。

尽管利用不同发射药的实验结果所计算的能量流存在差异，但总体上其数值仍十分接近，其均在 10^7 W/m^2 数量级，而将充电电压提升 2kV，将会使得平均能量流提升约 30%。为了研究不同发射药的作用特性，需要在不同发射药作用过程的计算中采用相同的能量流输入值，因此对相同充电电压下能流结果进行平均。5kV 与 7kV 充电电压下的平均能流结果分别为 $2.62\times10^{7}\,W/m^{2}$ 与 $3.44\times10^{7}\,W/m^{2}$。

在计算不同发射药的作用特性前，首先研究了考虑发射药表面侵蚀过程对计算结果的影响。图 5-38 给出了是否考虑发射药表面侵蚀过程对 5kV 充电电压下 SF3 发射药与等离子体作用过程中发射药表面温度与烧蚀率计算结果的影响。正如前文所讨论的，考虑表面侵蚀效应更符合实际的物理过程，而忽略这一效应将导致对表面温度与烧蚀率结果的高估。这一结论在图 5-38 的结果中得到了有力的印证。是否考虑表面侵蚀效应将对计算结果产生显著影响，特别是对烧蚀率，忽略表面侵蚀效应将会导致烧蚀率结果被高估 200%。

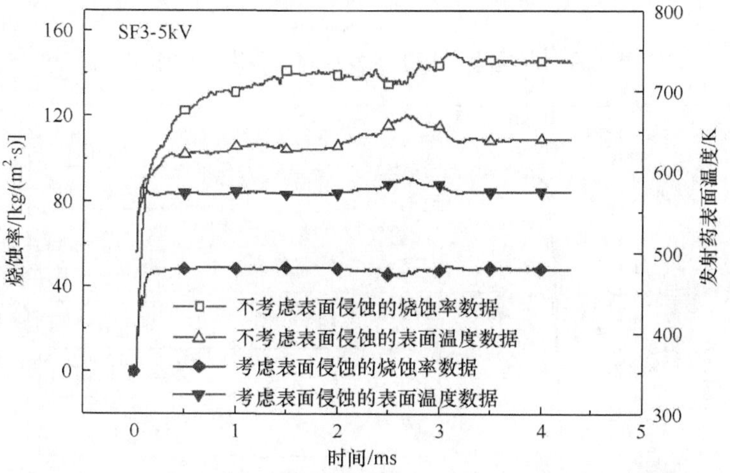

图 5-38　考虑烧蚀表面侵蚀对烧蚀率与表面温度计算结果的影响

5kV 下等离子体与四种发射药作用过程中的表面温度 T_0、烧蚀率 Γ 与发射药表面侵蚀深度的结果显示在图 5-39～图 5-41 中。由图 5-39 可见，在放电起始阶段突然施加的等离子体能量流的作用下，T_0 存在一个陡然上升的过程，并且与压强在同一时刻达到峰值。峰值之后等离子体压强逐步趋稳，说明等离子体进入一个稳定的放电阶段，而在这一阶段中来自等离子体的能量流与烧蚀作用所消耗的能量流几乎平衡，T_0 逐渐稳定至某一恒定值附近做轻微波动。Γ 的变化轨迹与 T_0 十分相似，如图 5-40 所示，在放电初期，也存在一个陡然上升的过程，而在随后的稳定放电阶段在某一恒定值上下轻微波动。而由图 5-41 可见，发射药表面的侵蚀过程几乎以恒定的速率进行，除了在放电起始阶段，表面侵蚀速率很低，发射药表面几乎不动。

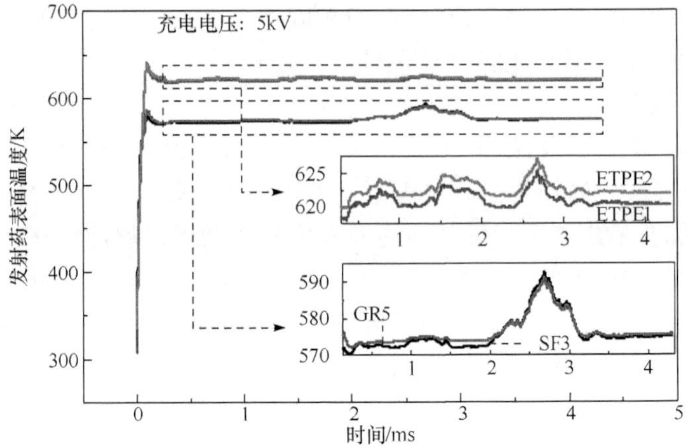

图 5-39　计算得到的 5kV 充电电压下各发射药与等离子体作用过程中的表面温度

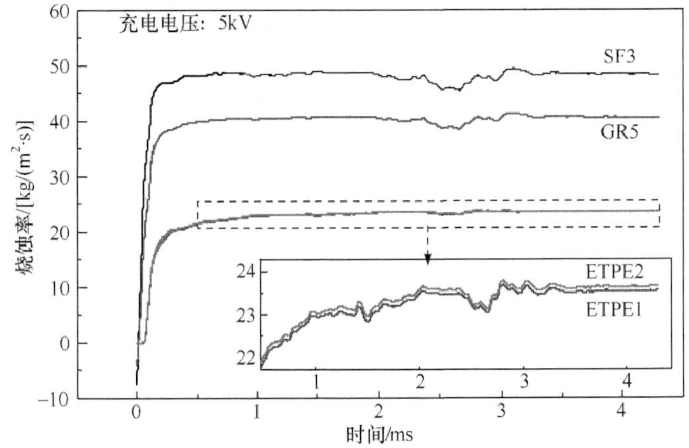

图 5-40　计算得到的 5kV 充电电压下各发射药与等离子体作用过程中的烧蚀率

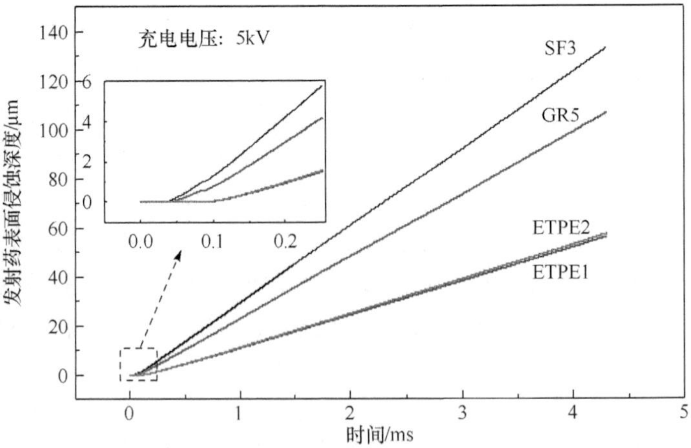

图 5-41　计算得到的 5kV 充电电压下各发射药与等离子体作用过程中的表面侵蚀深度

由不同发射药的结果可以看出，SF3 与 GR5 同等离子体的相互作用特性较为接近，而 ETPE 发射药同上述两种发射药则存在较大的差异。ETPE 发射药具有更高的表面温度，更低的烧蚀率以及表面侵蚀速率。同时，相比 SF3 与 GR5，ETPE 发射药在等离子体作用下更迟进入稳定烧蚀阶段。此外，对比两种不同配方的 ETPE 发射药的作用特性可见，ETPE1 的表面温度、烧蚀率与表面侵蚀速率均低于 ETPE2。

充电电压对不同发射药与等离子体作用特性的影响如图 5-42～图 5-45 所示。结果显示，7kV 充电电压下，T_0 与 Γ 的波动更为剧烈。此外，从结果中可以发现在稳定放电阶段，充电电压对两者的作用呈明显的相反关系。

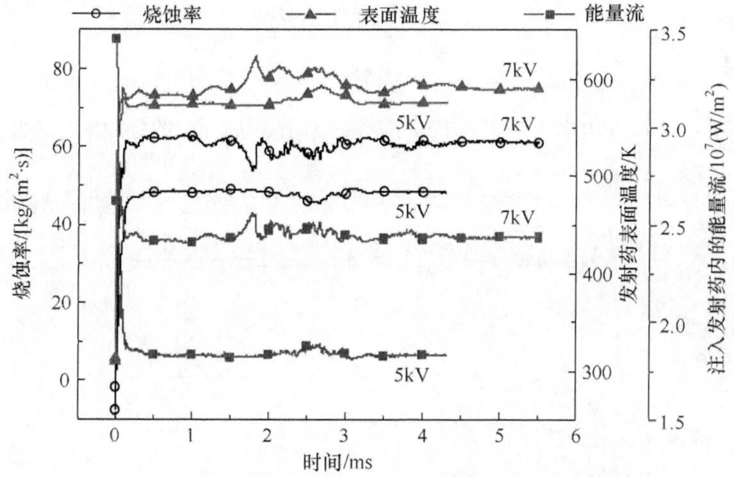

图 5-42　不同充电电压下 SF3 与等离子体作用过程中的烧蚀率、表面温度以及注入发射药内部的能量流

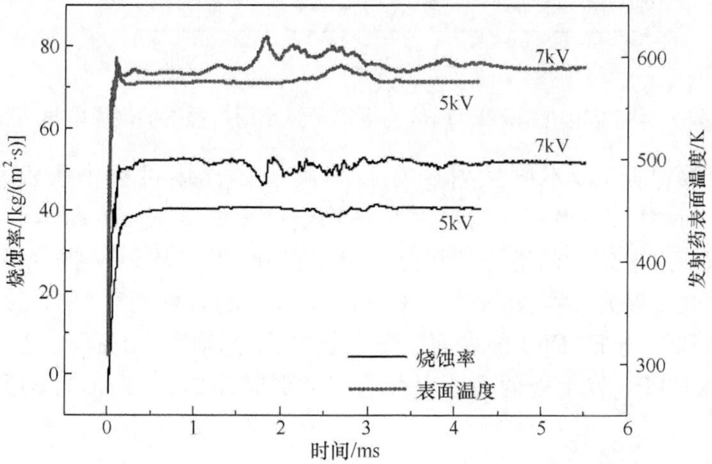

图 5-43　不同充电电压下 GR5 与等离子体作用过程中的烧蚀率与表面温度

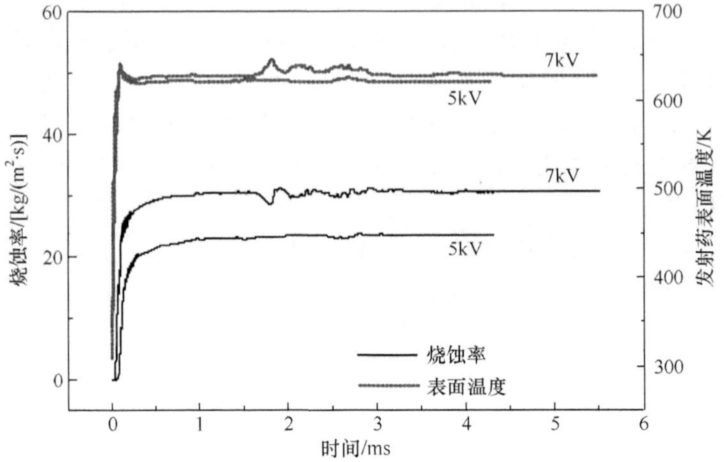

图 5-44　不同充电电压下 ETPE1 与等离子体作用过程中的烧蚀率与表面温度

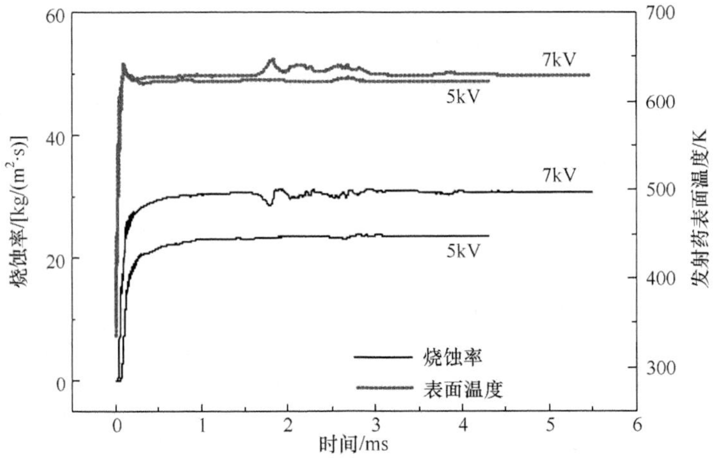

图 5-45　不同充电电压下 ETPE2 与等离子体作用过程中的烧蚀率与表面温度

在稳定放电阶段，不同发射药在与等离子体作用过程中表面侵蚀速率如表 5-6 所示，而发射药表面平均温度与平均烧蚀率则如表 5-7 所示。表中对充电电压的影响给出了定量的结果。将充电电压提升 40%(从 5kV 提升至 7kV)，会将 SF3 的表面温度提升 3%，烧蚀率提升 24%；GR5 的表面温度提升 3%，烧蚀率提升 26%；ETPE1 与 ETPE2 的表面温度与烧蚀率分别提升 2%与 30%；同时，SF3、GR5 与两种 ETPE 发射药的表面侵蚀速率分别提升 27%、29%与 34%。

表 5-6　不同发射药在与等离子体作用过程中稳定放电阶段的表面侵蚀速率

发射药类型	表面侵蚀速率/(m/s)	
	5kV 充电电压	7kV 充电电压
SF3	0.0309	0.0393
GR5	0.0248	0.0319
ETPE1	0.0131	0.0175
ETPE2	0.0133	0.0178

T_0与Γ随时间变化总体趋势的相似性，以及稳定放电阶段相反的变化趋势，主要原因在于两者具有紧密的相互决定性。在动力学烧蚀模型中，T_0是决定Γ最敏感的参数，而且Γ会通过改变式(5-37)中的边界条件来反馈其对T_0的影响。若T_0上升，则Γ会随之增加，这会使得用于发射药烧蚀的能量上升，而进入发射药内部用于加热的能量相应减少，并进一步引起T_0上升速度的下降。而一旦在某一时间步长内进入发射药内部的能流出现负值，T_0本身也会出现下降。这一机制可通过图 5-42 中进入发射药内部的能量流曲线清晰地反映出来。

图 5-41 中放电初始时段，发射药表面较慢的侵蚀过程对应着烧蚀率Γ从 0 开始逐渐增长的阶段，而一旦进入稳定放电阶段，Γ值趋稳，发射药表面也就以近乎恒定的速率开始侵蚀。ETPE 发射药较高的表面温度、较低的烧蚀率与表面侵蚀速率，以及等离子体作用下更迟进入稳定烧蚀过程的特性均说明相比 SF3 与 GR5，ETPE 发射药在等离子体作用下较不容易发生烧蚀现象，这恰与 ETPE 发射药的低易损性相对应。

表 5-7　不同发射药在与等离子体作用过程中稳定放电阶段的表面温度与烧蚀率

发射药类型	表面温度/K		烧蚀率/[kg/(m²·s)]	
	5kV 充电电压	7kV 充电电压	5kV 充电电压	7kV 充电电压
SF3	574.84	591.71	48.35	60.01
GR5	576.50	592.00	40.57	51.19
ETPE1	620.46	630.85	23.57	30.65
ETPE2	621.93	632.81	23.60	30.65

对于不同组分的 ETPE 发射药所表现出的不同特性，由表 5-4 可知 RDX 的烧蚀焓高于 BAMO/AMMO，这说明烧蚀 RDX 会比烧蚀同等质量的 BAMO/AMMO 消耗更多的能量，从而造成用于加热内部发射药能量的减少以及发射药表面温度 T_0 的降低。进一步由图 5-46 可知，当表面温度高于 550K 时，RDX 的饱和蒸气压高于 BAMO/AMMO，说明在这一条件下，RDX 的烧蚀率要高于 BAMO/AMMO，这会进一步增加用于烧蚀的能量份额并加剧 T_0 的降低趋势。而由

图 5-39 以及图 5-42～图 5-45 可知，在稳定放电阶段，发射药表面温度均在 550K 以上。由此可推知，提升 RDX 的含量会造成 T_0 的降低。而 T_0 的降低会进一步引起烧蚀率与发射药表面侵蚀速率的降低，从而造成与等离子体作用过程中 ETPE1 与 ETPE2 的参数差异。由此可知，提高发射药中 RDX 的含量会降低发射药表面的侵蚀速率。这一结论可通过对比 SF3 与 GR5 的作用特性来证实，正是因为组分中存在的 25%RDX，GR5 的烧蚀率与表面侵蚀速率均低于 SF3。在点火过程中，较高的发射药侵蚀速率会增加气相中发射药的含量，并有助于发射药的点火过程。单从这一点上来看，降低 RDX 含量对点火过程有益。然而，实际上 RDX 是 ETPE 发射药中主要含能成分，降低 RDX 的含量会导致燃烧单位质量发射药所释放的总能量的降低，并由此抵消提高侵蚀速率所带来的益处。通过下面的简单估算可以更深入地了解这一过程。根据表 5-6 中的数据，通过将 RDX 含量降低 5%（对应 ETPE2），在 5kV 与 7kV 充电电压条件下分别可以获得 1.53% 与 1.71% 的侵蚀速率增长。假设 7kV 充电电压下 ETPE1 的烧蚀率为 Γ_7，则相同条件下 ETPE2 的烧蚀率为 $(1+1.71\%)\Gamma_7$。进一步根据两者的组分，进入气相的 RDX 净质量流分别为 $80\%\Gamma_7$ 与 $75\%\times(1+1.71\%)\Gamma_7=76.28\%\Gamma_7$。如果假设 BAMO/AMMO 的燃烧释能相对 RDX 可以忽略不计，且进入气相的 RDX 完全分解释放其全部能量，或者对 ETPE1 与 ETPE2 释放相同比例的能量，则降低 RDX 的含量最终会阻碍发射药的点火过程。值得一提的是，上述的分析仅是初步的估计，而实际的点火过程远比上述过程复杂。由于 RDX 的早期分解为吸热过程，这会引起 RDX 的点火困难，因此实际上发射药中 RDX 含量对点火过程的影响还取决于究竟有多少比例的 RDX 可以实现完全燃烧。而获得这一比例参数需要综合考虑发射药点火过程中详细的化学反应机制，这需要在未来的研究过程中进行明确。

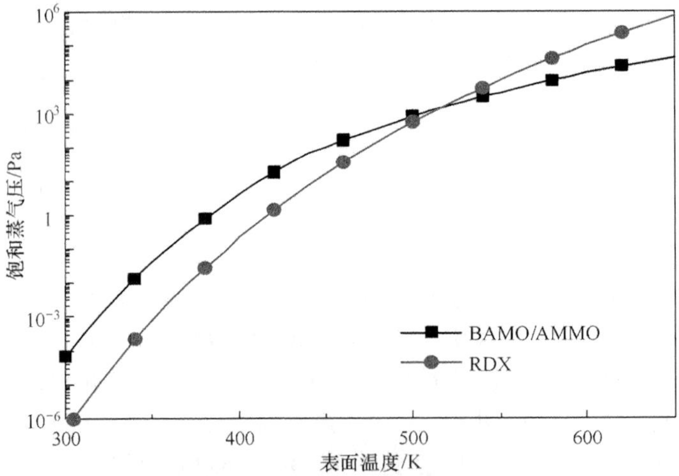

图 5-46 RDX 与 BAMO/AMMO 的饱和蒸气压对比

提升充电电压对发射药表面温度的影响相对较小，但是会造成烧蚀率与发射药表面侵蚀速率的显著提升，从而为点火过程带来有益的影响。对于 ETPE 发射药，提升充电电压的影响更为显著，说明 ETPE 发射药的点火过程可通过提高充电电压来获得增强。然而，提升充电电压同样会造成放电参数的波动，从而造成点火过程稳定性的降低。此外，提升充电电压会对电源结构提出更高的要求，不利于电源的小型化。因此在实际应用过程中，需要综合考虑提升充电电压的多方面影响，对其进行优化选取。

5.4.3　不同点火方式的特性分析

电热化学炮中等离子体对发射药的点火方式可大致分为两类，一类是轴向放电方式，另一类为径向放电方式[31]。每种方式都对应特定的等离子体发生器结构。最典型的轴向放电发生器的代表就是毛细管放电等离子体发生器，点火过程中发生器被放置于燃烧室的底端进行点火。而典型的径向放电发生器包括电流注入式等离子体发生器、笛管式等离子体发生器和表面放电式等离子体发生器。在径向放电等离子体发生器中，熔丝被置于燃烧室的中轴线上，两端与两电极相连接。在电流注入式发生器中，熔丝裸露布置；在笛管式发生器中，熔丝被放置在纵贯燃烧室由绝缘材料制成的带孔圆管内；而在表面放电式发生器中，熔丝被布置在纵贯燃烧室绝缘棒表面。在图 5-32 中的装置与实际的径向放电等离子体发生器中，等离子体都是经由熔丝电爆炸所产生的，并通过电离周围的空气来维持放电过程的继续。由此可推知，两者产生的等离子体应具有十分相似的特征，图 5-32 中所示装置可以作为径向放电等离子体发生器很好的模拟装置。

仍然必须要强调的是，在等离子体对发射药的作用过程中，等离子体参数和发射药参数是两大至关重要的影响因素。在开放式的实验环境下，两种点火方式的电压与电流曲线如图 5-47 所示，发射药表面压强则示于图 5-48 中。

在 5.4.2 小节中估算了球隙放电情况下来自等离子体的平均能流，如图 5-37 所示。尽管利用不同发射药所估算的能量流存在差异，但这些结果仍足够接近，从而可以体现出一定的共性，对于球隙放电情况，来自等离子体的能量流均在 $10^7\,W/m^2$ 数量级。而在毛细管放电情况下，在相似充电电压情况下，来自毛细管放电等离子体的能流均在 $10^8\,W/m^2$ 数量级，比球隙放电情况高出一个数量级[32]。

在与等离子体作用前后，利用扫描电镜(SEM)拍摄了发射药样品的表面状态，以研究不同点火类型中等离子体对发射药表面所造成的影响。扫描电镜图片如图 5-49～图 5-53 所示，其中图 5-49 为未与等离子体作用的发射药样品的初始表面状态。

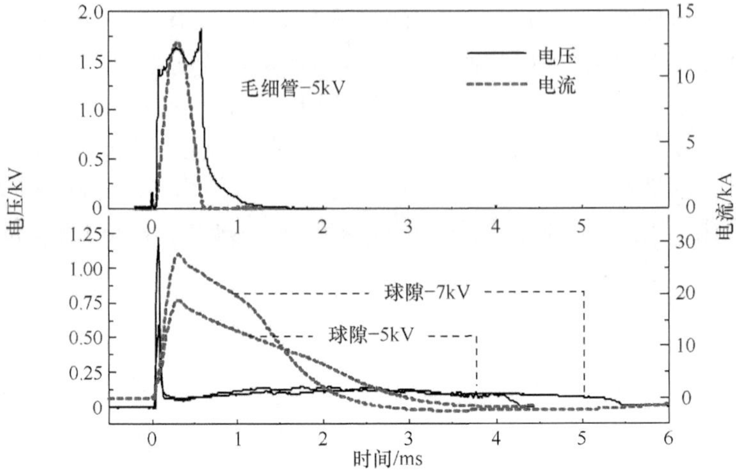

图 5-47　不同点火方式获得的电压与电流曲线

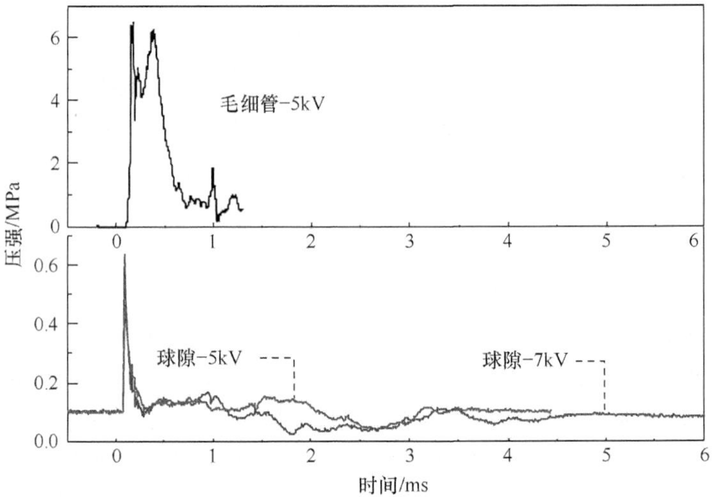

图 5-48　不同点火方式中获得的发射药表面压强

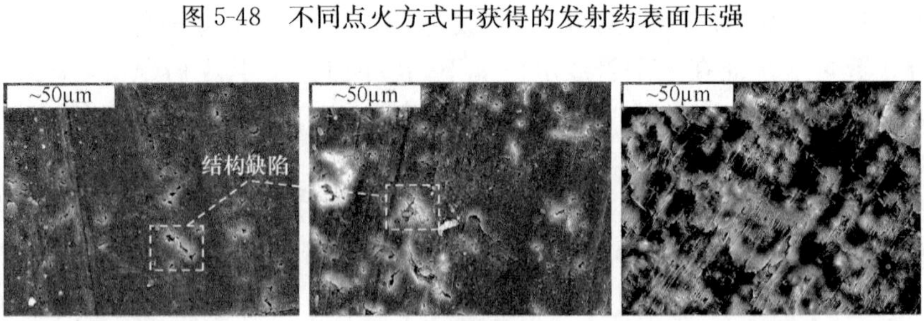

(a) SF3　(b) GR5　(c) ETPE

图 5-49　与等离子体作用前发射药表面的初始状态

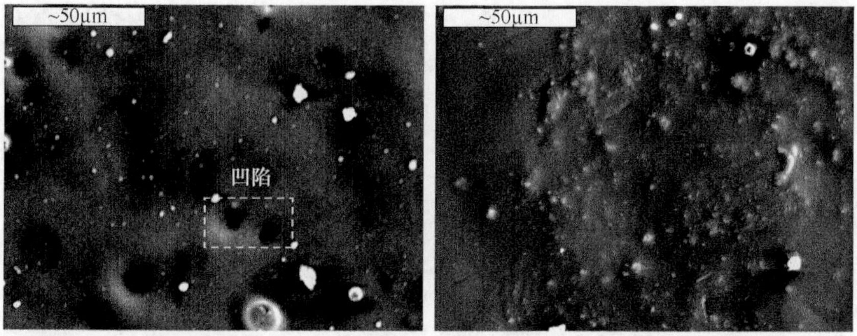

(a) 5kV　　(b) 7kV

图 5-50　与不同充电电压球隙放电等离子体作用后 SF3 的表面状态

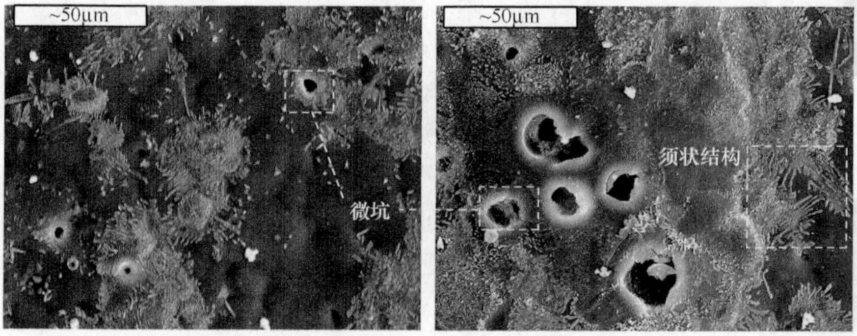

(a) 5kV　　(b) 7kV

图 5-51　与不同充电电压球隙放电等离子体作用后 GR5 的表面状态

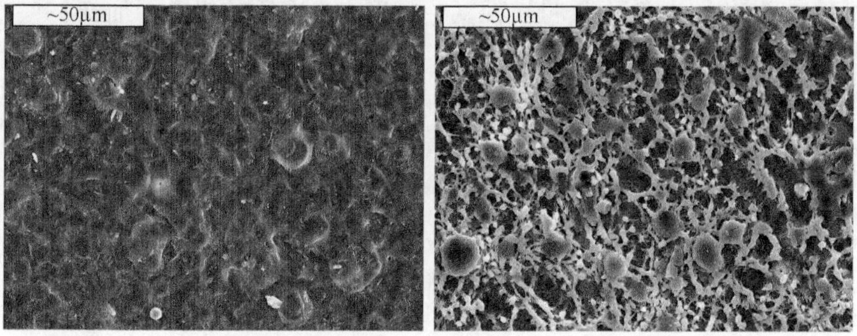

(a) 5kV　　(b) 7kV

图 5-52　与不同充电电压球隙放电等离子体作用后 ETPE2 的表面状态

图 5-50、图 5-51 与图 5-52 分别给出了 SF3、GR5 及 ETPE2 发射药与 5kV 和 7kV 两种充电电压下球隙放电等离子体相互作用之后的表面状态。由这些结果

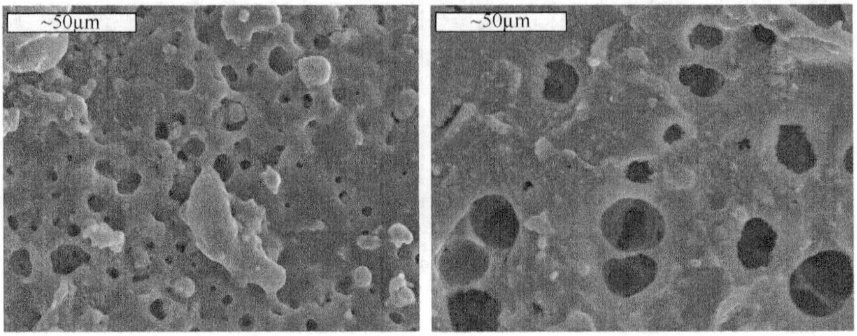

(a) SF3 (b) ETPE2

图 5-53 与 5kV 充电电压毛细管放电等离子体作用后的 SF3 与 ETPE2 表面状态

可以看出，与相同点火方式下等离子体作用的不同发射药表面状态存在显著差异。SF3 作用后的表面总体上呈现十分光滑均匀的特征，其初始结构中的缺陷（图 5-49）经过等离子体的作用被逐渐弥合，在 5kV 充电电压下转变为凹陷，而在 7kV 充电电压下则基本上消失不见。可见随着充电电压由 5kV 提高到 7kV，SF3 的表面状态越发光滑。

GR5 的表面在与等离子体作用之后也呈现出光滑的趋势，但是其表面并不如 SF3 一样均匀，而是分布着特别的须状痕迹，如图 5-51 所示。同时，与 SF3 不同，GR5 初始结构中的缺陷并不会在与等离子体的作用过程中弥合，而是逐渐增大，演化成微坑。当提高充电电压之后 GR5 表面被须状痕迹覆盖的比例明显增加，由结构缺陷演化成的微坑也会逐渐增大。

ETPE 发射药的表面状态则与 SF3 和 GR5 完全不同，在与等离子体作用后，ETPE2 的表面越发粗糙，而且粗糙程度会随着充电电压的提升而加剧。

图 5-53 则给出了 SF3 和 ETPE2 与 5kV 充电电压下毛细管放电等离子体相互作用之后的表面状态。由图可见，在毛细管放电等离子体的作用下，SF3 与 ETPE2 的表面均布满了小孔，这与球隙放电情况下的结果大不相同。此外，ETPE2 表面的小孔相对 SF3 更大，分布也相对稀疏。

在与球隙放电等离子体作用后，SF3 表面的均匀状态主要经由等离子体作用下的热熔融机制来产生，而其表面的均匀状态则是由于 SF3 主要的熔化产物（NC 与 NG）具有很好的相容性，因此在熔化之后两者可以均匀混合，从而造成其表面光滑均一的特征。在图 5-53 中 5kV 充电电压情况下 SF3 表面的凹陷则由发射药初始表面上的结构缺陷所造成。在等离子体作用下，SF3 熔化，表面趋于光滑，缺陷演化为凹陷。进一步，凹陷周围均匀混合的熔化产物流入凹陷之中，将其弥合，便会导致 7kV 情况下更为均匀的表面。

对于 GR5，在与球隙等离子体作用过程中发射药表面同样会产生熔化现象，但是其主要的熔化产物(NC、NG 与 RDX)的相容性较差,因此无法均匀混合。在这种情况下,具有较高流动性的熔化产物会被等离子体吹散,从而在流动性较低的熔化产物上形成痕迹,这些痕迹就是在图 5-51 中见到的须状物。也正是由于 GR5 的主要熔化产物无法均匀混合,其初始表面的结构缺陷无法在周围均匀混合的熔化产物流入作用下弥合,反而会在等离子体的烧蚀作用下越发严重,从而形成微坑。由于 GR5 与 SF3 成分主要差异在于其中 20%的 RDX,同时由于 RDX 比 NG 更加难以熔化或烧蚀,因此可推知造成 SF3 与 GR5 表面状态差异的主要原因在于其组分中的 RDX。

ETPE 发射药中,BAMO/AMMO 与 RDX 的熔点十分相近,分别约为 482K 与 479K,而起沸点却存在较大差异。其中,BAMO/AMMO 的沸点约为 766K,远高出 RDX 的 507K。因此在等离子体的作用下,RDX 会比 BAMO/AMMO 更容易蒸发,从而将未分解的 BAMO/AMMO 残留在发射药表面上,形成了图 5-52 中 7kV 情况下的表面状态。

从上面的分析可以看出,在球隙放电点火方式下,发射药的表面状态主要通过等离子体的热熔融作用来塑造,而对于毛细管放电点火方式,发射药表面状态的塑造机制却大不相同。

在毛细管放电等离子体的作用下,SF3 与 ETPE2 的表面均布大量的小孔,而形成这些小孔的原因在于等离子体射流的气吹与轰击作用。在毛细管放电过程中,通过对管壁的烧蚀来维持放电过程的继续,烧蚀产物进入等离子体中来补偿自喷口处通过射流所流失的质量。这些烧蚀产物在喷口附近会经由热膨胀的作用加速,并随等离子体射流一起喷射至发射药的表面。在上述过程中,部分烧蚀产物无法完全分解,便以微团的形态轰击到发射药的表面,从而造成了图 5-53 所示的小孔。同时,结合图 5-48 中毛细管放电方式下更高的表面压强可以推知,来自等离子体射流的强烈气吹作用也会加剧小孔的形成,并扩大已形成的小孔。由于 ETPE 发射药的材质比 SF3 更软,因此在等离子体的气吹作用下,ETPE2 表面形成的小孔更容易被扩大,从而造就了比 SF3 更大的表面小孔。在球隙放电方式中,等离子主要由熔丝周围的空气电离所产生,难以形成较大体积的微团,同时球隙放电等离子体在发射药表面的压强很小。因此,综合来看,难以对发射药表面形成强烈的轰击与气吹作用,所以发射药表现状态主要由热熔融作用来塑造,从而形成较为光滑的表面。

如前文所述,毛细管放电方式产生的来自等离子体的能量流比球隙放电方式高出约一个数量级。而鉴于空气中电弧等离子体的温度几乎恒定,两种方式下等离子体的温度并不存在太大的差异,因此两种方式下辐射能量流的数值相当。由此可以推知,两种点火方式中等离子体能量流的主要差异存在于对流部分,而这一推论也与实验观察到的结果一致。如图 5-48 所示,毛细管放电等离子体在发射药表面的压强远高出球隙放电情况，而高压强意味着高入射速度，对流能量流又与入射速度密切相关，从而高压强也就意味着更高的对流能量流。来自等离子体的对流能量流与等离子体的数密度呈指数递增关系，而等离子体的数密度又与压强成正比，这进一步验证了上述推论。同时，等离子体作用后发射药表面遍布的小孔也是毛细管放电方式具有更高对流能量流的有力证明。

总体上，与毛细管放电等离子体作用过后的发射药表面更为粗糙，而粗糙的发射药表面意味着更大的发射药与等离子体的接触面积，因此有利于点火过程的进行。从这一角度来看，毛细管放电方式（轴向放电方式）比球隙放电方式（径向放电方式）有更好的表现。而 ETPE 发射药不论在何种点火方式下，其表面粗糙度均较高，可推知其在两种点火方式中均具有燃面增大的优势。

5.5 毛细管放电等离子体的其他应用展望

在讨论毛细管放电等离子体的其他应用展望之前，需要再一次强调毛细管放电等离子体的特性。毛细管放电等离子体具有高密度（$>10^{25}/m^3$），高出口速度（$>10^4 m/s$），高热流通量（可达吉瓦每平方米级，时长百微秒）等特点，这些特点是决定其应用于其他领域的关键。简单推测一下，利用其高密度特性，毛细管放电等离子体发生器是一个很好的粒子源；利用其高出口速度特性，毛细管放电等离子体发生器可以作为超高速发射装置；而利用其高热流通量，毛细管放电等离子体发生器又是一个优异的热流源。然而，毛细管放电等离子体发生器的应用背景远不止于此，本节将对其一些新的概念性应用进行展望。

5.5.1 毛细管放电等离子体在托卡马克装置中的应用

托卡马克（Tokamak）装置需要一个高速、高效、可靠的加料系统使冰冻燃料弹丸穿过等离子体边缘层进入高温堆心，因此深度反应堆燃料添加技术是备受关注的重要问题。然而，常规的冰冻燃料弹丸注入方法面临诸多挑战，首先需要保证加料效率，即保证足够的弹丸速度使得弹丸在熔化前进入堆心，同时需要足够的注入频率以保证加料过程的连续性；其次，在弹丸注入过程中同时必须保证反应堆无有害杂质进入，否则轫致辐射损失极易影响等离子体的形成和稳定；最后需要有效地抑制弹丸注入引起的边缘局域模。

现有的托卡马克聚变实验装置提供有弱场侧注入和强场侧注入两种弹丸注入方式，弹丸通常通过弱场侧注入导管（直管）或强场侧注入导管（弯管）进入聚变等离子体中。在现有的 ITER 装置上，为了得到足够的加料效率以维持托卡马克装置运行，弱场侧注入方法对弹丸注入速度（3～5km/s）和注入频率（10～50Hz）的要求十分严苛。然而，现有的多级轻气枪弹丸注入方法的弹丸速度（1km/s）和注入频率(1Hz)明显不足,而尽管在同样的注入速度下,强场侧注入可以获得更大的加料效率,但由于使用曲线导管传输弹丸,为了保证弹丸完整性,弹丸注入速度被限制在 300m/s 以下,对加料效率的提升效果有限[33,34]。

因此,针对目前弹丸注入方法给托卡马克加料效率不足的问题,为了达到实际聚变堆对深层燃料添加的要求,亟待提出一种可以显著提升托卡马克加料效率的加料方法。而利用毛细管放电等离子体的高出口速度和出口压力的特性,可以设计如图 5-54 所示的电热推进加料系统,能够很好地满足托卡马克加料需求。该系统包括弹丸生成和挤压系统、弹道、毛细管放电等离子体发生器以及可重复触发的脉冲功率源,毛细管放电等离子体发生器的电极与脉冲功率源相连,毛细管放电等离子体发生器的出口与弹道的入口紧密相连,弹丸生成和挤压系统与弹道在弹道入口处相连,弹道的出口与托卡马克装置的弱场侧注入导管相连。

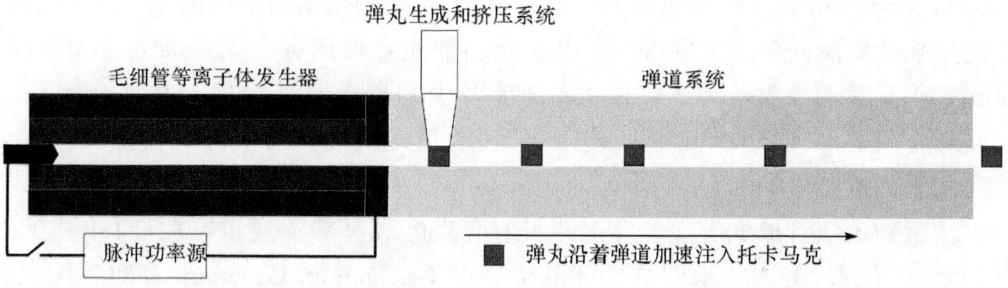

图 5-54　电热推进产生等离子体射流加速弹丸原理图

为了能够很好地应用于未来聚变堆,电热推进加料系统需满足以下两点要求:第一,系统中的冰冻燃料弹丸的注入频率为 12～200Hz,注入速度为 3～4.5km/s;第二,不给托卡马克装置引入高原子序数的杂质[35]。因此,针对第一点,该系统中使用的毛细管放电等离子体发生器长度需大于其在电热化学炮中的应用情况,长 60～140mm,内径为 3～4mm,同时弹道的长度为 90～400mm,内径为 3～5mm。针对第二点,毛细管放电等离子体发生器中的器壁材料所含元素的原子序数须不高于碳,例如,可使用的器壁材料为氘化锂、聚乙烯等,可在获得足够压强的等离子体射流的同时,避免给托卡马克装置带来杂质,毛细管放电等离子体发生器的电极材料为石墨,在可耐受多次击穿的同时,亦避免给托卡马克装置带来杂质。所述弹道的材料为不锈钢或石英,弹道内部覆有光滑、低摩擦的纳米金刚石薄膜,有效地减少冰氘氚弹丸在弹道中的因摩擦引起的速度损失和质量损失,同时也降低了对托卡马克装置的杂质引入。

此外,值得关注的是,在电热化学炮应用中,毛细管放电等离子体发生器往往通过金属丝电爆炸的方法起弧,而在托卡马克装置中,由于加料系统的高频率运作,发生器必须能够多次重复自行击穿起弧产生等离子体。

在托卡马克装置中，还有一个问题受到人们广泛关注，即面向等离子体材料(plasma facing materials，PFM)的设计与考核问题。在聚变反应过程中，面向等离子体材料会受到高热流等离子体的强烈辐照，以及各种粒子的轰击。特别是在大破裂时，沉积到 PFM 的热负荷可超过 10GW/m^2，并持续数百微秒，因而考核 PFM 的抗高热负荷冲击能力对于装置的运行非常重要[36]。然而，在现有托卡马克装置上开展相关实验较为困难，因此，非常有必要研究等效的模拟实验方法。

目前全世界建立了包括电子束、离子束和等离子体束技术等不同测试平台来进行高热负荷模拟实验，用以评价 PFM 的各项特性。其中，电子束、离子束设备利用强流离子束和强流电子束实验装置可以产生几十兆瓦每平方米级的热负荷，可以很好地模拟聚变堆稳态运行情况。然而，对于大破裂时吉瓦每平方米级的高热负荷，以上实验模拟手段很难满足要求；而利用直线型等离子体发生器(linear plasma generators)及其改进设备，从 PISCES、NAGDIS 到新型的 Mag-PSI 亦被广泛用来考察聚变条件下的等离子体与材料的相互作用(plasma material interaction，PMI)，然而该型等离子体发生器所能产生的离子通量($10^{24}\sim10^{25}/(m^2\cdot s)$)与实际应用要求($10^{25}/m^2s$)有所差距。因此，新型的模拟等效源和模拟诊断平台的研制至关重要[37-40]。

注意到毛细管放电等离子体射流具有高密度和高热流通量特性，同样早在 20 世纪 80 年代末，美国北卡罗来纳州立大学的 Gilligan 和 Bourham 等即利用电热等离子体射流的高热流密度特性建立了一个等离子体源 SIRENS，主要用于电热发射中等离子体对炮膛材料的烧蚀损伤研究，在空气和氩气环境下用来考察等离子体与不同材料的作用情况[41-43]。在脉冲功率源模块采用 300μF 麦克斯韦电容器，充电可至 10kV(相当于 15kJ 储能)，并利用火花间隙开关，可提供 100kA 的放电电流；在毛细管放电等离子体发生器方面，采用 90mm 长、4mm 内径，器壁材料为聚碳酸酯的毛细管，同时建立了零维的毛细管放电等离子体发生器模型 ZEUS，以模拟 SIRENS 平台；在实验诊断方面，主要采用光电二极管对等离子体形态进行跟踪，采用 SEM 研究被试材料表面状况。该平台可产生最多 70GW/m^2、时长 100μs 的等离子体热流(相当于 7MJ/m^2)，等离子体粒子通量可达 $10^{29}/(m^2\cdot s)$，与聚变等离子体参数较为接近，提供了很好的研究方向。

2013 年起，美国弗吉尼亚理工大学的 Winfrey 等也同样注意到电热等离子体的高热流密度特性，通过仿真计算，长 100mm、内径 4mm、器壁材料为石墨的发生器，在 76kA 的放电电流下可产生 125GW/m^2、时长 100～1000μs 的热负荷(相当于 12.5～125MJ/m^2)，从理论上验证了毛细管放电等离子体发生器用于模拟托克马克高热负荷的可行性。他们同时设计了一种喉道结构以获得更均匀的等离子体射流分布，如图 5-55 所示[44]。

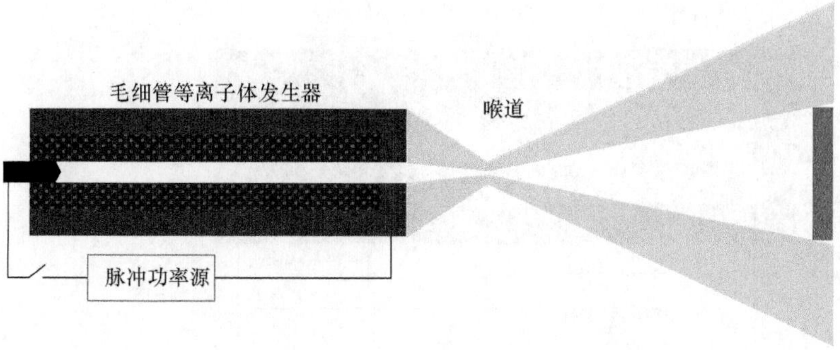

图 5-55　基于毛细管放电等离子体发生器的 PFM 实验原理

将毛细管放电等离子体发生器应用于 PFM 考核实验具有可观的应用前景，但仍需先解决以下三个问题：首先是毛细管等离子体发生器与参数可调的脉冲功率源的优化设计及高效耦合问题；其次是等离子体射流瞬态高热负荷的定量测量；最后是毛细管放电等离子体射流特性参数的调控技术，均匀分布的等离子体射流获取。

5.5.2　毛细管放电等离子体在材料表面处理中的应用

当高热流密度的毛细管放电等离子体射流对材料作用时，材料表面由于高热流沉积在短时间内快速熔化，又在短时间内快速冷凝，从而在材料表面形成了硬化薄膜，材料表面的硬度和耐磨性能有了极大改观。利用这样的特性，可以将毛细管放电等离子体应用于材料表面处理领域。如果毛细管放电等离子体由某些已经精心选择好的材料（如铝、锆、硅和铬等）组成，就可以控制镀膜的成分[45]。

利用毛细管放电等离子体发生器作为镀膜设备，其原理简单，并不需要真空的严苛环境，操作较为方便。其结构与电热化学炮基本一致，毛细管放电等离子体发生器作为点火源，毛细管腔内装有镀膜材料粉，脉冲功率源对发生器放电，点燃镀膜材料粉产生等离子体射流，进而喷出对材料镀膜。这种镀膜方法需要解决两大问题，第一，根据分析，使用铝粉、锆粉等放入毛细管中进行点燃，至少 30% 的粉末没有熔化，极大地影响发生器的使用效率；第二，等离子体射流在材料表面形成的镀膜需要尽可能均匀。解决这两个问题需要选取合适的发生器尺寸和脉冲功率源参数，通常这种方法可加速的镀膜材料粉数量为同类技术的 3～5 倍，一次喷涂可产生约 200μm 厚的镀膜。

镀单一元素的膜可以采用在毛细管内添加粉末的方法，但为了镀一些合成物膜（如 SiC、MoSTi 等），这种方法存在不足。如图 5-56 所示的分段式的毛细管放电等离子体发生器概念可以很好地解决这一问题，通过控制毛细管器壁材料的比例进而控制镀膜合成产物。

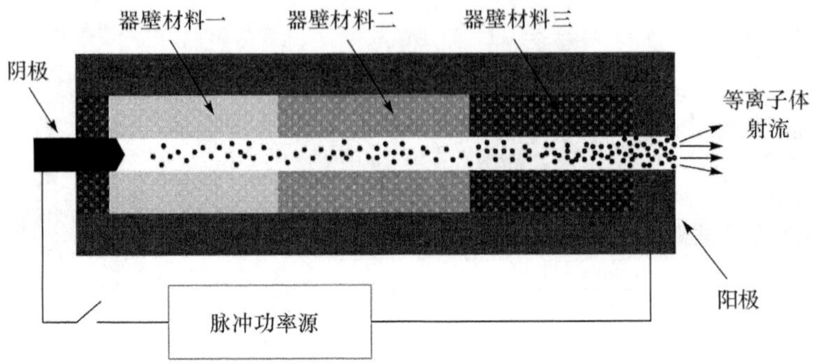

图 5-56　分段式毛细管放电等离子体发生器概念

参考文献

[1] Jin Y, Ni Y, Li H, et al. Mechanism of plasma ignition in electrothermal-chemical launcher. Defence Technology, 2016, 12(2): 96-100.

[2] Kim S H, Yang K S, Lee Y H, et al. Electrothermal-chemical ignition research on 120-mm gun in Korea[J]. IEEE Transactions on Magnetics, 2009, 45(1): 341-346.

[3] Edamitsu T, Tahara H. Experimental and numerical study of an electrothermal pulsed plasma thruster for small satellites. Vacuum, 2006, 80: 1223-1228.

[4] Winfrey A L, Bourham M A. A computational study of a segmented electrothermal plasma source//Pulsed Power Conference(PPC), 2013 19th IEEE, San Francisco, 2013: 1-5.

[5] Langmuir I. The vapor pressure of metallic tungsten. Physical Review, 1913, 2(5): 329-342.

[6] Keidar M, Boyd I D, Beilis II. Electrical discharge in the Teflon cavity of a coaxial pulsed plasma thruster. IEEE Transactions on Plasma Science, 2000, 28(2): 376-385.

[7] Anisimov S I. Vaporization of metal absorbing laser radiation. Journal of Experimental and Theoretical Physics, 1968, 27(1): 182-183.

[8] Keidar M, Boyd I D, Beilis II. On the model of Teflon ablation in an ablation-controlled discharge. Journal of Physics D: Applied Physics, 2001, 34(11): 1675-1677.

[9] Zaghloul M R. On the vaporization of Teflon and heated compound-materials in ablation-controlled arcs. Journal of Applied Physics, 2004, 95(7): 3339-3343.

[10] Pekker L, Pekker O. Model of high-pressure ablative capillary discharge for plasma thrusters. Journal of Propulsion and Power, 2011, 27(2): 477-484.

[11] Ma Q, Rong M Z, Murphy A B, et al. Simulation study of the influence of wall ablation on arc behavior in a low-voltage circuit breaker. IEEE Transactions on Plasma Science, 2009, 37(1): 261-269.

[12] Pekker L, Pekker O. Zero dimensional model of high-pressure ablative capillary discharge with capillary wall thermal conduction and radiation absorption//Proceedings of the 40th AIAA Plasmadynamics and Lasers Conference, San Antonio, 2009.

[13] Winfrey A L, Abd Al-Halim M A, Gilligan J G, et al. A study of plasma parameters in a capillary discharge with calculations using ideal and nonideal plasma models for comparison with experiment. IEEE Transactions on Plasma Science, 2012, 40(3): 843-852.

[14] Niemeyer L. Evaporation dominated high current arcs in narrow channels. IEEE Transactions on Power Apparatus and Systems, 1978, PAS-97(3): 950-958.

[15] Aberg D, Svanberg L P, Olsson F. ETC 40-mm gun firings in the low-input-energy regime. IEEE Transactions On Plasma Science, 2011, 39 (1): 374-377.

[16] Taylor M J, Woodley C R. Comparison from modelling and experiment of electrothermal plasma temperature and pressure within granular propellant beds//2004 12th Symposium on Electromagnetic Launch Technology, 2005: 324-329.

[17] Jin Ling Z, Jiu Dun Y, Murphy A B, et al. Computational investigation of arc behavior in an auto-expansion circuit breaker contaminated by ablated nozzle vapor. IEEE Transactions On Plasma Science, 2002, 30 (2): 706-719.

[18] Keidar M, Boyd I D. Ablation study in the capillary discharge of an electrothermal gun. Journal of Applied Physics, 2006, 99 (5): 3301-3307.

[19] Keidar M, Boyd I D, Williams A, et al. Ablation study in a capillary sustained discharge. IEEE Transactions On Magnetics, 2007, 43 (1): 308-312.

[20] Li R, Li X, Jia S, et al. Comparisons of kinetic ablation models for the capillary discharge. Journal of Applied Physics, 2010, 108(2): 023301.

[21] Hang Y, Li X, Wu J, et al. Study of a 2-D time-dependent capillary discharge model. IEEE Transactions on Plasma Science, 2016, 44(4): 715-721.

[22] Ruchti C B, Niemeyer L. Ablation controlled arcs. IEEE Transactions On Plasma Science, 1986, 14(4): 423-434.

[23] Porwitzky A J, Keidar M, Boyd I D. Modeling of the plasma-propellant interaction. IEEE Transactions On Magnetics, 2007, 43 (1): 313-317.

[24] Hang Y, Li X, Wu J, et al. Study of the pitting effects during the pre-ignition plasma-propellant interactionprocess. Journal of physics D: Applied physics, 2016, 49.

[25] Beckstead M W, Puduppakkam K, Thakre P, et al. Modeling of combustion and ignition of solid-propellant ingredients. Progress In Energy and Combustion Science, 2007, 33 (6): 497-551.

[26] Rogers R N. Thermochemistry of explosives. Thermochimica Acta, 1975, 11(2): 131-139.

[27] Hanson-Parr D M, Parr T P. Thermal properties measurements of solid rocket propellant oxidizers and binder materials as a function of temperature. Journal of Energetic Materials, 1999, 17 (1): 1-48.

[28] Porwitzky A J. An end-to-end model of an electrothermal chemical gun. Ann Ardor: University of Michigan, 2008.

[29] Cundall R B, Palmer T F, Wood C E C. Vapour pressure measurements on some organic high explosives. Journal of the Chemical Society, Faraday Transactions 1: Physical Chemis-

try in Condensed Phases, 1978, 74: 1339-1345.

[30] 杭玉桦,李兴文,原帅,等. 电弧等离子体射流对不同性质发射药的烧蚀特性. 高电压技术, 2015, 41(6): 2093-2099.

[31] Li X, Li R, Jia S, et al. Interaction features of different propellants under plasma impingement. Journal of Applied Physics, 2012, 112(6): 063303.

[32] Das M, Thynell S T. Two-dimensional conduction effects in estimating radiative flux from a capillary discharge. Journal of Thermophysics and Heat Transfer, 2006, 20 (4): 903-911.

[33] Gebhart III G E. A computational study of a lithium deuteride fueled electrothermal plasma mass accelerator. Blacksburg: Virginia Polytechnic Institute and State University, 2013.

[34] Sakamoto R, Yamada H. Fueling requirements of super-high-density plasmas towards innovative ignition regime. Fusion Engineering and Design, 2014, 89(6): 812-817.

[35] Winfrey A L, Gilligan J G, Bourham M A. A computational study of a capillary discharge pellet accelerator concept for magnetic fusion fueling. Journal of Fusion Energy, 2013, 32(2): 227-234.

[36] 朱士尧. 核聚变原理. 合肥: 中国科学技术大学出版社, 1992.

[37] Baldwin M J, Doerner R P, Nishijima D, et al. The effects of high fluence mixed-species (deuterium, helium, beryllium) plasma interactions with tungsten. Journal of Nuclear Materials, 2009, 390: 886-890.

[38] Rapp J, Koppers W R, van Eck H J N, et al. Construction of the plasma-wall experiment Magnum-PSI. Fusion Engineering and Design, 2010, 85(7): 1455-1459.

[39] Fiflis P, Morgan T W, Brons S, et al. Performance of the lithium metal infused trenches in the magnum PSI linear plasma simulator. Nuclear Fusion, 2015, 55(11): 113004.

[40] DeTemmerman G, van den Berg M A, Scholten J, et al. High heat flux capabilities of the Magnum-PSI linear plasma device. Fusion Engineering and Design, 2013, 88(6): 483-487.

[41] Bourham M, Hankins O E, Auciello O, et al. Vapor shielding and erosion of surfaces exposed to a high heat load in an electrothermal accelerator. IEEE Transactions on Plasma Science, 1989, 17(3): 386-391.

[42] Gilligan J, Bourham M. The use of an electrothermal plasma gun to simulate the extremely high heat flux conditions of a tokamak disruption. Journal of fusion energy, 1993, 12(3): 311-316.

[43] Gilligan J G, Mohanti R B. Time-dependent numerical simulation of ablation-controlled arcs. IEEE Transactions on Plasma Science, 1990, 18(2): 190-197.

[44] Echols J R, Winfrey A L. Ablation of fusion materials exposed to high heat flux in anelectrothermal plasma discharge as a simulation for hard disruption. Journal of Fusion Energy, 2014, 33(1): 60-67.

[45] Winfrey A L, Bourham M A. A computational study of a segmented electrothermal plasma source//2013 19th IEEE Pulsed Power Conference(PPC), San Francisco, 2013: 1-5.

第6章　气体电弧等离子体

6.1　概　　述

国民经济的快速发展在促进电力系统及电力工业发展的同时，对系统中的监测、控制及配套保护设备也提出了更高的需求。断路器作为系统线路中重要的保护设备，是电力系统安全、可靠及稳定运行的关键，它不仅能够关合与开断正常情况下的各种负载电流，也能在线路中出现短路故障时关合和开断短路电流。对开关等离子体的持续、深入研究，有助于丰富断路器和等离子体相关理论，同时可为开关设备的优化设计提供指导与借鉴。

目前以气体为灭弧介质的电力设备主要应用于高压和低压领域，而中压领域则以真空为主。SF_6 气体具有优良的绝缘与灭弧性能，当前以 SF_6 为灭弧和绝缘介质的高压电力开关在110kV以上系统中占绝对主导地位，全球生产的 SF_6 气体约50%用于电力行业，其中约80%用于高压开关设备。此外，以空气为灭弧绝缘介质的开关电器在配电系统中广泛使用，主要包括继电器、接触器、启动器、微型断路器(MCB)、框架断路器(ACB)和塑壳断路器(MCCB)等。

本章主要介绍气体开关等离子体物性参数、临界击穿场强等数据的计算方法，以及电弧燃弧及弧后电击穿特性的磁流体动力学仿真模型，并给出 SF_6、空气等常见气体的相关数据和模型，讨论该方法在断路器、直流转换开关等设备中的应用。

6.2　气体电弧的物性参数计算及辐射模型

电弧等离子体的组分、热动属性、输运特性等参数是其建模仿真的基础数据，因此多年来受到国内外研究者的广泛关注，本节主要介绍等离子体组分、热动属性和输运特性的常用计算方法，并给出一些常见气体电弧的相关参数。

6.2.1　等离子体组分的计算

等离子体的化学组成不仅是计算等离子体属性必要的第一步，也是认识等离子体化学过程的重要一环。气体电弧温度通常可以达到10000K以上，因而电弧中的分子会发生强烈的电离或解离反应，粒子的相对浓度对诸如电导率、热导率、黏性系数等特性有重要影响。本节计算基于等离子体处于局部热力学平衡状态

(local thermodynamic equilibrium,LTE)等假设：

(1) 粒子的速度分布函数满足麦克斯韦分布；

(2) 激发态的粒子数密度满足玻尔兹曼分布；

(3) 粒子密度满足质量作用定律,即局部化学平衡；

(4) 等离子体系统的各项特性由统一的温度描述。

化学平衡状态的等离子体组分计算是基于质量守恒法则,可应用两种方法获得:如果仅考虑气体物质,可用基于质量作用定律的方法;如果考虑低温多相,可利用吉布斯最小自由能原理计算,该方法是计算平衡态化学的标准技术。

1. 基于质量作用定律的计算方法

首先,质量作用定律在应用时应注意区分电离和解离过程的不同。对于电离反应($A^{Z+}\leftrightarrow A^{(Z+1)}+\mathrm{e}-E_{i,z}$,其中 $E_{i,z}$为电离能)要应用 Saha 方程,而对于解离反应($AB\leftrightarrow A+B-E_{\mathrm{d}}$,其中 E_{d} 为解离能)要应用 Guldberg-Waage 方程。Saha 方程和 Guldberg-Waage 方程表示的均是各粒子数密度之间的关系。若忽略粒子相互作用引起的电离能降低,Saha 方程可写成如下形式：

$$\frac{n_{\mathrm{e}}\cdot n_{z+1}}{n_z}=2\frac{Z_{z+1}(T)}{Z_z(T)}S_Z^*(T)$$

式中,

$$S_Z^*(T)=\frac{(2\pi mkT)^{3/2}}{h^3}\exp\left(-\frac{E_{i,z}}{kT}\right)$$

式中,$Z_{z+1}(T)$和 $Z_z(T)$相应地代表带电荷$(Z+1)_{\mathrm{e}}$ 和 Z_{e} 的离子配分函数。

由以上公式可以看出,Saha 方程建立起了电子数密度 n_{e}、带电荷为 Z_{e} 的离子数密度 n_z 和带电荷数为$(Z+1)_{\mathrm{e}}$ 的离子数密度 n_{z+1}之间的定量关系式。

相应地,对离解反应,有如下 Guldberg-Waage 方程：

$$\frac{n_{\mathrm{A}}\cdot n_{\mathrm{B}}}{n_{\mathrm{AB}}}=\frac{Z_A(T)Z_B(T)}{Z_{AB}(T)}\left(\frac{2\pi m_A m_B kT}{m_{AB}h^2}\right)^{3/2}\exp\left(-\frac{E_{\mathrm{d}}}{kT}\right)$$

其次,道尔顿分压定律讨论的是各组分压强和总压强的关系,即混合气体的总压强等于各组分的分压强之和。用公式表示为

$$P_{\mathrm{total}}=P_1+P_2+\cdots+P_n$$

再次,讨论电荷准中性条件。等离子体在宏观上是电中性的(准电中性),其在一定的空间和时间尺度,满足电中性条件,即正负离子所带电荷数相等。

$$n_{\mathrm{e}}=\sum_i z_i n_{\mathrm{i}}$$

式中,n_{e} 为电子数密度;z_i 为 i 类离子电荷数;n_{i} 为离子数密度。

该公式也可写成电子数密度与带负电的离子所带负电荷之和等于带正电的离

子所带正电荷之和。

最后，化学计量平衡条件，遵循的是物质守恒原则，无论化学反应前还是化学反应后各元素的量恒定。用公式表示即为元素的粒子数密度之比为某一定值：

$$\frac{\sum n_s}{\sum n_p} = C$$

式中，n_s 为与 s 元素有关的粒子的粒子数密度；n_p 为与 p 元素有关的粒子的粒子数密度。

此化学计量平衡条件不仅适用于单一气体介质，更在混合气体介质的电弧平衡态化学组成的求解中起着至关重要的作用。例如，5%的氮气和 95%的六氟化硫气体混合时，氮元素和硫元素的物质的量之比为 2∶19。同理，当 50%的氮气与 50%的六氟化硫气体混合时，氮元素和硫元素的物质的量之比为 2∶1。

2. 基于吉布斯自由能最小原理的计算方法

吉布斯自由能定义为 $G=H-TS$，其中 H 和 S 分别为焓值和熵值。在混合理想气体中，吉布斯自由能可由如下公式表示：

$$G = \sum_{i=1}^{N} n_i \mu_i$$

式中，μ_i 为粒子 i 的化学势，等于其单位摩尔的吉布斯自由能；n_i 为粒子 i 的物质的量。

在理想气体中，粒子单位摩尔的化学势可写作

$$\mu_i = \mu_i^0 + RT\ln(n_i/n) + RT\ln(p/p^0)$$

式中，n 为粒子的总物质的量；p 为以 bar(1bar$=10^5$Pa)为单位的气压；p^0 是标准气压；μ_i^0 是粒子 i 在压力 p^0 及温度 T 下的单位摩尔自由能，$\mu_i^0 = H_i^0 - TS_i^0$。其中，H_i^0 和 S_i^0 分别是粒子 i 温度 T 下的单位摩尔标准焓值和熵值。H_i^0 的值需包含所有粒子的生成焓。

吉布斯自由能最小原理在计算等离子体组分时满足如下两个约束条件：

其一，每一种化学元素的物质的量必须等于该元素的初始值，即元素守恒。对于任意的化学元素 j，有

$$\sum_{i=1}^{N} \alpha_{ij} n_i = b_j^0, \quad j = 1,2,\cdots,M$$

式中，化学计量数 α_{ij} 是 i 分子中含有 j 原子的数目；b_j^0 是 j 元素的初始物质的量。

其二，总电荷数为零，即等离子体对外呈现准电中性。因此，有

$$\sum_{i=1}^{N} Z_i n_i = 0$$

式中，Z_i 是粒子 i 的电荷数。

较宽温度范围内的 $H_i^0 - TS_i^0$ 可通过下述公式计算得到：

$$H^0 = H^0(T_0) + \int_{T_0}^{T} C_p^0 \mathrm{d}T$$

$$S^0 = S^0(T_0) + \int_{T_0}^{T} C_p^0 / T \mathrm{d}T$$

式中，C_p^0 是摩尔比定压热容。计算前需要得到 $H^0(T_0)$、$S^0(T_0)$ 以及从 T_0 到所需温度的摩尔比定压热值，C_p^0 的值可以应用统计力学的方法用光谱数据计算。例如，对于单原子的粒子，标准态下的摩尔比定压热容可由下式得到：

$$C_p^0 T/R = 5/2 + T^2 \mathrm{d}^2 \ln Q/\mathrm{d}T^2 + 2T \mathrm{d}\ln Q/\mathrm{d}T$$

等号右边第一项是平动动能项，后两项为电子能所贡献的。其中电子配分函数 Q 可写作

$$Q = \sum_{i}^{L} g_i \exp(-\varepsilon_i / kT)$$

式中，g_i 为原子 i 能级的简并度；ε_i 为该能级相对于基态的能量。对于双原子或多原子分子，配分函数需添加转动和振动项。

计算高温条件下的配分函数时，通常采用 Griem 提出的判据[1]来终止配分函数的求和，即忽略所有高于 $\varepsilon_{i\max} = \varepsilon_i - \Delta\varepsilon_i$ 的能级，ε_i 是未受扰动的原子电离能。带电粒子的相互作用会使等离子体中粒子的电离能下降

$$\Delta\varepsilon_i = 3(Z_i + 1)e^2 / 8\pi\varepsilon_0 \rho_{\mathrm{D}}$$

式中，ρ_{D} 为德拜长度

$$\rho_{\mathrm{D}} = \left[\varepsilon_0 k_{\mathrm{B}} T \Big/ \sum_{j}^{N} (eZ_j)^2 n_j \right]^{1/2}$$

式中，k_{B} 是玻尔兹曼常量；n_j 是粒子 j 的数密度。

进一步的研究表明[2,3]，尽管能级的选择会影响配分函数的计算结果，但只有摩尔分数较小的粒子会受到显著的影响，在 1atm 下，通常如摩尔分数小于 0.01 的粒子。除此之外，配分函数 Q 计算方法的不同对等离子体诸如焓值、比定压热容等的热力学特性影响不显著，但对黏性系数、热导率等的影响不可忽略。

考虑粒子间的库仑作用，在计算化学势时引入 Debye-Hückel 修正项

$$\mu_i = \mu_i^0 + RT\ln(n_i/n) + RT\ln(p/p^0) + RTD_i$$

式中，$D_i = -(eZ_i)^2 / (8\pi\varepsilon_0 k_{\mathrm{B}} T \rho_{\mathrm{D}})$；$n_i$ 是粒子 i 的物质的量。在 1atm 及以下，该项仅影响摩尔分数较小的粒子。

图 6-1 是广泛应用于高压断路器的 SF_6 气体介质在标准大气压下不同温度的组分计算结果。SF_6 气体的分解主要发生在 1600K，生成 F 和 SF_4 粒子。在 2100K 左右，SF_4 开始分解生成 F 和 SF_2，进一步的温度升高导致 SF_2 在 2500K 左右时进一步分解生成 SF 和 F 粒子。从 2500K 左右开始，高温气体的电离逐渐发

生。低温区间，自由电子的粒子数密度很低，他们和 F 原子吸附生成具有电负性的 F^-。随着温度的进一步升高，S 原子的电离发生，并在 11000K 左右达到 S^+ 数密度的最高值，F 原子具有更高的电离势(17.4eV)，因而它们的电离发生在一个更高的温度区间(15000K 左右)，SF_6 混合气体的完全电离发生在 17000K 左右。在标准大气压下，随着温度升高，SF_6 气体连续不断地分解生成 F 原子，因此在 3000K 内，浓度升高得较快；随着温度的继续上升，F 原子的含量经历一个基本上变化不大的温度区间，随后由于电离反应的发生浓度逐渐下降。随着温度升高，电子浓度由于持续发生的电离反应不断增加。

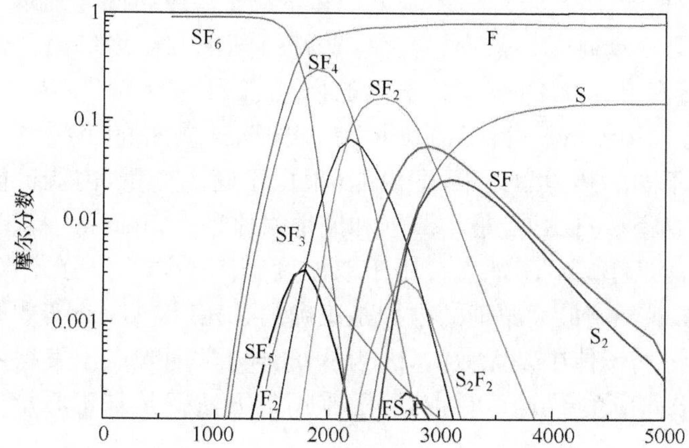

(a) 300~5000K

(b) 5000~30000K

图 6-1　标准大气压下平衡态 SF_6 电弧等离子体粒子组分随温度的变化

上述 LTE 的要求是十分严格的，实际电弧等离子体往会偏离局部热力学平衡状态，其可能的原因有：电子和重粒子的质量差别很大，两者之间由碰撞产生的能量交换效率很低，很难达到热力学平衡；在能量交换中，辐射效应的作用不可忽略，使得等离子体中激发态的粒子偏离玻尔兹曼分布；等离子体存在较大的温度和浓度梯度。在处理近冷壁或电极附近的等离子体、航天器或高速飞行的导弹周围形成的等离子体、低气压等离子体喷涂等问题时，尤其需要考虑偏离局部热力学平衡的情况。

目前通常采用双温度模型来描述非热力学平衡态等离子体，即电子温度 T_e 和重粒子温度 T_h。考虑到电子和重粒子之间巨大的质量差，等离子体温度（或称为气体温度）由重粒子温度 T_h 描述。电子和重粒子温度之间差别越大表明等离子偏离局域热力学平衡越远。然而，对怎样选择恰当的双温度等离子体组分的计算方法，目前仍然存在很大的争议。不同的研究者推导得到了不同形式的双温度 Saha 方程[4,5]。Giordano[6] 和 Capitelli[7] 指出，Saha 方程的不同形式是由于理论推导中使用了不同的热力学约束，即内能（根据不同的变量，内能可能是吉布斯自由能或者是亥姆霍兹自由能）最小原理和熵最大原理。Chen 等[5]认为吉布斯或者亥姆霍兹自由能最小原理不能直接用于双温度等离子体的组分计算，需要经过物理上的修正，而基于熵最大原理的推导是正确的。相反，Andre 等[8]则认为熵最大原理在双温度等离子体中是无效的，因为从统计力学的观点出发得不到任何与熵随时间变化情况相关的结论。目前，广泛采用的方法仍是基于质量作用定律的双温度模型。

图 6-2 所示为应用 Saha 方程计算 He 等离子体双温度组分的结果。图中给出了双温度氦等离子体的粒子数密度随电子温度（T_e）和非平衡度（θ）的变化。从图中可以看到，电子数密度在电子温度超过 25000K 之后几乎不变；He^+ 的数密度与

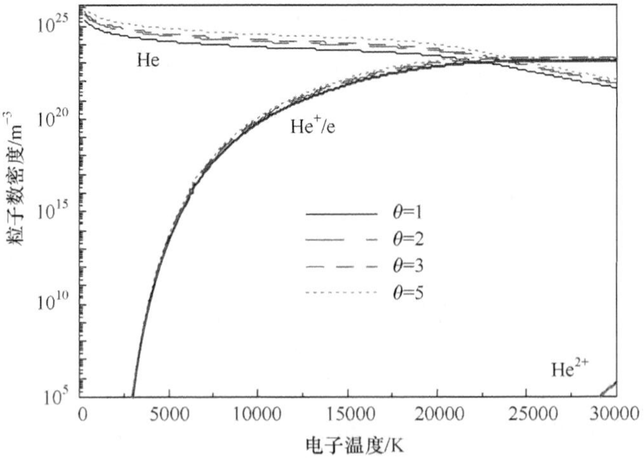

图 6-2　标准大气压下，不同非平衡度下 He 等离子体双温度组分随温度变化

电子数密度保持一致。He^{2+} 在电子温度 30000K 附近产生。对于给定的电子温度，所有粒子的数密度随非平衡度的升高而略微升高。

6.2.2　热动属性和输运系数的计算

当等离子体的化学组成确定后，利用各种离子的质量、焓、配分函数和数密度等数据，就可以计算出其热动属性，即焓、比热容和密度等参数。然而，输运系数、电导率、热导率以及黏性系数等仍需要碰撞截面等参数并利用气体动理论求解。

根据唯象理论，输运通量可以描述为

输运通量＝输运系数×驱动力

当输运通量为热能密度时，驱动力即为温度梯度，相应的输运系数即为热导率。以此类推，动量通量、电流密度和扩散速度分别与黏性系数、电导率和扩散系数相对应。较为准确可靠的计算输运系数的方法是求解波尔兹曼方程(Boltzmann equation)：

$$\frac{\mathrm{D}f_i}{\mathrm{D}t} = \sum_j \iint (f'_i f'_j - f_i f_j) g \sigma_{ij} \mathrm{d}\Omega \mathrm{d}\boldsymbol{c}_j$$

式中，

$$\frac{\mathrm{D}}{\mathrm{D}t} = \frac{\partial}{\partial t} + \boldsymbol{c}_i \cdot \nabla + \frac{\boldsymbol{X}_i}{m_i} \cdot \nabla \boldsymbol{c}_i$$

式中，f_i 和 f'_i 分别代表在弹性碰撞前后粒子的速度分布函数；g 是粒子 i 和 j 的相对速率；σ_{ij} 是微分碰撞截面；Ω 是立体角。$\boldsymbol{X}_i$ 和 $\boldsymbol{c}_i$ 分别为作用在粒子 i 上的外力和粒子 i 的速度；t 为时间；m_i 是粒子 i 的质量。由动理论可知，气体或等离子体的宏观性质通量由粒子在速度空间的分布函数决定，而粒子速度分布函数的变化由玻尔兹曼方程来描述。这样通过求解玻尔兹曼方程得到粒子速度分布函数的表达式即可得到等离子体的宏观性质通量，进而可以定义出相应的输运系数。

碰撞截面涉及参与碰撞的粒子能量、碰撞角度。对于非球形对称分子，还涉及相对碰撞方位等的复杂函数。计算碰撞截面是一项困难的工作，尤其是计算等离子体中各粒子的碰撞截面时需要考虑中性粒子之间、带电粒子之间、中性粒子与带电粒子之间，中性粒子和电子之间等碰撞截面。每种不同的相互作用需要采用不同的处理方法。

1. 质量密度

质量密度求解仅需要把单位体积内不同粒子的质量叠加起来：

$$\rho = \sum_{i=1}^{N} n_i m_i$$

式中，n_i 和 m_i 分别是粒子 i 的数密度和质量。

图 6-3 所示为标准大气压下一些常见气体的质量密度。

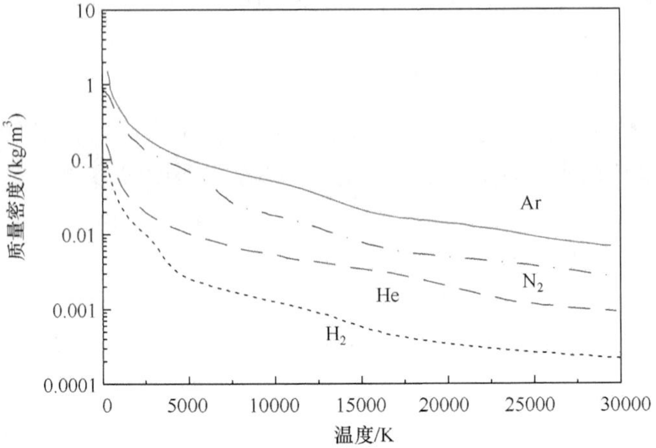

图 6-3　标准大气压下，一些常见气体的随温度变化的质量密度

2. 焓值

焓值是单位质量的等离子体的能量：

$$h = \frac{1}{\rho}\sum_{i=1}^{N} n_i m_i (h_i + 4k_B T D_i/3)$$

式中，h_i 是粒子 i 的单位质量的焓值，包含 k_B 的项源于 Debye-Hückel 修正项。单位质量的焓值可以从 JANAF 表格中得到。

化学反应对焓值有着强烈的影响，其数值的剧烈变化对应不同的化学反应。图 6-4 中 SF_6 电弧等离子体的焓值随温度变化，其数值的剧烈变化出现在 2000～

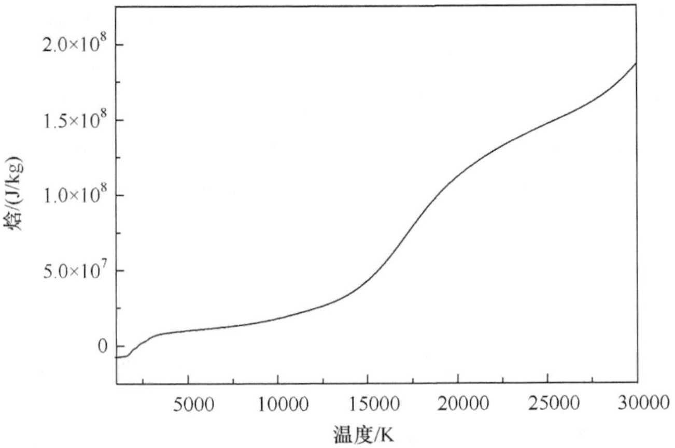

图 6-4　标准大气压下，SF_6 等离子体焓值随温度的变化

2500K 附近以及 17000K 附近，这与 SF_6 电弧各种粒子成分的分解和电离密切相关。对此，可以通过下文介绍的定压比热获得更深入的理解。

3. 比定压热容

比定压热容可直接由焓值对温度取偏微分得到：

$$C_p=\left(\frac{\partial h}{\partial T}\right)_p$$

图 6-5 所示为标准大气压下，一些常见气体的比定压热容。

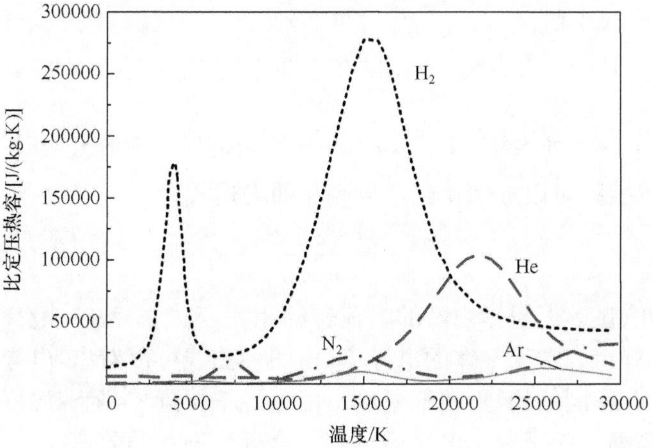

图 6-5　标准大气压下，一些常见气体的随温度变化的比定压热容

前文焓值的剧烈变化分别对应定压比热曲线的不同峰值，这也是化学反应作用的结果。图 6-6 所示的 SF_6 电弧等离子体的比定压热容呈现不同的峰值，跟 SF_6 电弧各种粒子成分的分解和电离密切相关。标准大气压下，比定压热容的三个峰值分别对应 1800K 附近，SF_6 分解生成 SF_4，在 2000K 附近，SF_4 分解生成 SF_2，在 2500K 附近，SF_2 分解生成 SF。后两个峰值分别对应硫原子和氟原子的一级电离。在温度高于 30000K 之后，即将出现由硫原子的二次电离产生的第六个峰值。

4. 电导率

电磁学中，电导率的定义式为 $j=\sigma E$，其中 j 为电流密度。j 还有另外一种表达式，即 $j=n_e eW$，其中 W 为电子漂移速率。在各向同性散射中，每次电子碰撞之后，平均电子速率为零，此时电子漂移速率约等于 $Ee\tau/m_e$，其中 Ee/m_e 是电子在电场中的加速度，τ 为碰撞间的时间间隔，m_e 是电子质量。碰撞间的时间间隔可用 λ/c_e 表示，其中 λ 为平均自由程，c_e 是电子速率。电子速率可由 $mc_e^2/2=5k_B T/2$ 近似得到。平均自由程与碰撞截面相关，有 $\lambda=1/n\Omega$，其中 n 为数密度，Ω 为碰撞

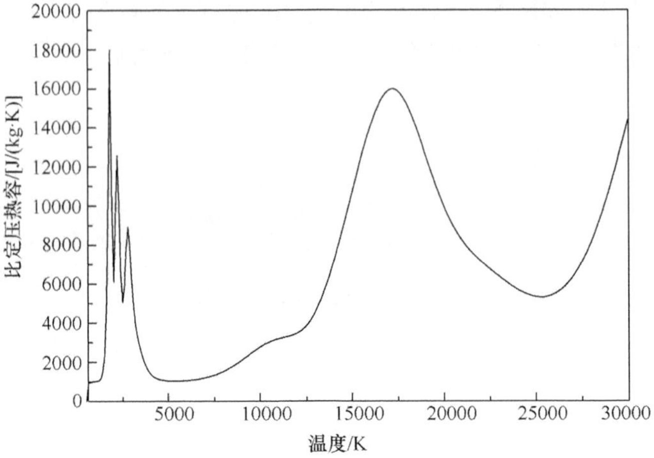

图 6-6　标准大气压下，SF_6 电弧等离子体随温度变化的比定压热容

截面。由以上关系，可以近似得到电导率 σ 的表达式为

$$\sigma=\frac{n_e e^2}{mn\Omega c_e}$$

电导率和电弧等离子体内部的电荷转移相关，和电子密度、电离度有着紧密的联系。图 6-7 所示为常见气体的电导率，由图中曲线可以看出，电导率曲线与平衡态电子数密度有相同的趋势：较低温度下的电导率接近零，随着温度升高电导率不断增大，直到高温下粒子完全电离后达到一个近乎饱和的数值。

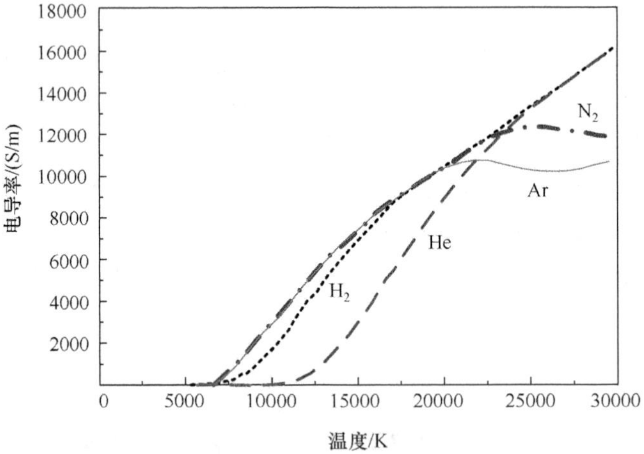

图 6-7　一些常见气体的随温度变化的电导率

5. 热导率

一维情况下的热导率定义为

$$q=-k\frac{\mathrm{d}T}{\mathrm{d}x}$$

式中，q 为热流密度。接下来近似推导热导率 k 和基本的原子分子参数之间的关系。

粒子 i 的能量密度是 n_iE_i。沿正方向通过给定平面的粒子数分数约为 1/6。因为首先仅考虑三维中的一维情况，即通过给定平面的粒子数为总粒子数的 1/3。仅考虑沿正方向而不包括反向的粒子则占该维度粒子数的 1/2。同时，可以将通过给定平面粒子的起始位置粗略地平均到距离该平面一个平均自由程的位置，且由于存在能量和密度梯度，正向热流密度可写作

$$q_+=\frac{1}{6}\left(n_iE_i-\lambda\frac{\mathrm{d}n_iE_i}{\mathrm{d}x}\right)c_i$$

式中，λ 为平均自由程；c_i 为粒子 i 的热速率。同理可得到与正方向相反方向的热流密度，净热流密度即可写作

$$q=q_+-q_-=-\frac{1}{3}\lambda c_i\frac{\mathrm{d}(n_iE_i)}{\mathrm{d}x}=-\frac{1}{3}\lambda c_i\frac{\mathrm{d}(n_iE_i)}{\mathrm{d}T}\frac{\mathrm{d}T}{\mathrm{d}x}$$

$$k=\frac{1}{3}\lambda c_i\frac{\mathrm{d}(n_iE_i)}{\mathrm{d}T}$$

由此可得，热导率主要有两个计算项，$n_i\mathrm{d}E_i/\mathrm{d}T$ 和 $E_i\mathrm{d}n_i/\mathrm{d}T$。第一项是粒子热运动的贡献。$\mathrm{d}E_i/\mathrm{d}T$ 正比于比定压热容 C_p。由动理论可知 $\lambda=1/(n_i\Omega)$ 以及 $m_ic_i^2/2=5k_\mathrm{B}T/2$，借此消去 λ 和 c_i，得到一阶表达式：

$$k\approx\frac{C_p}{\Omega}\sqrt{\frac{T}{m_i}}$$

即平动热导率项。

另外一项 $E_i\mathrm{d}n_i/\mathrm{d}T$ 在有多种粒子的系统中的贡献尤为显著。例如，在高温氮气中，氮分子分解为氮原子，计算总热导率时需对多种粒子的对应项求和。当氮原子扩散到温度较低的区域并发生复合反应时，会释放大量能量足以使氮分子分解，因此在分解温度处会出现一个热导率的极值。类似地，在发生电离反应的温度处也会出现热导率的极值。

Devoto 等[9]均给出了应用 Chapman-Enskog 方法计算平动热导率的方法，指出平动热导率由重粒子和电子两部分的贡献构成。而与分子的振动和转动以及原子的激发态相关的热导率部分的计算方法则多应用 Hirschfelder-Eucken 近似[10]。图 6-8 给出了标准大气压下一些常见气体随温度变化的热导率。下面以 SF_6 电弧等离子体的热导率曲线为例进行简单分析。图 6-9 在 5000K 以下曲线中出现的峰值是反应热导率对总热导率的贡献，在 5000K 以下的三个峰值是由 SF_6 分解生成 SF_4，SF_4 分解生成 SF_2 和 SF_2 分解生成 SF 产生的。在 5000K 以上，由

于硫原子和氟原子的电离能差别明显,两者的电离反应呈现不同的反应热导率峰值。在温度 10000K 以下,中性粒子相互作用的碰撞积分随温度的升高而降低,因为重粒子的平动热导率随温度的升高增长缓慢;随后温度的继续升高导致电离反应发生,重粒子的平动热导率随温度的升高开始减小,随后电子平动热导率起着主导作用。

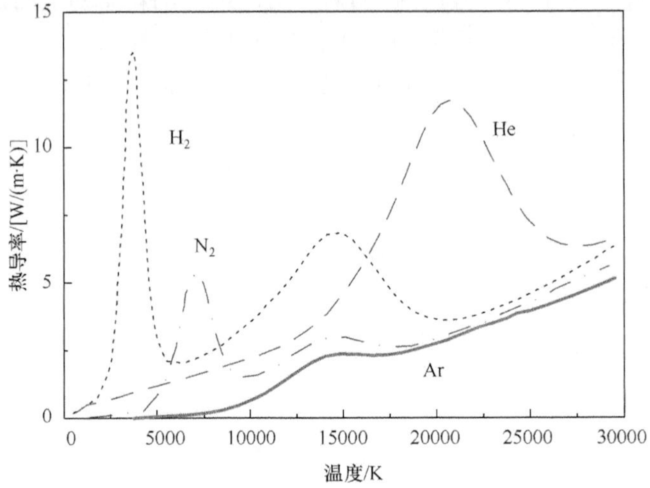

图 6-8　标准大气压下,一些常见气体的随温度变化的热导率

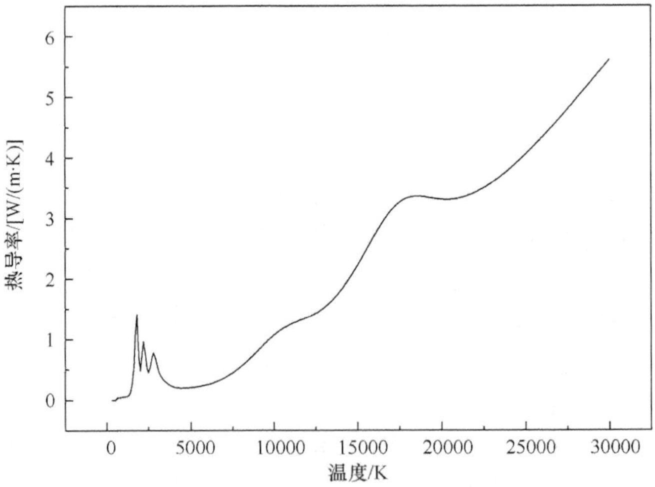

图 6-9　标准大气压下,SF_6 电弧等离子体随温度变化的热导率

6. 黏性系数

气体的黏性系数与热导率有类似的形式,不同的是热导率表征能量的传递,而

黏性系数表征动量的传递，与电弧流动时的摩擦力有关。

$$F = -\mu \frac{\mathrm{d}u}{\mathrm{d}x}$$

式中，F 是单位面积的黏性力；μ 是气体的黏性系数；u 是气体的宏观速度。应用与求解热导率相类似的方法，可以得到黏性系数的如下关系式：

$$\mu \approx \frac{1}{\Omega}\sqrt{m_i T}$$

图 6-10 为标准大气压下一些常见气体的随温度变化的黏性系数。由图可知，在气体电离之前，其黏性系数主要由中性粒子之间的碰撞积分决定，中性粒子之间的碰撞积分随温度升高逐渐下降，相应地，黏性系数则随温度的升高而增大。高温下气体电离成离子，由于带电粒子之间的碰撞积分要比中性粒子之间，以及中性粒子与带电粒子之间的碰撞积分大几个数量级，随着带电粒子浓度的不断增加，黏性系数逐渐下降。

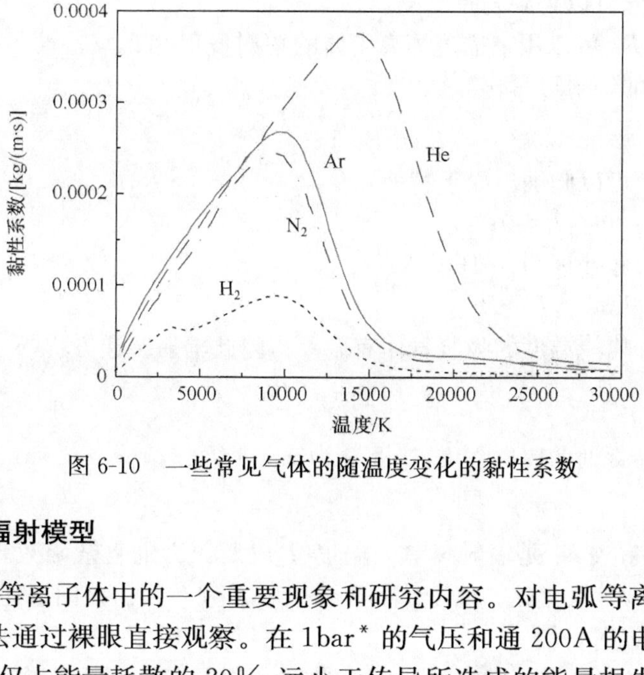

图 6-10　一些常见气体的随温度变化的黏性系数

6.2.3　典型辐射模型

辐射是热等离子体中的一个重要现象和研究内容。对电弧等离子体而言，辐射极强烈，无法通过裸眼直接观察。在 1bar* 的气压和通 200A 的电流条件下，等离子体中辐射仅占能量耗散的 20%，远小于传导所造成的能量损失。然而，在更高压强及通电电流下，如断路器开断过程中产生的电弧等离子体中的辐射效应是能量耗散的主要组成部分。另外，这里的辐射效应是指发射和吸收的总和，例如，紫外线在电弧中心产生并在电弧边缘区域被重吸收，这些都应予以考虑。一般来

* 1bar=10^5Pa。

说，辐射的影响表现在以下三个方面：①在温度最高的区域，辐射常常是最重要的能量耗散方式；②辐射热传递是等离子体内部的一种有效能量交换方式；③等离子体辐射出得能量可以加热周围的气体或者侵蚀外部材料。

描述辐射传递效应的基本方程为辐射传递方程：

$$\boldsymbol{n}\cdot\nabla I_\nu=\varepsilon_\nu-I_\nu K_\nu \tag{6-1}$$

式中，$\boldsymbol{n}$ 是辐射的单位方向向量；I_ν 是在 r 处频率 ν 对应的辐射强度，$\mathrm{Wsr^{-1}m^{-3}s}$；ε_ν 是单位立体角对应的光谱辐射发射系数，$\mathrm{Wm^{-3}sr^{-1}s}$；K_ν 为频率 ν 对应的线性吸收系数；ε_ν 和 K_ν 均是位置向量 $\boldsymbol{r}$ 的函数。上述公式简单地阐述了距离每增加 Δx，辐射强度变化 ΔI_ν。由于局部发射效应，ε_ν 随着 x 的增大而增大，同时由于局部吸收效应，$I_\nu K_\nu$ 随着 x 的增大而减小。

基尔霍夫定律 $\varepsilon_\nu=B_\nu K_\nu$，其中 B_ν 为普朗克函数，$\mathrm{Wm^{-3}sr^{-1}s}$。该公式可由能量传递方程(6-1)推导得到。温度均匀的大体积等离子体处于辐射平衡状态，此时其辐射强度等于黑体辐射强度，即 $I_\nu=B_\nu$。又由于此时 I_ν 在空间内为常数，因此$\nabla I_\nu=0$。由此可以得到 $\varepsilon_\nu=B_\nu K_\nu$。

吸收系数 K_ν 可以用来描述等离子体的辐射发射和吸收特性。等离子体在均一温度环境中的辐射可写作

$$I_\nu=B_\nu(1-\mathrm{e}^{-\int K_\nu \mathrm{d}x}) \tag{6-2}$$

由式(6-1)可以归纳出如下特性：

(1) 当 $x=0$ 时，$I_\nu=0$；

(2) 当 Δx 很小时，$I_\nu=B_\nu K_\nu \Delta x=\varepsilon_\nu \Delta x$；

(3) 当 x 很大时，$I_\nu \to B_\nu$。

另外，对于均一温度的吸收气体有 $\varepsilon_\nu=0$，因此辐射传递方程(6-1)可写作

$$I_\nu=I_{\nu0}\mathrm{e}^{-\int K_\nu \mathrm{d}x}$$

式中，$I_{\nu0}$ 是 $x=0$ 处的辐射强度。当距离为 $x=1/K_\nu$ 时，$\int K_\nu \mathrm{d}x=1$，辐射强度减弱到 $I_{\nu0}/e$。

光谱吸收系数 K_ν 是辐射频率 ν、温度 T 以及压力的复杂函数。图 6-11 所示为 1bar 压力下，六氟化硫等离子体的光谱吸收系数[11,12]。该图描述了一些值得关注的等离子体辐射特性。

(1) 可见光谱区域(400～800nm)仅占总辐射的一小部分。通有 200A 电流的电弧中心区域的温度高于 20000K，在此温度下普朗克函数 B_ν 的最大值出现在 200nm 附近。因此，在计算总辐射能量时，需要考虑波长为 100nm 及以下的部分。

(2) 辐射光谱中，线光谱占主导，辐射特性计算中需包含数百条谱线。由于谱线中心和线翼的吸收系数可能相差四个数量级，因此计算总的净能量转移十分困难。线宽是温度和压力的函数。

(3) 尽管高温下的吸收系数十分复杂，如图 6-11 中 $T=20000\mathrm{K}$ 曲线所示，室温下的吸收系数则相对简单很多，如图 6-11 中 $T=300\mathrm{K}$ 曲线所示。在波长 180nm 以下，吸收系数大体上均大于 $100\mathrm{cm}^{-1}$，波长 180nm 以上时，吸收系数为 0。因此，远紫外光谱区域的辐射并非没有发生，而是在电弧边缘被吸收了。

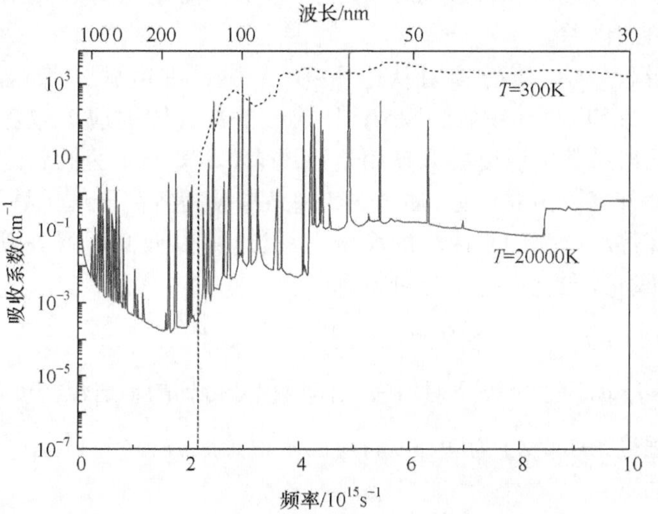

图 6-11　标准大气压下，SF_6 等离子体的光谱吸收系数

考虑到光谱吸收的复杂性，如何对其进行简化在等离子体建模中就显得尤为重要。介绍以下几种简化方法。

1）对于可见光辐射仅用发射系数表征

从图 6-11 中室温下的吸收系数曲线可以看出，可见光部分的辐射可以穿透电弧周围的气体，这个结论也适用于其他气体。已有研究对部分气体的发射系数进行了测量，例如，单位体积内从电弧等离子体辐射出的总可见光区域的能量。这些系数可以用来评估辐射所造成的能量耗散占总能量耗散的比例。这里的发射系数虽然不包括紫外辐射，但紫外区域的辐射被电弧周围的冷气体吸收了，因此不会影响电弧等离子体的能量平衡。在大气压力下，辐射一般占总能量耗散的 20%。由于可见光区域的自吸收效应微弱，在 100bar 及以下的压力范围内，发射系数与压力之间呈正比例关系。

2）应用净发射系数描述考虑自吸收的辐射特性

在较高温度和压力下，紫外辐射是电弧中心区域的主要能量耗散方式。然而，此时的自吸收效应不可忽略，这进一步增加了计算的复杂性。可能认为要计算总的辐射效应需要计算总发射系数 ε，该系数可用基尔霍夫定律对所有辐射频率进行积分得到

$$\varepsilon = \int \varepsilon_\nu \mathrm{d}\nu = \int B_\nu K_\nu \mathrm{d}\nu \tag{6-3}$$

然而，吸收系数大于 $10\mathrm{cm}^{-1}$ 的部分在光谱中占有不可忽略的比例，尤其在对式(6-3)有重要贡献的线光谱的中心，这些频率的辐射在小于 $0.1\mathrm{cm}^{-1}$ 的范围内即被吸收，因此不会发射到电弧外部。将这一部分的辐射考虑在发射系数中势必会引起不可忽略的误差。

由于自吸收效应，紫外辐射从电弧中心发射，在电弧边缘区域被吸收。如图 6-11 所示，在 SF_6 气体中，波长小于 150nm 的部分辐射应该包含在辐射发射系数中。由于发射系数随温度的升高而迅速增大，等离子体的低温区域吸收了紫外辐射使得温度升高。由此可见，辐射热传递效应使得等离子体区域处于等温状态。

通过计算等温电弧中心区域的净辐射系数，可以近似得到电弧特性。对辐射传递方程在所有方向上进行积分可得到

$$\nabla \cdot \boldsymbol{F}_{R\nu} = 4\pi\varepsilon_\nu - 4\pi J_\nu K_\nu \tag{6-4}$$

式中，$F_{R\nu} = \int I_\nu n \mathrm{d}\omega$ 是频率 ν 下对所有立体角积分得到的辐射流密度，$J_\nu = \int I_\nu \mathrm{d}\omega / 4\pi$ 是平均辐射强度。式(6-4) 为频率 ν 对应的辐射连续方程(6-1)。单位立体角的净辐射系数定义如下：

$$\varepsilon_\mathrm{N} = \int (\varepsilon_\nu - J_\nu K_\nu) \mathrm{d}\nu \tag{6-5}$$

辐射发射系数 $U = 4\pi\varepsilon_\mathrm{N}$。将 $J_\nu = I_\nu$ 代入式(6-2)，并结合式(6-5)可得到半径为 R 的等温球体的净发射系数 ε_N 的数学表达式：

$$\varepsilon_\mathrm{N} = \int B_\nu K_\nu \mathrm{e}^{-K_\nu R} \mathrm{d}\nu \tag{6-6}$$

国内外研究人员应用式(6-6)已经计算出了 SF_6 等气体不同半径下的辐射净发射系数。这些仿真计算结果由于考虑了紫外区域的辐射以及自吸收效应，因此是电弧特性较好的近似结果。尤其当将这些参数应用于辐射占主导的电弧中心时，可以获得较准确的电弧中心温度。图 6-12 所示为计算得到的 SF_6 等离子体不同半径的净发射系数随温度的变化规律[13]。由图可知，该系数是半径 R 的弱函数。随着半径减小，净发射系数的数值增大。当 $R=0$ 时，也就是对应于光学薄层等离子体，大约有 90%的辐射能量被发射点 1mm 内的等离子体吸收。值得指出的是，很多学者对 NEC 方法进行了深入研究，并得到了很有价值的数据。他们已将净发射系数与温度、压力和平均等离子体半径的关系做成了表格[14]，以便于对开关电弧等离子体进行进一步研究。

3) 局部特性法

局部特性 MPC 方法可以更为精确地考虑电弧边缘较冷的区域对电弧中心区域辐射的吸收作用，其基本原理是认为辐射的原点 X 和辐射路径上的任意点 η 之

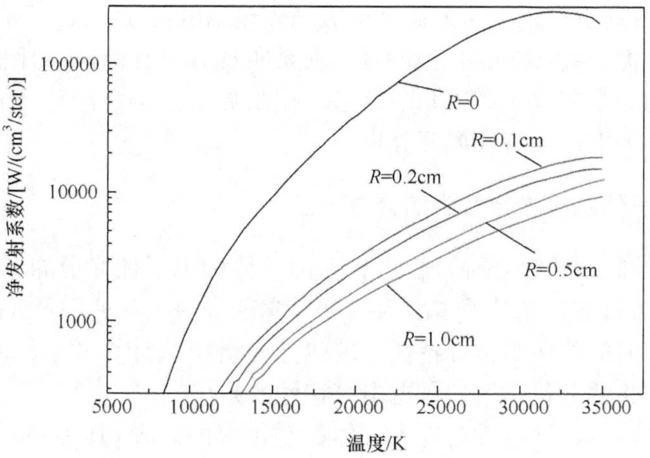

图 6-12　标准大气压下 SF_6 的净发射系数

间的温度变化总是线性的，这就可以简化与辐射频率相关的两个积分函数，也就是称为局部特性函数的 Som 和 ΔSim。局部特征函数与两点的温度及间距有关，因此，局部特性方法能够考虑边缘区域对能量辐射的自吸收。而且在等离子体建模时，可以与流场解耦提前计算出辐射参数，这也是局部特性法的最大优点。

6.3　热态气体的电击穿特性

交流电流每个周波都有两个过零点，为电弧熄灭创造了有利条件，因此，所有交流开关电器都是利用交流电流过零的机会来将电弧熄灭的。电流过零后电弧是否成功熄灭取决于介质恢复和电压恢复这两个相互联系并同时进行的过程之间的竞争。电弧过零后的重燃过程可分为两种：热重燃和介质重燃。电流过零时，由于热惯性，触头间隙的热游离状态可能继续保持，零后间隙仍具有一定的电导，在恢复电压作用下可能产生微弱的电流（从几十毫安到几安），即弧后剩余电流，其大小因气体种类等差异而不同[15]。一般认为，热击穿发生与否取决于间隙的能量注入与耗散之间的较量，若能量注入占优势，则发生热击穿导致电弧重燃；反之，热击穿不发生，弧隙进入介质状态。在电流过零后的几百微秒内，恢复电压值迅速上升至很高的值，因而弧隙间电场强度很高，此时如果间隙介质恢复强度较弱，则很容易发生电击穿而引起电弧重燃，导致开断失败，介质恢复阶段主要取决于自由电子和带电粒子的产生与消失。

随着开关电器向大容量、小型化的方向发展，断路器由弧后电击穿引起的开断失败概率大大增加，因而如何提高弧后介质恢复强度、降低重燃概率显得更加突出。电弧电流过零后，尽管灭弧室内气体温度迅速降低，但在零后几百微秒内依然可能有几千摄氏度。随着温度的升高，气体中化学反应及各种粒子的能量特性都会发生改变，因此从理论上深入研究灭弧气体热态电击穿特性，特别是掌握其临界击穿场强与压力、温度之间的定量关系，则是实现其电开断能力评估、产品优化设计的关键问题。本节首先详细介绍热态气体临界击穿场强的计算方法，进而针对一些常见气体的电击穿特性展开分析。

6.3.1 热态气体临界击穿场强的计算方法

在断路器弧后介质恢复阶段，灭弧室内气体的电子能量分布函数会明显偏离麦克斯韦分布，目前常用蒙特卡罗模拟和玻尔兹曼解析法来分析不满足电子能量麦克斯韦分布时的气体电击穿特性。玻尔兹曼解析法计算效率相对较高，本节介绍波尔兹曼解析法分析热态气体电击穿特性的方法。

热态气体的电击穿特性与冷态气体存在很大的差异，其主要原因是温度升高会导致气体中粒子数密度、气体组分、电子与重粒子之间碰撞的能量传递等状态发生变化[16,17]。在气体介质的电击穿过程中，电子与重粒子的碰撞起关键作用，其他因素影响则相对较小，因此本节计算中仅考虑电子动能对电子产生和消失平衡的影响，而未考虑光电离、重粒子碰撞等作用。

一般而言，当断路器完成短路电流的热开断后，间隙气体的温度一般低于4000K，气体电导率几乎为零，可认为处于介质状态。在该温度范围内，大多气体会明显发生热分解，在很大程度上影响气体的电击穿特性。因此，在研究热态气体电击穿特性时，必须考虑气体组分随温度变化的影响。

在热态气体中，电子的产生主要是通过电子-重粒子的碰撞电离和负离子的解吸附反应等，而电子消失则通过电子-重粒子的碰撞吸附和电子-正离子的复合反应等，在相对较低的温度下（如低于 4000K），电子-重粒子的碰撞电离与吸附反应比解吸附与复合反应更加显著，对气体击穿起主导作用。因此，这里认为弧后灭弧室内热态气体的临界击穿场强即为气体中总电离反应速率与总吸附反应速率相等时所对应的电场强度，即由电离反应产生的电子数与吸附反应消失的电子数达到平衡。自由电子和气体中各粒子的碰撞反应主要包括电子-重粒子的弹性碰撞、电子和振动激发碰撞、电离碰撞、吸附碰撞等。电离和吸附反应速率需要通过电子能量分布函数来计算获得，气体中电子能量分布受上述复杂的电子和粒子化学反应影响，因而首先需要综合考虑这些化学反应求得热态气体中的电子能量分布函数。

求解玻尔兹曼方程一般可采用两项近似或多项近似的方法[18]，两项近似计算效率高，但其准确性受电场和气体中各组分的碰撞截面影响较大，一般来说，当气体中电子与重粒子的弹性碰撞占主导，且电场较低时两项近似的准确性较高[19,20]。本部分主要研究气体的电击穿特性，考虑的电场范围较小（一般气体的临界折合击穿场强$(E/N)_{cr}$不超过 $4\times10^{-18}\,\mathrm{Vm^2}$），因此采用电子在六维相空间的分布函数在速度空间的两项近似来求解玻尔兹曼方程不会引起太大误差[21]。由等离子体动力学理论可知，电子在六维相空间的分布函数 $f(r,v,t)$ 满足玻尔兹曼方程[22,23]：

$$\frac{\partial f}{\partial t}+v\cdot\nabla f-\frac{e}{m_{\mathrm{e}}}E\cdot\nabla_v f=C[f] \tag{6-7}$$

式中，v 为电子速度；e 为电子电荷量；m_{e} 为电子质量；E 为电场；∇_v 为速度梯度运算符；C 为与 f 有关的碰撞项。

在球坐标系内将分布函数做 Legendre 多项式展开：

$$f(v,\cos\theta,z,t)=f_0(v,z,t)+f_1(v,z,t)\cos\theta \tag{6-8}$$

式中，f_0 为 f 的各向同性部分；f_1 为各向异性扰动；θ 为电子速度方向与电场方向的夹角。此外，f 满足下面归一化条件

$$\iiint f\mathrm{d}^3 v = 4\pi\int_0^\infty f_0 v^2\mathrm{d}v = n_{\mathrm{e}} \tag{6-9}$$

式中，n_{e} 为电子数密度。

将式(6-8)代入式(6-7)，分别乘以 Legendre 多项式(1 或 $\cos\theta$)，并对 $\cos\theta$ 积分得到两个一阶偏微分方程。

$$\frac{\partial f_0}{\partial t}+\frac{\gamma}{3}\varepsilon^{1/2}\frac{\partial f_1}{\partial z}-\frac{\gamma}{3}\varepsilon^{-1/2}\frac{\partial}{\partial\varepsilon}(\varepsilon E f_1)=C_0 \tag{6-10}$$

$$\frac{\partial f_1}{\partial t}+\gamma\varepsilon^{1/2}\frac{\partial f_0}{\partial t}-E\gamma\varepsilon^{1/2}\frac{\partial f_0}{\partial t}=-N\sigma_{\mathrm{m}}\gamma\varepsilon^{1/2}f_1 \tag{6-11}$$

式中，$\gamma=(2e/m_{\mathrm{e}})^{1/2}$；电子能量 $\varepsilon=(v/\gamma)^2$；C_0 为影响 f_0 的碰撞项；σ_{m} 为总碰撞截面，$\sigma_{\mathrm{m}}=\sum x_k\sigma_k$；$x_k$ 为目标组分的摩尔分数，σ_k 为碰撞 k 的碰撞截面。

采用分离变量法将上述两个方程合并，可以得到一个 f_0 的对流-扩散连续方程：

$$\frac{\partial}{\partial\varepsilon}\left(Wf_0-D\frac{\partial f_0}{\partial\varepsilon}\right)=S \tag{6-12}$$

式中，

$$W=-\gamma\varepsilon^2\sigma_\varepsilon-\frac{e^2\gamma}{8\pi\varepsilon_0^2}\ln\frac{12\pi(2\varepsilon_0 e\varepsilon/3)^{3/2}}{e^3 n_{\mathrm{e}}^{1/2}}\left(\frac{n_{\mathrm{e}}}{N}\right)\int_0^\varepsilon u^{1/2}f_0(u)\mathrm{d}u$$

$$\begin{aligned}D=&\frac{\gamma}{3}\left(\frac{E}{N}\right)^2\left(\frac{\varepsilon}{\sigma_{\mathrm{m}}}\right)+\frac{\gamma k_{\mathrm{B}}T}{e}\varepsilon^2\sigma_\varepsilon\\&+\frac{e^2\gamma}{12\pi\varepsilon_0^2}\ln\frac{12\pi(2\varepsilon_0 e\varepsilon/3)^{3/2}}{e^3 n_{\mathrm{e}}^{1/2}}\left(\frac{n_{\mathrm{e}}}{N}\right)\left[\int_0^\varepsilon u^{3/2}f_0(u)\mathrm{d}u+\varepsilon^{3/2}\int_0^\infty f_0(u)\mathrm{d}u\right]\end{aligned}$$

$$\sigma_{\mathrm{m}}=\sum_k 2\left(\frac{m_{\mathrm{e}}}{M}\right)x_k\sigma_k$$

式中，σ_ε 为总弹性碰撞截面；ε_0 为真空介电常数；k_{B} 为玻尔兹曼常量；N 为气体数密度；M 为粒子质量。

式(6-12)中的 S 表示非弹性碰撞引起的能量损失：

$$S=\sum_k C_k-\gamma\lambda\varepsilon^{1/2}f_0 \tag{6-13}$$

C_k 是电子与其他粒子发生的第 k 类非弹性碰撞引起的能量损失，而电子与电子之间的碰撞因概率非常小，可忽略不计。C_{exc}、C_{att}、C_{ion} 分别为激发碰撞、吸附碰撞和电离碰撞引起的能量损失。

$$C_{exc}=-\gamma x_k[\varepsilon\sigma_k(\varepsilon)f_0(\varepsilon)-(\varepsilon+\Delta\varepsilon_k)\sigma_k(\varepsilon+\Delta\varepsilon_k)f_0(\varepsilon+\Delta\varepsilon_k)] \tag{6-14}$$

$$C_{att}=-\gamma x_k\varepsilon\sigma_k(\varepsilon)f_0(\varepsilon) \tag{6-15}$$

$$C_{ion}=-\gamma x_k[\varepsilon\sigma_k(\varepsilon)f_0(\varepsilon)-2(2\varepsilon+\Delta\varepsilon_k)\sigma_k(2\varepsilon+\Delta\varepsilon_k)f_0(2\varepsilon+\Delta\varepsilon_k)] \tag{6-16}$$

式中，$\Delta\varepsilon_k$ 为第 k 类碰撞的阈能；λ 是保证 f_0 满足归一化条件的因子，f_0 需要满足

$$\int_0^\infty f_0\varepsilon^{1/2}\mathrm{d}\varepsilon=1 \tag{6-17}$$

各碰撞的反应系数和平均电子能量可以分别通过下面积分得到：

$$K_k=\gamma\int_0^\infty \varepsilon\sigma_k(\varepsilon)f_0(\varepsilon)\mathrm{d}\varepsilon \tag{6-18}$$

$$\bar{\varepsilon}=\int_0^\infty f_0\varepsilon^{3/2}\mathrm{d}\varepsilon \tag{6-19}$$

气体中各组分的碰撞截面是玻尔兹曼解析法计算临界击穿场强的必要参数，其数值与电子能量有关，种类较多且非常复杂。碰撞截面参数一般由实验测得，然后通过计算修正得到较准确的数值。近年来，随着计算机科学技术的快速发展，神经网络、遗传算法、数值优化算法等方法被用来计算气体分子的碰撞截面，为气体输运和绝缘特性的进一步研究提供了重要的数据基础。

图 6-13 分别给出了 CO_2、SF_6 和 O_2 分子的碰撞截面参数，均取自 Plasma Data Exchange Project[24,25]，包括弹性动量转化、激发截面、电离截面和吸附截面。

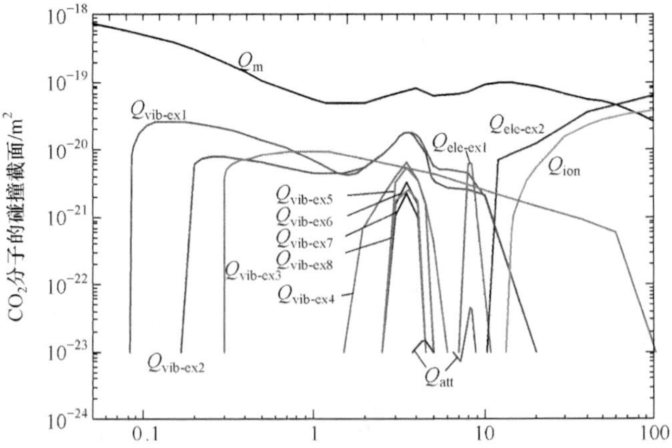

(a) CO_2的碰撞截面

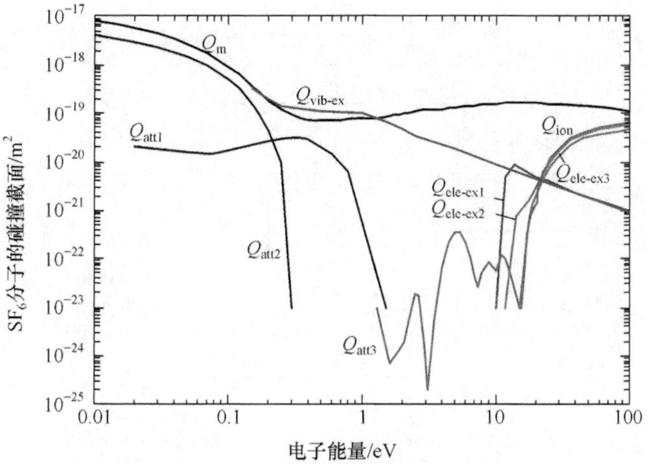

(b) SF_6的碰撞截面

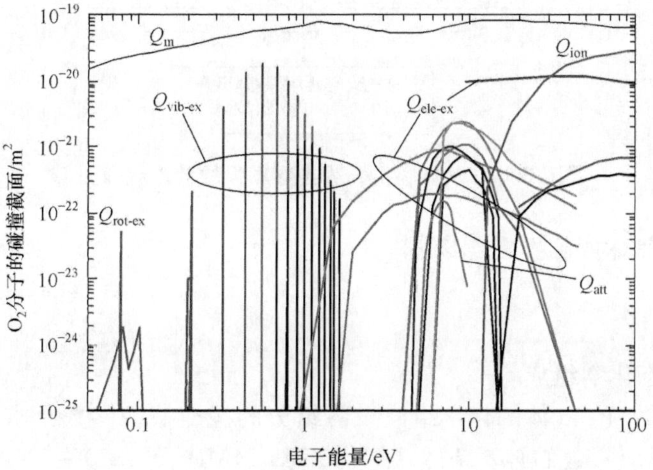

(c) O_2的碰撞截面

图 6-13 CO_2、SF_6 和 O_2 分子的碰撞截面

Q_m-动量转化；$Q_{rot\text{-}ex}$-转动激发；$Q_{vib\text{-}ex}$-振动激发；$Q_{ele\text{-}ex}$-电子激发；Q_{ion}-电离；Q_{att}-吸附

图 6-14 为气体临界折合击穿场强$(E/N)_{cr}$的计算流程，电子与中性粒子碰撞电离产生的电子数和吸附消耗的电子数达到平衡时的折合电场 E/N 即认为是$(E/N)_{cr}$，通过计算比较气体中各组分总电离反应系数和总吸附反应系数来确定。

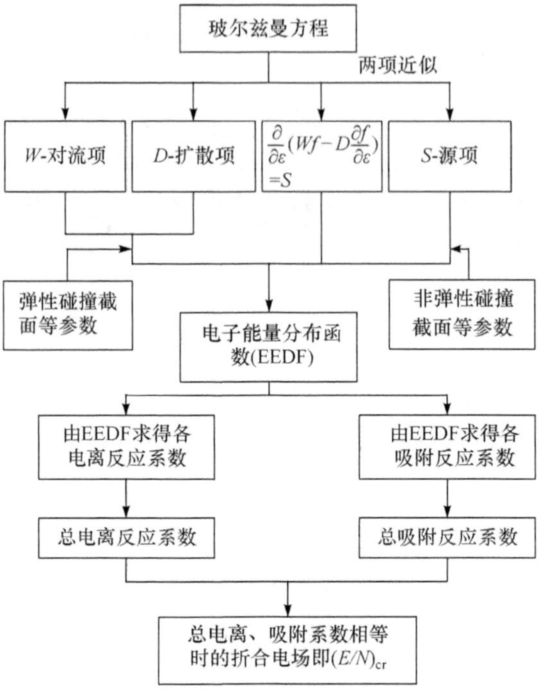

图 6-14　气体临折合界击穿场强的计算流程图

6.3.2　常用气体的临界击穿场强

1. SF_6 气体

1）平衡态化学组成

如前所述，SF_6 气体的化学组成及各组分的碰撞截面参数是求解玻尔兹曼方程和确定各反应系数的必要条件，图 6-15 为 0.4MPa 下、300～5000K 温度范围内 SF_6 气体的化学组成。在考虑的温度和压强范围内，SF_6气体中主要包含 10 种组分，分别为 SF_6、SF_5、SF_4、SF_3、SF_2、SF、F_2、F、S_2、S。可以看出，在较低温度范围内(如低于 1000K)，SF_6 分子基本未发生热分解，气体组分变化较小，而当温度超过 1500K 后，SF_6 分子的热分解加剧，SF_6 含量迅速降低，产生出较小的分子与原子，其中 SF_4、SF_2、F 等产物的含量明显增大，并对气体性质起主要作用。在断路器开断短路电流过程中，灭弧室内气体压力可能从几个大气压到几十个大气压，因此本节还计算不同压力下热态 SF_6气体的平衡态化学组成。SF_6、SF_4和 F 三种粒子在考虑的温度和压力范围内含量较大，对气体电击穿特性影响较显著，图 6-16 给出了 300～3000K 温度范围内 SF_6气体中这三种粒子摩尔分数的变化。由图可以看出，在较低温度范围内，SF_6 含量随着压力增大基本不变，而在较高温度范围内，随着压力增大，SF_6、SF_4 和 F 三种粒子含量的变化明显延迟，其原因可根据 Chatelier 原理解释[26]，增大压力可将气体中分子的热分解转移到更高温度范围。

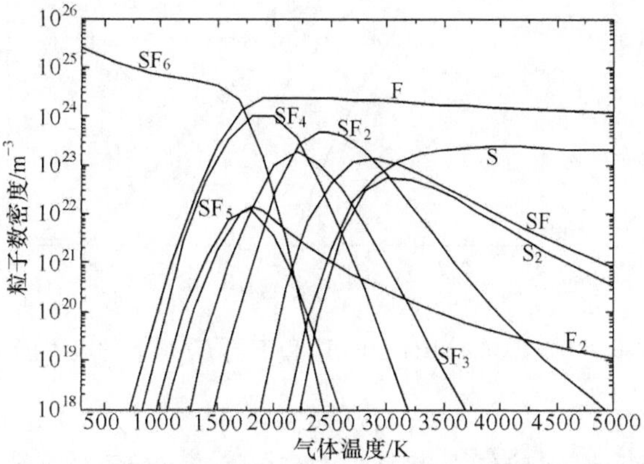

图 6-15　气体压力 0.4MPa、温度范围 300～5000K 内 SF_6 气体的化学组成

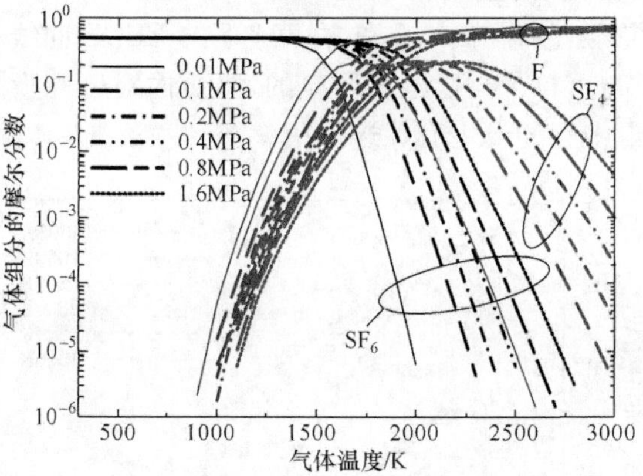

图 6-16　300～3000K 范围内 SF_6 气体中 SF_6、SF_4 和 F 的摩尔分数变化

2）电子能量分布函数

通过求解玻尔兹曼方程，可以得到不同电场、压力、温度下的电子能量分布函数(electron energy distribution function，EEDF)，图 6-17 为压力 0.4MPa、温度 2000K、不同折合电场 E/N 下 SF_6 气体中的电子能量分布函数 EEDF。由于高电场对自由电子的强烈加速作用，高能电子的比例随 E/N 增大而增多，因而较低电子能量范围内时 EEDF 数值随 E/N 增大而减小，较高电子能量范围内 EEDF 随 E/N 增大而增大。

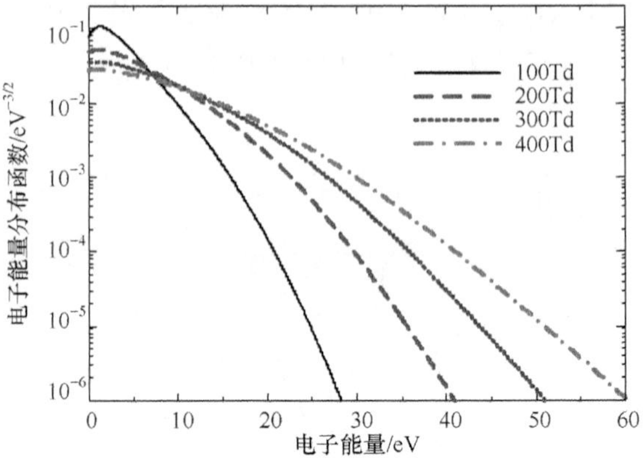

图 6-17　SF_6 气体在 0.4MPa、2000K 和不同 E/N 下的电子能量分布函数

折合电场 150Td、压力 0.4MPa、不同温度下 SF_6 气体中的电子能量分布函数 EEDF 如图 6-18 所示，在较低温度范围内（500K、1000K、1500K），由于 SF_6 气体中的分子分解非常微弱，因而 EEDF 曲线较为接近；随着温度进一步升高，EEDF 曲线的形态发生显著变化，高能电子比例明显增多；然后在 2500～3000K 范围内，SF_6 气体组分变化趋缓，使得 2500K 和 3000K 下的 EEDF 曲线相差较小。电子动能增大有助于电子与重粒子碰撞电离反应的发生，而对碰撞吸附反应有明显抑制作用，因而对气体电击穿的发生有促进作用。

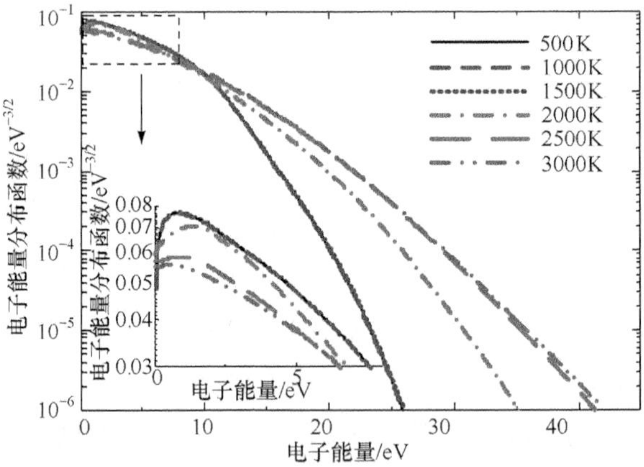

图 6-18　SF_6 气体在 150Td、0.4MPa 和不同温度下的电子能量分布函数

气体压力对 SF_6 气体中的电子能量分布函数的影响如图 6-19 所示。如前所述，增大压力会抑制气体分子的热分解反应，将其转移到更高温度区域。因此，随压力增大，较低电子能量值所对应的 EEDF 增大，即高能电子比例降低，有利于对碰撞电离反应的抑制和对碰撞吸附反应的促进作用。

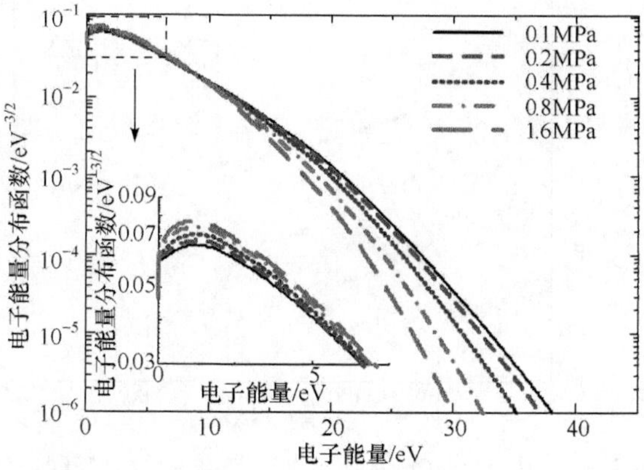

图 6-19　SF_6 气体在 150Td、2000K 和不同压力下的电子能量分布函数

3）电离与吸附反应系数

基于上述得到的不同温度和压力下 SF_6 气体的电子能量分布函数，可以进一步计算得到 SF_6 气体中的电离与吸附反应系数。图 6-20 和图 6-21 分别为 0.4MPa、不同温度下 SF_6 气体的折合电离反应系数 α/N 和折合吸附反应系数 η/N。在温度较低时，由于气体热分解较弱，气体组分变化小，α/N 和 η/N 的曲线均比较接近；随温度升高，SF_6 分子分解为吸附能力较弱的小分子和原子，使得 α/N 明显增大而 η/N 显著减小。基于图 6-20 和图 6-21 的 α/N 和 η/N，可以得到压力 0.4MPa、不同温度下 SF_6 气体的折合有效电离反应系数 $(\alpha-\eta)/N$，如图 6-22 所示。在较低温度范围内，α/N 和 η/N 均变化较小，因而 $(\alpha-\eta)/N$ 的差异也较小；随温度升高，α/N 增大而 η/N 减小，使得 SF_6 气体的 $(\alpha-\eta)/N$ 明显增大，从而 SF_6 气体的临界折合击穿场强 $(E/N)_{cr}$ 明显降低。

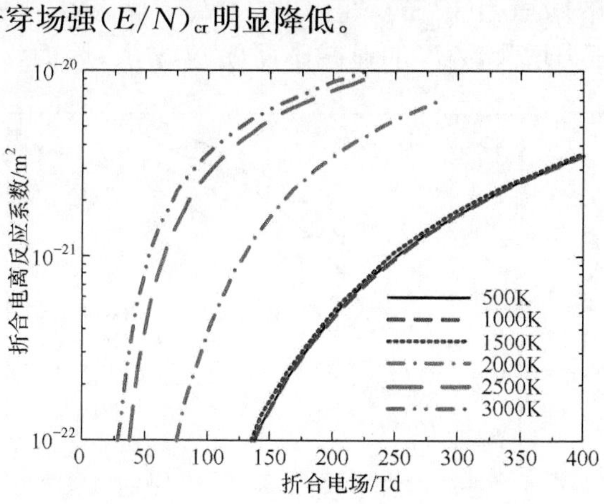

图 6-20　SF_6 气体在 0.4MPa 压力、不同温度下的折合电离反应系数 α/N

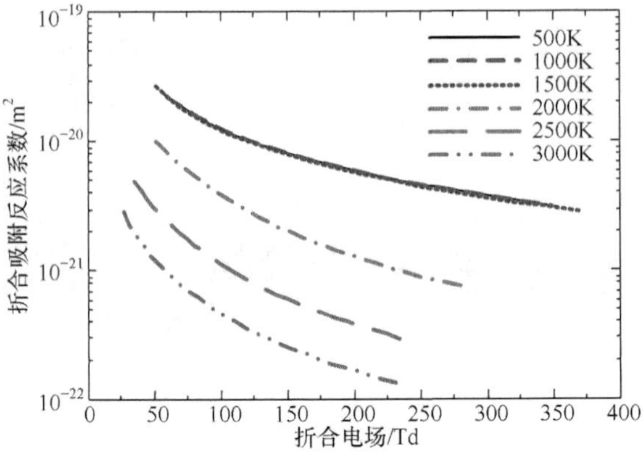

图 6-21 SF_6 气体在 0.4MPa 压力、不同温度下的折合吸附反应系数 η/N

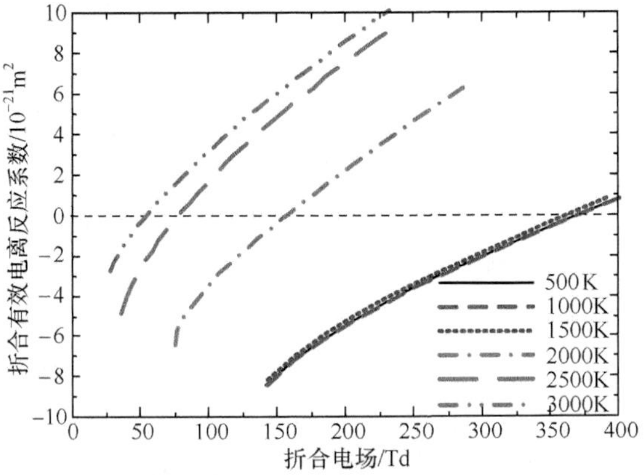

图 6-22 SF_6 气体在 0.4MPa 压力、不同温度下的折合有效电离系数$(\alpha-\eta)/N$

温度 2000K、不同压力下 SF_6 气体的 α/N、η/N 和$(\alpha-\eta)/N$ 如图 6-23～图 6-25 所示。随压力增大,α/N 明显减小而 η/N 增大,因而$(\alpha-\eta)/N$ 随压力增

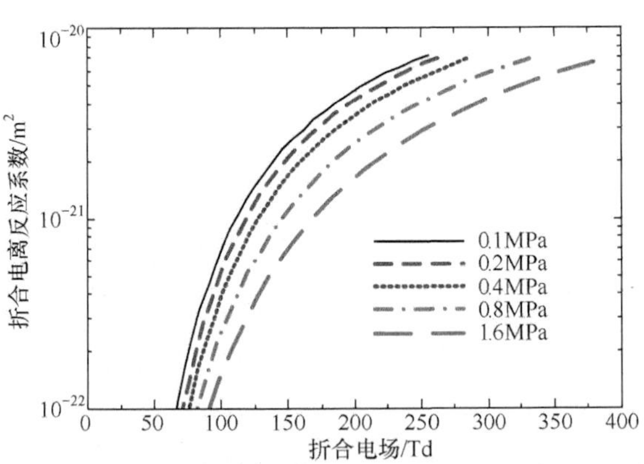

图 6-23 SF_6 气体在 2000K、不同压力下的折合电离反应系数 α/N

大而显著减小，有助于自由电子数量的降低，从而抑制电子崩及击穿过程的发展。由$(\alpha-\eta)/N$曲线与零值线的交点可以确定温度 2000K、不同压力（0.1MPa、0.2MPa、0.4MPa、0.8MPa、1.6MPa）下 SF_6 气体的$(E/N)_{cr}$分别约为 95Td、104Td、123Td、157Td、198Td。

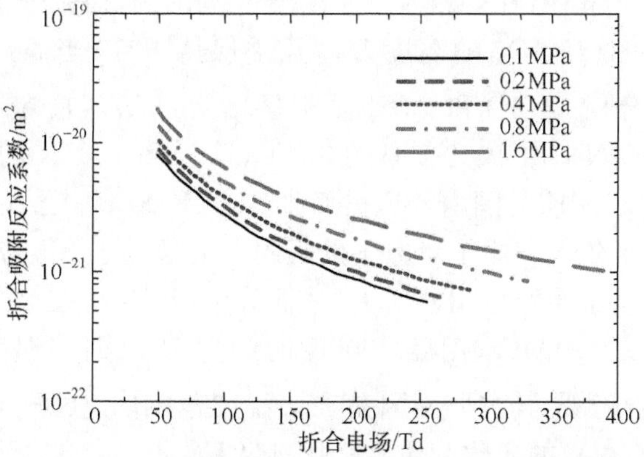

图 6-24　SF_6 气体在 2000K、不同压力下的折合吸附反应系数 η/N

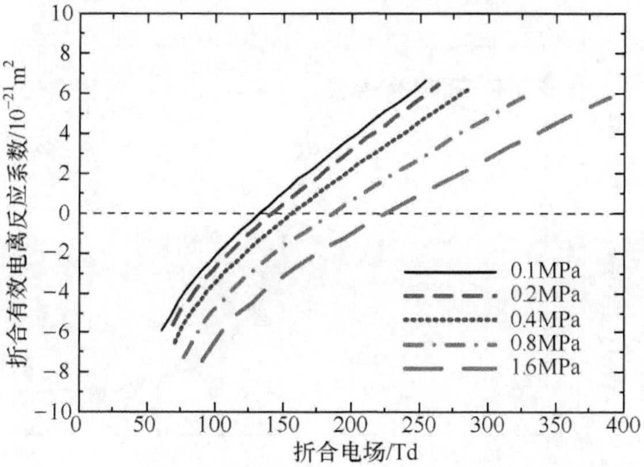

图 6-25　SF_6 气体在 2000K、不同压力下的折合有效电离系数$(\alpha-\eta)/N$

4）临界击穿场强

图 6-26 为 SF_6 气体在压力 0.4MPa 和 0.8MPa 下，温度范围 300～3500K 内的临界折合击穿场强$(E/N)_{cr}$的计算结果与文献值对比。整体而言，$(E/N)_{cr}$的计算值随温度的变化趋势与文献值相同，且 0.4MPa 下$(E/N)_{cr}$的计算值与文献[27]、[28]中 0.4MPa 下的结果吻合较好，0.8MPa 下$(E/N)_{cr}$的计算值与文献[29]中 0.7MPa 下的结果较为接近，此外较低温度时 0.4MPa 和 0.8MPa 下的$(E/N)_{cr}$相差较小，但随着温度升高，两者差异变得显著，0.8MPa 下的$(E/N)_{cr}$明

显高于 0.4MPa 下的值。此外，在室温下的计算结果与文献[30]的测量结果相当。

SF_6 气体的$(E/N)_{cr}$随温度变化较为显著，该变化主要是由 SF_6 气体组分、电子与重粒子之间能量交换率等随温度的变化引起的。在 300～3500K 范围内 SF_6 气体中 SF_6、F 和 SF_4 较多，这三种粒子对$(E/N)_{cr}$的变化起主要作用。可对图 6-26 结果做如下解释：在 300～1000K 温度范围内，SF_6 分子几乎未发生热分解，因此 SF_6 气体的$(E/N)_{cr}$随温度升高几乎保持不变；当温度为 1000～1500K 时，SF_6 分子开始分解，χ(F) 和 $\chi(SF_4)$ 明显增大，$(E/N)_{cr}$略有降低。具体地，0.4MPa 压力下$(E/N)_{cr}$由 1000K 时的 364Td 降低到 1500K 的 350Td；随温度继续升高，在 1500～2000K 范围内，SF_6分解加速，F 和 SF_4等较小的分子与粒子含量迅速加大，而这些小分子和原子对电子的吸附能力远低于 SF_6分子。另外，随温度升高，动能较大的电子比例也明显增大，从而导致$(E/N)_{cr}$在该温度范围内随温度升高快速跌落，压力 0.4MPa、温度 2000K 时约为 120Td；当温度为 2000～2300K 时，$(E/N)_{cr}$的跌势趋缓，其主要原因是在该温度范围内 $\chi(SF_4)$较大，并且维持在一定范围内，对$(E/N)_{cr}$的变化起主要作用；随温度进一步升高到 3000K，SF_4 分子的热分解显著，$\chi(SF_4)$减小，χ(F)增大，而 F 对电子吸附作用非常小，$(E/N)_{cr}$再一次迅速减小，最终当 F 起主导作用后，$(E/N)_{cr}$趋于一个相当小的值，约 40Td。

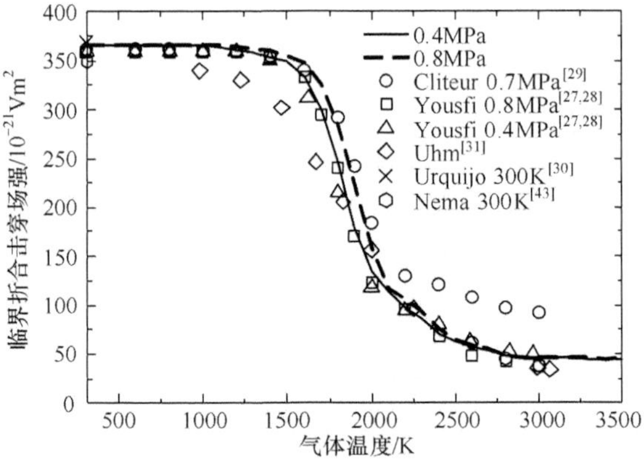

图 6-26　0.4MPa 和 0.8MPa 下 300～3500K 温度范围内 SF_6 气体的临界折合击穿场强$(E/N)_{cr}$与文献值的对比

图 6-27 为不同压力下热态 SF_6 气体的临界折合击穿场强$(E/N)_{cr}$。由图可以看出，提高压力可以有效推迟 SF_6气体$(E/N)_{cr}$随温度的变化，其主要原因是压力对 SF_6 分子热分解的抑制作用。在对断路器弧后电击穿特性评估等应用时，需要知道不同压力和温度下气体的临界击穿场强 E_{cr}，E_{cr}等于$(E/N)_{cr}$与粒子数密度 N 的乘积。图 6-28 为热态 SF_6气体的临界击穿场强 E_{cr}随温度和压力的变化。由图可见，当温度较低时，E_{cr}随压力增大而迅速增大，而在较高温度范围内，不同压力

下的 E_{cr} 均较小，说明温度较高时 SF_6 气体更容易击穿。

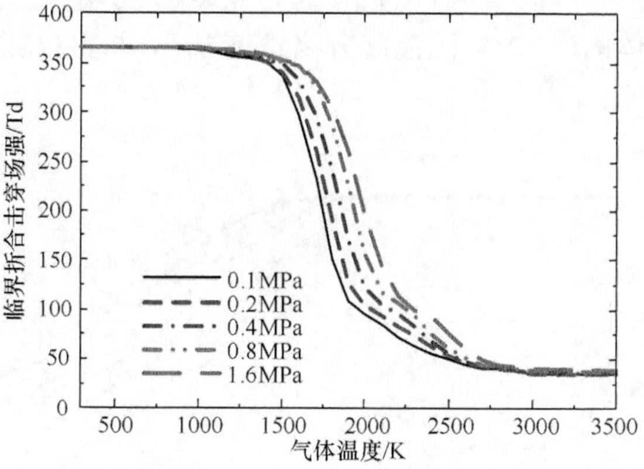

图 6-27　不同压力下热态 SF_6 气体的临界折合击穿场强 $(E/N)_{cr}$

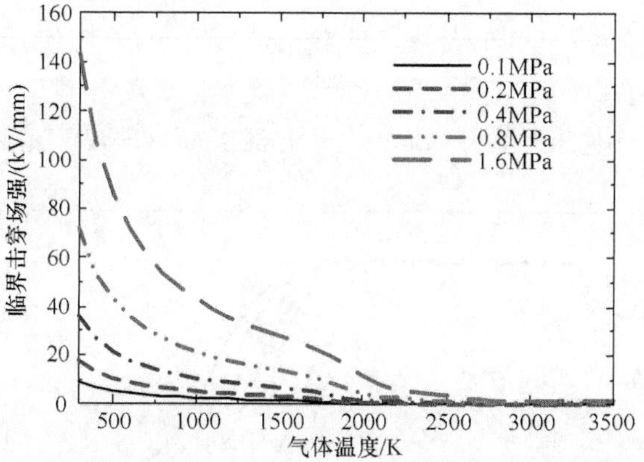

图 6-28　不同压力下热态 SF_6 气体的临界击穿场强 E_{cr}

2. 几种常见气体或混合气体

本节介绍几种常见气体或混合气体的临界击穿场强特性，其计算方法与前述 SF_6 气体类似，在此不再详细论述。

1) SF_6/N_2 混合气体

N_2 气体液化温度低、绝缘特性优良、无毒、无温室效应，因而 SF_6/N_2 混合气体被认为是一种非常有潜力的 SF_6 替代气体[31,32]，并且作为绝缘介质在工程中已有应用[33]。

图 6-29～图 6-31 分别为不同压力和混合比例(95%-5%、50%-50%、5%-95%)下 SF_6/N_2 混合气体折合临界击穿场强 $(E/N)_{cr}$ 随温度的变化。结果表明，

三种混合比例下混合气体的$(E/N)_{cr}$当温度低于1000K时均不随温度发生变化，且温度较低时混合气体的$(E/N)_{cr}$随SF_6含量增多而增大。然而，当温度高于1500K时，混合气体的$(E/N)_{cr}$随温度升高迅速减小，并且$(E/N)_{cr}$的骤减现象随SF_6含量增多而加剧。

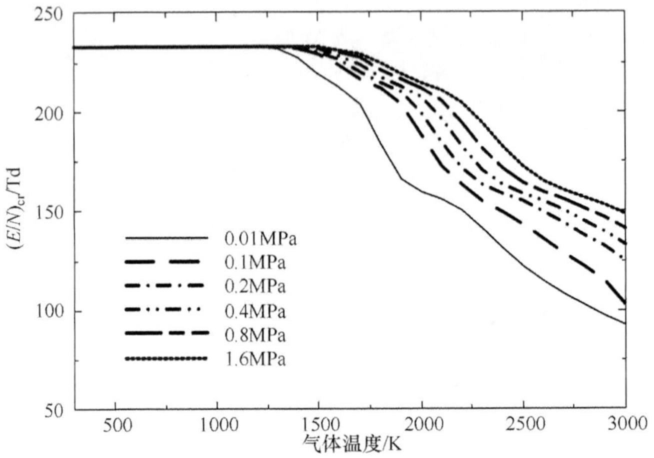

图6-29　不同压力下5% SF_6/95% N_2混合气体$(E/N)_{cr}$随温度的变化

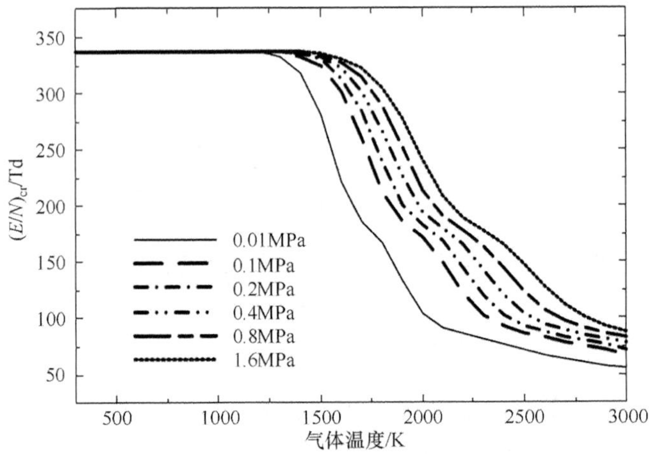

图6-30　不同压力下50% SF_6/50% N_2混合气体$(E/N)_{cr}$随温度的变化

由图6-29～图6-31可知，压力对SF_6/N_2混合气体折合临界击穿场强$(E/N)_{cr}$存在较大影响，当温度$T<1000K$时，压力变化几乎对$(E/N)_{cr}$无明显作用；当温度$T>1500K$时，提高压力可以使$(E/N)_{cr}$明显增大。$(E/N)_{cr}$随压力变化的主要原因是气体分子随温度升高所发生的热分解作用，以及压力升高对分子热分解反应的延迟作用。

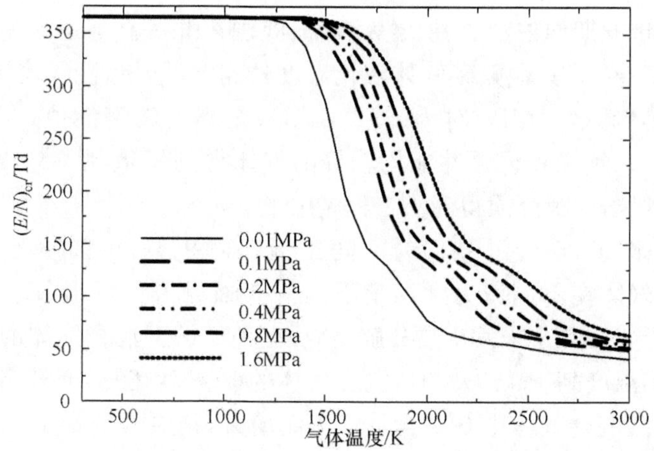

图 6-31　不同压力下 95% SF_6/5% N_2 混合气体$(E/N)_{cr}$随温度的变化

此外，图 6-32 还给出了一些文献实验[34,35]和计算得到的 SF_6/N_2 混合气体的$(E/N)_{cr}$，在一定程度上验证了本节计算方法与参数的有效性。还可以看出，在较高温度范围内(2000～3000K)，提高 SF_6/N_2 混合气体中 N_2 的含量能有效增大$(E/N)_{cr}$，并且在该温度范围内三种比例下 SF_6/N_2 混合气体的$(E/N)_{cr}$均明显高于纯 SF_6 气体。引起该变化规律的原因主要是 N_2 较大的振动激发碰撞截面，电子与 N_2 分子之间频繁的振动激发碰撞能有效地降低电子动能，从而降低电离碰撞反应。

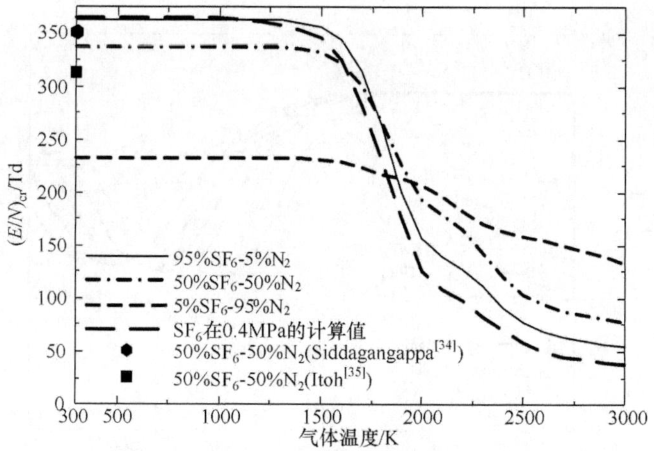

图 6-32　0.4MPa 压力下不同比例 SF_6/N_2 混合气体$(E/N)_{cr}$随温度的变化

2) SF_6/CF_4 混合气体

为了适应俄罗斯西伯利亚、加拿大西部、我国东北等高寒地区的环境条件，同 c-C_4F_8、CF_3I、C_4F_8 等其他氟碳气体液化温度较高、N_2 灭弧性能较差等相比，CF_4 这种液化温度更低(0.1MPa 时为－128.1℃)、全球变暖潜能值(GWP)较小(为 SF_6 的 26.25%)、绝缘和灭弧性能均较好的气体得到了重视[36-38]，SF_6/CF_4 混合气体已作为绝缘与灭弧介质得到了工程应用[33]。

图 6-33～图 6-35 所示分别为不同比例(5%-95%，50%-50%和 95%-5%) SF_6/CF_4 混合气体在不同压力和温度下的折合临界击穿场强$(E/N)_{cr}$。当 $T<$ 1000K 时，混合气体几乎未发生热分解反应，三种比例下混合气体的$(E/N)_{cr}$均不随温度变化；当温度高于 1500K 时，混合气体的$(E/N)_{cr}$随温度升高迅速减小，并且减小的速率随混合气体中 SF_6 含量增多而增大，其原因是 SF_6 在该温度范围内发生剧烈的热分解反应，而 CF_4 则尚未发生热分解。由图中曲线还可看出，在 SF_6 含量较低的混合气体中，$(E/N)_{cr}$在较高温度范围内保持较高的数值，甚至出现随温度升高而增大的趋势，造成该现象的主要原因可解释如下：一方面，CF_4 分子热分解发生的温度较 SF_6 更高，而 CF_4 的电击穿强度高于在较高温度范围内大部分 SF_6 的分解产物；另一方面，CF_2 是 CF_4 的主要分解产物，并且 CF_2 对自由电子的吸附能力强于 CF_4[39,40]。此外，由压力 0.01MPa 下 5%SF_6/95%CF_4 混合气体$(E/N)_{cr}$随温度变化的曲线可以看出，当 $T>$2000K 时，$(E/N)_{cr}$先增大然后在 2500K 附近再次减小，其原因是 CF_2 的含量在 2500K 附近达到最大值，随后随温度升高而降低。

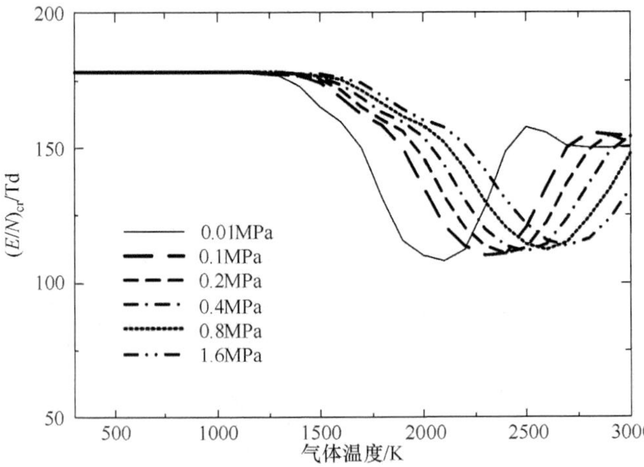

图 6-33 5% SF_6/95% CF_4 混合气体在不同压力和温度下的折合临界击穿场强$(E/N)_{cr}$

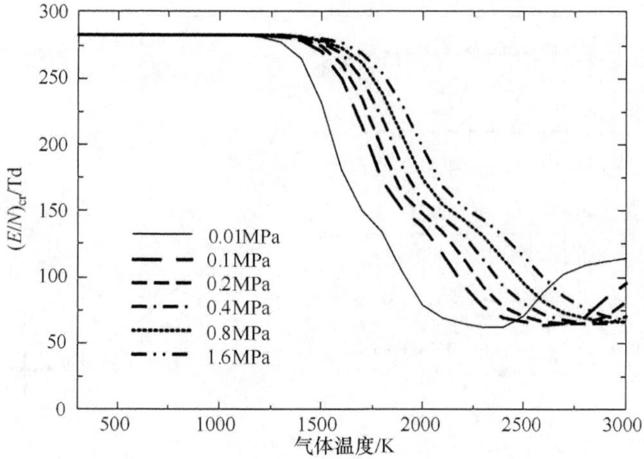

图 6-34　50% SF_6/50% CF_4 混合气体在不同压力和温度下的折合临界击穿场强$(E/N)_{cr}$

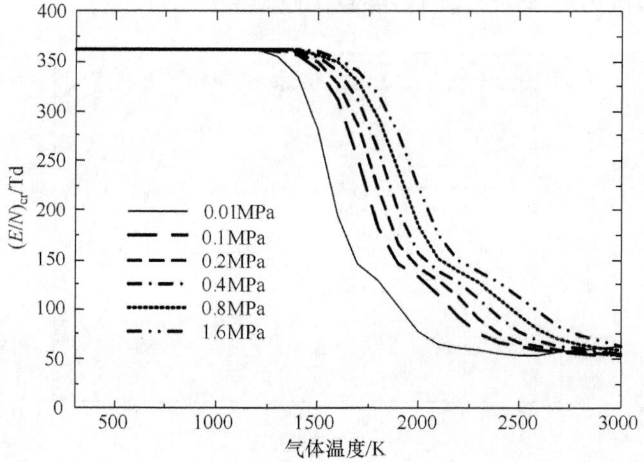

图 6-35　95% SF_6/5% CF_4 混合气体在不同压力和温度下的折合临界击穿场强$(E/N)_{cr}$

图 6-36 对比了压力 0.4MPa 下不同比例 SF_6/CF_4 混合气体的折合临界击穿场强$(E/N)_{cr}$。由图可以看出，与 SF_6/N_2 混合气体的情况类似，在较低温度范围内，混合气体的$(E/N)_{cr}$随 SF_6 含量增多而明显增大，然而当 $T>2200K$ 时，SF_6/CF_4 混合气体的折合临界击穿场强$(E/N)_{cr}$明显高于纯 SF_6，并且$(E/N)_{cr}$随 SF_6 含量增多而明显减小。

3) CO_2/O_2 混合气体

压力对 50%CO_2/50%O_2 混合气体$(E/N)_{cr}$的影响如图 6-37 所示，在较低温度范围内(<2000K)，压力对$(E/N)_{cr}$几乎没有影响，而随着温度升高，气体中分子

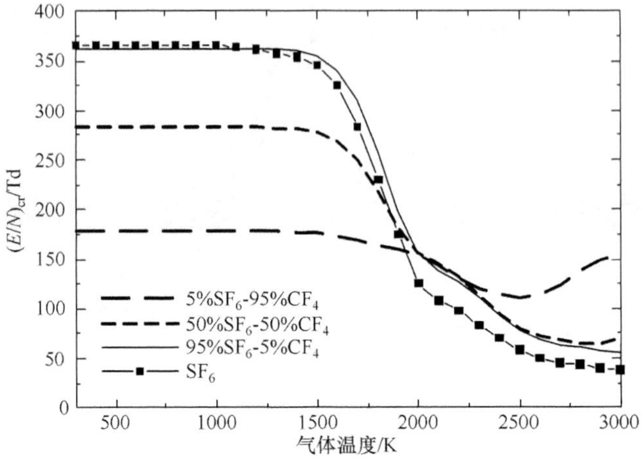

图 6-36 0.4MPa 下不同比例 SF_6/CF_4 混合气体的折合临界击穿场强$(E/N)_{cr}$

的热分解加剧，压力对$(E/N)_{cr}$的影响越来越显著。

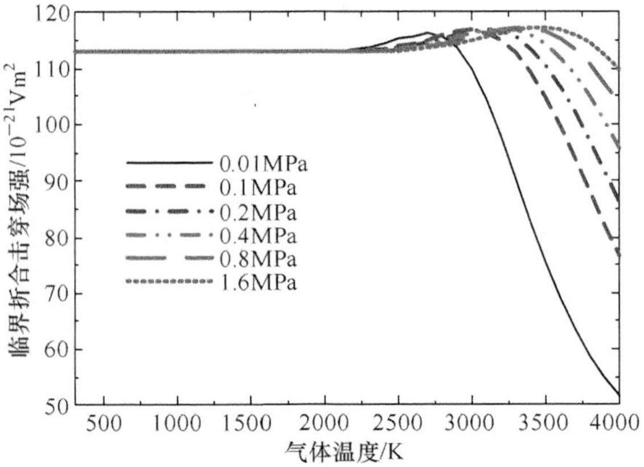

图 6-37 $50\%CO_2/50\%O_2$ 混合气体在不同压力下的临界折合击穿场强$(E/N)_{cr}$

图 6-38 为 0.4MPa 压力下不同比例 CO_2/O_2 混合气体的$(E/N)_{cr}$。由图可见，随温度升高，不同比例时混合气体表现出不同的变化趋势。在较低温度范围内，CO_2/O_2 混合气体的$(E/N)_{cr}$随 CO_2 含量增多而明显降低。当温度低于 2000K 时，各比例 CO_2/O_2 混合气体的$(E/N)_{cr}$几乎不变，主要由于在该温度范围内分子的热分解非常微弱。随着温度的进一步升高，CO_2 气体的$(E/N)_{cr}$逐渐增大，该现象与 SF_6气体的情况不同[SF_6 气体的$(E/N)_{cr}$随温度升高而减小]，其原因是 CO_2 热分解会产生 O_2，而 O_2的电负性明显强于 CO_2，因而能有效吸附自由电子，有利于获得较高的临界击穿场强；当温度高于 3500K 后，O_2 热分解显著，含量减小，而

产物 CO 和 O 对自由电子均无吸附能力，因此 CO_2 气体的 $(E/N)_{cr}$ 随温度升高而减小。CO_2 气体 $(E/N)_{cr}$ 的随温度升高先增大后减小的这一现象在 CO_2/O_2 混合气体中随 CO_2 混合比减小而减弱，而在 $10\%CO_2/90\%O_2$ 混合气体中没有发现。

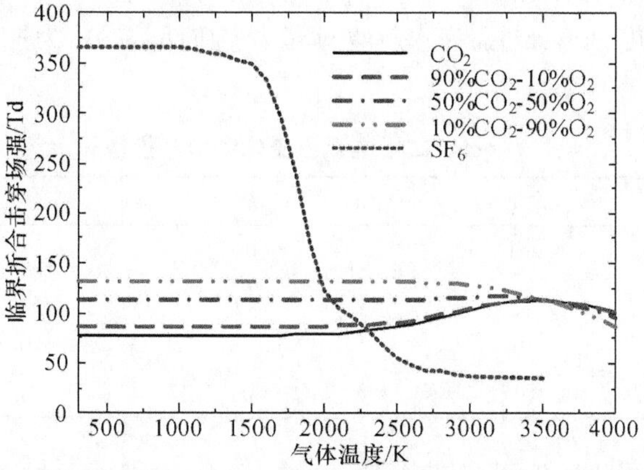

图 6-38　0.4MPa 压力下不同比例 CO_2/O_2 混合气体的临界折合击穿场强 $(E/N)_{cr}$

此外，由 6-38 还可看出，在温度较低范围内，SF_6 气体的 $(E/N)_{cr}$ 明显高于各比例的 CO_2/O_2 混合气体，然而随着温度升高，SF_6 气体的 $(E/N)_{cr}$ 迅速降低，当温度超过 2300K 后，CO_2/O_2 混合气体的 $(E/N)_{cr}$ 均较纯 SF_6 气体更高。其主要原因是随温度升高，SF_6 气体中的大分子（如 SF_6、SF_5、SF_4 等）分解为较小的分子和原子（如 S、F 等）。相比较而言，CO_2/O_2 混合气体中分子在考虑的温度范围内热分解较弱，分解温度较高。

6.4　SF_6 开关电弧等离子体

6.4.1　SF_6 电弧磁流体动力学仿真模型与弧后击穿特性评估方法

1. SF_6 电弧磁流体动力学仿真模型

高压气体断路器开断短路电流是一个涉及温度场、气流场、电磁场以及电弧与喷口、电极材料等相互作用的复杂的物理、化学过程。电弧仿真研究可有效节约断路器开发成本，缩短周期，同时有助于从理论上掌握开断过程的内在机理与影响机制，因而国内外众多研究者一直试图通过计算机仿真来研究电弧特性，为提高断路器的开断性能提供理论指导和借鉴。经过几十年的不懈努力，电弧仿真已能在一定程度上分析电弧特性，并作为辅助手段来优化设计断路器。

1）控制方程组

二维轴对称电弧磁流体动力学（MHD）模型是在气流场控制方程组的基础上

添加特定源项而建立起来的，可以用改进的 Navier-Stokes 方程组对其进行描述。方程组的标准形式如式(6-20)所示，各物理的表达式则如表 6-1 所示。

$$\frac{\partial(\rho\phi)}{\partial t}+\nabla\cdot(\rho\phi\boldsymbol{V})-\nabla\cdot(\Gamma\nabla\phi)=S_{\Phi} \tag{6-20}$$

式中，ρ 为气体密度，kg/m^3；ϕ 为求解物理量；t 为时间，s；$\boldsymbol{V}$ 为速度矢量；Γ 为扩散系数；S_{Φ} 为源项；

表 6-1　二维电弧磁流体动力学模型

控制方程	ϕ	Γ	S_{Φ}
质量守恒	1	0	0
轴向动量守恒	w	$\mu_l+\mu_t$	$-\partial p/\partial z+J_rB_\theta$+黏性项
径向动量守恒	v	$\mu_l+\mu_t$	$-\partial p/\partial r-J_rB_\theta$+黏性项
能量守恒	H	$(\lambda_l+\lambda_t)/C_p$	$\sigma E^2-q+\mathrm{d}p/\mathrm{d}t$+黏性耗散项

表中，w、v 为轴向、径向速度分量，m/s；J_z、J_r 为轴向、径向电流密度，A/m^2；μ_l、μ_t 为层流、湍流黏性，kg/(m · s)；λ_l、λ_t 为层流、湍流热导率，W/(m · K)；p 为气压，Pa；H 为焓，J/kg；B_θ 为磁场的环向分量，A/m；C_p 为比定压热容，J/(kg · K)；σ 为电导率，S/m；E 为电场强度，V/m；q 为辐射源项，J/m^3；

2）电弧引入的源项

电弧通常呈电中性，但其内部存在大量的正离子和电子，在自生磁场的作用下，会受到洛伦兹力的作用，短路电流越大，电弧受到的洛伦兹力也越强，此时的洛伦兹力不应忽略，因此在控制方程中需要分别添加 J_rB_θ 和 $-J_zB_\theta$ 两个动量源项，以表征电弧受到洛伦兹力的影响而引起的动量改变。电弧的能量来源于电流通过电弧时产生的焦耳加热，其值可由 σE^2 求得，电弧的能量耗散则主要有三个方式，即传导、对流和辐射。由于电弧是在气流场中燃烧，传导与对流已在气流场的方程中予以考虑，因此这两项无需单独计算，但电弧的辐射则需要增加额外的源项来描述，即 $-q$，其中负号代表辐射是能量的一种耗散过程。此外要求的洛伦兹力的大小首先需求出磁场的环向分量 B_θ。磁场的求解采用毕奥-萨伐尔定律，计算的表达式如式(6-21)所示，μ_0 为真空磁导率，r 为电弧半径。电场强度 E 的求解采用的是电流的连续方程，如式(6-22)所示，φ 为电位。

$$B_\theta=\frac{\mu_0}{r}\int_0^r J_z r\,\mathrm{d}r \tag{6-21}$$

$$\nabla\cdot(\sigma\nabla\varphi)=0 \tag{6-22}$$

辐射源项 q 的求解中，常采用的典型辐射模型有净辐射系数(net emission coefficient，NEC)法、局域特征法(method of partial characteristics，MPC)法和 P1 模型法。考虑到净辐射系数法计算快速、节约计算成本等优点，本章计算借鉴 Fang

等改进的净辐射系数法[41]，即认为电弧弧柱内存在弧心和再吸收两个区，弧心区辐射出的总能量，80%被电弧再吸收区所吸收，最终辐射出电弧弧柱的净能量仅为弧心辐射总量的 20%。

此外需要指出，本节计算采用了一些基本的假设：①SF_6 电弧的形状是呈轴对称的；②SF_6 电弧等离子体处于局部热平衡状态；③SF_6 电弧等离子体处于局部化学平衡状态；④SF_6 电弧等离子体具有电中性。

3）湍流模型

湍流是非定常、不规则(非周期性的)流动，湍流会引起流体介质之间交换动量、能量和浓度发生变化。在高压气体断路器中，受到灭弧室结构与电极间电弧的影响，气流场中不可避免地要产生湍流。从二维电弧 MHD 模型控制方程组中可以看出，模型的动量和能量方程中均包含了湍流相关项，而该项需要通过建立湍流模型来求得。湍流模型的研究一直是计算流体力学界的难点和热点问题，各国学者先后提出多种湍流模型，总体上可分为零方程、单方程和两方程模型。K-epsilon 湍流模型是一种两方程模型，方程求解的两个湍流参数为 k 和 ε，分别表示湍流动能和湍流耗散率。K-epsilon 湍流模型在工程流体力学计算中已得到广泛应用，能够较好满足高压断路器气流场仿真的需要，该模型的表达式如下：

$$\frac{\partial}{\partial t}(\rho k)+\frac{\partial}{\partial x_i}(\rho k u_i)=\frac{\partial}{\partial x_j}\left[\left(\mu+\frac{\mu_1}{\sigma_k}\frac{\partial k}{\partial x_j}\right)\right]+G_k+G_b-\rho\varepsilon-Y_M+S_k \tag{6-23}$$

$$\frac{\partial}{\partial t}(\rho\varepsilon)+\frac{\partial}{\partial x_i}(\rho\varepsilon u_i)=\frac{\partial}{\partial x_j}\left[\left(\mu+\frac{\mu_1}{\sigma_e}\right)\frac{\partial\varepsilon}{\partial x_j}\right]+C_{1e}\frac{\varepsilon}{k}(G_k+C_{3e}G_b)-C_{2e}\rho\frac{\varepsilon^2}{k}+S_e \tag{6-24}$$

式中，G_k 和 G_b 为湍流动能生产项；S_k 和 S_e 为用户自定义源项；σ_k 和 σ_e 为普朗特数；Y_M 为湍流动能耗散项；C_{1e}、C_{2e}和 C_{3e}为常数。

求解出湍流动能与湍流耗散率之后，湍流黏度可由式(6-25)求得。

$$\mu_t=\rho C_\mu\frac{k^2}{\varepsilon} \tag{6-25}$$

式中，C_μ 为常数。

计算过程中，需要提供的各常数均选取默认值，即

$$C_{1e}=1.44,C_{2e}=1.92,C_\mu=0.09,\sigma_k=1.0,\sigma_e=1.3。$$

综上可以看出，气流场、电弧及湍流模型是由十分复杂的方程组成的，而且方程的数量较多。近几年来，随着计算机技术的发展，大量的商用计算软件包为控制方程组的求解提供了省时高效的方法。目前在气流场及电弧仿真方面运用较多的软件有 PHOENICS、ANSYS Fluent、COMSOL Multiphysics 等。考虑到 ANSYS Fluent 软件在求解气流场方面的优势及其方便的用户交互界面和程序接口，本节

选用该软件并对其进行二次开发来求解控制方程组，以实现气流场及电弧特性的计算和仿真研究。

4）喷口烧蚀模型

喷口烧蚀蒸气是自能式结构中喷口区域与膨胀室内压力升高的主要因素之一，使得自能式 SF_6 断路器灭弧室结构中的喷口烧蚀现象非常严重，不应忽略。

本节介绍如何将电弧辐射烧蚀喷口模型引入二维电弧磁流体动力学模型中，其中忽略了传导及对流功率对喷口烧蚀的影响。由前述电弧辐射模型可知，电弧弧心区净辐射出的总能量经过弧柱再吸收区吸收后，只有剩余 20%的净辐射能量会传向喷口表面，而这部分能量在传播中又会有近 10%的能量以其他形式损失掉，因此，最终到达喷口引起喷口烧蚀的能量仅为电弧净辐射总能量的 18%。

若以 Q 代表单位长度内电弧弧心区净辐射出的总能量，Q_a 代表单位长度内传至喷口表面用于烧蚀的能量，则 $Q_a=0.18Q$。当喷口被电弧烧蚀而产生 PTFE 蒸气时，蒸气会以一定的初速度进入气流场和电弧中，初速度的大小可由产生蒸气的质量通量求得。

将喷口烧蚀模型加入到二维电弧的磁流体动力学模型中时，有三个物理量需要求解，即喷口材料的烧蚀速率、烧蚀蒸气引起的方程源项变化量以及烧蚀蒸气的扩散系数。

（1）喷口材料的烧蚀速率。当单位长度内的辐射能量 Q_a 传至喷口表面时，固态的喷口材料吸收一部分能量后转变为 PTFE 蒸气，由于喷口壁面附近 PTFE 蒸气的温度在 3400K 左右，因此可认为仅当靠近喷口内侧壁面一层网格中气体的温度到达 3400K 及以上时，才会产生喷口的烧蚀现象。若单位质量 PTFE 蒸气产生所需要的能量值用 h_a 来表示，$h_a=1.19\times10^7\text{J/kg}$，则求解喷口材料烧蚀速率 m_a 的表达式为

$$Q_a=m_a h_a \tag{6-26}$$

（2）方程源项的变化量。当喷口烧蚀产生的 PTFE 进入 SF_6 气体及电弧中时，会引起控制方程中质量、动量及能量源项的变化。质量源项变化表现为 PFTE 蒸气引起系统总质量的增加，增加量为单位体积内 PTFE 的烧蚀速率，通过式(6-25)计算得到的单位面积上的烧蚀速率与喷口内侧壁面一层网格体积间的关系即可求得。动量源项变化表现为 PTFE 蒸气引起系统径向速度的减小，则径向动量的增加量为 $-m_a v$。能量源项表现为 PTFE 蒸气引起系统能量的增加。若用 H_a 表示单位质量 PTFE 蒸气所携带的能量，则能量源项的增加量为 $m_a H_a$。其中，H_a 可由式(6-27)求得。

$$H_a=C_v(p,T_a)T_a+0.5v^2+p/\rho \tag{6-27}$$

式中，C_v 为 PTFE 蒸气的比定容热容，J/(kg · K)；T_a 为 PTFE 蒸气的初始温度，

即 3400K；p 为气压压力，Pa；ρ 为混合气体密度，kg/m^3；

(3) 烧蚀蒸气的扩散系数。当电弧烧蚀喷口材料产生 PTFE 蒸气之后，蒸气与 SF_6 气体混合并逐渐扩散至电弧等离子体及其余 SF_6 气体中。这一过程需要引入一个组分输运方程来实现，其表达式如下：

$$\frac{\partial(\rho c_m)}{\partial t}+\nabla\cdot(\rho c_m \boldsymbol{V})-\nabla\cdot(\Gamma_{c_m}\nabla c_m)=m_a \tag{6-28}$$

$$c_m=\frac{n_{PTEE}M_{PTFE}}{n_{SF_6}M_{SF_6}+n_{PTFE}M_{PTFE}} \tag{6-29}$$

式中，c_m 为 PTFE 蒸气的质量分数；Γ_{c_m} 为 PTFE 蒸气的扩散系数；n_{PTFE} 为 PTFE 蒸气的物质的量；M_{PTFE} 为 PTFE 蒸气的摩尔质量；n_{SF_6} 为 SF_6 蒸气的物质的量；M_{SF_6} 为 SF_6 蒸气的摩尔质量。

PTFE 蒸气的扩散系数包含有层流和湍流两个部分的分量，可用式(6-30)表示。层流分量 D_l 和湍流分量 D_t 可分别由式(6-31)和式(6-32)求得。其中，层流分量的扩散过程中仅考虑了起主要作用的质量浓度扩散项。

$$\Gamma_{cm}=\rho(D_l+D_t) \tag{6-30}$$

$$D_l=\frac{n^2}{\rho^2}\overline{m}_{PTFE}\overline{m}_{SF_6}\overline{D}^x \tag{6-31}$$

$$D_t=\frac{\mu_t}{\rho S_{c_t}} \tag{6-32}$$

式中，n 为混合气体物质的量；ρ 为混合气体密度；$\overline{m}_{PTFE}$ 为 PTFE 蒸气中重粒子的平均质量；$\overline{m}_{SF_6}$ 为 SF_6 气体中重粒子的平均质量；$\overline{D}^x$ 为质量浓度差异引起的扩散系数项；μ_t 为湍流黏度；S_{c_t} 为 Schmidt 参数，取值为 1。

5）阀的运动模型

自能式 SF_6 断路器利用电弧本身的能量来帮助熄弧，较压气式结构具有体积小、重量轻、操作功小等特点。为了获得较高的电流开断能力，自能式灭弧室结构常设计多个气室与阀结构。

根据阀的运动特点，可将阀的运动形式分为间断运动与连续运动两类。间断运动是阀的两侧面没有施力部件，不考虑重力和摩擦力的情况下，阀的运动仅受两侧面上气压作用，其开和关的位置各仅有一处，并且阀从开到关或者从关到开时位置转变的时间极短，如单向阀与回气阀的运动。连续运动是阀的一个侧面或者两个侧面上会受到弹簧等部件的挤压，不考虑重力、摩擦力的情况下，阀的运动不仅会受到两侧面上气压作用，还会受到施力部件挤压的影响，其打开的位置不止一处，阀可以连续打开或者关闭，阀从关闭到打开至最大位置或者相反运动时，位置转变的整体时间相对较长。泄压阀如图 6-39 所示为三个阀的开、关位置示意图。

其中“0”代表阀的关闭位置，“1”、“1_a”、“1_b”、“1_c”、…、“1_n”代表阀的打开位置。

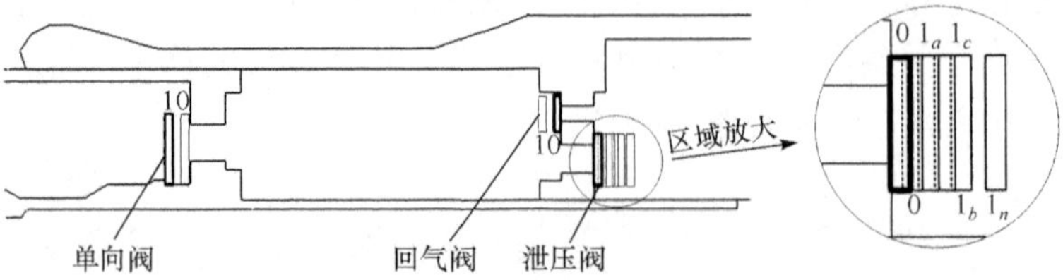

图 6-39　三个阀的开、关位置示意图

根据阀的两类运动形式，可分别选用区域属性变更与滑移、动网格技术来实现阀的开关过程。单向阀与回气阀的动作可通过变更材料属性来实现，然而由于泄压阀的运动是连续的过程，很难采用属性变更的方法来实现操作，此时可选用滑移网格与动网格相结合的方法来模拟泄压阀的运动。

2. 电弧弧后击穿特性评估方法

1) 弧后热击穿特性评估方法

评估流程第一步中需要建立考虑电弧零区行为的零区电弧模型。Smeets 等通过大量实验，总结出了描述电弧行为的串联黑盒模型[42]，其结构如图 6-40 所示。该电弧模型包含三个子模块，子模块为描述电压电流关系的一阶微分方程。第一个子模块近似于 Cassie 模型，代表电弧的“慢过程”；第二个子模块为 Cassie-Mayr 模型，代表电弧的“中过程”；第三个子模块近似于 Mayr 模型，代表电弧的“快过程”。相比于单纯的 Mayr 电弧模型，串联黑盒模型可以更为准确地考虑电弧零区特性，本节主要介绍利用该模型来研究弧后热击穿特性的方法。

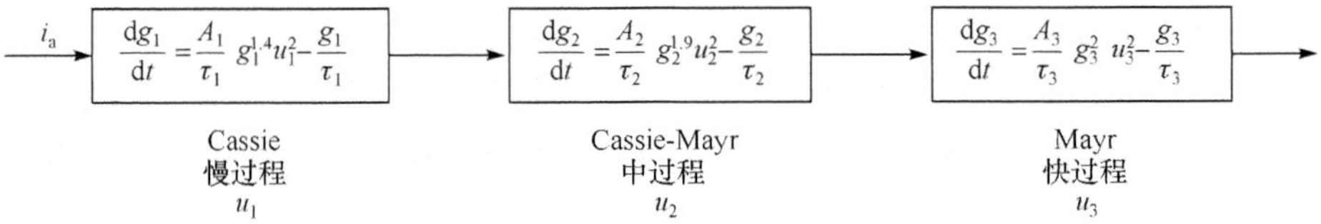

图 6-40　串联黑盒模型

图 6-40 中，A_1、A_2 和 A_3 为电弧散热功率的倒数，τ_1、τ_2 和 τ_3 为电弧时间常数，g_1、g_2 和 g_3 为电弧电导。子模块间电弧能量耗散系数和电弧时间常数存在以下关系：$\tau_1=m_1\tau_2$、$\tau_2=m_2\tau_3$、$A_3=m_3A_2$，因此模型中包含六个独立参数 τ_1、A_1、A_2、m_1、m_2 和 m_3，其中 τ_1、A_1 和 A_2 代表电弧参数，m_1、m_2 和 m_3 代表断路器参数。

这里基于上述串联黑盒模型，以零前电弧电流作为输入量，借助遗传算法对 MHD 电弧模型仿真得到的电弧电压进行非线性拟合，从而提取得到上述电弧参数。遗传算法是借鉴生物界的进化规律，即适者生存、优胜劣汰的遗传机制演变而来的搜索方法。其主要优点是直接对函数对象进行操作,不对函数可微性和连续性做出要求;同时评价多重潜在解,具有隐含的并行计算性和优异的全局寻优能力;采用概率化的寻优方法,能够自适应地调整搜索方向和自动优化搜索空间。遗传算法鲁棒性强,作为一种智能算法广泛应用于神经网络的训练和优化之中,它为求解具有局部最小解函数的最值问题提供了一种有效的途径和通用的方法,尤其适合于多参数优化问题。遗传算法的流程图如图 6-41 所示,其基本流程如下:

(1) 种群初始化。根据具体问题选择编码方式,随机产生具有一定个体数目的初始种群,个体表现为染色体的基因组,每一个个体为一潜在解。

(2) 种群评价。设定适应度函数,计算并评价每一代群体中各个体的适应度,即优异程度。

(3) 终止判断。若满足终止条件,则以进化过程中得到的具有最小适应度的个体作为最优解,否则继续迭代执行第(4)步。

(4) 下一代种群生成。生成方式如图 6-41(b)所示:①选择(selection),根据各个体的适应度,按照一定的规则或方法,从当前群体中选择出一些优良的个体遗传到下一代群体;②交叉(crossover),将选择过后的群体内的个体随机搭配成对,对每一对个体,以一定交叉概率交换它们中的部分基因;③变异(mutation):对交叉过后群体中的每一个个体,以变异概率改变某一个或某一些基因位上的基因值。

(5) 重复执行(2)~(4)。

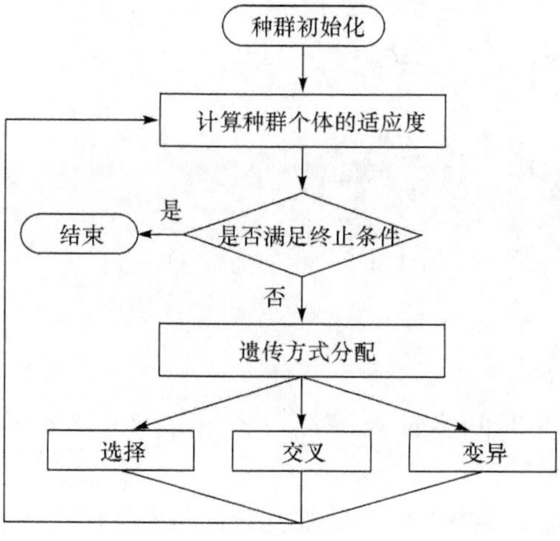

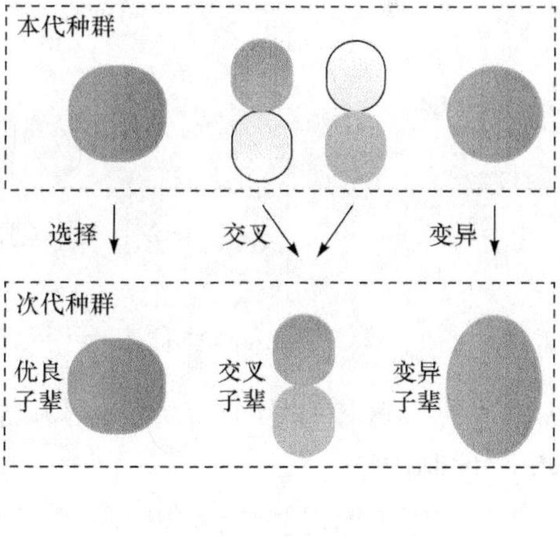

图 6-41　遗传算法流程图和种群进化方式

零区模型所需求解独立参数对应的基因组 X 为

$$X=[m_1 \quad m_2 \quad m_3 \quad \tau_1 \quad P_1 \quad P_2] \tag{6-33}$$

以最小累积电导为判断原则,定义评价种群中各基因组优劣的适应度函数为

$$F_{\text{fitness}}=\sum_{n=1}^{N}\left(\frac{i_a}{u_{\text{MHD},n}}-\frac{i_a}{u_{\text{cal},n}}\right) \tag{6-34}$$

式中，i_a 为电弧电流；$u_{\text{MHD},n}$为磁流体动力学仿真得到的电流过零前电弧电压；$u_{\text{cal},n}$为遗传算法提取的零区模型某组参数计算得到的电弧电压；n 为磁流体动力学仿真结果的采样点序列；N 为总采样点数。

利用 MATLAB 中的 GA 遗传算法函数寻找具有最小适应度的基因组，即最优解。考虑到计算效率，具体设置如下：

(1) 初始种群数为 800。

(2) 选择和交叉方法为默认设置，变异方法为自适应弹性变异法。

(3) 终止条件为迭代代数大于 1000 或者适应度值的变动误差小于 1×10^{-100}。

(4) 为优化搜索结果，根据参数实际边界和多次计算的结果，添加 m_1、m_2、m_3、τ_1、P_1 和 P_2 上下界，m_1 和 m_2 小于 m_3 等约束条件。

遗传算法迭代计算中，式(6-33)中不同零区模型参数下的电弧电压 u_{cal}是以电弧电流为零区模型的输入量计算得到的。为保证计算结果的精确性，采用 4 级 4 阶 Runge-Kutta 法求解零区模型的微分方程，其离散格式为

$$\begin{cases}
k_1=\dfrac{\Delta t\cdot A_i}{\tau_i}g_{i,n}^{\lambda_i-2}i_a^2-\dfrac{\Delta t}{\tau_i}g_{i,n}\\
k_2=\dfrac{\Delta t\cdot A_i}{\tau_i}\left(g_{i,n}+\dfrac{k_1}{2}\right)^{\lambda_i-2}i_a^2-\dfrac{\Delta t}{\tau_i}\left(g_{i,n}+\dfrac{k_1}{2}\right)\\
k_3=\dfrac{\Delta t\cdot A_i}{\tau_i}\left(g_{i,n}+\dfrac{k_2}{2}\right)^{\lambda_i-2}i_a^2-\dfrac{\Delta t}{\tau_i}\left(g_{i,n}+\dfrac{k_2}{2}\right)\\
k_4=\dfrac{\Delta t\cdot A_i}{\tau_i}\left(g_{i,n}+\dfrac{k_3}{2}\right)^{\lambda_i-2}i_a^2-\dfrac{\Delta t}{\tau_i}(g_{i,n}+k_3)\\
g_{i,n+1}=g_{i,n}+\dfrac{1}{6}(k_1+2k_2+2k_3+k_4)\\
U_{\text{cal},i,n+1}=\dfrac{i_a}{g_{i,n+1}}
\end{cases} \tag{6-35}$$

式中，i 为零区模型中子模型的序号；Δt 为时间步长；λ_i 为第 i 个子模型的 Cassie-Mayr 控制因子。

在利用零前电弧电压和电流确定出零区模型中的电弧参数后，以恢复电压作为零区模型的输入量，通过求解零区模型即可得到弧后电流，进而分析断路器的热开断性能。

2) 弧后电击穿特性评估

结合前述研究得到的热态气体临界击穿场强数据 E_{cr}与电弧磁流体动力学仿真结果，对断路器开断短路电流后的弧后电击穿特性进行评估。E_{cr}为压力和温度

的函数，基于电弧仿真可以得到电流过零后灭弧室内的压力和温度分布，即可插值得到灭弧室内不同时刻各点的 E_{cr}；同时，根据电弧电流过零后加在断路器上的恢复电压可计算得到不同时刻灭弧室内各点的实际场强 E_a，通过将 E_{cr} 与 E_a 对比可以实现对灭弧室内各点电击穿发生概率的实时评估。图 6-42 为弧后电击穿概率评估流程。

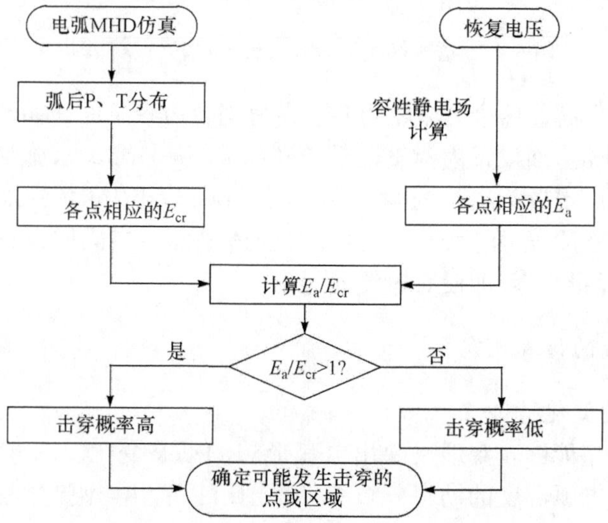

图 6-42　断路器弧后电击穿概率评估流程

6.4.2　压气式 SF_6 断路器短路电流开断过程及弧后击穿特性的仿真研究

1. 仿真模型与边界条件

选用一台典型的 252kV 等级压气式 SF_6 断路器样机结构为计算模型，仿真计算燃弧过程中灭弧室内压力和温度的动态变化过程。图 6-43 所示为透明触头设置及灭弧室结构计算简图。由于动触头为空心结构，当两电极间产生电弧时，靠近动触头的电弧弧根将处于空心结构上，形成复杂的三维分布问题，这就大大增加了仿真及计算的时间和难度。因此，为了有效地利用二维电弧模型，同时弥补空心结构所引起的电弧轴心偏移问题，引入“透明触头”。“透明”是指该区域具有与触头材料同样高的电导率，相对于气流与电流来讲是透明的，即对气体与电流的流动没有阻挡。由于该区域与动触头呈一等势体，间接地将空心结构转换成了实心结构，这就使得电弧的轴心与灭弧室结构的轴线重合，从而避免了弧根的偏移。

仿真条件的选取如下：腔体初始充气压力为绝对压力 0.6MPa，初始温度为 300K，开断短路电流为交流有效值 31.5kA，起弧时刻为触头开始运动后 9.5ms，燃弧时间为 10.8ms。在电场的计算中，采用流-固耦合的方法，即将动静触头区域

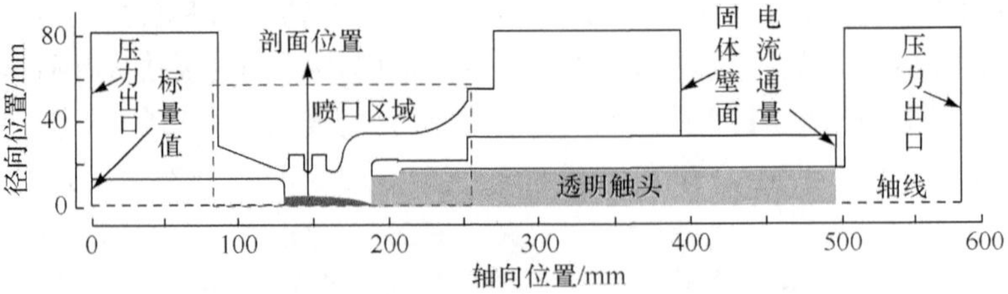

图 6-43　透明触头设置及灭弧室结构计算简图

与流场区域联合求解。两个区域之间的边界为耦合边界条件(coupled boundary);静触头最外侧固体壁面设置为标量边界条件(specified value),施加电位 0V;动触头最外侧固体壁面设置为电流通量边界条件(specified flux),施加与开断电流变化相对应的电流密度值;压力出口及其他各固体壁面边界同样设置为电流通量边界条件,但电流通量为零,即没有电流通过。

2. 燃弧特性的仿真研究

1) 温度场的变化特性

温度场的分布能够直观地反映出电弧形貌的动态变化。图 6-44 所示为燃弧过程中喷口区域电弧温度的动态分布图。由图可以看出,燃弧过程中电弧最高温度在 13000～21000K,电弧半径随着工频正弦电流呈先增大后减小的波动性变化。

初始阶段,电弧半径很小,受到实心动触头的阻挡,大部分气流通过两电极间缝隙,沿着电弧边缘流动,对电弧中心的冷却效果很小,因此电弧的中心温度较高,超过 20000K,同时随着气体的流动,高温气体蔓延至空心动触头内管中,如图 6-44(a)所示。随着电流增大和电极运动,电弧的燃烧变得剧烈,可以明显地观察到电弧对气流的阻塞效应。同时由于静触头对喷口的堵塞阻碍了气流向喷口下游的流动,气流的纵向吹弧作用减弱,电弧的高温高能量带动热气流向压气缸的方向蔓延,引起了气流的回流现象。14.8ms 时,电流接近峰值,电弧中心最高温度接近 19000K,同时由于压气缸中的冷气流与电弧相互作用,将回流的热气体再次吹向喷口区域。而此时,静触头与电弧对喷口及气流的阻塞效应并未减弱,这就促使电弧的高温气体再次向压气缸方向回流,从而出现了电弧温度在喷口与压气缸间的振荡回流过程。电流经过峰值后逐渐减小,热气体的回流现象消失,但喷口区域电弧的半径仍与喷口的喉部直径相当,电弧仍堵塞喷口,随着静触头运动至喷口的扩张结构位置,与喷口的间隙增加,使得电弧的高温气体得以通过间隙而流向喷口下游,增加了气流对电弧的纵向吹弧作用,电弧半径逐渐减小,电弧温度降低,但电弧的堵塞效应仍然存在。随着电流进一步减小,静触头与电弧对气流的堵塞效应基本消失,冷气体的吹弧作用强烈,使得电弧半径快速减小,最终熄灭。

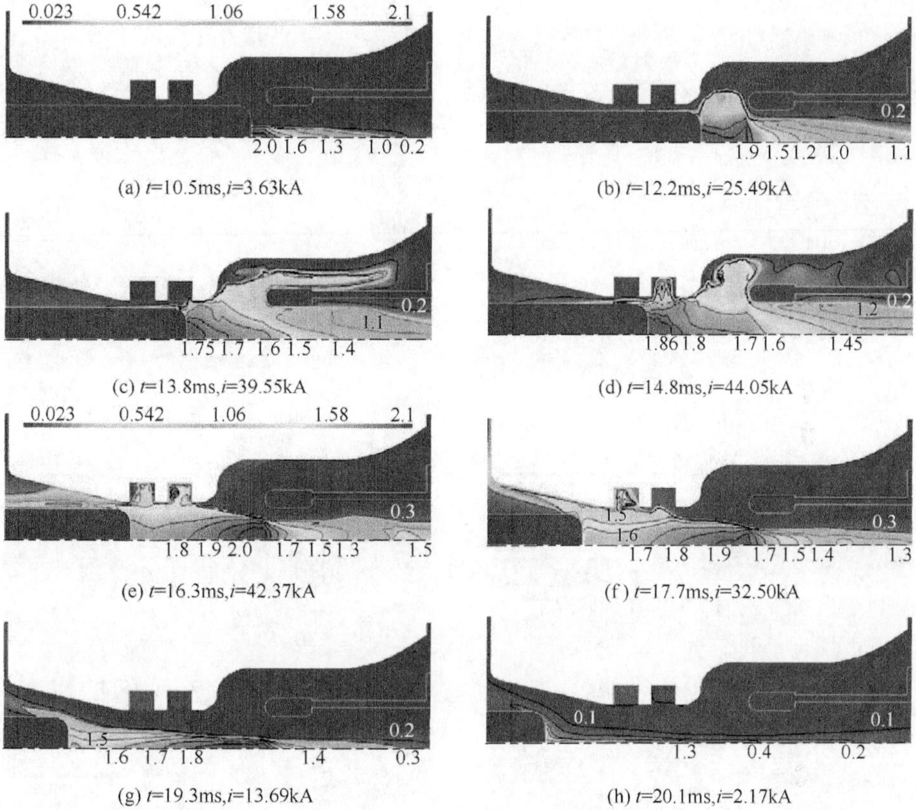

图 6-44　燃弧过程中,喷口区域电弧温度的动态分布图(单位:10^4 K)

2) 压力场变化特性

当电极间产生电弧时,注入电弧的高能量使得电弧及其周围区域的气体温度升高、压力升高。图 6-45 所示为燃弧过程中喷口区域气体压力的动态分布图。由图可以看出,在电弧存在的区域,气体的压力较高。初始阶段,电弧半径较小,电弧以外区域气体的压力分布受到电弧的影响也较小。随着压气缸内气体的压缩及电极间电弧区域的扩大,喷口区域内的气体压力均有所升高,靠近静触头顶端处的气体压力最高。从图 6-45(b)还可以看出,在静触头与喷口扩张区域的狭缝处,出现了激波,激波处压力的最小值约为 0.45MPa。

当电弧充满电极间的喷口区域时,电弧中心温度降低,引起静触头顶端处的最高压力也略微降低。此时,动触头空心内管中已被电弧的高温气体填满,使得内管中的气压也有所升高。随着活塞对气体的持续压缩,加之触头与电弧对气流的堵塞作用,使得电弧区域及喷口上游区域的气体压力持续升高。

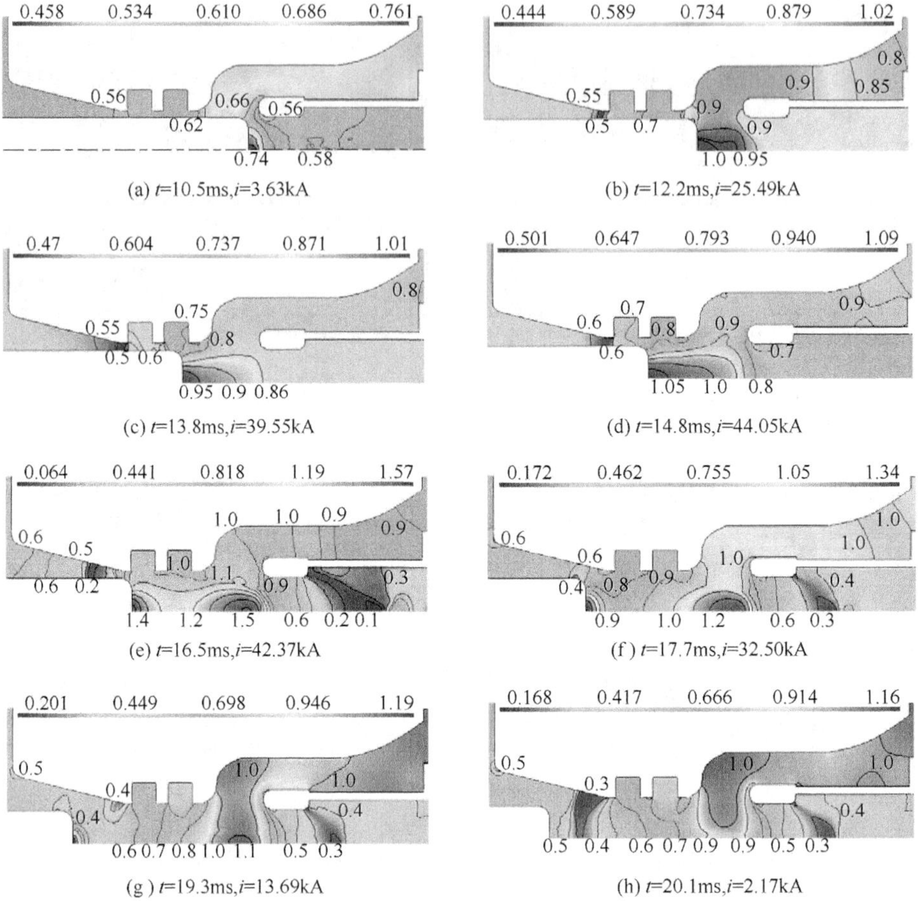

图 6-45　燃弧过程中，喷口区域气体压力的动态分布图(单位：MPa)

当静触头处于喷口扩张位置时，电弧正处于剧烈燃烧的状态，在靠近静触头顶端的区域，由于实心触头的阻塞，气体的流速降低，气体的压力也较高；而在静触头侧面上，同样由于静触头的阻塞作用，气流必须从静触头与喷口扩张结构间的狭小缝隙流出，狭缝前后高的压力比使得该区域的激波向后移动，并且强度增加，激波处的压力降至更低。在靠近动触头顶端的区域，气流分流形成的低速区域使得该处的电弧冷却作用降低，电弧的温度最高，气体的压力也最大。

静触头与喷口间隙的扩大会削弱静触头的阻塞作用，增强喷口下游的分流效果，同时随着电流的减小，注入电弧能量的降低，使得喷口区域内的整体压力均有所降低。此外，间隙的分流降低了该处与动触头内管喷嘴处的气流速度，削弱了这两处激波的强度。随着机构的持续运动，喷口与静触头间的激波逐渐消失，在靠近喷口喉部的扩张结构处产生强度较弱的激波。当电弧趋于熄灭时，气流场受到电弧的影响极小，气体压力的最高值再次出现在喷口上游及压气缸内。

3）电弧电压波形仿真值与实验值对比

图 6-46 所示为仿真电弧电流、电弧电压与实验中电弧电压的变化关系曲线。从图 6-46(a)可以看出，燃弧初始阶段，电弧电压很低。这是由动、静触头此时的开距很小，电弧温度很高，电导率很大、电阻很小，加之电弧电流也较小造成的。随后，随着电极开距的增大、电弧电流的增加，电弧电阻变大，电弧电压也逐渐升高。13～15ms 期间，电弧燃烧剧烈，电弧区域与压气缸间的热气体回流振荡过程，加大了电弧的不稳定性，进而引起了电弧电压的上下波动。18ms 左右时，静触头到达喷口扩张结构区域，气流的纵向吹弧作用增大，加快了电弧的冷却速度，使得电弧的温度降低、电阻增大，从而引起了电弧电压较快升高，从电压波形上可以看到电压曲线的轻微跃变。19ms 左右时，两极间开距很大，电弧半径很细，电弧趋于熄灭，同时电弧温度的急剧下降，使得电弧电阻迅速增加，电弧电压迅速升高。最终电流过零时，电弧熄灭，电弧电压至熄弧尖峰，最大值约 950V。从图 6-46(b)可以看出，仿真得到的电弧电压波与实验测得的电压波形比较接近。实验电弧电压波形在电流峰值及电流过零附近出现了略大的波动，推测是由实际断路器实验中电弧的不稳定性及弧根的运动而引起的。

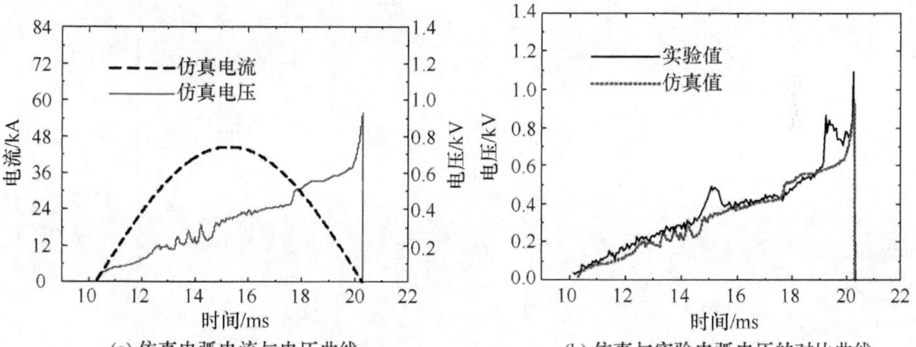

(a) 仿真电弧电流与电压曲线　(b) 仿真与实验电弧电压的对比曲线

图 6-46　仿真电弧电流、电弧电压与实验中电弧电压的变化关系曲线

3. 弧后热击穿特性

图 6-47 所示为 252kV 高压 SF_6 断路器实验过程中施加的预期实验 TRV 变化波形。由图可以看出，在电流过零后 0.5ms 左右，恢复电压已经从零升至峰值 436kV，然而在 120μs 以前，恢复电压的上升率更高。从图 6-47(b)可以看出，电流过零后 80μs 及 110μs 时，恢复电压分别为 155.01kV 及 209.77kV，恢复电压的上升率约为 1.83kV/μs。由此可见，在电流过零后，瞬态恢复电压加载到弧隙两端的起始阶段是热击穿和电击穿最容易发生的时期。

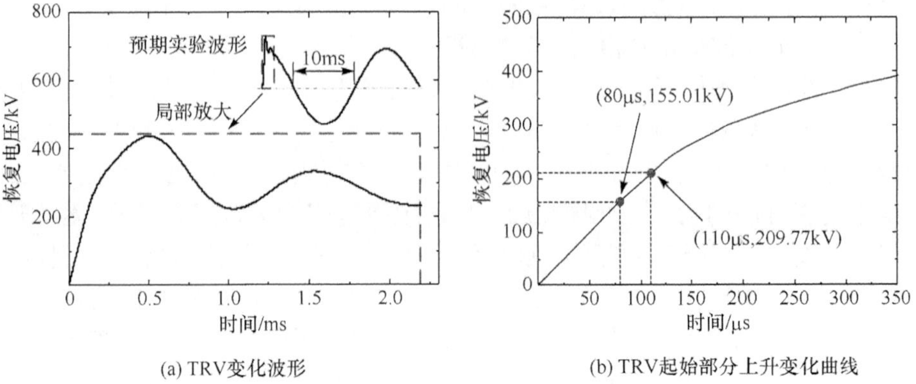

图 6-47　252kV 高压 SF_6 断路器实验中施加的预期实验 TRV 变化波形

图 6-48 所示为不同恢复电压上升率(RRRV)作用下的弧后电流变化曲线。由图可以看出,随 RRRV 增大弧后电流明显增大,且存在一临界值,当 RRRV 较小时,弧后电流先增大后减小至零,电弧熄灭,而超过此临界值后,弧后电流迅速增大,进而引起电弧重燃。

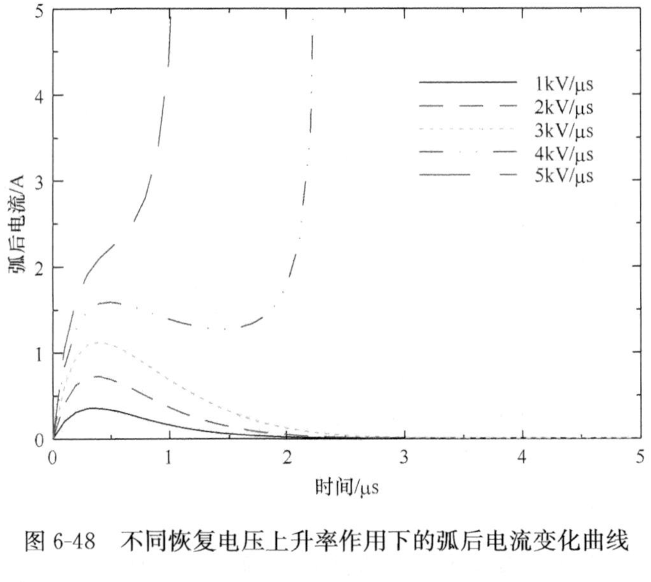

图 6-48　不同恢复电压上升率作用下的弧后电流变化曲线

4. 弧后电击穿特性

图 6-49 所示为 252kV SF_6 断路器喷口区域内,电流过零后 80μs 和 110μs 时刻,电场强度 E_a 与介质临界击穿场强 E_{cr}的等高线分布图。由图可以看出,两个时刻电场强度 E_a、临界击穿场强 E_{cr}的分布趋势很相似,但 110μs 时刻 E_a 与 E_{cr}的数

值均略大。电场强度的最高值出现在电极及喷口槽上的尖角区域。在喷口上、下游区域，电场强度则相对较小。电极间隙的中心区域，电场强度分布较均匀，80μs 时约 2kV/m，110μs 时约 2.5kV/m。临界击穿场强的最高值出现在喷口上游区域，这是因为该区域的气压较高而温度较低。沿着喷口至下游区域，临界击穿场强逐渐减小。电极及喷口槽上的尖角区域，临界击穿场强最小，因为这两个区域内气体的温度相对较高，尤其位于静触头顶端的位置。在气流场分布不变的情况下，电场强度越大，电击穿发生的可能性越大；而在间隙两端电压不变的情况下，临界击穿场强越小，电击穿发生的可能性越大。

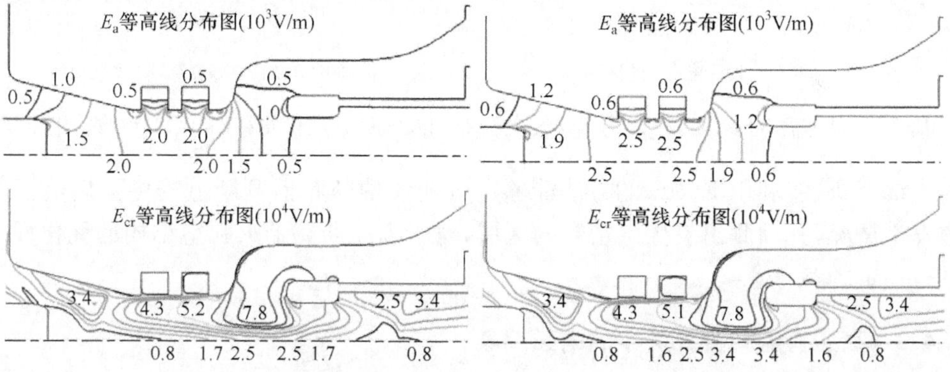

(a) 80μs时，E_a与E_{cr}的分布图　　(b) 110μs时，E_a与E_{cr}的分布图

图 6-49　电弧过零后 80μs 和 110μs 时，E_a 与 E_{cr} 的等高线分布图

从图 6-49 的分析可知，电流过零后 110μs 时，电场强度与临界击穿场强均较 80μs 时要大，这就使得单一的从电场强度或者临界击穿场强来判断是否发生电击穿很困难，而这也正是本节引入两者比值，即 E_a/E_{cr} 来预测电击穿发生情况的原因。当计算模型中存在 $E_a/E_{cr}>1$ 的区域时，区域内施加电场强度大于临界击穿场强，电击穿容易发生；当所有区域均满足 $E_a/E_{cr}<1$ 时，施加电场强度小于临界击穿场强，则电击穿发生概率较低。

图 6-50 所示为电流过零后 80μs 和 110μs 时刻，E_a/E_{cr}的分布图及弧后介质恢复特性的变化曲线。从图 6-50(a)可以看出，80μs 时，靠近实心触头顶端区域 A 内，$E_a/E_{cr}>1$，其他区域内 $E_a/E_{cr}<1$。这就说明，在该时刻气体间隙发生电击穿的概率较高，在灭弧室的设计中应优化结构来避免该区域的出现以防止电击穿的发生。110μs 时，电极间隙内所有区域的 E_a/E_{cr}值均小于 1，这就说明，该时刻在恢复电压的作用下，喷口区域内不容易发生电击穿。从图 6-50(b)给出的介质恢复特性的变化曲线可以看出，在电流过零后 97μs 之前，相同时刻介质的恢复强度数值比 TRV 数值要低，间隙容易发生电击穿，而当电流过零 97μs 之后，介质的恢复强度数值则高于 TRV 数值。

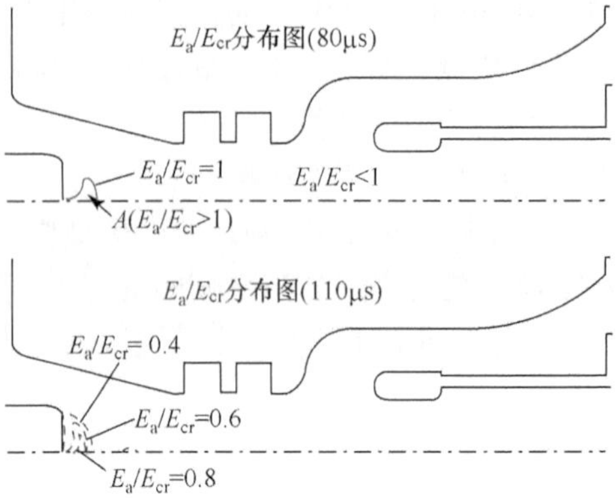

(a) 可能发生电击穿的区域

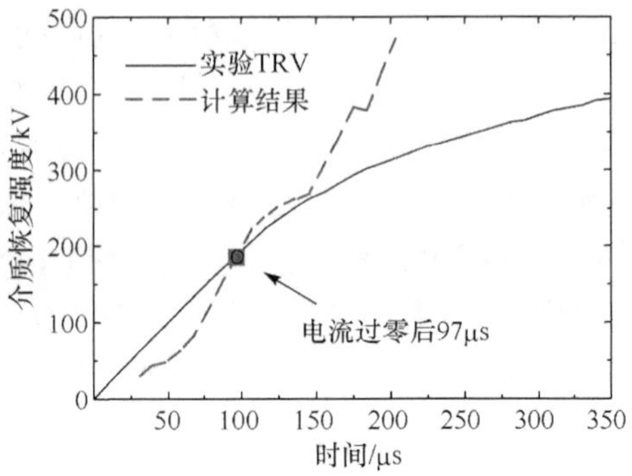

(b) 介质恢复强度及TRV变化曲线

图 6-50 过零后 80μs 和 110μs 时 E_a/E_{cr}的分布图及弧后介质恢复特性与 TRV 的变化曲线

综上所述，利用 E_a/E_{cr}的方法能够定量地评估断路器开断过程中弧后电击穿的发生情况，并预测出发生电击穿的区域，对于高压断路器灭弧室结构的优化设计具有一定的参考意义。

6.4.3 高压直流转换开关中的电弧现象

高压直流输电技术具有大容量、低损耗、低线路成本、隔离交流电网等优点，被广泛运用于长距离输电以及风能等可再生能源的集聚传输，在高压输电工程中得到大量应用。高压直流转换开关是高压直流输电系统中的重要设备，保障着直流输电系统的安全稳定运行。随着我国西电东送工程的不断推进，直流输电系统电压等级和容量的持续提升对直流转换开关也提出了更为苛刻的要求。

直流电流无自然过零点，因此需要额外的辅助电路实现人工过零。直流转换开关一般由开断装置支路、换流支路（LC 支路或振荡支路）和能量吸收支路并联组成。根据辅助回路是否存在预充电电容，可分为有源型和无源型两种。无源型直流转换开关相比有源型具有体积小、造价低、可靠性高、易于维护等优点，因此国内外学者对其电流转移特性展开了大量研究。本节建立了无源型直流转换开关灭弧室多物理场和换流支路电路强耦合的电弧模型，并分析了负阻性电弧、气流场和换流支路之间相互作用的过程，研究了直流转换开关分断直流电流过程中的电弧振荡特性，分析了换流支路电感值和电容值对电弧电流振荡过程的影响。

1. 实验及仿真方法

1）直流转换开关和实验电路

本节所研究的高压直流转换开关及其实验电路的等值图如图 6-51 所示。双断口结构有利于引发电弧电流的自激振荡，并加快其振荡幅值的增长，从而减少换流时间，本样机选用的方案为两个 252kV 等级的压气式 SF_6 交流断路器相串联，结构与前述计算模型相同，之后与换流支路和氧化锌避雷器并联。电路中各电气元件参数如下：C_p 为 10000μF，L_p 为 89mH，L 为 18μH，C 为 62.1μF，R 为 50mΩ。辅助开关 2 和过电压保护避雷器共同提供后备保护，其中辅助开关 2 为常开状态。

具体实验步骤如下：

(1) 关合辅助开关 1 和直流转换开关。

(2) 关合充电开关，利用充电回路将大容量电容 C_p 充至与预期短路电流相对应的电压，打开充电开关。

(3) 关合主开关，由电容 C_p 及其匹配电抗 L_p 谐振产生低频电流。

(4) 在放电电流峰值附近打开直流转换开关，分断电流。

根据放电回路 C_p 和 L_p 大小可知，放电电流的频率较低，约为 5.3Hz，考虑到直流转换开关的燃弧时间在 20ms 内，可以认为分断电流近似为一恒定直流。电弧电流和电弧电压分别由罗氏线圈（创元 CY2003-A3）和分压器测量。

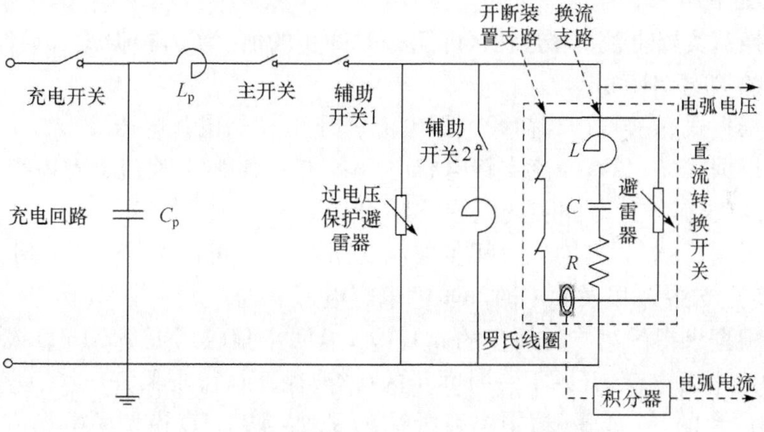

图 6-51　高压直流转换开关及其等值实验电路

2) 仿真模型和边界条件

建立直流转换开关场路耦合模型需要解决灭弧室多物理场和换流支路电路的相互作用问题。在工频交流电弧仿真中，电弧电流是给定的，而在直流转换开关电弧仿真中，灭弧室多物理场和电路方程处于相互作用之中，电弧电流是根据电路方程计算得到的。电弧电压和电流宏观上的函数关系可简写为

$$u_a = f(i_a) \tag{6-36}$$

根据基尔霍夫电压和电流定律，直流转换开关满足基本电路方程：

$$L\frac{di_c}{dt} + u_c + Ri_c = u_a \tag{6-37}$$

$$u_c = \frac{1}{C}\int i_c \mathrm{d}t \tag{6-38}$$

$$I = i_c + i_a \tag{6-39}$$

式中，u_c 和 i_c 分别为换流支路电容电压和电流；u_a 和 i_a 分别为电弧电压和电弧电流；I 为直流转换开关分断的直流电流。通过将方程(6-36)～方程(6-39)相互耦合，建立直流转换开关的电弧仿真模型。

由于以上方程的求解采用数值分析方法实现，因此推导出其离散格式：

$$i_a^{(i)} = I - i_c^{(i)} \tag{6-40}$$

$$u_a^{(i)} = f(i_a^{(i)}) \tag{6-41}$$

$$u_c^{(i+1)} = u_c^{(i)} + \frac{1}{C} i_c^{(i)} \Delta t \tag{6-42}$$

$$i_c^{(i+1)} = i_c^{(i)} + \frac{1}{L}(u_a^{(i)} - u_c^{(i+1)} - R i_c^{(i)}) \cdot \Delta t \tag{6-43}$$

式中，i 为当前时间步；$i+1$ 为下一时间步；Δt 为时间步长。场路耦合模型的具体求解步骤如下：

(1) 换流支路电流 i_c 初始值(即第一时间步的值)为 0，根据式(6-40)，电弧电流 i_a 初始值等于 4kA。

(2) 根据式(6-41)计算初始电弧电流 i_a 下的初始电弧电压 u_a。

(3) 根据式(6-42)，换流支路电容电压 u_c 初始值为 0，换流支路电流 i_c 等于初始值 0，可以求得第二时间步的电容电压 u_c。

(4) 根据式(6-43)，第二时间步换流支路电流 i_c 可以由第一时间步的电容电压 u_a 和换流支路 i_c 以及第二时间步的电容电压 u_c 求出。

(5) 根据求得的第二时间步的 u_c 和 i_c，返回步骤(1)，更新 MHD 模型的电场边界条件之电弧电流，开始下一时间步的计算，循环执行步骤(1)～(4)直至结束。

值得注意的是，步骤(2)中电弧电流 i_a 添加为 MHD 模型中电场方程的电流边界条件并实时更新。步骤(4)中，换流支路电容电压 u_c 计算所需的电弧电压 u_a 从 MHD 仿真的结果中采集得到。式(6-40)在场域单步计算之前执行，式(6-42)和式(6-43)在场域单步计算结束时执行。

采用商业计算流体力学软件 ANSYS Fluent 求解方程(6-40)～方程(6-43)。换流支路电路方程以用户自定义函数(user defined functions，UDF)的形式写入软件的接口文件。

仿真计算的边界条件设置如下：灭弧室初始压力为绝对压力 0.6MPa，腔体两侧设为压力出口，环境温度为 300K；起弧前机构运动速度为 4.5m/s，起弧后机构运动速度为 9.5m/s；分断直流电流为 4kA；u_c 和 i_c 初始值分别为 0V 和 0A；静弧触头的电位为 0V，动弧触头的电势随电弧电流的变化而改变。

2. 结果和分析

以 SF_6 为介质的直流转换开关分断直流电流的实验和仿真电弧电压及电流波形如图 6-52 所示。实验电弧电流在初期变化较小，之后逐渐振荡直至过零熄灭，电弧电压的振荡幅度与电弧电流相对应。

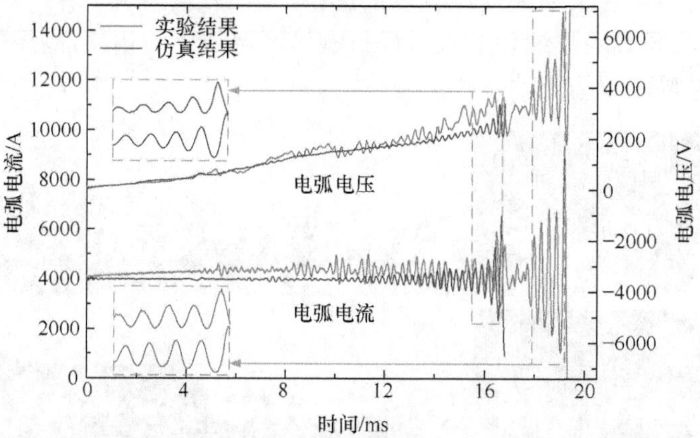

图 6-52　SF_6 介质中实验和仿真的电弧电压和电弧电流

可以发现，实验和仿真的电弧电压和电流波形发展趋势相同：电弧电流的振幅均趋向增大；电弧电压由于开距变大整体趋于上升，并且存在与电弧电流相对应的高频分量。实验中电弧电流和电弧电压的振荡频率约为 3450Hz，电压相位超前于电流约 117°。仿真得到的电弧电流和电压的振荡频率约为 3759Hz，电弧电压相位超前角约为 128°，与实验结果较为一致。电弧电压和电流的相位差从振荡起始至振荡最大时基本上保持不变。电弧电压和电流存在相位差是气体负阻特性和热惯性综合作用的结果。一方面，气体电弧的负阻特性使得一定范围内电弧电流增大时，电弧电压趋向减小，反之亦然。另一方面，电弧的热惯性使得在几千赫兹的高频情况下，电弧电压随电流的变化而改变具有一定的延迟。

本节仿真计算在电弧电流约 1kA 时结束，主要是考虑到此时触头开距较大，小电流电弧受到来自喷口上游冷态气体的强烈吹动，处于热力学不平衡状态，现在使用的基于平衡态假设的 MHD 电弧模型不再适用。然而，根据实验结果可知，当电弧电流振荡下降至一定值后（如 2kA），在随后的发展过程中，电流快速振荡过零，因此在计算中可以将电弧电流能否下降至某一电流（如 2kA）作为直流转换开关能否成功分断的判据，下降至该电流所需要的燃弧时间作为直流转换开关换流时间的评价依据。

1）振荡电流中的气流场特性

图 6-53 给出了电弧电流的一个振荡周期内喷口区域温度分布的动态演变。

此时静弧触头已经拉出喷口，可以观察到随电弧电流的变化，电弧区域具有明显的收缩和扩张现象。电弧区域高温气体在冷态气流作用下向动弧触头内部和喷口下游扩散，动弧触头附近电弧弧心温度最高，约为 20000K。这是由于此处电弧受到高压气流强烈的压缩，弧柱半径较小，等离子体的密度较高，辐射较强。图 6-54 给出了喷口区域对应气压分布的动态演变，喷口下游出现了明显的激波现象。与喷口喉部紧邻的动弧触头前端受压气缸的影响，气压较高，约为 2.1MPa。随电弧电流的变化，激波区域的收缩和扩张过程与电弧区域的变动相反，高压区域的收缩和扩张过程与电弧区域的变动一致。

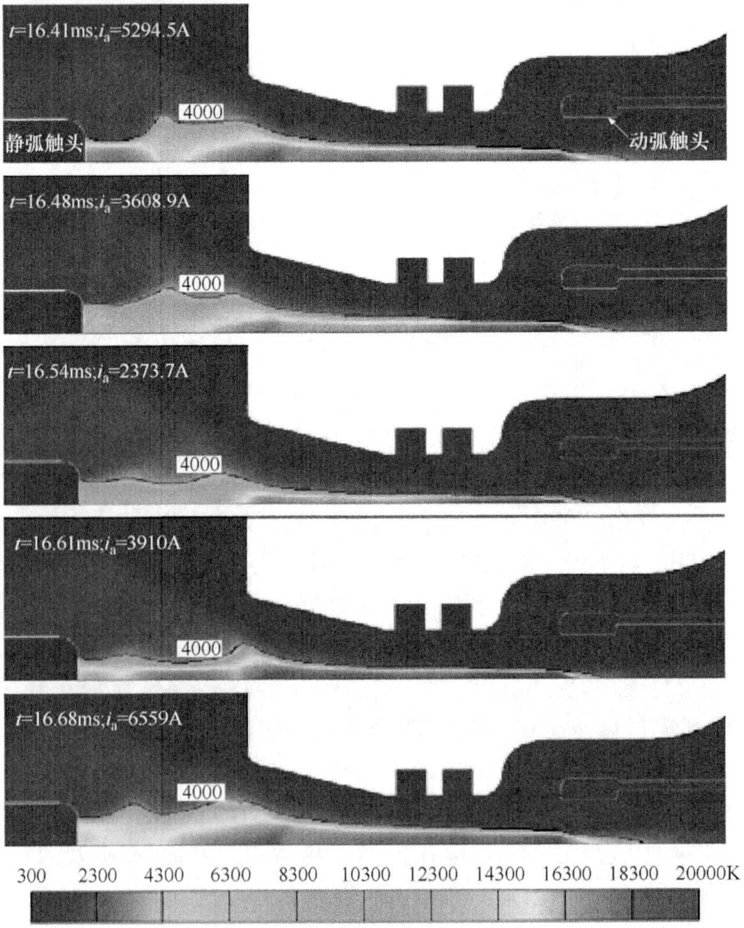

图 6-53　喷口区域温度分布演变

此外，仿真中还发现，电弧电流的振荡情况与静弧触头和喷口的相对位置有关。在 10.5ms 之前，实心触头尚未运动至喷口下游出口，喷口气流通道不足够大

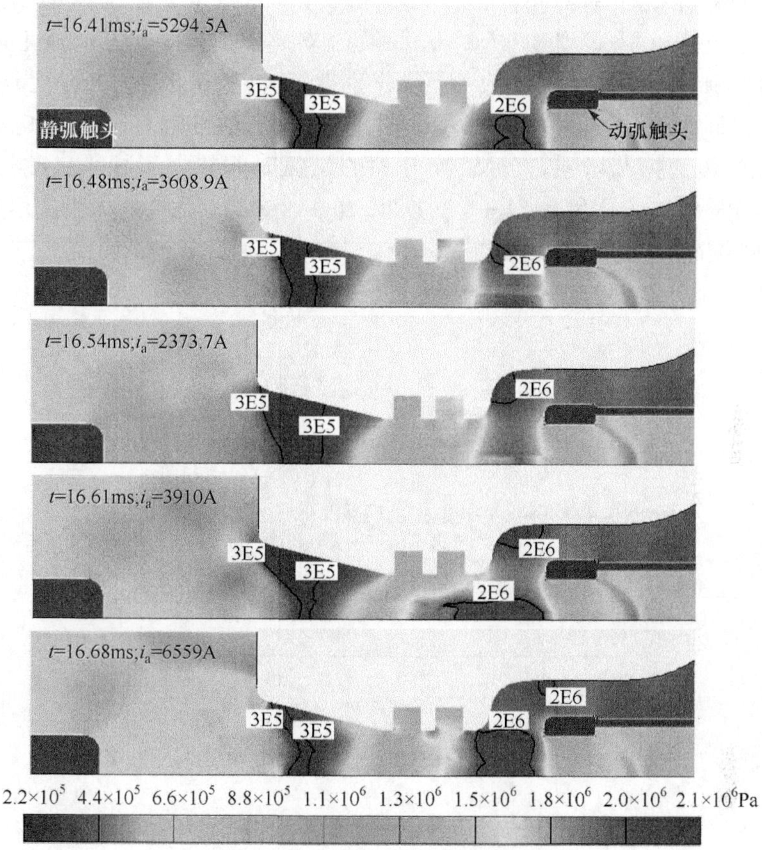

图 6-54　喷口区域气压分布演变

且变化较小，电弧燃烧较为稳定，仿真计算的电弧电压和电流变化幅度比较小。此后由于实心触头拉出喷口下游，对喷口下游的堵塞作用急剧减弱，喷口上游高压气体可以更为自由和强烈地吹动电弧，电弧不稳定性加剧，电弧电流出现较为明显的振荡。由此观之，通过改变灭弧室结构特别是喷口形状来增强气流场及弧阻的变化特性，对于提高直流转换开关的分断能力是极其重要的。

2）换流支路参数对电流转换过程的影响

直流转换开关的分断过程与换流支路元器件参数密切相关，通过优化 *LC* 参数的配合可以提高转换速度，降低开关成本。本节研究以 SF_6 为灭弧介质时，换流支路电感值和电容值对直流转换开关电流振荡过程的影响。

换流支路原始电感和电容的组合参数以 *L-C* 形式表示，作为参考组。通过控制变量，设定电感或电容为原始值的 0.8 或 1.2 倍，图 6-55 为不同 *LC* 参数下（*L-C*、*L*-0.8*C*、*L*-1.2*C*、0.8*L-C* 和 1.2*L-C*）计算的电弧电压和电流。其中 *L*-1.2*C* 和

1.2L-C 的预期振荡频率相同，而 L-0.8C 和 0.8L-C 的预期振荡频率相同。L-C、L-0.8C、L-1.2C、0.8L-C 和 1.2L-C 五种换流支路参数下，电弧电流下降至 2kA 所需要的燃弧时间存在显著的差异，分别为 16.777ms、18.088ms、15.839ms、17.445ms、15.405ms，如图 6-56 所示。由图可以发现，随着换流支路电感或电容的增大，电弧电流振荡增强，直流转换开关的燃弧时间趋向于减小。此外，预期振荡频率相同时(L-0.8C 和 0.8L-C，L-1.2C 和 1.2L-C)，增加电感相比增加电容更易引起电弧振荡，使得燃弧时间更短。

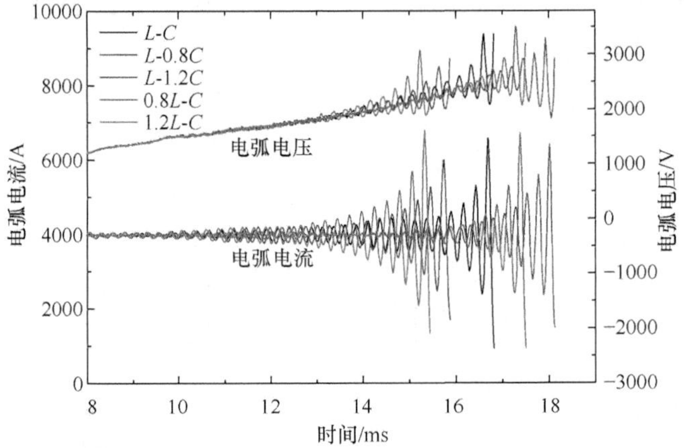

图 6-55　换流支路不同电感和电容参数下电弧电压和电流

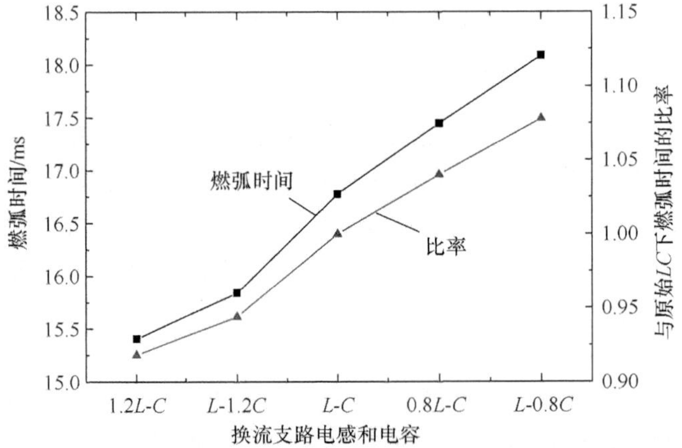

图 6-56　换流支路不同电感和电容参数下电弧电流下降至 2kA 所需的燃弧时间及时间比率

图 6-57 为改变换流支路电感和电容后的电弧动态伏安特性曲线。由图可以观察到，由于电弧的负电阻特性，随触头开距不断增大和电弧电流不断振荡，电弧电压螺旋上升，最终形成“漏斗”状的动态伏安特性曲线。小电感或小电容时电弧

电压随电弧电流变化的剧烈变动要晚于大电感或大电容时，“漏斗”较浅；大电感或大电容时的电弧电压随电弧电流的变化相比小电感或小电容时呈稳步发展的态势。

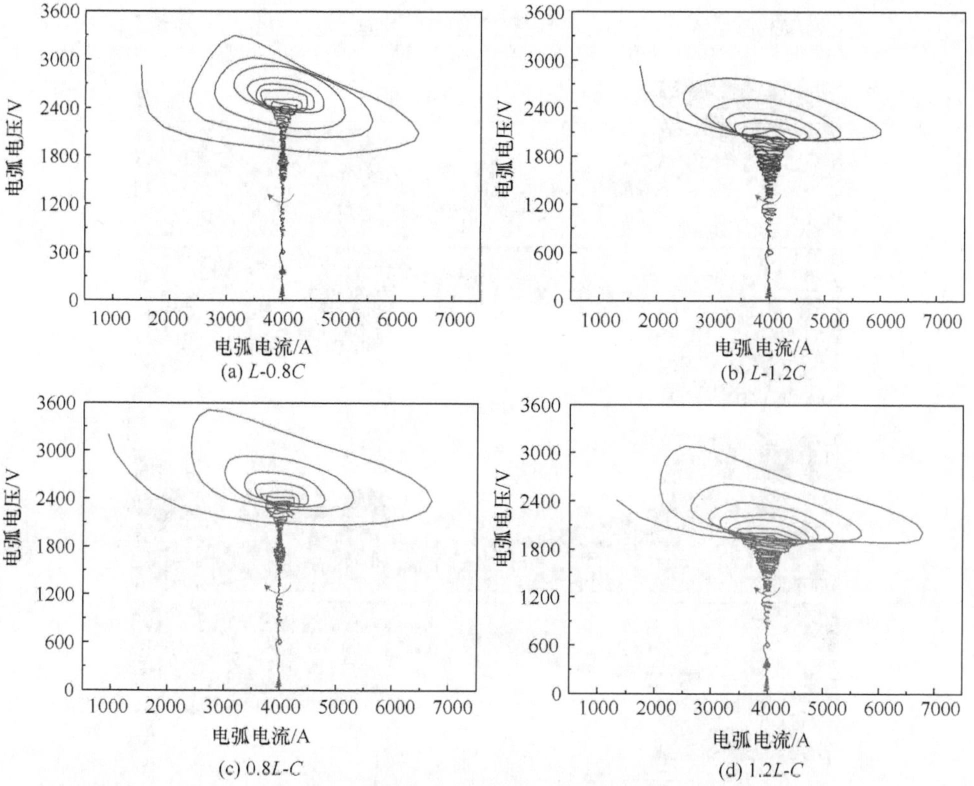

图 6-57　改变换流支路电感和电容后的电弧动态伏安特性曲线

直流转换开关中涉及电弧负阻性、电弧半径和温度等特性、换流支路之间的相互作用。以换流支路电抗的影响为例，图 6-58 和图 6-59 所示为某一振荡周期内相同时刻(15.24ms、15.31ms)换流支路两种电感(0.8L、1.2L)下喷口区域温度和气压分布的对比。15.24ms 至 15.31ms，两种电感下电弧电流均处于增长阶段，换流支路电容处于充电末尾和放电阶段。

15.24ms 时，虽然相同开距时两种电感下电弧电流均在 3750A 左右，电弧形貌和温度分布却不尽一致，大电感下电弧半径更小。这是因为大电感下电容充放电程度较深，电弧电流起振早于小电感时，导致在此时刻之前约半个振荡周期内的电弧电流值较小。在电弧热惯性的作用下，虽然其电弧电流增长速率较高，但电弧形貌的变化迟滞于电弧电流。由于电弧电阻与弧柱半径联系紧密，小电感下此时刻电弧电压低于大电感时，0.8L 和 1.2L 下电弧电压分别为 1090.5V 和

1425.4V。与此同时，较小弧柱半径的电弧对喷口气流的阻碍作用较弱，在来自压气缸高压气体的强烈气吹压缩下，电弧区域的电导率较低，焦耳加热较强，因此大电感下电弧整体温度较高，靠近空心触头一侧电弧区域的气压也较高。

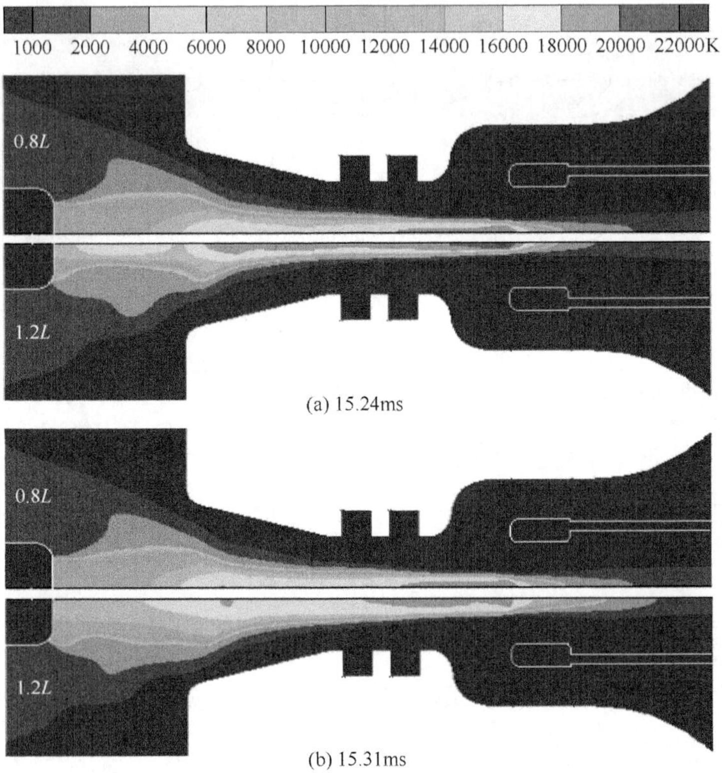

(a) 15.24ms

(b) 15.31ms

图 6-58　换流支路两种电感值下喷口区域温度分布对比

15.31ms 时，换流支路电容处于放电状态。小电感下电容充放电程度较浅，电弧电流仅微弱增长至 3947A，大电感下电弧电流的变化率较大，电弧电流已增长至 6780A。对应于温度和气压分布体现为小电感下电弧半径、温度场和气压场随时间的变化很小，而大电感下电弧半径、温度场和气压场的变化则很大。0.8L 和 1.2L 下电弧电压分别为 1126.8V 和 1012.2V。大电感下电弧呈现出明显的负阻特性，其较低的电弧电压也有助于电容放电过程的进行。与此同时，大电感下电弧半径较大，对喷口气流的阻碍作用较强，伴随着活塞对气缸内气压的持续压缩，喷口上游的气压整体高于小电感时，0.8L 和 1.2L 下喷口上游最高气压分别为 1.71MPa 和 1.96MPa。由此，在后续电弧电流回落即电弧半径变小时，大电感下上游气流对电弧更为强烈的压缩作用使得换流支路电容再充电阶段的电弧电压更高，从而有利于电容的再充电和电弧电流振荡过程的发展。

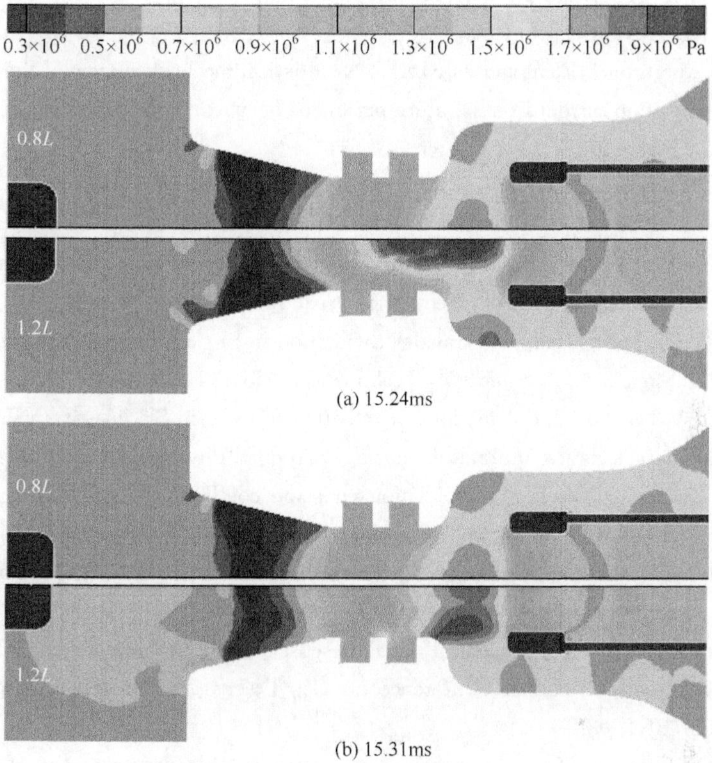

图 6-59　换流支路两种电感值下喷口区域气压分布对比

参考文献

[1] Griem H R. High-density corrections in plasma spectroscopy. Physical Review, 1962, 128(3): 997-1003.

[2] Capitell M, Molinari E. Problems of determination of high temperature thermodynamic properties of rare gases with application to mixtures. Journal of Plasma Physics, 1970, 4: 335-355.

[3] Capitell M, Ficocell E, Molinari E. Electronic excitation and thermodynamic properties of high temperature gases. Zeitschrift Fur Naturforschung Part a-Astrophysik Physik Und Physikalische Chemie, 1971, A 26(4): 672-682.

[4] Vandesanden M C M, Schram P, Peeters A G, et al. Thermodynamic generalization of the saha equation for a 2-temperature plasma. Physical Review A, 1989, 40(9): 5273-5276.

[5] Chen X, Han P. On the thermodynamic derivation of the Saha equation modified to a two-temperature plasma. Journal of Physics D-Applied Physics, 1999, 32(14): 1711-1718.

[6] Giordano D, Capitelli M. Nonuniqueness of the two-temperature Saha equation and related considerations. Physical Review E, 2002, 65(1): 016401.

[7] Capitelli M, Armenise I, Bisceglie E, et al. Thermodynamics, transport and kinetics of equilib-

rium and non-equilibrium plasmas: A state-to-state approach. Plasma Chemistry and Plasma Processing, 2012, 32(3): 427-450.

[8] Andre P, Aubreton J, Elchinger M F, et al. A statistical mechanical view of the determination of the composition of multi-temperature plasmas. Plasma Chemistry and Plasma Processing, 2004, 24(3): 435-446.

[9] Devoto R S. Transport coefficients of partially ionized argon. Physics of Fluids, 1967, 10(2): 354-364.

[10] Monchick L, Mason E A, Yun K S. Formal kinttic theory of transport phenomena in polyatomic gas mixtutes. Journal of Chemical Physics, 1963, 39(3): 654-669.

[11] Raynal G, Gleizes A. Radiative-transfer calculation in SF_6 arc plasmas using partial characteristics. Plasma Sources Science & Technology, 1995, 4(1): 152-160.

[12] Aubrecht V, Lowke J J. Calculations of radiation transfer in SF_6 plasmas using the method of partial characteristics. Journal of Physics D-Applied Physics, 1994, 27(10): 2066-2073.

[13] Liebermann R W, Lowke J J. Radiation emission coefficients for sulfur hexafluoride arc plasmas. Journal of Quantitative Spectroscopy & Radiative Transfer, 1976, 16(3): 253-264.

[14] Aubrecht V, Gross B. Net emission coefficient of radiation in SF(6) arc plasmas. Journal of Physics D-Applied Physics, 1994, 27(1): 95-100.

[15] Nishiwaki S, Koshizuka T, Uchii T, et al. Discussions on post arc current of a CO_2 circuit breaker//17th International Conference on Gas Discharges and Their Applications (GD 2008), Cardiff, 2008.

[16] Tanaka Y. Influence of copper vapor contamination on dielectric properties of hot air at 300-3500 K in atmospheric pressure. IEEE Transactions on Dielectrics and Electrical Insulation, 2005, 12(3): 504-512.

[17] Tanaka Y. Prediction of dielectric properties of N_2/O_2 mixtures in the temperature range of 300-3500K. Journal of Physics D-Applied Physics, 2004, 37(6): 851-859.

[18] Yousfi M, Segur P, Vassiliadis T. Solution of the Boltzmann-equation with ionization and attachment-application to SF_6. Journal of Physics D-Applied Physics, 1985, 18(3): 359-375.

[19] White R, Robson R, Schmidt B, et al. Is the classical two-term approximation of electron kinetic theory satisfactory for swarms and plasmas? Journal of Physics D-Applied Physics, 2003, 36(24): 3125-3131.

[20] Itoh H, Matsumura T, Satoh K, et al. Electron transport coefficients in SF_6. Journal of Physics D-Applied Physics, 1993, 26(11): 1975-1979.

[21] Pinheiro M, Loureiro J. Effective ionization coefficients and electron drift velocities in gas mixtures of SF_6 with He, Xe, CO_2 and N_2 from Boltzmann analysis. Journal of Physics D-Applied Physics, 2002, 35(23): 3077-3084.

[22] Hagelaar G, Pitchford L. Solving the Boltzmann equation to obtain electron transport coefficients and rate coefficients for fluid models. Plasma Sources Science and Technology, 2005, 14(4): 722-733.

[23] Loureiro J, Ferreira C M, Electron-excitation rates and transport parameters indirrect-current N_2 discharges. Journal of Physics D-Applied Physics, 1989, 22(1): 67-75.

[24] Pancheshnyi S, Biagi S, Bordage M C, et al. The LXCat project: Electron scattering cross sections and swarm parameters for low temperature plasma modeling. Chemical Physics, 2012, 398: 148-153.

[25] Plasma data exchange project. http://www. lxcat. laplace. univ-tlse. fr. / for cross section data[2012-5-5].

[26] Wang W, Tu X, Mei D, et al. Dielectric breakdown properties of hot SF_6/He mixtures predicted from basic data. Physics of Plasmas, 2013, 20(11): 113503.

[27] Robin-Jouan P, Yousfi M. New breakdown electric field calculation for SF_6 high voltage circuit breaker applications. Plasma Science & Technology, 2007, 9(6): 690-694.

[28] Yousfi M, Robin-Jouan P, Kanzari Z. Breakdown electric field calculations of hot SF_6 for high voltage circuit breaker applications. IEEE Transactions on Dielectrics and Electrical Insulation, 2005, 12(6): 1192-1200.

[29] Cliteur G J, Hayashi Y, Haginomori E, et al. Calculation of the uniform breakdown field strength of SF_6 gas. IEEE Transactions on Dielectrics and Electrical Insulation, 1998, 5(6): 843-849.

[30] Urquijo J, Basurto E, Hernández-Ávila J. Measurement of electron drift, diffusion, and effective ionization coefficients in the SF_6-CHF_3 and SF_6-CF_4 gas mixtures. Journal of Physics D-Applied Physics, 2003, 36(24): 3132-3137.

[31] Uhm H S, Byeon Y S, Song K B, et al. Analytical investigation of electrical breakdown properties in a nitrogen-SF_6 mixture gas. Physics of Plasmas, 2010, 17(11): 113510.

[32] Dincer M S, Ozerdem O C, Bektas S. Effective ionization coefficients and transport parameters in ultradilute SF_6+N_2 mixtures. IEEE Transactions on Plasma Science, 2007, 35(5): 1210-1214.

[33] Middleton B. Cold weather applications of gas mixture (SF_6/N_2, SF_6/CF_4) circuit breakers: A user utility's perspective//The US Environment of Protection Agency's Conference on SF_6 and the Environment: Emission Reduction Strategies, San Diego, 2000.

[34] Siddagangappa M, Lakshminarasimha C, Naidu M. Ionisation and attachment in binary mixtures of SF_6-N_2 and $CC_{12}F_2$-N_2. Journal of Physics D-Applied Physics, 1983, 16(5): 763.

[35] Itoh H, Ohmori Y, Kawaguchi M, et al. Electron energy distribution and transport coefficients of electron swarms in SF_6 and nitrogen mixtures. Journal of Physics D-Applied Physics, 1990, 23(23): 415.

[36] Urquijo J, Basurto E, Hernández-Ávila J. Measurement of electron drift, diffusion, and effective ionization coefficients in the SF_6-CHF_3 and SF_6-CF_4 gas mixtures. Journal of Physics D-Applied Physics, 2003, 36(24): 3132.

[37] Chervy B, Riad H, Gleizes A. Calculation of the interruption capability of SF_6-CF_4 and SF_6-C_2F_6 mixtures. I. Plasma properties. IEEE Transaction on Plasma Science, 1996, 24(1): 198.

[38] Chervy B, Gonzalez J J, Gleizes A. Calculation of the interruption capability of SF_6-CF_4 and SF_6-C_2F_6 mixtures. II. Arc decay modeling. IEEE Transactions on Plasma Science, 1996, 24(1): 210.

[39] Nikitovic Z D, Stojanovic V D, Booth J P. Electron transport coefficients in mixtures of CF_4 and CF_2 radicals. Plasma Sources Science & Technol, 2009, 18(3): 035008.

[40] Rozum I, Limao-Viera P, Eden S, et al. Electron interaction cross sections for CF_3I, C_2F_4 and CF_x (x=1-3) radicals. Journal of Physical & Chemical Reference Data, 2006, 35(1): 267.

[41] Dixon C M, Yan J D, Fang M T C. A comparison of three radiation models for the calculation of nozzle arcs. Journal of Physics D-Applied Physics, 2004, 37(23): 3309-3318.

[42] Smeets R, Kertesz V, Nishiwaki S, et al. Performance evaluation of high-voltage circuit breakers by means of current zero analysis//Transmission and Distribution Conference and Exhibition 2002: Asia Pacific, Yokohama, 2002: 424-429.

[43] Nema R S, Kulkarni S V, Husain E. Calculation of breakdown voltages of mixtures of eletron attaching gases. Physics of Plasmas, 2013, 20(11): 113503.

《气体放电与等离子体及其应用著作丛书》书目

已出版：

1. 大气压气体放电及其等离子体应用　　邵涛，严萍
2. 放电等离子体基础及应用　　李兴文，吴坚

即将出版：

1. 等离子体物理学导论　　李永东，王洪广
2. 等离子体流动控制与辅助燃烧　　车学科，聂万胜
3. 大气压气体放电的原理与方法　　张远涛，王艳辉
4. 等离子体点火与助燃技术　　何立明，于锦禄